21 世纪高等学校嵌入式系统专业规划教材

嵌入式系统原理及应用教程（第2版）

孟祥莲 主编 / 孙平 王嘉鹏 姜波 于剑光 副主编

清華大學出版社
北 京

内容简介

本书全面、系统地描述了ARM9微处理器核的嵌入式系统体系结构，以Samsung公司的S3C2440A控制器为例，着重介绍ARM9微处理器的结构、开发工具、Linux的程序设计及嵌入式CDIO工程实训等内容。

本书共分5部分：第1部分（第1章）为理论部分，着重介绍嵌入式系统的概念，包括嵌入式的特点、分类和应用；第2部分（第2～6章）为基础部分，着重介绍ARM9体系结构、指令系统、寻址方式、指令集，伪指令、汇编语言程序设计基础及与C/C++的混合编程，S3C2440A控制器的结构原理及外围电路的设计方法等；第3部分（第7章）为开发工具部分，着重介绍ADS 1.2集成开发环境及嵌入式Linux的软件开发环境的使用；第4部分（第8～11章）为操作系统部分，着重介绍Linux的程序设计；第5部分为第2版新增部分（第12章），增加了嵌入式CDIO工程实训环节。

本书采用理论与实践相结合的方法，立足于应用，具有有针对性、实用性及综合性强等特点。

本书不仅适用于高等院校计算机、物联网、电子、自动化等相关专业的本科教学，也适合于从事嵌入式系统研究与开发的技术人员及普通读者参考。

本书封面贴有清华大学出版社防伪标签，无标签者不得销售。
版权所有，侵权必究。举报：010-62782989，beiqinquan@tup.tsinghua.edu.cn。

图书在版编目（CIP）数据

嵌入式系统原理及应用教程/孟祥莲主编. —2版. —北京：清华大学出版社，2017（2025.1重印）
（21世纪高等学校嵌入式系统专业规划教材）
ISBN 978-7-302-45939-2

Ⅰ. ①嵌…　Ⅱ. ①孟…　Ⅲ. ①微型计算机－系统设计－高等学校－教材　Ⅳ. ①TP360.21

中国版本图书馆CIP数据核字（2016）第305767号

责任编辑： 付弘宇
封面设计： 常雪影
责任校对： 李建庄
责任印制： 宋　林

出版发行： 清华大学出版社
网　　址： https://www.tup.com.cn，https://www.wqxuetang.com
地　　址： 北京清华大学学研大厦A座　**邮　　编：** 100084
社 总 机： 010-83470000　**邮　　购：** 010-62786544
投稿与读者服务： 010-62776969，c-service@tup.tsinghua.edu.cn
质量反馈： 010-62772015，zhiliang@tup.tsinghua.edu.cn
课件下载： https://www.tup.com.cn，010-83470236
印 装 者： 北京鑫海金澳胶印有限公司
经　　销： 全国新华书店
开　　本： 185mm×260mm　**印　张：** 25　**字　　数：** 611千字
版　　次： 2010年9月第1版　2017年3月第2版　**印　　次：** 2025年1月第13次印刷
印　　数： 46001～47000
定　　价： 69.00元

产品编号：066031-03

出版说明

嵌入式计算机技术是21世纪计算机技术两个重要发展方向之一，其应用领域相当广泛，包括工业控制、消费电子、网络通信、科学研究、军事国防、医疗卫生、航空航天等方方面面。我们今天所熟悉的电子产品几乎都可以找到嵌入式系统的影子，它从各个方面影响着我们的生活。

技术的发展和生产力的提高，离不开人才的培养。目前国内外各高等院校、职业学校和培训机构都涉足了嵌入式技术人才的培养工作，高校及其软件学院和专业的培训机构更是嵌入式领域高端人才培养的前沿阵地。国家有关部门针对专业人才需求大增的现状，也着手开发"国家级"嵌入式技术培训项目。2006年6月底，国家信息技术紧缺人才培养工程(NITE)在北京正式启动，首批设定的10个紧缺专业中，嵌入式系统设计与软件开发、软件测试等IT课程一同名列其中。嵌入式开发因其广泛的应用领域和巨大的人才缺口，其培训也被列入商务部门实施服务外包人才培训"千百十工程"，并对符合条件的人才培训项目予以支持。

为了进一步提高国内嵌入式系统课程的教学水平和质量，培养适应社会经济发展需要的、兼具研究能力和工程能力的高质量专业技术人才，在教育部相关教学指导委员会专家的指导和建议下，清华大学出版社与国内多所重点大学共同对我国嵌入式系统软硬件开发人才培养的课程框架和知识体系，以及实践教学内容进行了深入的研究，并在该基础上形成了"嵌入式系统教学现状分析及核心课程体系研究""微型计算机原理与应用技术课程群的研究""嵌入式Linux课程群建设报告"等多项课程体系的研究报告。

本系列教材是在课程体系的研究基础上总结、完善而成，力求充分体现科学性、先进性、工程性，突出专业核心课程的教材，兼顾具有专业教学特点的相关基础课程教材，探索具有发展潜力的选修课程教材，满足高校多层次教学的需要。

本系列教材在规划过程中体现了如下一些基本组织原则和特点。

(1) 反映嵌入式系统学科的发展和专业教育的改革，适应社会对嵌入式人才的培养需求，教材内容坚持基本理论的扎实和清晰，反映基本理论和原理的综合应用，在其基础上强调工程实践环节，并及时反映教学体系的调整和教学内容的更新。

(2) 反映教学需要，促进教学发展。教材要适应多样化的教学需要，正确把握教学内容和课程体系的改革方向，在选择教材内容和编写体系时注意体现素质教育、创新能力与实践能力的培养，为学生知识、能力、素质协调发展创造条件。

(3) 实施精品战略，突出重点。规划教材建设把重点放在专业核心(基础)课程的教材建设上；特别注意选择并安排一部分原来基础比较好的优秀教材或讲义修订再版，逐步形成精品教材；提倡并鼓励编写体现工程型和应用型的专业教学内容和课程体系改革成果的教材。

(4) 支持一纲多本，合理配套。专业核心课和相关基础课的教材要配套，同一门课程可以有多本具有各自内容特点的教材。处理好教材统一性与多样化，基本教材与辅助教材、教学参考书,文字教材与软件教材的关系,实现教材系列资源的配套。

(5) 依靠专家,择优落实。在制定教材规划时依靠各课程专家在调查研究本课程教材建设现状的基础上提出规划选题。在落实主编人选时,要引入竞争机制,通过申报、评审确定主编。书稿完成后认真实行审稿程序,确保出书质量。

繁荣教材出版事业,提高教材质量的关键是教师。建立一支高水平的、以老带新的教材编写队伍才能保证教材的编写质量,希望有志于教材建设的教师能够加入到我们的编写队伍中来。

21世纪高等学校嵌入式系统专业规划教材

联系人:魏江江 weijj@tup.tsinghua.edu.cn

前　　言

“嵌入式无处不在”已成为现实。嵌入式系统应用的领域日益广阔，与网络通信、数字家庭、工业控制、国防军事、医疗系统、安防系统、能源系统、交通系统等行业的融合逐步加深，智能设备终端应用市场的快速发展对嵌入式系统提出了持续需求，使得嵌入式系统产业在前所未有的机遇下飞速发展。因此，系统开设嵌入式系列课程是非常必要的，这样就需要合适的配套教材。鉴于这种情况，笔者参考了大量国内外教材，结合应用型本科院校的特点，在原有第 1 版教材的基础上进行更新和修订，从而有了更具实践性和应用性的《嵌入式系统原理及应用教程(第 2 版)》。

本书着眼于“应用”，立足于“工程开发”，强调“工程训练”，具有以下特点。

1. 综合性

嵌入式系统是嵌入式硬件和嵌入式软件的综合体，硬件的设计服务于软件功能，软件的开发也必须考虑硬件资源的有限性。根据嵌入式系统的这一特点，本书采用“ARM9 微处理器＋Linux 操作平台＋应用程序设计＋CDIO 工程实训”的教学体系。

2. 基础性

本书详细讲解了 ARM9 体系结构和编程方法，尤其是举例讲解了指令系统中的指令集及汇编语言与 C/C++混合编程的方法，以便读者掌握好底层嵌入式开发的技能。

3. 实用性

本书以 S3C2440A 芯片和 Linux 操作系统为例，举例介绍了开发环境的使用与调试方法，详细介绍了嵌入式软件的编程技术。例如介绍了 AC97 音频控制器设计实例。

4. 针对性

本书是笔者多年嵌入式教学的总结。主要是针对应用型本科学生实践性的特点，在介绍 ARM9 微处理器原理及结构的同时，注重各功能模块的应用介绍。

5. 工程性

本书在第 1 版教材的基础上，结合 CDIO 教学模式，增加了嵌入式 CDIO 实训项目，以提高学生的实践能力，增强学生的工程意识。

本书系统介绍嵌入式系统软硬件的组成、工作原理和设计方法。全书分为 5 部分，共 12 章，主要内容和篇章结构安排如下。

第 1 部分为理论部分，由第 1 章组成。介绍嵌入式系统的基本概念，包括嵌入式系统的定义、组成、特点、分类和应用领域。

第 2 部分为基础部分，由第 2～6 章组成。第 2 章重点讲解 ARM9 处理器的体系结构；第 3 章详细讲解基于 ARM 的嵌入式处理器指令系统；第 4 章讲解嵌入式系统的程序设计基础，包括汇编语言程序设计及与 C/C++语言的混合编程技术；第 5、6 章详细讲解 S3C2440A 芯片内部结构、外设及工作原理和应用方法，并辅以实例讲解。

第 3 部分为开发工具部分，由第 7 章组成，着重讲解 ADS1.2 集成开发环境及嵌入式 Linux 的软件开发环境的使用。

第4部分为操作系统部分,由第8～11章组成。第8章详细分析嵌入式系统的Boot Loader,第9～11章以实例的方式讲解基于"S3C2440A芯片+ Linux操作平台"的设计方法。

第5部分为CDIO工程实训,由第12章组成,详细讲解了8个实训实例,学生还可以进行扩展训练。

本书由孟祥莲任主编,孙平、王嘉鹏、姜波、于剑光任副主编。

由于嵌入式技术发展迅速,加上笔者水平有限,时间仓促,书中难免有疏漏和错误之处,请读者不吝赐教,以便我们在再版的时候及时纠正补充。

本书的配套课件、代码等可以从清华大学出版社网站 www.tup.com.cn 下载,如在本书使用或课件下载中遇到问题,请联系 fuhy@tup.tsinghua.edu.cn。

编者

2017年1月

第1版前言

“嵌入式无处不在”已成为现实。嵌入式系统应用的领域日益广阔，与网络通信、数字家庭、工业控制、国防军事、医疗系统、安防系统、能源系统、交通系统等行业融合正在加深，智能设备终端应用市场的快速发展对嵌入式系统提出了持续需求，使得嵌入式系统产业在前所未有的机遇下快速地发展。因此，系统地开设嵌入式系列课程是必要的，这样就需要合适的配套教材，鉴于这种情况，作者参考了大量国内外教材，结合应用型本科院校的特点，编写了《嵌入式系统原理及应用教程》一书。

全书着眼于“应用”、立足于“工程开发”，具有以下特点。

1. 综合性

嵌入式系统是嵌入式硬件和嵌入式软件的综合体，硬件的设计服务于软件功能，软件的开发也必须考虑硬件资源的有限性。根据嵌入式系统的这一特点，本书采用“ARM9 处理器＋Linux 操作平台＋应用程序设计”的介绍方法。

2. 基础性

本书详细地讲解了 ARM9 处理器的体系结构和编程方法，尤其是举例讲解了指令系统中的指令集及汇编语言与 C/C++混合编程的方法，以便读者掌握好底层嵌入式开发的技能。

3. 实用性

本书以 S3C2440A 芯片和 Linux 操作系统为例，举例介绍了开发环境的使用与调试方法，详细介绍了嵌入式软件的编程技术。例如介绍 AC97 音频控制器和触摸屏的设计实例。

4. 针对性

本书是编者几年嵌入式教学的总结。主要是针对应用型本科学生实践性强的特点，在介绍 ARM9 处理器的原理及结构的同时，注重了各功能模块的应用介绍。

本书系统地介绍了嵌入式系统软硬件的组成、工作原理和设计方法。全书分为 4 部分，共 11 章，主要内容和篇章结构安排如下。

第 1 部分为理论部分，由第 1 章组成。介绍嵌入式系统的基本概念，包括嵌入式系统的定义、组成、特点、分类和应用领域。

第 2 部分为基本部分，由第 2～6 章组成。第 2 章重点讲解 ARM9 处理器的体系结构；第 3 章详细讲解基于 ARM 的嵌入式处理器指令系统；第 4 章讲解其嵌入式系统的程序设计基础，包括汇编语言程序设计及与 C/C++语言的混合编程技术；第 5～6 章详细讲解 S3C2440A 芯片内部结构、内部外设及工作原理和应用方法，并辅以实例讲解。

第 3 部分为开发工具部分，由第 7 章组成。着重讲解 ADS1.2 集成开发环境及嵌入式 Linux 的软件开发环境的使用。

第 4 部分为操作系统部分，由第 8～11 章组成。第 8 章详细分析嵌入式系统的 Boot Loader；第 9～11 章以实例的方式讲解基于“S3C2440A 芯片＋Linux 操作平台”的设计方法。

全书由孟祥莲主编并编写第3～6章，高洪志编写第1～2章，孙平编写第7～8章，朱国晗编写第9～11章。

由于嵌入式技术发展迅速，加上作者水平有限，时间仓促，书中难免有疏漏和错误之处，无论如何，请读者不吝赐教，以便我们在改版或再版的时候及时纠正补充。

作者

2010年8月

目　录

第1章　嵌入式系统概述

嵌入式系统是面向用户、面向产品、面向应用的，并被各个领域广泛地应用。目前，各种各样的嵌入式系统大量应用到各个领域，从航天到运输，从军事到工业，从科学研发到日常生活，从网络通信设备到智能仪器、日常消费电子设备，到处有嵌入式系统的存在。随着嵌入式技术的发展，嵌入式系统将更广泛地应用于人类生活的方方面面。它是一个技术密集、资金密集、高度分散、不断创新的基于硅片的专用集成系统。嵌入式系统拥有巨大的市场空间，而目前产业界对嵌入式系统人才需求的空间也非常大。

1.1　嵌入式系统定义

1.1.1　嵌入式系统的概念

嵌入式系统(embedded systems)是指："嵌入到对象体系中的、用于执行独立功能的专用计算机系统"。定义为以应用为中心，以微电子技术、控制技术、计算机技术和通信技术为基础，强调硬件软件的协同性与整合性，软件硬件可剪裁的，适应应用系统对功能、可靠性、成本、体积、功耗和应用环境等有严格要求的专用计算机系统。

嵌入式系统的嵌入式本质就是将一个计算机嵌入到一个对象体系中去。

嵌入式系统主要由嵌入式处理器、支撑硬件和嵌入式软件组成。其中嵌入式处理器通常是单片机或微控制器，支撑硬件主要包括定时器、微控制器、存储器、传感器等，嵌入式软件则包括支撑硬件的驱动程序、操作系统、应用软件系统等。它是集计算机软硬件于一体的可独立工作的"器件"，共同实现诸如实时控制、监视、管理、移动计算、数据处理等各种自动化处理任务。

最简单的嵌入式系统仅有执行单一功能的控制能力，在唯一的ROM(只读存储器)中仅有实现单一功能的控制程序，无微型操作系统。复杂的嵌入式系统，例如个人数字助理(PDA)、手持电脑(HPC)等，具有与PC几乎一样的功能。实质上与PC的区别仅仅是将微型操作系统与应用软件嵌入在ROM、RAM或Flash存储器中，而不是存储于磁盘等载体中。很多复杂的嵌入式系统又是由若干个小型嵌入式系统组成的。

从广义上讲，凡是带有微处理器的专用硬件系统都可以称为嵌入式系统，如各类单片机和DSP系统。这些系统在完成较为单一的专业功能时具有简捷高效的特点。但它们的软件的能力有限。因此，推荐使用由嵌入式微处理器构成独立系统，具有自己的操作系统，具有特定功能，用于特定场合的嵌入式系统。所以，一个嵌入式系统就是一个硬件和软件的集合体，它包括硬件和软件两部分。其中硬件包括嵌入式处理器、控制器、数字信号处理器(DSP)、存储及外设器件、输入输出(I/O)。由于应用领域不同，应用程序千差万别。

按照上述嵌入式系统的定义，只要满足定义中三要素的计算机系统，都可称为嵌入式系统。嵌入式系统按形态可分为设备级(工控机)、板级(单板、模块)、芯片级(MCU、SoC)。因此,有些人把嵌入式处理器当作嵌入式系统,但由于嵌入式系统是一个嵌入式计算机系统,因此,只有将嵌入式处理器构成一个计算机系统,并作为嵌入式应用时,这样的计算机系统才可称为嵌入式系统。

嵌入式系统不同于常见的计算机系统,它不以独立设备的物理形态出现,即它没有一个统一的外观,它的部件根据主体设备及应用的需要嵌入在设备的内部,发挥着运算、处理、存储及控制的作用。

1.1.2 嵌入式系统的特点

嵌入式系统特别强调"量身定做"的原则,开发人员往往需要针对某一种特殊用途开发出一个截然不同的嵌入式系统来,所以很难不经过"大量"修改而直接将一个嵌入式系统完全套用到其他的嵌入式产品上去。

"嵌入性"、"专用性"与"计算机系统"是嵌入式系统的3个基本要素。对象系统则是指嵌入式系统所嵌入的宿主系统。嵌入式系统的特点是由3个基本要素衍生出来的。不同的嵌入式系统其特点会有所差异。

与"嵌入性"相关的特点:由于是嵌入到对象系统中,因此必须满足对象系统的环境要求,如物理环境(小型)、电气环境(可靠)、成本(价廉)等要求。

与"专用性"相关的特点:软、硬件的裁剪性,满足对象要求的最小软、硬件配置等。

与"计算机系统"相关的特点:嵌入式系统必须是能满足对象系统控制要求的计算机系统。与上两个特点相呼应,这样的计算机必须配置与对象系统相适应的接口电路。

与通用的计算机系统相比,嵌入式系统具有以下显著特点。

1. 系统内核小

由于嵌入式系统应用于小型电子装置,系统资源相对有限,所以内核较传统的操作系统要小得多。比如,ENEA公司的OSE分布式系统,内核只有5KB;3Com公司的32位嵌入式操作系统Palm OS,内核为几十KB;微软开发的基于掌上型电脑操作的32位嵌入式操作系统Windows CE,核心为占500KB的ROM和250KB的RAM,整个Windows CE操作系统包括硬件抽象层、Windows CE内核、User、GUI、文件系统和数据库,大约共1.5MB。

而传统的操作系统,如Windows的内核,则要大得多。

2. 专用性强

嵌入式系统通常是面向特定任务的,相对于一般通用PC计算平台,嵌入式系统的个性化很强,其中软件系统和硬件的结合非常紧密,一般要针对硬件进行软件系统的移植。即使在同一品牌、同一系列的产品中也需要根据硬件的变化和增减不断进行修改。针对不同的任务,往往需要对系统进行较大的更改,有时甚至要废弃整个系统重新进行设计。

3. 运行环境差异大

嵌入式系统使用范围极为广泛,其运行环境差异很大。如运行在冰天雪地的南北极、温度很高的汽车、要求恒温和恒湿的科学实验室等,特别是在恶劣的环境中,或者突然断电等情况下,要求系统仍然能够正常工作。

4. 可靠性要求高

嵌入式系统不像通用的PC一样,"死机"时能通过手动重启计算机。嵌入式系统往往要长期在无人值守的环境下运行，甚至是常年运行，因此对可靠性的要求特别高。

如果说在普通应用(如手机等消费类电子产品)中，有少量错误还可以接受的话，那么，在一些特殊的应用场合，如核电站、航天航空、工业控制、汽车制造等，系统的一个错误就可能造成很大的损失。为实现高可靠性要求这一目标，就需要建立科学的系统测试和可靠性的评估体系，同时引入一些系统自动恢复机制，如看门狗定时器，在软件失去控制后能使之重新开始正常的运行。

5. 系统精简和高实时性操作系统

现在许多嵌入式系统要胜任的工作越来越复杂，嵌入式操作系统就成为嵌入式系统设计中必不可少的一个环节。嵌入式操作系统与传统操作系统的基本功能是一致的，但嵌入式操作系统还是有其独特的要求和技术特点，如实时性、可裁剪性、可伸缩性和易移植性等。

6. 具有固化在非易失性存储器中的代码

嵌入式系统的目标代码通常是固化在非易失性存储器芯片中。嵌入式系统开启后，必须有代码对系统进行初始化，以便其余的代码能够正常运行，这就是建立运行时的环境。比如，初始化 RAM 放置变量、测试内存的完整性、测试 ROM 完整性以及其他的初始化任务。

为了系统的初始化，几乎所有系统都要在非易失性存储器中存放部分代码(启动代码)。为了提高执行速度和系统可靠性，大多数嵌入式系统常常把所有代码(或者其压缩代码)固化，存放在存储器芯片和处理器芯片的内部存储器件中，而不使用外部存储介质。

7. 嵌入式系统开发工具和环境

嵌入式系统开发需要专门的开发工具和环境。由于嵌入式系统本身不具备自主开发能力，即使设计完成之后，用户通常也不能对其中的程序进行修改，因此必须有一套开发工具和环境才能进行开发。这些工具和环境一般基于通用计算机上的硬件以及各种逻辑分析仪、混合信号滤波器等。开发时有主机和目标机，主机用于程序的开发，目标机作为最后的执行机，开发时需要二者交替结合进行。

1.2　嵌入式系统的组成

嵌入式系统是将嵌入了软件的计算机硬件作为其最重要部分的系统，它是一种专门用于某个应用或生产的特殊产品的计算机系统。

1.2.1　嵌入式系统硬件

嵌入式系统硬件是以嵌入式处理器为核心，由存储器、I/O 单元电路、通信模块、外部设备等必要的辅助接口组成的，如图 1-1 所示。

硬件平台是整个嵌入式实时操作系统和实时应用程序运行的硬件基础。不同的应用通常有不同的硬件环境。硬件平台的多样性是嵌入式系统的一个主要特点。在实际应用中，除了微处理器和基本的外围电路以外，其余的电路都可根据需要和成本进行裁剪、定制。嵌入式系统的核心部件是各种类型的嵌入式处理器，据不完全统计，全世界嵌入式处理器的品种总量已经超过 1000 种，流行的体系结构有 30 多个系列，数据总线宽度从 8 位到 32 位，处理速度为 0.1～2000MIPS(MIPS 指每秒执行的百万条指令数)。

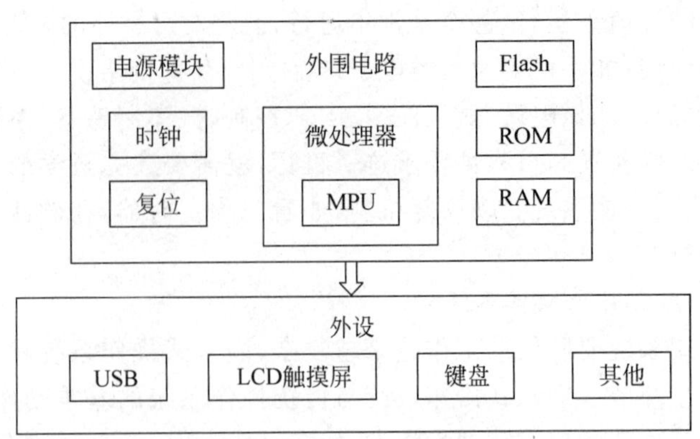

图 1-1 嵌入式系统硬件组成

1.2.2 嵌入式系统软件

嵌入式系统的软件由嵌入式操作系统和相应的各种应用程序组成。

1. 嵌入式操作系统

嵌入式操作系统完成系统初始化及嵌入式应用的任务调度和控制等核心功能,其内核精简,具有可配置特性,并与高层应用紧密关联。嵌入式操作系统的主要特点如下。

(1) 体积小

嵌入式系统有别于一般的计算机处理系统,它不具备像硬盘那样大容量的存储介质,而大多使用闪存(Flash memory)作为存储介质。这就要求嵌入式操作系统只能运行在有限的内存中,不能使用虚拟内存,中断的使用也受到限制。因此,嵌入式操作系统必须结构紧凑,体积微小。

(2) 实时性

大多数嵌入式系统都是实时系统,而且多是强实时多任务系统,因此要求相应的嵌入式操作系统也必须是实时操作系统。实时多任务操作系统(RTOS)简称实时操作系统,主要用来完成嵌入式实时应用的任务调度和控制等核心功能。这些功能是通过内核服务函数形式交给用户调用的,也就是 RTOS 的系统调用,或者叫做 RTOS 的 API。

RTOS 的体系结构如图 1-2 所示。

2. 应用程序

实时应用程序运行于操作系统之上,利用操作系统提供的实时机制完成特定功能的嵌入式应用。不同的系统需要设计不同的嵌入式实时应用程序。应用程序是面向被控对象和用户的,当需要用户操作时,往往需要提供一个友好的人机界面。

1.2.3 嵌入式系统的开发系统和开发工具

嵌入式系统的硬件和软件处于嵌入式系统产品本身,开发工具则独立于嵌入式系统产品之外。开发工具一般用于开发主机,包括语音编译器、连接定位器、调试器等,这些工具一起构成了嵌入式系统的开发系统和开发工具。

嵌入式系统的开发工具主要有以下几种。

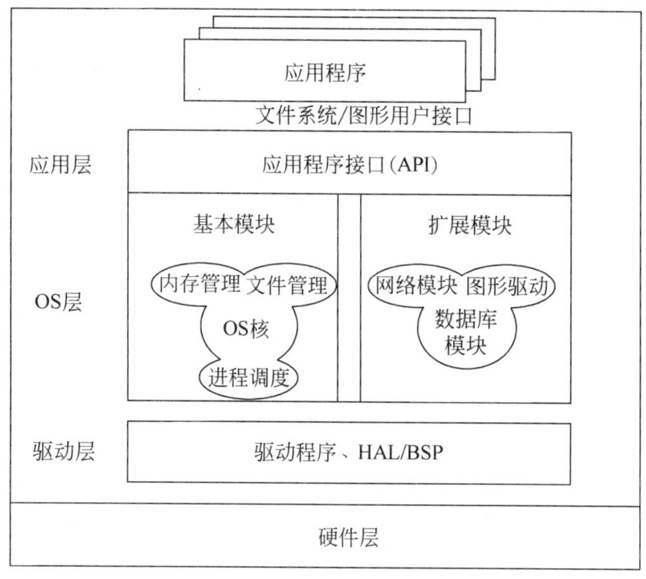

图 1-2　RTOS 的体系结构图

1. ADS(ARM Developer Suite)

ADS 在 1993 年由 Metrowerks 公司开发，是 ARM 处理器下最主要的开发工具。ADS 是全套的实时开发软件工具，编译器生成的代码密度和执行速度优异，可快速低价地创建 ARM 结构应用。ADS 包括三种调试器：ARM eXtended Debugger(AXD)、向下兼容的 ARM Debugger for Windows/ARM Debugger for UNIX 和 ARM 符号调试器。其中 AXD 不仅拥有低版本 ARM 调试器的所有功能，还新添了图形用户界面，更方便的视窗管理数据显示、格式化和编辑以及全套的命令行界面。

2. RealView MDK

RealView MDK 开发工具源自德国 Keil 公司，被全球超过 10 万的嵌入式开发工程师验证和使用，是 ARM 公司目前最新推出的、针对各种嵌入式处理器的软件开发工具。RealView MDK 集成了业内最领先的技术，包括 μVision3 集成开发环境与 RealView 编译器。支持 ARM7、ARM9 和最新的 Cortex-M3 核处理器，自动配置启动代码，集成 Flash 烧写模块，具有强大的 Simulation 设备模拟、性能分析等功能。

3. IAR EWARM

Embedded Workbench for ARM 是 IAR Systems 公司为 ARM 微处理器开发的一个集成开发环境(简称 IAR EWARM)。相较于其他的 ARM 开发环境，IAR EWARM 具有入门容易、使用方便和代码紧凑等特点。EWARM 中包含一个全软件的模拟程序(simulator)。用户不需要任何硬件支持就可以模拟各种 ARM 内核、外部设备甚至中断的软件运行环境。

1.3　嵌入式系统的应用

嵌入式系统应用是以嵌入式系统硬件平台的搭建、嵌入式操作系统的成功移植和运行为前提的。

嵌入式系统概念的提出已经有相当长的时间,其历史几乎和计算机的历史一样长,主要用于军事领域和工业控制领域,所以很少被人们关注和了解。随着数字技术的发展,体积更小的控制芯片和功能更强的操作系统的出现,它才被广泛应用于人们的日常生活中。由于网络连接的实现,特别是 Internet 设备的出现,嵌入式系统在多个方面的应用迅速增长。

现在,嵌入式产品已经在更多领域得到广泛的使用,主要应用领域有几方面。

1. 工业过程控制

目前,在工业控制和自动化行业中使用嵌入式系统非常普遍,例如,智能控制设备、智能仪表、现场总线设备、数控机床、机器人等。机器人是很复杂的嵌入式设备,甚至配备多个嵌入式处理器,各个处理器通过网络进行互连。

工业嵌入式系统的发展趋势是网络化、智能化和控制的分散化。

2. 网络通信设备

众多网络设备都是使用嵌入式系统的典型例子,如路由器、交换机、Web 服务器、网络接入设备等。另外,在后 PC 时代将会产生比 PC 时代多成百上千倍的瘦服务器和超级嵌入式瘦服务器。这些瘦服务器将为人们提供需要的各种信息,并通过 Internet 自动、实时、方便、简单地提供给需要这些信息的对象。

3. 消费类电子产品

作为移动计算设备的 PDA 和手机已出现融合趋势,未来必然是二者合一,提供给用户随时随地访问 Internet 的能力。同时它还具有其他信息服务功能,如文字处理、邮件管理、个人事务管理和多媒体信息服务等,而且简单易用、价格低廉、维护简便。

信息电器是指所有能提供信息服务或通过网络系统交互信息的消费类电子产品。它是嵌入式系统在消费类电子产品中的另一大应用。如前几年打得火热的“维纳斯”与“女娲”之战就是信息家电中的机顶盒之争。如果在冰箱、空调、监视器等家电设备中嵌入计算机并提供网络访问能力,用户就可以通过网络随时随地地了解家中的情况,并控制家中的相应电器。

4. 航空航天设备

嵌入式系统在航空航天设备中也有着广泛的应用,如空中飞行器、火星探测器等。

1992 年,美国兰德公司提交美国国防部高级研究计划署的一份关于未来军事技术的研究报告中首次提出了微型飞行器的概念。由于对微型飞行器的超微型、超轻质量的要求,引起对控制器件、系统、能源等一系列挑战性和革命性的技术问题的探讨。

5. 军事电子设备和现代武器

军事电子设备和现代武器是早期嵌入式系统的重要应用领域。军事领域从来就是许多高新技术的发源地,由于内装嵌入式计算机的设备反应速度快、自动化程度高,所以威力巨大,自然很得军方青睐。从“爱国者”导弹的制导系统到战斗机的瞄准器,从 M1A2 的火控系统到单兵系统的通信器,都可觅得嵌入式系统的踪迹。

1.4 本章小结

本章描述了嵌入式系统的概念,对嵌入式系统的功能、嵌入式系统的应用做了一些简单的介绍,并着重介绍了嵌入式系统的硬件和软件特征,使读者能对嵌入式微处理器、嵌入式技术有一个总体上的认识。

1.5　习　题　1

1. 嵌入式系统的概念是什么?
2. 嵌入式系统的特点是什么?
3. 嵌入式系统的功能是什么?
4. 嵌入式系统的硬件平台由哪些部分组成?
5. 嵌入式的软件有哪些?
6. RTOC 是什么?
7. 举例说明嵌入式的应用领域。

第2章 ARM微处理器概述与编程模型

本章将讨论基于ARM的处理器体系结构，重点说明ARM体系结构的设计思想、工作状态、存储格式、寄存器组织和处理模式等。

2.1 ARM微处理器概述

ARM(advanced RISC machines)有三种含义，它是一个公司的名称，是一类微处理器的通称，还是一种技术的名称。

ARM公司1991年成立于英国剑桥，现在已是微处理器行业的一家知名企业，ARM公司是专门从事基于RISC技术芯片设计开发的公司，其设计了大量高性能、廉价、低耗能的RISC芯片，并开发了相关技术和软件。作为知识产权供应商，主要出售芯片设计技术的授权。ARM公司本身不生产芯片，靠转让设计许可，由合作伙伴公司来生产各具特色的芯片。世界各大半导体生产商从ARM公司购买其设计的ARM微处理器核，根据各自不同的应用领域，加入适当的外围电路，从而形成自己的ARM微处理器芯片进入市场。目前，全世界有超过100家大的半导体公司都使用ARM公司的授权，其中包括许多著名的半导体公司。ARM公司专注于设计，设计的芯片内核耗电少、成本低、功能强，特有16/32位双指令集。因此既使得ARM技术获得更多的第三方工具、制造商、软件的支持，又使整个系统成本降低，使产品更容易进入市场被消费者所接受，更具有竞争力。

目前，采用ARM技术知识产权(IP)核的微处理器，即通常所说的ARM微处理器，已遍及工业控制、消费类电子产品、通信系统、网络系统、无线系统等各类产品市场，基于ARM技术的微处理器应用约占据了32位RISC微处理器75%以上的市场份额，ARM技术正在逐步渗入到生活的各个方面。

2.1.1 ARM微处理器的特点

采用RISC架构的ARM微处理器一般具有如下特点。

(1) 小体积、低功耗、低成本、高性能；

(2) 支持Thumb(16位)/ARM(32位)双指令集，能很好地兼容8位/16位器件；

(3) 大量使用寄存器，指令执行速度更快；

(4) 大多数数据操作都在寄存器中完成；

(5) 寻址方式灵活简单，执行效率高；

(6) 指令长度固定。

2.1.2 ARM微处理器系列

ARM处理器的产品系列非常广，包括ARM7、ARM9、ARM9E、ARM10E、ARM11和

SecurCore、Cortex 等，以及其他厂商基于 ARM 体系结构的处理器。除了具有 ARM 体系结构的共同特点以外，每一系列提供一套特定的性能来满足设计者对功耗、性能、体积的需求。表 2-1 总结了 ARM 各系列处理器所包含的不同类型。

表 2-1　ARM 各系列处理器所包含的不同类型

ARM 系列	包含类型
ARM7 系列	ARM7EJ-S
	ARM7TDMI
	ARM7TDMI-S
	ARM720T
ARM9/9E 系列	ARM920T
	ARM922T
	ARM926EJ-S
	ARM940T
	ARM946E-S
	ARM966E-S
	ARM968E-S
向量浮点运算(vector floating point)	VFP9-S
	VFP10
ARM10E 系列	ARM1020E
	ARM1022E
	ARM1026EJ-S
ARM11 系列	ARM1136J-S
	ARM1136JF-S
	ARM1156T2(F)-S
	ARM1176JZ(F)-S
	ARM11MPCore
SecurCore 系列	SC100
	SC110
	SC200
	SC210
其他合作伙伴产品	StrongARM
	Xscale
	Cortex-M3
	MBX

其中，ARM7、ARM9、ARM9E 和 ARM10 为 4 个通用处理器系列，每一个系列提供一套相对独特的性能来满足不同应用领域的需求。SecurCore 是单独一个产品系列，是专门为安全要求较高的设备应用而设计的。下面详细了解一下各种处理器的特点及应用领域。

1. ARM7 微处理器系列

ARM7 内核采用冯・诺依曼体系结构，数据和指令使用同一条总线。内核有一条三级流水线，执行 ARMv4 指令集。微处理器为低功耗的 32 位 RISC 处理器，最适合用于对成本和功耗要求较高的消费类产品。

ARM7 系列包括 ARM7TDMI、ARM7TDMI-S、ARM7EJ-S 和 ARM720T 四种类型，

主要用于适应不同的市场需求。其中,ARM7TDMI 是目前使用最广泛的 32 位嵌入式 RISC 处理器,属低端 ARM 处理器核。

ARM7 微处理器系列主要具有如下特点。

- 成熟的大批量的 32 位 RICS 芯片;
- 最高主频达到 130MIPS,高速的运算处理能力能胜任绝大多数的复杂应用;
- 能够提供 0.9MIPS/MHz 的三级流水线结构;
- 对操作系统的支持广泛,包括 Windows CE、Linux、Palm OS 等;
- 极低的功耗,适合对功耗要求较高的应用,如便携式产品;
- 代码密度高,兼容 16 位的 Thumb 指令集;
- 开发工具多,EDA 仿真模型多;
- 调试机制完善,具有嵌入式 ICE-RT 逻辑,调试开发方便;
- 提供 0.25μm、0.18μm 及 0.13μm 的生产工艺;
- 指令系统与 ARM9 系列、ARM9E 系列及 ARM10E 系列兼容,便于用户的产品升级换代。

ARM7 系列处理器主要应用于下面一些场合。

- 个人音频设备(MP3 播放器、WMA 播放器、AAC 播放器);
- 接入级的无线设备;
- 喷墨打印机;
- 数码照相机;
- PDA。

2. ARM9 微处理器系列

(1) ARM9 系列

ARM9 系列于 1997 年问世。由于采用了 5 级指令流水线,ARM9 处理器能够运行在比 ARM7 更高的时钟频率上,改善了处理器的整体性能;存储器系统根据哈佛体系结构(程序和数据空间独立的体系结构)重新设计,区分了数据总线和指令总线。

ARM9 系列微处理器包含 ARM920T、ARM922T 和 ARM940T 三种类型,以适用于不同的应用场合。ARM9 系列的第一个处理器是 ARM920T,它包含独立的数据指令 cache 和 MMU(memory management unit,存储器管理单元)。此处理器能够被用在要求有虚拟存储器支持的操作系统上。本书所介绍的 Samsung 公司的 S3C2440A 即属于该系列的处理器。ARM922T 是 ARM920T 的变种,只有一半大小的数据指令 cache。

ARM940T 包含一个更小的数据指令 cache 和一个 MPU(micro processor unit,微处理器单元)。它是针对不要求运行操作系统的应用而设计的。ARM920T、ARM940T 都执行 v4T 架构指令。

ARM9 系列微处理器具有以下特点:

- 5 级整数流水线,指令执行效率更高;
- 提供 1.1MIPS/MHz 的哈佛结构;
- 支持 32 位 ARM 指令集和 16 位 Thumb 指令集;
- 支持 32 位的高速 AMBA 总线接口;
- 全性能的 MMU,支持 Windows CE、Linux、Palm OS 等多种主流嵌入式操作系统;
- MPU 支持实时操作系统;

- 支持数据 cache 和指令 cache，具有更高的指令和数据处理能力。

ARM9 系列处理器主要应用于下面一些场合：

- 下一代无线设备，包括视频电话和 PDA 等；
- 数字消费品，包括机顶盒、家庭网关、MP3 播放器和 MPEG-4 播放器；
- 成像设备，包括打印机、数码照相机和数码摄像机；
- 汽车、仪器仪表、通信和信息系统。

(2) ARM9E 微处理器系列

ARM9 系列的下一代处理器基于 ARM9E-S 内核。这个内核是 ARM9 内核带有 E 扩展的一个可综合处理器，使用单一的处理器内核提供了微控制器、DSP、Java 应用系统的解决方案，极大地减少了芯片的面积和系统的复杂程度。ARM9E 系列微处理器提供了增强的 DSP 处理能力，很适合于那些需要同时使用 DSP 和微控制器的应用场合。

ARM9E 系列微处理器包含 ARM926EJ-S、ARM946E-S 和 ARM966E-S 三种类型，以适用于不同的应用场合。ARM946E-S 包括 TCM(tightly coupled memory，紧耦合存储器)、cache 和一个 MPU。TCM 和 cache 的大小可配置。该处理器是针对要求有确定的实时响应的嵌入式控制而设计的。ARM966E-S 有可配置的 TCM，但没有 MPU 和 cache 扩展。

ARM9 系列的 ARM926EJ-S 内核为可综合的处理器内核，发布于 2000 年。它是针对小型便携式 Java 设备，如 3G 手机和 PDA 应用而设计的。ARM926EJ-S 是第一个包含 Jazelle 技术，可加速 Java 字节码执行的 ARM 处理器内核。它还有一个 MMU、可配置的 TCM 及具有零或非零等待存储器的数据指令 cache。

ARM9E 系列微处理器的主要特点如下：

- 支持 DSP 指令集，适合于需要高速数字信号处理的场合；
- 5 级整数流水线，指令执行效率更高；
- 支持 32 位 ARM 指令集和 16 位 Thumb 指令集；
- 支持 32 位的高速 AMBA 总线接口；
- 支持 VFP9 浮点处理协处理器；
- 全性能的 MMU，支持 Windows CE、Linux、Palm OS 等多种主流嵌入式操作系统；
- MPU 支持实时操作系统；
- 支持数据 cache 和指令 cache，具有更高的指令和数据处理能力；
- 主频最高可达 300MIPS。

ARM9E 系列处理器主要应用于下面一些场合：

- 下一代无线设备，包括视频电话和 PDA 等；
- 数字消费品，包括机顶盒、家庭网关、MP3 播放器和 MPEG-4 播放器；
- 成像设备，包括打印机、数码照相机和数码摄像机；
- 存储设备，包括 DVD 或 HDD 等；
- 工业控制，包括电机控制等；
- 汽车、通信和信息系统的 ABS 和车体控制；
- 网络设备，包括 VoIP、Wireless LAN 和 xDSL 等。

3. ARM10 处理器系列

(1) ARM10 处理器系列

ARM10 发布于 1999 年，具有高性能、低功耗的特点。它所采用的新的体系使其在所有 ARM 产品中具有最高的 MIPS/MHz。它将 ARM9 的流水线扩展到 6 级,也支持可选的向量浮点单元,对 ARM10 的流水线加入了第 7 段。VFP 明显增强了浮点运算性能并与 IEEE 754.1985 浮点标准兼容。

(2) ARM10E 处理器系列

ARM10E 系列处理器由于采用了新的体系结构,与同等的 ARM9 器件相比较,在同样的时钟频率下,性能提高了近 50%,同时,ARM10E 系列微处理器采用了两种先进的节能方式,使其功耗极低。它提供了 64 位的 Load/Store 体系,支持包括向量操作的满足 IEEE 754 的浮点运算协处理器,系统集成更加方便,拥有完整的硬件和软件开发工具。ARM10E 系列微处理器包含 ARM1020E、ARM1022E 和 ARM1026EJ-S 三种类型,以适用于不同的应用场合。

ARM10E 系列微处理器的主要特点如下:

- 支持 DSP 指令集,适合于需要高速数字信号处理的场合。
- 6 级整数流水线,指令执行效率更高。
- 支持 32 位 ARM 指令集和 16 位 Thumb 指令集。
- 支持 32 位的高速 AMBA 总线接口。
- 支持 VFP10 浮点处理协处理器。
- 全性能的 MMU,支持 Windows CE、Linux、Palm OS 等多种主流嵌入式操作系统。
- 支持数据 cache 和指令 cache,具有更高的指令和数据处理能力。
- 主频最高可达 400MIPS。
- 内嵌并行读写操作部件。

ARM10E 系列处理器具体应用于下面一些场合:

- 下一代无线设备,包括视频电话和 PDA、笔记本电脑和互联网设备;
- 数字消费品,包括机顶盒、家庭网关、MP3 播放器和 MPEG-4 播放器;
- 成像设备,包括打印机、数码照相机和数码摄像机;
- 汽车、通信和信息系统等;
- 工业控制,包括马达控制等。

4. ARM11 处理器系列

ARM1136J-S 发布于 2003 年,是针对高性能和高能效应而设计的。ARM1136J-S 是第一个执行 ARMv6 架构指令的处理器。它集成了一条具有独立的 Load/Store 和算术流水线的 8 级流水线。ARMv6 指令包含了针对媒体处理的单指令流多数据流扩展,采用特殊的设计改善视频处理能力。

5. SecurCore 处理器系列

SecurCore 系列微处理器专为安全需要而设计,提供了基于高性能的 32 位 RISC 技术的安全解决方案。SecurCore 系列处理器除了具有体积小、功耗低、代码密度高等特点外,还具有它自己的特别优势,即提供了安全解决方案支持。

SecurCore 系列微处理器包含 SecurCore SC100、SecurCore SC110、SecurCore SC200 和 SecurCore SC210 四种类型,以适用于不同的应用场合。

SecurCore 系列微处理器除了具有 ARM 体系结构各种主要特点外,还在系统安全方面具有如下的特点:

- 支持 ARM 指令集和 Thumb 指令集，以提高代码密度和系统性能；
- 采用软内核技术以提供最大限度的灵活性，可以防止外部对其进行扫描探测；
- 带有灵活的保护单元，以确保操作系统和应用数据的安全；
- 提供了安全特性，可以抵制攻击；
- 提供面向智能卡和低成本存储保护单元 MPU；
- 可以集成用户自己的安全特性和其他的协处理器。

SecurCore 系列微处理器主要应用于一些对安全性要求较高的应用产品及应用系统，如电子商务、电子政务、电子银行业务、网络和认证系统等领域。

6. StrongARM 和 Xscale 处理器系列

(1) StrongARM 处理器最初是 ARM 公司与 Digital Semiconductor 公司合作开发的，现在由 Intel 公司单独许可。Intel StrongARM SA-1100 处理器是采用 ARM 体系结构高度集成的 32 位 RISC 微处理器。它融合了 Intel 公司的设计和处理技术以及 ARM 体系结构的电源效率，采用在软件上兼容 ARMv4 体系结构、同时采用具有 Intel 技术优点的体系结构。采用哈佛架构，具有独立的数据和指令 cache，有 MMU。StrongARM 是第一个包含 5 级流水线的高性能 ARM 处理器，但它不支持 Thumb 指令集。

Intel StrongARM 处理器是便携式通信产品和消费类电子产品的理想选择，已成功应用于多家公司的掌上电脑系列产品。

(2) Intel 公司的 Xscale 是 StrongARM 的后续产品，在性能上有显著改善，是基于 ARMv5TE 体系结构的解决方案。它执行 v5TE 架构指令，也采用哈佛结构，类似于 StrongARM 也包含一个 MMU，是一款全性能、高性价比、低功耗的处理器。它支持 16 位的 Thumb 指令和 DSP 指令集，已使用在数字移动电话、个人数字助理和网络产品等场合。

7. Cortex 和 MPCore 处理器系列

为了适应市场的需要，ARM 推出了一系列新的处理器——Cortex-M3 和 MPCore。Cortex-M3 主要针对微控制器市场，而 MPCore 主要针对高端消费类产品市场。

Cortex-M3 改进了代码密度，减少了中断延时并有更低的功耗。Cortex-M3 中实现了最新的 Thumb-2 指令集。MPCore 提供了 cache 的一致性，每个支持 1～4 个 ARM11 核，这种设计为现代消费类产品对性能和功耗的需求进行了很好的平衡。

8. 各种处理器系列之间的比较

表 2-2 显示了 ARM7、ARM9、ARM10 及 ARM11 内核之间属性的比较。有些属性依赖于生产过程和工艺，具体芯片需参阅其芯片手册。表 2-3 总结了各种处理器的不同功能。

表 2-2　ARM 系列处理器属性比较

项　目	ARM7	ARM9	ARM10	ARM11
流水线深度	3 级	5 级	6 级	8 级
典型频率(MHz)	80	150	260	335
功耗(MW/MHz)	0.06	0.19(+cache)	0.5(+cache)	0.4(+cache)
MIPS/MHz	0.97	1.1	1.3	1.2
架构	冯·诺依曼	哈佛	哈佛	哈佛
乘法器	8×32	8×32	16×32	16×32

表 2-3 ARM 处理器不同功能特性

CPU 核	MMU/MPU	cache	Jazelle	Thumb	指令集	E
ARM7TDMI	无	无	否	是	v4T	否
ARM7EJ-S	无	无	是	是	v5TEJ	是
ARM720T	MMU	统一 8KB cache	否	是	v4T	否
ARM920T	MMU	独立 16KB 指令和数据 cache	否	是	v4T	否
ARM922T	MMU	独立 8KB 指令和数据 cache	否	是	v4T	否
ARM926EJ-S	MMU	cache 和 TCM 可配置	是	是	v5TEJ	是
ARM940T	MPU	独立 4KB 指令和数据 cache	否	是	v4T	否
ARM946E-S	MPU	cache 和 TCM 可配置	否	是	v5TE	是
ARM966E-S	无	cache 和 TCM 可配置	否	是	v5TE	是
ARM1020E	MMU	独立 32KB 指令和数据 cache	否	是	v5TE	是
ARM1022E	MMU	独立 16KB 指令和数据 cache	否	是	v5TE	是
ARM1026EJ-S	MMU	cache 和 TCM 可配置	是	是	v5TE	是
ARM1136J-S	MMU	cache 和 TCM 可配置	是	是	v6	是
ARM1136JF-S	MMU	cache 和 TCM 可配置	是	是	v6	是

2.2 ARM 微处理器结构

ARM 体系结构为嵌入式系统发展提供很高的系统性能,同时保持了优异的功耗和面积效率。

2.2.1 RISC 体系结构

嵌入式微处理器的基础是通用计算机中的 CPU 在不同应用中将微处理器装配在专门设计的电路板上,只保留和嵌入式应用有关的功能,这样可以大幅度减小系统体积和功耗。嵌入式微处理器目前主要有 Intel 公司的 x86 系列、Motorola 公司的 68K 系列等。

1. 嵌入式 CISC 微处理器

传统的复杂指令集计算机(complex instruction set computer,CISC)结构有其固有的缺点,即随着计算机技术的发展而不断引入新的复杂的指令集,为支持这些新增的指令,计算机的体系结构会越来越复杂。然而,CISC 指令集中的各种指令,其使用频率却相差悬殊,大约有 20%的指令会被反复使用,占整个程序代码的 80%。而余下的 80%的指令却不经常使用,在程序设计中只占 20%。显然,这种结构是不太合理的。

2. 嵌入式 RISC 微处理器

基于以上的不合理性,1979 年美国加州大学伯克利分校提出了 RISC 的概念。

RISC 是精简指令集计算机,但 RISC 并非只是简单地去减少指令,而是把着眼点放在了如何使计算机的结构更加简单合理地提高运算速度上。RISC 结构通过优先选取使用频率最高的简单指令,抛弃复杂指令,固定指令长度,减少指令格式和寻址方式,以控制逻辑为主,不用或少用微码控制等措施来达到上述目的。

这些特点使得 RISC 非常适合嵌入式处理器。嵌入式微控制器将整个计算机系统或者一部分集成到一块芯片中。嵌入式微控制器一般以某一种微处理器内核为核心，比如以 MIPS 或 ARM 核为核心，在芯片内部集成 ROM、RAM、内部总线、定时/计数器、看门狗、I/O 端口、串行端口等各种必要的功能和外设。与嵌入式微处理器相比，嵌入式微控制器的最大特点是单片化，实现同样功能时系统的体积大大减小。嵌入式微控制器的品种和数量较多，比较有代表性的通用系列包括 ATMEL 公司的 AT91 系列、三星公司的 S3C 系列、Marvell 公司的 PXA 系列等。到目前为止，RISC 体系结构也还没有严格的定义，一般认为，RISC 体系结构应具有如下特点。

- 采用固定长度的指令格式，指令归整、简单，基本寻址方式有 2～3 种。
- 使用单周期指令，便于流水线操作执行。
- 大量使用寄存器，数据处理指令只对寄存器进行操作，只有 Load/Store 指令可以访问存储器，以提高指令的执行效率。
- 除此以外，ARM 体系结构还采用了一些特别的技术，在保证高性能的前提下尽量缩小芯片的面积，并降低功耗。
- 所有的指令都可根据前面的执行结果决定是否被执行，从而提高指令的执行效率。
- 可用 Load/Store 指令批量传输数据，以提高数据的传输效率。
- 可在一条数据处理指令中同时完成逻辑处理和移位处理。
- 在循环处理中使用地址的自动增减来提高运行效率。

当然，和 CISC 架构相比较，尽管 RISC 架构有上述的优点，但绝不能认为 RISC 架构就可以取代 CISC 架构，事实上，RISC 和 CISC 各有优势，而且界限并不那么明显。现代的 CPU 往往采用 CISC 的外围，内部加入了 RISC 的特性，如超长指令集 CPU 就是融合了 RISC 和 CISC 的优势，成为未来的 CPU 发展方向之一。表 2-4 描述了 RISC 和 CISC 之间的主要区别。

表 2-4 RISC 和 CISC 之间主要的区别

指　标	RISC	CISC
指令集	一个周期执行一条指令，通过简单指令的组合实现复杂操作；指令长度固定	指令长度不固定，执行需要多个周期
流水线	流水线每周期前进一步	指令的执行需要调用微代码的一个微程序
寄存器	更多通用寄存器	用于特定目的的专用寄存器
Load/Store 结构	独立的 Load 和 Store 指令完成数据在寄存器和外部存储器之间的传输	处理器能够直接处理存储器中的数据

2.2.2 ARM 微处理器的寄存器结构

ARM 处理器共有 37 个寄存器，被分为若干个组(BANK)，这些寄存器包括：

- 31 个通用寄存器，包括程序计数器(PC 指针)，均为 32 位的寄存器。
- 6 个状态寄存器，用以标识 CPU 的工作状态及程序的运行状态，均为 32 位，目前只使用了其中的一部分。

同时，ARM 处理器又有 7 种不同的处理器模式，在每一种处理器模式下均有一组相应的寄存器与之对应，即在任意一种处理器模式下，可访问的寄存器包括 15 个通用寄存器

(R0～R14)、1～2个状态寄存器和程序计数器。在所有的寄存器中,有些是在7种处理器模式下共用的同一个物理寄存器,而有些寄存器则是在不同的处理器模式下有不同的物理寄存器。

关于ARM处理器的寄存器结构,在后面将会详细描述。

2.2.3 ARM微处理器的指令结构

ARM微处理器在较新的体系结构中支持两种指令集：ARM指令集和Thumb指令集。其中,ARM指令为32位的长度,Thumb指令为16位长度。Thumb指令集为ARM指令集的功能子集,但与等价的ARM代码相比较,可节省30%～40%以上的存储空间,同时具备32位代码的所有优点。

关于ARM处理器的指令结构,在后面章节将会详细描述。

2.3 ARM微处理器的工作状态

ARM微处理器的工作状态一般有两种,并可在两种状态之间切换。

- ARM状态,此时处理器执行32位的字对齐的ARM指令;
- Thumb状态,此时处理器执行16位的、半字对齐的Thumb指令。

ARM指令集和Thumb指令集均有切换处理器状态的指令,并可在两种工作状态之间切换,但ARM微处理器在开始执行代码时,应该处于ARM状态。

进入Thumb状态：当操作数寄存器的状态位(位0)为1时,可以采用执行BX指令的方法,使微处理器从ARM状态切换到Thumb状态。此外,若处理器处于Thumb状态时发生异常(如IRQ、FIQ、Undef、Abort、SWI等),则当异常处理返回时,将自动切换到Thumb状态。

进入ARM状态：当操作数寄存器的状态位为0时,执行BX指令时可以使微处理器从Thumb状态切换到ARM状态。此外,在处理器进行异常处理时,把PC指针放入异常模式链接寄存器中,并从异常向量地址开始执行程序,也可以使处理器切换到ARM状态。

2.4 ARM体系结构的存储器格式

ARM体系结构将存储器看作是从零地址开始的字节的线性组合。从零字节到三字节放置第一个存储的字数据,从第四个字节到第七个字节放置第二个存储的字数据,依次排列。作为32位的微处理器,ARM体系结构所支持的最大寻址空间为4GB(2^{32}字节)。

ARM体系结构可以用两种方法存储字数据,称之为大端格式和小端格式,具体说明如下。

1. 大端格式

在这种格式中,字数据的高字节存储在低地址中,而字数据的低字节则存放在高地址中,如图2-1所示。

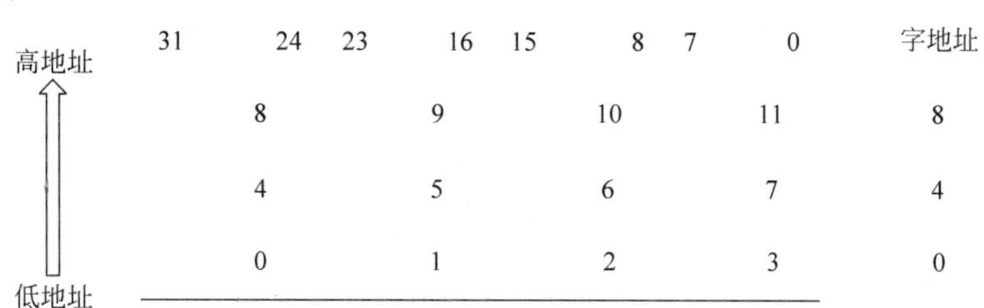

图 2-1　以大端格式存储字数据

2. 小端格式

与大端存储格式相反，在小端存储格式中，低地址中存放的是字数据的低字节，高地址存放的是字数据的高字节，如图 2-2 所示。

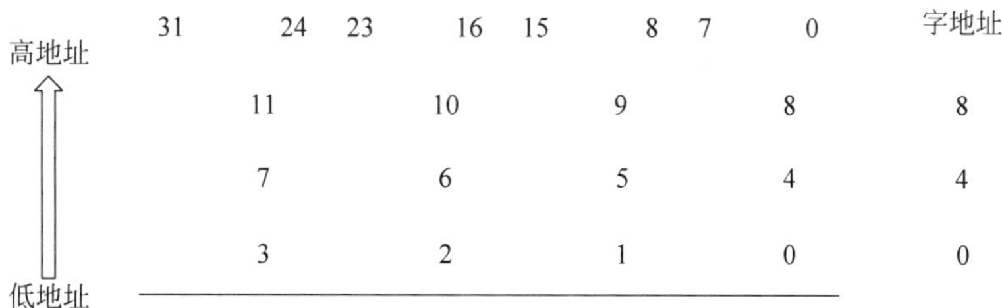

图 2-2　以小端格式存储字数据

2.4.1　指令长度及数据类型

ARM 微处理器的指令长度可以是 32 位（在 ARM 状态下），也可以为 16 位（在 Thumb 状态下）。

ARM 微处理器支持字节（8 位）、半字（16 位）、字（32 位）三种数据类型，其中，字需要 4 字节对齐（地址的低两位为 0）、半字需要 2 字节对齐（地址的最低位为 0）。

2.4.2　存储管理单元

在复杂的嵌入式系统设计时，越来越多地选用带有存储管理单元（MMU）的微处理器芯片。MMU 完成的主要功能如下：

- 将主存地址从虚拟存储空间映射到物理存储空间。
- 存储器访问权限控制。
- 设置虚拟存储空间的缓冲特性等。

图 2-3 所示的是虚拟地址存储系统示意图。图中显示，存储管理单元从微处理器获得逻辑地址，内部用表结构把它们转换成同实际的主存相对应的物理地址。通过改变这些表，可以改变程序驻留的物理单元而不必改变程序的代码或数据。

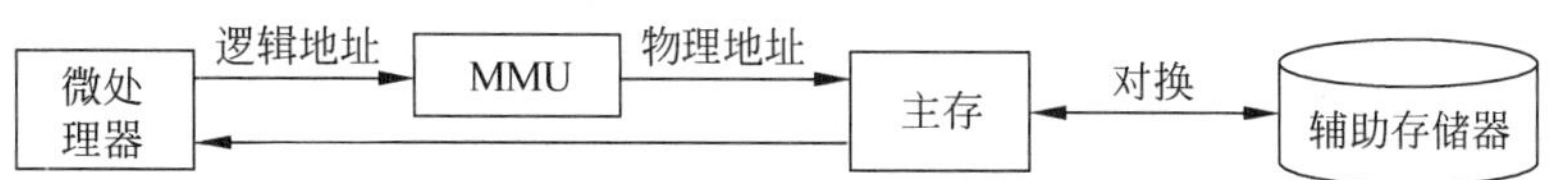

图 2-3　虚拟地址存储系统

如果增加一个像磁盘这样的辅助存储器，就可以把程序中暂不执行的一部分移出主存，而存储到辅助存储器中。存储管理单元记录了哪些逻辑地址驻留在主存中，哪些不在主存中而是保留在辅助存储器中。当微处理器请求一个不在主存中的地址时，存储管理单元产生一个异常，该异常的处理程序把所需单元从辅助存储器中读到主存中，并且移出主存中原有部分单元，被移出的单元在新内容读入前应复制到辅助存储器中。

ARM920T 微处理器核的 MMU 采用了分页虚拟存储管理方式。它把虚拟存储空间分成一个个固定大小的页，把物理主存储的空间也分成同样大小的一个个页。通过查询存放在主存中的页表，来实现虚拟地址到物理地址的转换。但由于页表存储在主存中，查询页表所花的代价很大，因此，通常又采用快表(translation lookaside buffer，TLB)技术来提高地址变换效率。

TLB 技术中，将当前需要访问的地址变换条目存储在一个容量较小(通常 8～16 个字)、访问速度更快(与微处理器中通用寄存器速度相当)的存储器件中。当微处理器访问主存时，先在 TLB 中查找需要的地址变换条目，如果该条目不存在，再从存储在主存中的页表中查询，并添加到 TLB 中。这样，当微处理器下一次又需要该地址变换条目时，可以从 TLB 中直接得到，从而提高了地址变换速度。

表 2-5 是 ARM920T 的 CP15 中与 MMU 操作相关的寄存器。设计者编程控制这些寄存器，则可以相应地控制 MMU 操作。

表 2-5　与 MMU 操作相关的寄存器

寄　存　器	作　　用	寄　存　器	作　　用
寄存器 C1 中某些位	用于配置 MMU 中的一些操作	寄存器 C5	主存访问失效状态指示
寄存器 C2	保存主存中页表的基地址	寄存器 C6	主存访问失效时的地址
寄存器 C3	设置域(domain)的访问控制属性	寄存器 C8	控制与清除 TLB 内容相关的操作
寄存器 C4	保留	寄存器 C10	控制与锁定 TLB 内容相关的操作

1. 禁止与使能 MMU

CP15 的寄存器 C1 的位[0]用于设置禁止/使能 MMU。C1 的位[0]为 0 时，禁止 MMU；当 C1 的位[0]为 1 时，使能 MMU。下面指令实现了使能 MMU。

```
MRC     P15,0,R0,C1,0,0        ; C1 的内容赋给 R0
ORR     R0,#0x1
MCR     P15,0,R0,C1,0,0        ; R0 的内容赋给 C1
```

使能 MMU 时，其控制存储访问的过程是：首先在 TLB 中查找虚拟地址，如果该虚拟地址对应的地址变换条目不在 TLB 中，则到页表中查询对应的地址变换条目，并把查询到的结果添加到 TLB 中。如果 TLB 已满，还需根据一定的淘汰算法进行替换。得到地址变换条目后，进行以下步骤的操作。

(1) 得到该虚拟地址的物理地址。

(2) 根据条目中的 C 控制位(cacheable)和 B 控制位(bufferable)决定是否缓存该主存访问的结果。

(3) 根据存取权限控制位和域访问控制位确定该主存访问是否被允许，如果该主存访问不被允许，CP15 终止向 ARM920T 报告存储访问。

(4) 对于不允许缓存的存储访问，使用步骤(1)中得到的物理地址访问主存。对于允许缓存的存储访问，如果 cache 命中，则忽略物理地址；如果未命中，则使用步骤(1)中得到的物理地址访问主存，并把该块数据读取到 cache 中。

禁止 MMU 时，所有的虚拟地址和物理地址是相等的，也不进行存储访问权限的控制。是否支持 cache 和写缓存由具体芯片设计时确定。

在禁止/使能 MMU 时，应该注意以下几点。

- 使能 MMU 之前，要在内存中建立 0 号页表，同时 CP15 中的各相关寄存器必须完成初始化。
- 如果设计的物理地址与虚拟地址空间不相等，在禁止/使能 MMU 时，虚拟地址和物理地址的对应关系会改变，应清除 cache 中当前地址变换条目。
- 完成禁止/使能 MMU 代码的物理地址最好和虚拟地址相同。

2. MMU 中的地址变换过程

虚拟存储空间到物理存储空间的映射是以内存块为单位进行的。在页表或 TLB 中，每个地址变换条目记录了一个虚拟存储空间的存储块基地址与物理存储空间的一个存储块基地址的对应关系。ARM920T 支持的存储块大小有以下几种。

- 段(section)是大小为 1MB 的存储块。
- 大页(large pages)是大小为 64KB 的存储块。
- 小页(small pages)是大小为 4KB 的存储块。
- 极小页(tiny pages)是大小为 1KB 的存储块。

在 MMU 中，采用二级页表机制。一级页表中包含以段为单位的地址变换条目以及指向二级页表的指针，其实现的地址映射粒度大；二级页表中包含以大页和小页为单位的地址变换条目，其中，一种类型的二级页表还包括有以极小页为单位的地址变换条目。

通常以段为单位的地址变换过程只需要一级页表，而以页为单位的地址变换过程还需要二级页表。页表的基地址保存在 CP15 的 C2 寄存器中。

3. MMU 中的存储访问权限控制

在 MMU 中，CP15 的寄存器 C1 的 R、S 控制位和页表中地址转换条目中的访问权限控制位联合作用控制存储访问权限。具体规则如表 2-6 所示。

表 2-6 MMU 中存储访问控制权限控制规则

AP	S	R	特权级时访问权限	用户级时访问权限
0b00	0	0	没有访问权限	没有访问权限
0b00	1	0	只读	没有访问权限
0b00	0	1	只读	只读
0b00	1	1	不可预知	不可预知
0b01	×	×	读/写	没有访问权限
0b10	×	×	读/写	只读
0b11	×	×	读/写	读/写

4. MMU 中的域

MMU 中的域指的是一些段、大页或者小页的集合。ARM920T 支持最多 16 个域，每个域的访问控制特性由 CP15 的寄存器 C3 中的两位来控制。C3 寄存器是 32 位的，每两位控制一个域,其控制编码如表 2-7 所示。

表 2-7　MMU 中域访问控制字段编码及含义

控制位编码	访问类型	含　义
0b00	没有访问权限	这时访问该域将产生访问失效
0b01	客户类型	根据页表中地址变换条目中的访问权限控制位决定是否允许特定的存储访问
0b10	保留	使用该值会产生不可预知的结果
0b11	管理者权限	不考虑页表中地址变换条目中的访问权限控制位,这种情况下不会产生访问失效

5. 快表操作

从虚拟地址到物理地址的变换过程其实就是查询页表的过程,由于页表存放在主存储器中,这个查询代价很大。而程序在执行时其过程具有局部性,对页表中各存储单元的访问并不是随机的,在一段时间内,只局限在少数几个单元中。因此,采用 TLB 技术可以提高存储系统的整体性能。

(1) 使快表内容无效(invalidate)

当主存储器中的页表内容改变,或者通过修改系统控制协处理器 CP15 的寄存器 C2 来更新页表时,需要使 TLB 中的内容全部或者部分无效。所谓使无效是指将 TLB 中的某个地址变换条目设置成无效,从而在 TLB 中找不到该地址变换条目,而需要到页表中查询。如果不进行 TLB 内容的使无效操作,可能造成同一虚拟地址对应不同的物理地址。MMU 提供相关硬件支持这种操作。

CP15 中的 C8 寄存器用来控制清除 TLB 内容的相关操作,它是一个只写的寄存器。使快表内容无效的指令格式如下:

```
MCR p15,0,<Rd>,<c8>,<CRm>,<opcode_2>
```

其中,＜Rd＞中的值将写入 C8,＜CRm＞,＜opcode_2＞的不同组合决定了指令执行的不同操作,具体含义如表 2-8 所示。

表 2-8　使快表内容无效的指令表

指　令	＜opcode_2＞	＜CRm＞	＜Rd＞	含　义
MRC p15,0,Rd,c8,c7,0	0b00	0b0111	0	使整个统一 cache 无效或整个数据 cache 和指令 cache 无效
MCR p15,0,Rd,c8,c7,1	0b001	0b0111	虚拟地址	使统一 cache 中的单个地址变换条目无效
MCR p15,0,Rd,c8,c5,0	0b000	0b0101	0	使整个指令 cache 无效
MCR p15,0,Rd,c8,c5,1	0b001	0b0101	虚拟地址	使指令 cache 中的单个地址变换条目无效
MCR p15,0,Rd,c8,c6,0	0b000	0b0110	0	使整个数据 cache 无效
MCR p15,0,Rd,c8,c6,1	0b001	0b0110	虚拟地址	使数据 cache 中的单个地址变换条目无效

(2) 锁定快表的内容

MMU 可以将某些地址变换条目锁定(locked down)在 TLB 中,从而使得与该地址变换条目相关的地址变换速度保持很快。寄存器 C10 用于控制 TLB 内容的锁定，其格式如下：

31　30	32－W　31－W　32－2W　31－2W	1	0
可被替换的条目起始地址	下一个将被替换的条目地址 victim	0	p

其中，W 的值是与地址信号位数有关的。

字段 base 指定 TLB 更新时，所需更新的地址范围（从 base 到 TLB 中条目数－1）。字段 victim 的值应该包含在该范围内。

字段 victim 指定下一次 TLB 没有命中（即所需地址变换条目没有在 TLB 中）时，从主存页表中读取所需的地址变换条目，并把该地址变换条目保存在 TLB 中地址为 victim 处。

当字段 P＝1 时，写入 TLB 的地址变换条目不会受使整个 TLB 无效的操作影响。当字段 P＝0 时，写入 TLB 的地址变换条目将会受使整个 TLB 无效的操作影响。

访问 C10 寄存器的指令格式如下：

```
MRC P15,0,＜Rd＞,＜C10＞,C0,＜opcode_2＞        ; C10 的内容赋给 Rd
MCR P15,0,＜Rd＞,＜C10＞,C0,＜opcode_2＞        ; Rd 的内容赋给 C10
```

当系统中包含独立的数据 TLB 和指令 TLB 时，对应于数据 TLB 和指令 TLB 分别有一个独立的 TLB 内容锁存器。上述指令格式中，＜opcode_2＞＝1 时选择指令 TLB 内容锁存器，＜opcode_2＞＝0 时选择数据 TLB 内容锁存器。当系统使用统一的 cache 时，＜opcode_2＞＝0。

锁定 TLB 中 N 条地址变换条目的操作步骤如下。

① 确保在整个锁定过程中不会发生异常中断，可以通过禁止中断方式实现。

② 如果锁定指令 TLB 或统一的 TLB，将 base＝N、victim＝N、P＝0 写入寄存器 C10 中。

③ 使整个将要锁定的 TLB 无效。

④ 确保须锁定的指令和数据相关的地址变换条目均已加载到相应的 TLB 中。

⑤ 对应 i＝0 到 N－1，重复执行下面操作 N 次。

(a) 将 base＝i、victim＝i、P＝1 写入寄存器 C10 中。

(b) 将每一条想要锁定到 TLB 中的地址变换条目读取到 TLB 中。对于数据 TLB 和统一 TLB，用 LDR 指令读取该地址变换条目到 TLB；对于指令 TLB，通过操作寄存器 C7 将相应的地址变换条目读取到指令 TLB 中。

⑥ 将 base＝N、victim＝N、P＝0 写入寄存器 C10 中。

解除 TLB 中被锁定的地址变换条目，可以使用下列操作。

① 通过操作寄存器 C8，使 TLB 中各被锁定的地址变换条目无效。

② 将 base＝0、victim＝N、P＝0 写入寄存器 C10 中。

6. 存储访问失效

在 ARM920T 中，MMU 可以产生 4 种类型的存储访问失效，即地址对齐失效、地址变换失效、域控制失效和访问权限控制失效。当发生存储访问失效时，存储系统可以终止 3 种存储访问,即 cache 内容预取、非缓冲的存储器访问操作和页表访问。有下面两种机制可以检测存储访问失效,并进而终止微处理器的执行。

(1) 当 MMU 检测到存储访问失效时,它可以向微处理器报告该情况,并将存储访问失效的相关信息保存到寄存器 C5 和 C6 中。这种机制称为 MMU 失效。

(2) 存储系统也可以向微处理器报告存储访问失效。这种机制称为外部存储访问终止(external abort)。

上述两种情况通称为存储访问终止(abort)。如果存储访问发生在数据访问周期,微处理器将产生数据访问终止异常。如果存储访问发生在指令预取周期,当该指令执行时,微处理器将产生指令预取异常。

MMU 中与存储访问失效相关的寄存器有两个:C5 和 C6。C5 为失效状态寄存器,C6 为失效地址寄存器。

2.5 处理器模式

ARM 微处理器支持 7 种运行模式。

- 用户模式(usr):ARM 处理器正常的程序执行状态。
- 快速中断模式(fiq):用于高速数据传输或通道处理。
- 外部中断模式(irq):用于通用的中断处理。
- 管理模式(svc):操作系统使用的保护模式。
- 数据访问终止模式(abt):当数据或指令预取终止时进入该模式,可用于虚拟存储及存储保护。
- 系统模式(sys):运行具有特权的操作系统任务。
- 未定义指令终止模式(und):当未定义的指令执行时进入该模式,可用于支持硬件协处理器的软件仿真。

ARM 微处理器的运行模式可以通过软件改变,也可以通过外部中断或异常处理改变。

大多数的应用程序运行在用户模式下,当处理器运行在用户模式下时,某些被保护的系统资源是不能被访问的。

除用户模式以外,其余的所有 6 种模式称为非用户模式,或特权模式(privileged modes);其中除去用户模式和系统模式以外的 5 种又称为异常模式(exception modes),常用于处理中断或异常,以及需要访问受保护的系统资源等情况。

2.6 寄存器组织

ARM 微处理器中的寄存器不能被同时访问,具体哪些寄存器是可编程访问的,取决于微处理器的工作状态及具体的运行模式。但在任何时候,通用寄存器 R0~R14、程序计数器 PC、一个或两个状态寄存器都是可访问的。

2.6.1 ARM 状态下的寄存器组织

1. 通用寄存器

通用寄存器包括 R0～R15，可以分为三类。

- 未分组寄存器 R0～R7；
- 分组寄存器 R8～R14；
- 程序计数器 PC(R15)。

2. 未分组寄存器 R0～R7

在所有的运行模式下，未分组寄存器都指向同一个物理寄存器，它们未被系统用作特殊的用途，因此，在中断或异常处理进行运行模式转换时，由于不同的处理器运行模式均使用相同的物理寄存器，可能会造成寄存器中数据的破坏，这一点在进行程序设计时应引起注意。

3. 分组寄存器 R8～R14

对于分组寄存器，它们每一次所访问的物理寄存器与处理器当前的运行模式有关。

对于 R8～R12 来说，每个寄存器对应两个不同的物理寄存器，当使用 fiq 模式时，访问寄存器 R8_fiq～R12_fiq；当使用除 fiq 模式以外的其他模式时，访问寄存器 R8_usr～R12_usr。

对于 R13、R14 来说，每个寄存器对应 6 个不同的物理寄存器，其中的一个是用户模式与系统模式共用，另外 5 个物理寄存器对应于其他 5 种不同的运行模式。

采用以下的记号来区分不同的物理寄存器：

```
R13_<mode>
R14_<mode>
```

其中，mode 为以下几种模式之一：usr、fiq、irq、svc、abt、und。

寄存器 R13 在 ARM 指令中常用作堆栈指针，但这只是一种习惯用法，用户也可使用其他的寄存器作为堆栈指针。而在 Thumb 指令集中，某些指令强制性要求使用 R13 作为堆栈指针。

由于处理器的每种运行模式均有自己独立的物理寄存器 R13，在用户应用程序的初始化部分，一般都要初始化每种模式下的 R13，使其指向该运行模式的栈空间，这样，当程序的运行进入异常模式时，可以将需要保护的寄存器放入 R13 所指向的堆栈，而当程序从异常模式返回时，则从对应的堆栈中恢复。采用这种方式可以保证异常发生后程序的正常执行。

R14 也称为子程序链接寄存器(Subroutine Link Register)或链接寄存器 LR。当执行 BL 子程序调用指令时，R14 中得到 R15(程序计数器 PC)的备份。其他情况下，R14 用作通用寄存器。与其类似，当发生中断或异常时，对应的分组寄存器 R14_svc、R14_irq、R14_fiq、R14_abt 和 R14_und 用来保存 R15 的返回值。

寄存器 R14 常用在如下的情况。

在每一种运行模式下，都可用 R14 保存子程序的返回地址，当用 BL 或 BLX 指令调用子程序时，将 PC 的当前值复制给 R14，执行完子程序后，又将 R14 的值复制回 PC，即可完成子程序的调用返回。以上的描述可用指令完成。

(1) 执行以下任意一条指令：

```
MOV   PC,LR
BX    LR
```

(2) 在子程序入口处使用以下指令将 R14 存入堆栈：

```
STMFD   SP!,{<Regs>,LR}
```

对应的，使用以下指令可以完成子程序返回：

```
LDMFD   SP!,{<Regs>,PC}
```

R14 也可作为通用寄存器。

4. 程序计数器 PC

寄存器 R15 用作程序计数器(PC)。在 ARM 状态下，位[1:0]为 0，位[31:2]用于保存 PC；在 Thumb 状态下，位[0]为 0，位[31:1]用于保存 PC。

R15 虽然也可用作通用寄存器，但一般不这么使用，因为对 R15 的使用有一些特殊的限制，当违反了这些限制时，程序的执行结果是未知的。

由于 ARM 体系结构采用了多级流水线技术，对于 ARM 指令集而言，PC 总是指向当前指令的下两条指令的地址，即 PC 的值为当前指令的地址值加 8 个字节。

在 ARM 状态下，任一时刻可以访问以上所讨论的 16 个通用寄存器和一到两个状态寄存器。在非用户模式(特权模式)下，则可访问到特定模式分组寄存器，图 2-4 说明在每一种运行模式下，哪一些寄存器是可以访问的。

5. CPSR 和 SPSR

当前程序状态寄存器(current program status register，CPSR)是在任何运行模式下都可以访问的通用状态寄存器，它包括条件标志位、中断禁止位、当前处理器模式标志位，以及其他一些相关的控制和状态位。

为了安全地进行中断处理，各种异常模式都有一个专用的物理状态寄存器，称为备份的程序状态寄存器(saved program status register，SPSR)，这个寄存器的作用是：当处理器响应异常中断时，处理器硬件自动把当前 CPSR 的状态存储到 SPSR 中去，以免中断处理程序在使用 CPSR 时改变原来的状态，对中断返回造成影响。而在中断返回时，程序要使用一条指令把 SPSR 中保存的内容恢复到 CPSR 中去。

例如：

```
MOV PC,LR
```

由于用户模式和系统模式不属于异常模式，它们没有 SPSR，因此若在这两种模式下访问 SPSR，结果是未知的。

2.6.2 Thumb 状态下的寄存器组织

Thumb 状态下的寄存器集是 ARM 状态下寄存器集的一个子集，程序可以直接访问 8 个通用寄存器(R0～R7)、程序计数器(PC)、堆栈指针(SP)、连接寄存器(LR)和 CPSR。同时，在每一种特权模式下都有一组 SP、LR 和 SPSR。图 2-5 表明 Thumb 状态下的寄存器组织。

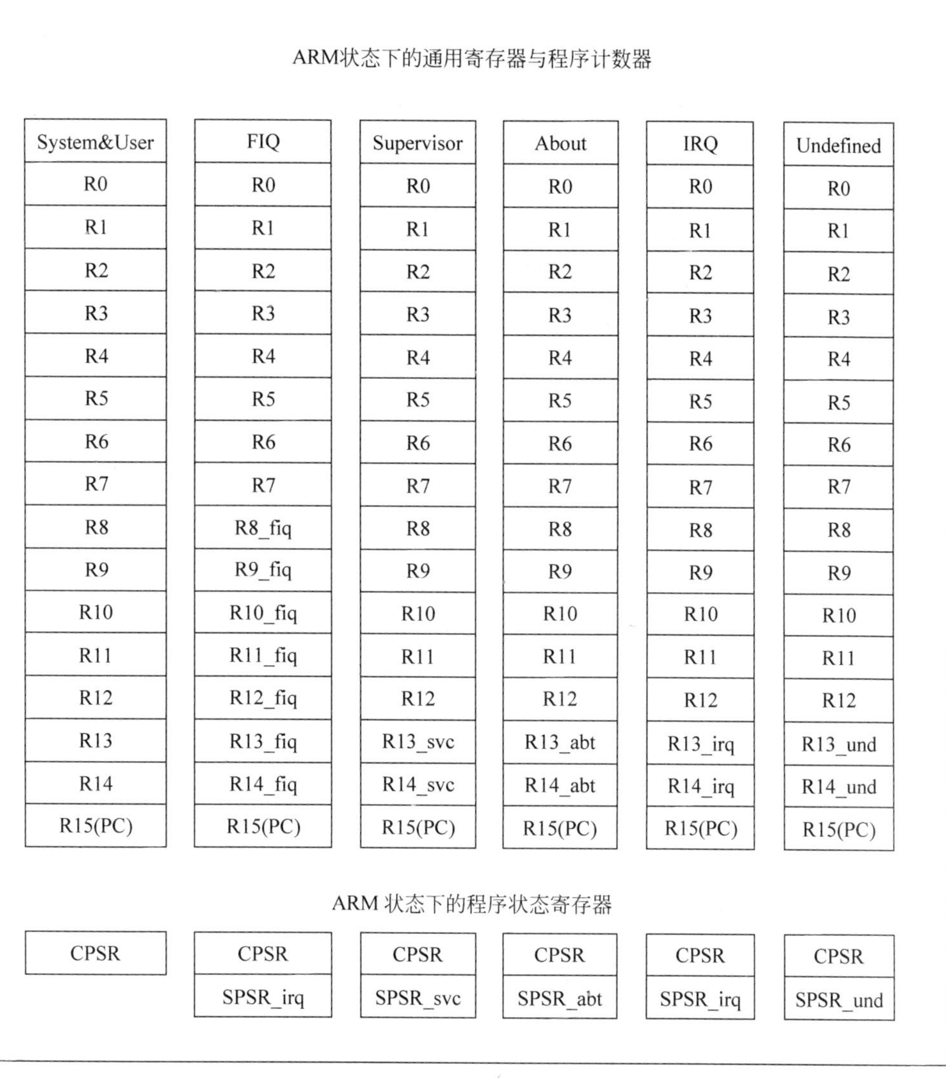

图 2-4 ARM 状态下的寄存器组织

1. Thumb 状态寄存器集是 ARM 状态寄存器集的子集

程序员可直接访问 8 个通用寄存器 R0～R7、PC、堆栈指针 SP、连接寄存器 LR 和 CPSR。每个特权模式都有分组的 SP、LR 和 SPSR。

2. Thumb 状态寄存器与 ARM 状态寄存器的关系

- Thumb 状态 R0～R7 与 ARM 状态 R0～R7 相同。
- Thumb 状态 CPSR 和 SPSR 与 ARM 状态 CPSR 和 SPSR 相同。
- Thumb 状态 SP 映射到 ARM 状态 R13。
- Thumb 状态 LR 映射到 ARM 状态 R14。
- Thumb 状态 PC 映射到 ARM 状态 PC(R15)。

3. 在 Thumb 状态中访问高寄存器

在 Thumb 状态中高寄存器(寄存器 R0～R7 为低寄存器，寄存器 R8～R15 为高寄存

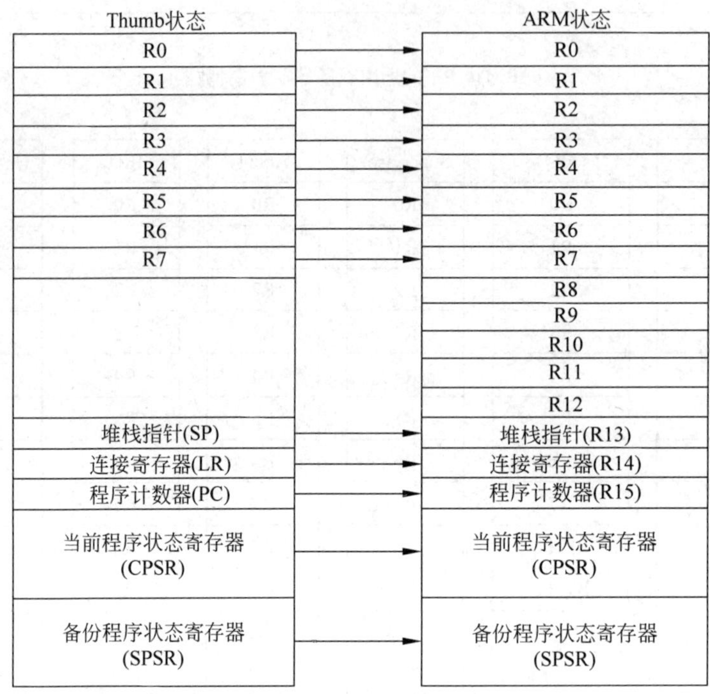

图 2-5　Thumb 状态下的寄存器组织

器)不是标准寄存器集的一部分,程序对它们的访问受到限制,但可以将它们用于快速暂存。

可以使用 MOV 指令的特殊变量将一个值从低寄存器 R0～R7 转移到高寄存器 R8～R15,或者从高寄存器转到低寄存器。CMP 指令可用于比较高寄存器和低寄存器的值。ADD 指令可用于将高寄存器的值与低寄存器的值相加。

2.6.3　程序状态寄存器

ARM 体系结构包含一个当前程序状态寄存器(CPSR)和 5 个备份的程序状态寄存器(SPSR)。备份的程序状态寄存器用来进行异常处理,其功能包括以下三种。

- 保存 ALU 中的当前操作信息;
- 控制允许和禁止中断;
- 设置处理器的运行模式。

程序状态寄存器的每一位的安排如图 2-6 所示。下面分别介绍各标志位。

1. 条件码标志(condition code flags)

N、Z、C、V 均为条件码标志位。它们的内容可被算术或逻辑运算的结果所改变,并且可以决定某条指令是否被执行。

在 ARM 状态下,绝大多数的指令都是有条件执行的。

在 Thumb 状态下,仅有分支指令是有条件执行的。

条件码标志各位的具体含义如表 2-9 所示。

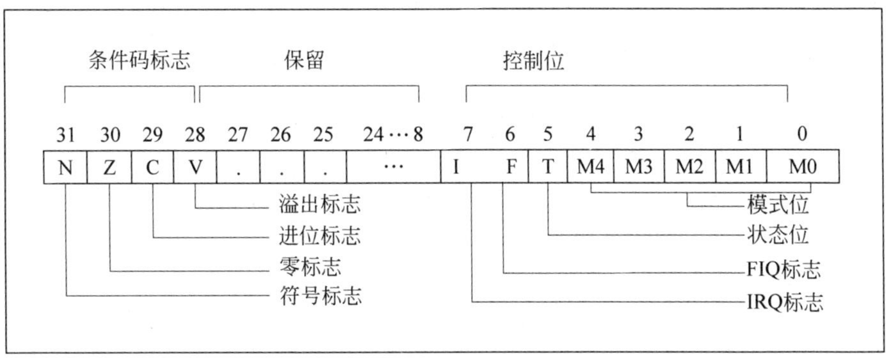

图 2-6　程序状态寄存器格式

表 2-9　条件码标志的具体含义

标志位	含　　义
N	当用两个补码表示的带符号数进行运算时，N=1 表示运算的结果为负数；N=0 表示运算的结果为正数或零
Z	Z=1 表示运算的结果为零；Z=0 表示运算的结果为非零
C	可以有 4 种方法设置 C 的值 • 加法运算(包括比较指令 CMN)：当运算结果产生了进位时(无符号数溢出)，C=1，否则 C=0 • 减法运算(包括比较指令 CMP)：当运算产生了借位时(无符号数溢出)，C=0，否则 C=1 • 对于包含移位操作的非加/减运算指令，C 为移出值的最后一位 • 对于其他的非加/减运算指令，C 的值通常不改变
V	可以有 2 种方法设置 V 的值 • 对于加/减法运算指令，当操作数和运算结果为二进制的补码表示的带符号数时，V=1 表示符号位溢出 • 对于其他的非加/减运算指令，V 的值通常不改变
Q	在 ARM v5 及以上版本的 E 系列处理器中，用 Q 标志位指示增强的 DSP 运算指令是否发生了溢出。在其他版本的处理器中，Q 标志位无定义

2. 控制位

CPSR 的低 8 位(包括 I、F、T 和 M[4:0])称为控制位，当发生异常时这些位可以被改变。如果处理器运行特权模式，这些位也可以由程序修改。

中断禁止位 I、F：

I=1　　禁止 IRQ 中断；

F=1　　禁止 FIQ 中断。

T 标志位：该位反映处理器的运行状态。

当 T=1 时，程序运行于 Thumb 状态，否则运行于 ARM 状态。

运行模式位 M[4:0]：M0、M1、M2、M3、M4 是模式位。这些位决定了处理器的运行模式。具体含义如表 2-10 所示。

表 2-10　运行模式位 M[4:0]的具体含义

M[4:0]	处理器模式	可访问的寄存器
0b10000	用户模式	PC,CPSR,R0～R14
0b10001	FIQ 模式	PC,CPSR,SPSR_fiq,R14_fiq～R8_fiq,R7～R0
0b10010	IRQ 模式	PC,CPSR,SPSR_irq,R14_irq,R13_irq,R12～R0
0b10011	管理模式	PC,CPSR,SPSR_svc,R14_svc,R13_svc,R12～R0
0b10111	终止模式	PC,CPSR,SPSR_abt,R14_abt,R13_abt,R12～R0
0b11011	未定义模式	PC,CPSR,SPSR_und,R14_und,R13_und,R12～R0
0b11111	系统模式	PC,CPSR(ARM v4 及以上版本),R14～R0

由表 2-10 可知,并不是所有的运行模式位的组合都是有效的,其他的组合结果会导致处理器进入一个不可恢复的状态。

3. 保留位

CPSR 中的其余位为保留位,在改变 CPSR 中的条件码标志位或者控制位时,保留位不要改变,在程序中也不要使用保留位来存储数据。保留位将用于 ARM 版本的扩展。

2.7　异　　常

当正常的程序执行流程发生暂时的停止时,称之为异常(Exceptions),例如处理一个外部的中断请求。在处理异常之前,当前处理器的状态必须保留,这样当异常处理完成之后,当前程序可以继续执行。处理器允许多个异常同时发生,它们将会按固定的优先级进行处理。

ARM 体系结构中的异常,与 8 位/16 位体系结构的中断有很大的相似之处,但异常与中断的概念并不完全等同。

2.7.1　ARM 体系结构所支持的异常类型

ARM 体系结构所支持的异常及具体含义如表 2-11 所示。

表 2-11　ARM 体系结构所支持的异常

异常类型	具体含义
复位	当处理器的复位电平有效时,产生复位异常,程序跳转到复位异常处理程序处执行
未定义指令	当 ARM 处理器或协处理器遇到不能处理的指令时,产生未定义指令异常。可使用该异常机制进行软件仿真
软件中断	该异常由执行 SWI 指令产生,可用于用户模式下的程序调用特权操作指令。可使用该异常机制实现系统功能调用
指令预取终止	若处理器预取指令的地址不存在,或该地址不允许当前指令访问,存储器会向处理器发出终止信号,但当预取的指令被执行时,才会产生指令预取终止异常
数据终止	若处理器数据访问指令的地址不存在,或该地址不允许当前指令访问时,产生数据终止异常
IRQ(外部中断请求)	当处理器的外部中断请求引脚有效,且 CPSR 中的 I 位为 0 时,产生 IRQ 异常。系统的外设可通过该异常请求中断服务
FIQ(快速中断请求)	当处理器的快速中断请求引脚有效,且 CPSR 中的 F 位为 0 时,产生 FIQ 异常

异常产生后，处理器的 PC 值将被强制赋予该异常所对应的存储器地址，处理器从此地址处开始执行程序。这些异常程序的入口地址通常称为向量，具体的异常向量表如表 2-12 所示。

表 2-12　异常向量表

地　址	异　常	进入模式
0x00000000	复位	管理模式
0x00000004	未定义指令	未定义模式
0x00000008	软件中断	管理模式
0x0000000C	终止(预取指令)	终止模式
0x00000010	终止(数据)	终止模式
0x00000014	保留	保留
0x00000018	IRQ	IRQ
0x0000001C	FIQ	FIQ

2.7.2　异常优先级

当多个异常同时发生时，ARM9 处理器将按照异常的优先级高低顺序处理，异常优先级由高到低的排列次序如表 2-13 所示。

表 2-13　异常优先级

优先级	异　常	优先级	异　常
1(最高)	复位	4	IRQ
2	数据终止	5	预取指令终止
3	FIQ	6(最低)	未定义指令、SWI

2.7.3　异常的响应及返回

异常发生会使得正常的程序流程被暂时停止，例如 ARM9 处理器响应 IRQ 异常。处理器进入异常处理程序前，应该保存其当前的状态，以便当异常处理程序完成后，处理器能回到原来程序的断点处继续执行。

1. 对异常的响应

当一个异常出现以后，ARM 微处理器会执行以下几步操作。

(1) 将下一条指令的地址存入相应连接寄存器 LR，以便程序在处理异常返回时能从正确的位置重新开始执行。若异常是从 ARM 状态进入，LR 寄存器中保存的是下一条指令的地址(当前 PC+4 或 PC+8，与异常的类型有关)；若异常是从 Thumb 状态进入，则在 LR 寄存器中保存当前 PC 的偏移量，这样，异常处理程序就不需要确定异常是从何种状态进入的。例如，对软件中断异常 SWI，指令 MOV PC，R14_svc 总是返回到下一条指令，不管 SWI 是在 ARM 状态执行，还是在 Thumb 状态执行。

(2) 将 CPSR 复制到相应的 SPSR 中。

(3) 根据异常类型，强制设置 CPSR 的运行模式位。

(4) 强制 PC 从相关的异常向量地址取下一条指令执行，从而跳转到相应的异常处理程序处，同时设置中断禁止位，以禁止中断发生。

如果异常发生时，处理器处于 Thumb 状态，则当异常向量地址加载入 PC 时，处理器自动切换到 ARM 状态。

ARM 微处理器对异常的响应过程可以用以下代码描述：

```
R14_<Exception_Mode> = Return Link
SPSR_<Exception_Mode> = CPSR
CPSR[4:0] = Exception Mode Number
CPSR[5] = 0                                    ；当运行于 ARM 工作状态时
If <Exception_Mode> == Reset or FIQ then
                                               ；当响应 FIQ 异常时，禁止新的 FIQ 异常
        CPSR[6] = 1
        CPSR[7] = 1
PC = Exception Vector Address
```

2. 从异常返回

异常处理完毕之后，ARM 微处理器会执行以下几步操作从异常返回。

(1) 将连接寄存器 LR 的值减去相应的偏移量后送到 PC 中。

(2) 将 SPSR 复制回 CPSR 中。

(3) 若在进入异常处理时设置了中断禁止位，要在此清除。

表 2-14 总结了进入异常处理时保存在相应 R14 中的 PC 值，及在退出异常处理时推荐使用的指令。

表 2-14 异常进入/退出

异　常	返 回 指 令	以前的状态		注　意
		ARM R14_x	Thumb R14_x	
BL	MOV PC,R14	PC+4	PC+2	1
SWI	MOVS PC,R14_svc	PC+4	PC+2	1
UDEF	MOVS PC,R14_und	PC+4	PC+2	1
FIQ	SUBS PC,R14_fiq,#4	PC+4	PC+4	2
IRQ	SUBS PC,R14_irq,#4	PC+4	PC+4	2
PABT	SUBS PC,R14_abt,#4	PC+4	PC+4	1
DABT	SUBS PC,R14_abt,#8	PC+8	PC+8	3
RESET	NA	—	—	4

注意：

(1) 在此 PC 应是具有预取终止的 BL/SWI/未定义指令所取的地址。

(2) 在此 PC 是从 FIQ 或 IRQ 取得的不能执行的指令的地址。

(3) 在此 PC 是产生数据终止的加载或存储指令的地址。

(4) 系统复位时，保存在 R14_svc 中的值是不可预知的。

2.7.4 应用程序中的异常处理

当系统运行时，异常可能会随时发生，为保证在 ARM 处理器发生异常时不至于处于未知状态，在应用程序的设计中，首先要进行异常处理，采用的方式是在异常向量表中的特定

位置放置一条跳转指令，跳转到异常处理程序。当 ARM 处理器发生异常时，程序计数器 PC 会被强制设置为对应的异常向量，从而跳转到异常处理程序，当异常处理完成以后，返回到主程序继续执行。

2.8　本章小结

本章首先介绍 ARM 微处理器的应用领域和特点及 ARM 处理器系列类型，详细介绍了 ARM 微处理器支持的 7 种运行模式；ARM 微处理器共有 37 个 32 位寄存器，其中 31 个为通用寄存器，6 个为状态寄存器；ARM 微处理器的工作状态一般有 ARM 状态和 Thumb 状态两种，并可在两种状态之间切换；ARM 微处理器有 7 种异常等内容。

2.9　习　题　2

1. ARM9 处理器的工作状态有哪些？
2. 叙述 ARM9 处理器的内部寄存器结构，并分别说明 R13、R14、R15 寄存器的作用。
3. ARM 体系结构有几种方法存储字数据？具体含义是什么？
4. ARM9 处理器的工作模式有哪些？
5. ARM 微处理器支持的数据类型有哪些？
6. ARM920T 微处理器核的 MMU 采用什么管理方式？
7. 叙述 CPSR 寄存器及其各数据位的作用。
8. ARM 体系结构所支持的异常类型有哪些？并叙述各种异常的向量地址。

第3章　ARM9指令系统

本章介绍ARM处理器的寻址方式、ARM指令集和Thumb指令集。通过对本章的阅读，希望读者能了解ARM微处理器所支持的指令集及具体的使用方法。

3.1　ARM处理器的寻址方式

所谓寻址方式就是处理器根据指令中给出的地址信息来寻找物理地址的方式。目前ARM指令系统支持如下几种常见的寻址方式。

3.1.1　寄存器寻址

寄存器寻址就是利用寄存器中的内容作为操作数，寄存器本身就是操作数地址。这种寻址方式是各类微处理器经常采用的一种方式，也是一种执行效率较高的寻址方式。例如以下指令：

```
MOV R2,R3           ; R2←R3       R3中的内容赋给R2
ADD  R2,R3,R4       ; R2←R3+R4    R3和R4中的内容相加，结果赋给R2
```

3.1.2　立即寻址

立即寻址也叫立即数寻址，这是一种特殊的寻址方式，操作数没有存储在寄存器或存储器中，而是包含在指令的操作码中，只要取出指令也就取到了操作数。这个操作数被称为立即数，对应的寻址方式也就叫做立即寻址。例如以下指令：

```
ADD  R1,R1,#1234          ; R1←R1+1234
ADD  R1,R1,#0x7f          ; R1←R1+0x7f
```

在以上两条指令中，第二个源操作数即为立即数，要求以“#”为前缀，对于以十六进制表示的立即数，还要求在“#”后加上“0x”。

3.1.3　寄存器间接寻址

寄存器间接寻址就是以寄存器中的内容作为操作数的地址，而操作数本身存放在存储器中。例如以下指令：

```
LDR  R1,[R2]          ; R1←[R2]
STR  R1,[R2]          ; [R2]←R1
```

第一条指令以R2中的内容为地址，将该地址中的数据传送到R1中。

第二条指令将R1中的内容传送到以R2中的内容为地址的存储器中。

3.1.4　变址寻址

变址寻址就是将寄存器(该寄存器一般称为基址寄存器)的内容与指令中给出的地址偏移量相加,从而得到一个操作数的有效地址。变址寻址方式常用于访问某基地址附近的地址单元。采用变址寻址方式的指令有以下几种常见形式,如下所示。

```
LDR R0,[R1,#8]                 ; R0←[R1+8]
LDR R0,[R1,#8]!                ; R0←[R1+8],R1←R1+8
LDR R0,[R1],#2                 ; R0←[R1],R1←R1+2
LDR R0,[R1,R2]                 ; R0←[R1+R2]
```

在第一条指令中,将寄存器 R1 的内容加上 8 形成操作数的有效地址,从而取得操作数存入寄存器 R0 中。

在第二条指令中,将寄存器 R1 的内容加上 8 形成操作数的有效地址,从而取得操作数存入寄存器 R0 中,然后,R1 的内容自增 8 个字节。

在第三条指令中,以寄存器 R1 的内容作为操作数的有效地址,从而取得操作数存入寄存器 R0 中,然后,R1 的内容自增 8 个字节。

在第四条指令中,将寄存器 R1 的内容加上寄存器 R2 的内容形成操作数的有效地址,从而取得操作数存入寄存器 R0 中。

3.1.5　寄存器移位寻址

寄存器移位寻址是 ARM 指令集独有的寻址方式,操作数由寄存器的数值进行相应移位而得到;移位的方式在指令中以助记符的形式给出,而移位的位数可用立即数或寄存器寻址方式表示。

ARM 微处理器内嵌的桶型移位器(barrel shifter),移位操作在 ARM 指令集中不作为单独的指令使用,它只能作为指令格式中的一个字段,在汇编语言中表示为指令中的选项。例如,数据处理指令的第 2 个操作数为寄存器时,就可以加入移位操作选项对它进行各种移位操作。移位操作包括如下 6 种类型,ASL 和 LSL 是等价的,可以自由互换。

1. LSL(或 ASL)操作

LSL(或 ASL)操作的格式为:

```
通用寄存器,LSL(或 ASL) 操作数
```

LSL(或 ASL)可完成对通用寄存器中的内容进行逻辑(或算术)的左移操作,按操作数所指定的数量向左移位,低位用零来填充,最后一个左移出的位放在状态寄存器的 C 位 CPSR[29]中,如图 3-1 所示。其中,操作数可以是通用寄存器,也可以是立即数(0～31)。

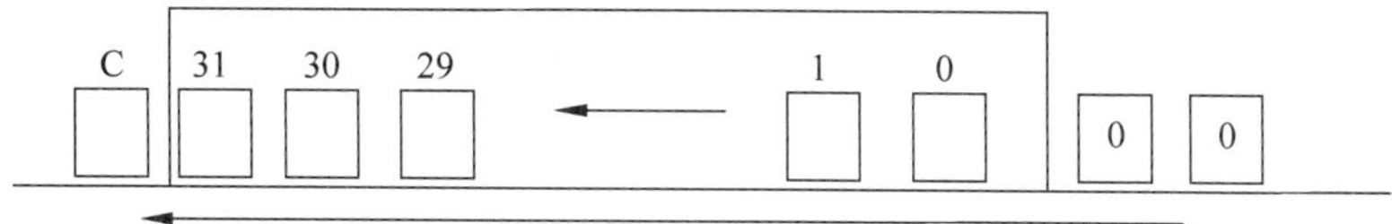

图 3-1　逻辑(或算术)左移

操作示例:

```
MOV    R0, R1, LSL#4          ; 将R1中的内容左移4位后传送到R0中
                              ; 其中把最后移出的位赋给程序状态寄存器的C位CPSR[29]
```

2. LSR 操作

LSR 操作的格式为:

通用寄存器,LSR 操作数

LSR 可完成对通用寄存器中的内容进行右移的操作,按操作数所指定的数量向右移位,左端用零来填充,最后一个右移出的位放在状态寄存器的C位CPSR[29]中,如图3-2所示。其中,操作数可以是通用寄存器,也可以是立即数(0～31)。

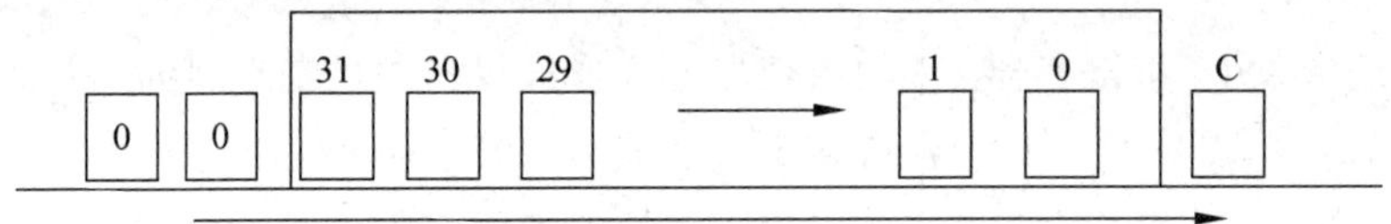

图 3-2 逻辑(或算术)右移

操作示例:

```
MOV    R0, R1, LSR#4          ; 将R1中的内容右移4位后传送到R0中
                              ; 其中把最后移出的位赋给程序状态寄存器的C位CPSR[29]
```

3. ROR 操作

ROR 操作的格式为:

通用寄存器,ROR 操作数

ROR 可完成对通用寄存器中的内容进行循环右移的操作,按操作数所指定的数量向右循环移位,右端移出的位填充在左侧的空位处,最后一个右移出的位同时也放在状态寄存器的C位CPSR[29]中,如图3-3所示。其中,操作数可以是通用寄存器,也可以是立即数(0～31)。

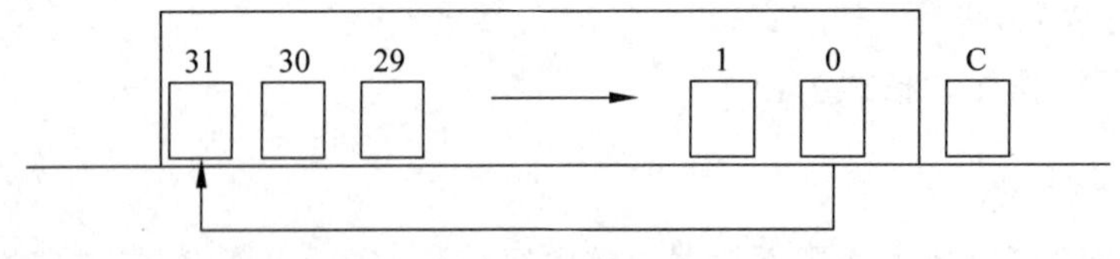

图 3-3 循环右移

操作示例:

```
MOV    R0, R1, ROR#4          ; 将R1中的内容循环右移4位后传送到R0中
                              ; 其中把最后移出的位赋给程序状态寄存器的C位CPSR[29]
```

4. ASR 操作

ASR 操作的格式为:

通用寄存器,ASR 操作数

ASR 可完成对通用寄存器中的内容进行右移的操作，按操作数所指定的数量向右移位，最左端的位保持不变，最后一个右移出的位放在状态寄存器的 C 位 CPSR[29]中，如图 3-4 所示。其中，操作数可以是通用寄存器，也可以是立即数(0～31)。

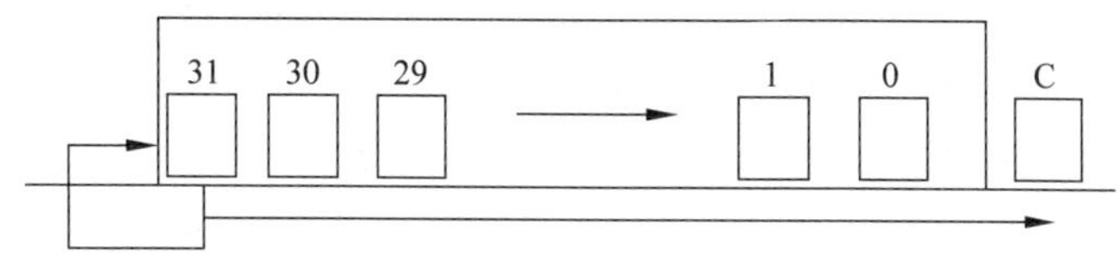

图 3-4　算术右移

这种移位对有符号数据使用时可以保持符号位不变。

操作示例：

```
MOV    R0, R1, ASR#4        ; 将 R1 中的内容右移 4 位后传送到 R0 中，符号位保持不变
                            ; 最后移出的位同时也送入状态位 C 中
```

5. RRX 操作

RRX 操作的格式为：

通用寄存器，RRX

RRX 可完成对通用寄存器中的内容进行带扩展的循环右移的操作，按操作数所指定的数量向右循环移位，左侧空位由状态寄存器 C 位来填充，右侧移出的位移进状态位 C 中，如图 3-5 所示。其中，操作数可以是通用寄存器，也可以是立即数(0～31)。

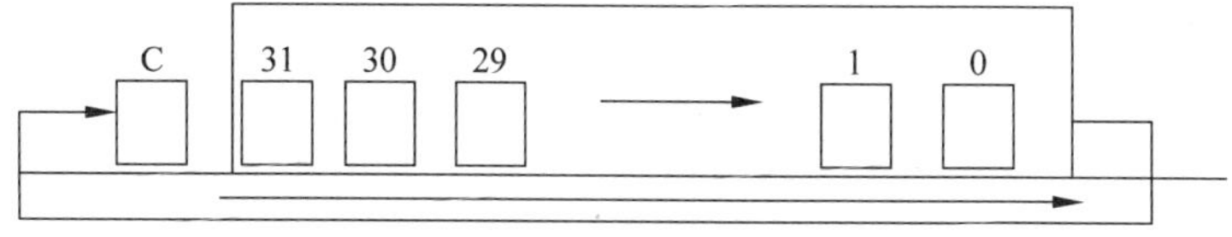

图 3-5　扩展的循环右移

操作示例：

```
MOV    R0, R1, RRX          ; 将 R1 中的内容进行带扩展的循环右移 1 位后传送到 R0 中
```

3.1.6　多寄存器寻址

采用多寄存器寻址方式，一条指令可以完成多个寄存器值的传送。这种寻址方式可以一次对多个寄存器寻址，多个寄存器由小到大排列，最多可传送 16 个寄存器。例如：

```
LDMIA R1,{R2-R4,R5}         ; R2←[R1]
                            ; R3←[R1+4]
                            ; R4←[R1+8]
                            ; R5←[R1+12]
```

该指令的后缀 IA 表示在每次执行完加载/存储操作后，R1 按字长度增加，因此，指令可将连续存储单元的值传送到 R2～R5。

3.1.7 堆栈寻址

堆栈是一种数据结构,按先进后出(first in last out,FILO)的方式工作,使用一个称做堆栈指针的专用寄存器指示当前的操作位置,堆栈指针总是指向栈顶。

当堆栈指针指向最后压入堆栈的数据时,称为满堆栈(full stack),而当堆栈指针指向下一个将要放入数据的空位置时,称为空堆栈(empty stack)。

同时,根据堆栈的生成方式,又可以分为递增堆栈(ascending stack)和递减堆栈(decending stack)。当堆栈由低地址向高地址生成时,称为递增堆栈,当堆栈由高地址向低地址生成时,称为递减堆栈。

这样就有 4 种类型的堆栈工作方式,ARM 微处理器支持这 4 种类型的堆栈工作方式,即:

- 满递增方式(full ascending,FA),堆栈指针指向最后入栈的数据位置,且由低地址向高地址生成。
- 满递减方式(full decending,FD),堆栈指针指向最后入栈的数据位置,且由高地址向低地址生成。
- 空递增方式(empty ascending,EA),堆栈指针指向下一个入栈数据的空位置,且由低地址向高地址生成。
- 空递减方式(empty decending,ED),堆栈指针指向下一个入栈数据的空位置,且由高地址向低地址生成。

3.1.8 相对寻址

与基址变址寻址方式相类似,相对寻址以程序计数器 PC 的当前值为基地址,指令中的地址标号作为偏移量,将两者相加之后得到操作数的有效地址。以下程序段完成子程序的调用和返回,跳转指令 BL 采用了相对寻址方式。

```
    BL   NEXT                ;跳转到子程序 NEXT 处执行
    …
NEXT
    …
    MOV  PC,LR               ;从子程序返回
```

3.2 ARM 指令集

ARM 微处理器的指令集是加载/存储型的,即指令集仅能处理寄存器中的数据,处理结果仍要放回寄存器中,而对系统存储器的访问则需要通过专门的加载/存储指令来完成。

3.2.1 指令格式

为了方便编写程序,ARM 指令在汇编程序中用助记符表示。一般 ARM 指令的助记符格式如下:

<opcode>{<cond>}{s} <Rd>,<Rn>,<op2>

其中各项介绍如下。

<opcode>：操作码，如 ADD 表示算术加操作指令。

{<cond>}：决定指令执行的条件码。

{s}：决定指令执行是否影响 CPSR 寄存器的值。

<Rd>：目的寄存器。

<Rn>：第一个操作数，为寄存器。

<op2>：第二个操作数。

注意：opcode、cond 与 s 之间没有分隔符，s 与 Rd 之间用空格隔开。

3.2.2　条件码

当处理器工作在 ARM 状态时，几乎所有的指令均根据 CPSR 中条件码的状态和指令的条件域有条件地执行。当指令的执行条件满足时，指令被执行，否则指令被忽略。

每一条 ARM 指令包含 4 位的条件码，位于指令的最高 4 位[31:28]。条件码共有 16 种，每种条件码可用两个字符表示，这两个字符可以添加在指令助记符的后面和指令同时使用。例如，跳转指令 B 可以加上后缀 EQ 变为 BEQ 表示"相等则跳转"，即当 CPSR 中的 Z 标志置位时发生跳转。

在 16 种条件标志码中，只有 15 种可以使用，如表 3-1 所示，第 16 种(1111)为系统保留，暂时不能使用。

表 3-1　指令的条件码

条　件　码	助记符后缀	标　　志	含　　义
0000	EQ	Z 置位	相等
0001	NE	Z 清零	不相等
0010	CS	C 置位	无符号数大于或等于
0011	CC	C 清零	无符号数小于
0100	MI	N 置位	负数
0101	PL	N 清零	正数或零
0110	VS	V 置位	溢出
0111	VC	V 清零	未溢出
1000	HI	C 置位 Z 清零	无符号数大于
1001	LS	C 清零 Z 置位	无符号数小于或等于
1010	GE	N 等于 V	带符号数大于或等于
1011	LT	N 不等于 V	带符号数小于
1100	GT	Z 清零且(N 等于 V)	带符号数大于
1101	LE	Z 置位或(N 不等于 V)	带符号数小于或等于
1110	AL	忽略	无条件执行

3.2.3　ARM 存储器访问指令

ARM 微处理器内部没有 RAM，而 ARM 除了寄存器(即 R0～R15)外没有别的存储单元；在以ARM为核的嵌入式系统中，所有的外围模块都和存储单元一样，是ARM微处理器的不同的地址单元。不管这些模块的功能如何(如输入输出、定时器、存储器等)，也不管这些模块的位置如何(如片内或片外)，ARM微处理器都把它们看作是外部存储器。其操作过程和对存储器的操作是相同的。因此，在ARM微处理器的数据传送中，数据的源和数据的目标只有两种：一种是ARM的寄存器R0～R15；另一种就是外部存储器(它们可能是外围模块的寄存器、外部数据存储器或可访问的程序存储器等)。

因此，把数据从存储器到寄存器的传送叫加载，数据从寄存器到存储器的传送叫存储。具体的传送方式如图3-6所示。

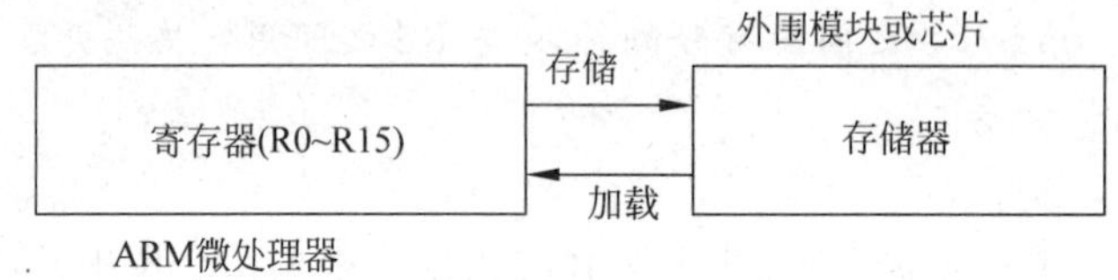

图3-6　ARM微处理器的数据传送方式

加载/存储指令可分为：单一数据加载/存储指令、批量数据加载/存储指令以及数据交换指令3类。常用的加载/存储指令如下所示。

1. 单一数据加载/存储指令

(1) LDR指令

LDR指令的格式为：

```
LDR{条件} 目的寄存器,<存储器地址>
```

LDR指令是字加载指令，用于从存储器中将一个32位的字数据传送到目的寄存器中。该指令通常用于从存储器中读取32位的字数据到通用寄存器，然后对数据进行处理。当程序计数器PC作为目的寄存器时，指令从存储器中读取的字数据被当作目的地址，从而可以实现程序流程的跳转。

指令示例：

```
LDR  R3,[R4]                ;将存储器地址为R4的字数据读入寄存器R3
LDR  R3,[R1,R2]             ;将存储器地址为R1+R2的字数据读入寄存器R3
LDR  R3,[R1,#8]             ;将存储器地址为R1+8的字数据读入寄存器R3
LDR  R3,[R1,R2]!            ;将存储器地址为R1+R2的字数据读入寄存器R3,并将新地址
                            ;R1+R2写入R1
LDR  R3,[R1,#8]!            ;将存储器地址为R1+8的字数据读入寄存器R3,并将新地址
                            ;R1+8写入R1
LDR  R3,[R1],R2             ;将存储器地址为R1的字数据读入寄存器R3,并将新地址R1+R2
                            ;写入R1
LDR  R3,[R1,R2,LSL#3]!      ;将存储器地址为R1+R2×8的字数据读入寄存器R3,并将新地
                            ;址R1+R2×8写入R1
LDR  R3,[R1],R2,LSL#3       ;将存储器地址为R1的字数据读入寄存器R3,并将新地址R1+
                            ;R2×8写入R1
```

注：R15不可以作为偏移寄存器使用。

(2) LDRB指令

LDRB指令的格式为：

```
LDR{条件}B 目的寄存器,<存储器地址>
```

LDRB 指令是字节加载指令，用于从存储器中将一个 8 位的字节数据传送到目的寄存器中，同时将寄存器的高 24 位清零。该指令通常用于从存储器中读取 8 位的字节数据到通用寄存器，然后对数据进行处理。当程序计数器 PC 作为目的寄存器时，指令从存储器中读取的字数据被当作目的地址，从而可以实现程序流程的跳转。

指令示例：

```
LDRB    R3,[R1]      ; 将存储器地址为 R1 的字节数据读入寄存器 R3,并将 R3 的高 24 位清零
LDRB    R3,[R1,#8]   ; 将存储器地址为 R1+8 的字节数据读入寄存器 R3,并将 R3 的高 24 位清零
```

(3) LDRH 指令

LDRH 指令的格式为：

```
LDR{条件}H 目的寄存器,<存储器地址>
```

LDRH 指令是无符号半字加载指令，用于从存储器中将一个 16 位的半字数据传送到目的寄存器中，同时将寄存器的高 16 位清零。该指令通常用于从存储器中读取 16 位的半字数据到通用寄存器，然后对数据进行处理。当程序计数器 PC 作为目的寄存器时，指令从存储器中读取的字数据被当作目的地址，从而可以实现程序流程的跳转。

指令示例：

```
LDRH   R3,[R1]       ; 将存储器地址为 R1 的半字数据读入寄存器 R3,并将 R3 的高 16 位清零
LDRH   R3,[R1,#8]    ; 将存储器地址为 R1+8 的半字数据读入寄存器 R3,并将 R3 的高 16 位清零
LDRH   R3,[R1,R2]    ; 将存储器地址为 R1+R2 的半字数据读入寄存器 R3,并将 R3 的高 16 位清零
```

(4) STR 指令

STR 指令的格式为：

```
STR{条件} 源寄存器,<存储器地址>
```

STR 指令是字存储指令，用于从源寄存器中将一个 32 位的字数据传送到存储器中。该指令在程序设计中比较常用，且寻址方式灵活多样，使用方式可参考指令 LDR。

指令示例：

```
STR   R3,[R1],#8     ; 将 R3 中的字数据写入以 R1 为地址的存储器中,并将新地址 R1+8 写入 R1
STR   R3,[R1,#8]     ; 将 R3 中的字数据写入以 R1+8 为地址的存储器中
```

(5) STRB 指令

STRB 指令的格式为：

```
STR{条件}B 源寄存器,<存储器地址>
```

STRB 指令是无符号字节存储指令，用于从源寄存器中将一个 8 位的字节数据传送到存储器中。该字节数据为源寄存器中的低 8 位。

指令示例：

```
STRB   R3,[R1]       ; 将寄存器 R3 中的字节数据写入以 R1 为地址的存储器中
STRB   R3,[R1,#8]    ; 将寄存器 R3 中的字节数据写入以 R1+8 为地址的存储器中
```

(6) STRH 指令

STRH 指令的格式为：

```
STR{条件}H 源寄存器,<存储器地址>
```

STRH 指令是无符号半字存储指令,用于从源寄存器中将一个 16 位的半字数据传送到存储器中。该半字数据为源寄存器中的低 16 位。

指令示例：

```
STRH   R3,[R1]        ;将寄存器 R3 中的半字数据写入以 R1 为地址的存储器中
STRH   R3,[R1,#8]     ;将寄存器 R3 中的半字数据写入以 R1+8 为地址的存储器中
```

2. 批量数据加载/存储指令

ARM 微处理器所支持的批量数据加载/存储指令可以一次在一片连续的存储器单元和多个寄存器之间传送数据,批量加载指令用于将一片连续的存储器中的数据传送到多个寄存器,批量数据存储指令则完成相反的操作。常用的加载存储指令如下。

LDM(或 STM)指令

LDM(或 STM)指令的格式为：

```
LDM(或 STM){条件}{类型} 基址寄存器{!},寄存器列表{∧}
```

LDM(或 STM)指令用于在由基址寄存器所指示的一片连续存储器和寄存器列表所指示的多个寄存器之间传送数据,该指令的常见用途是将多个寄存器的内容入栈或出栈。其中,{类型}为以下几种情况。

IA　每次传送后地址加 1,递增方式。

IB　每次传送前地址加 1,递增方式。

DA　每次传送后地址减 1,递减方式。

DB　每次传送前地址减 1,递减方式。

FD　满递减堆栈。

ED　空递减堆栈。

FA　满递增堆栈。

EA　空递增堆栈。

{!}为可选后缀,若选用该后缀,则当数据传送完毕之后,将最后的地址写入基址寄存器,否则基址寄存器的内容不改变。

基址寄存器不允许为 R15。

寄存器列表可以为 R0～R15 的任意组合,若使用连续的寄存器时,可以使用“-”表示省略。

{∧}为可选后缀,这是一个只是在数据块传送中使用的后缀,当指令为 LDM 且寄存器列表中包含 R15,选用该后缀时表示:除了正常的数据传送之外,还将 SPSR 复制到 CPSR。同时,该后缀还表示传入或传出的是用户模式下的寄存器,而不是当前模式下的寄存器。

指令示例：

```
STMFD  R13!,{R0,R4-R12,LR}   ；将寄存器列表中的寄存器(R0,R4～R12,LR)存入堆栈
LDMFD  R13!,{R0,R4-R12,PC}   ；将堆栈内容恢复到寄存器(R0,R4～R12,LR)
```

在通用存储区，数据存储的方式和堆栈区相近。R1、R2 和 R3 三个寄存器的 4 种后缀指令执行前后的存储情况如图 3-7 所示。

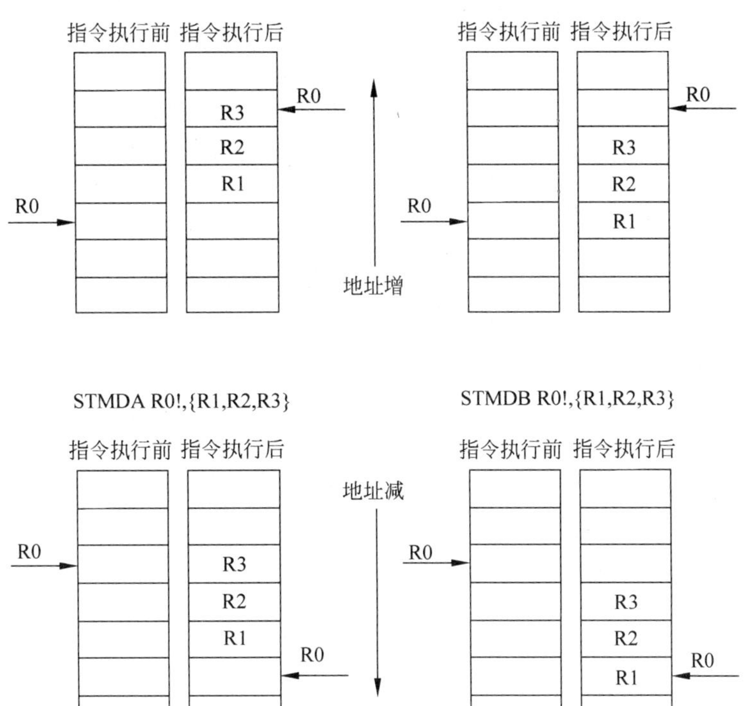

图 3-7　数据存储示意图

3. 交换指令

(1) SWP 指令

SWP 指令的格式为：

SWP{条件} 目的寄存器,源寄存器 1,[源寄存器 2]

SWP 指令是数据字交换指令，用于将源寄存器 2 所指向的存储器中的字数据传送到目的寄存器中，同时将源寄存器 1 中的字数据传送到源寄存器 2 所指向的存储器中。显然，当源寄存器 1 和目的寄存器为同一个寄存器时，指令交换该寄存器和存储器的内容。

指令示例：

```
SWP    R1,R2,[R3]   ；将 R3 所指向的存储器中的字数据传送到 R1,同时将 R2 中的字数据传
                    ；送到 R3 所指向的存储单元
SWPEQ  R1,R1,[R2]   ；Z=1 时,完成将 R2 所指向的存储器中的字数据与 R1 中的字数据交换
```

(2) SWPB 指令

SWPB 指令的格式为：

SWP{条件}B 目的寄存器,源寄存器 1,[源寄存器 2]

SWPB 指令是字节交换指令,用于将源寄存器 2 所指向的存储器中的字节数据传送到目的寄存器中,目的寄存器的高 24 位清零,同时将源寄存器 1 中的字节数据传送到源寄存器 2 所指向的存储器中。显然,当源寄存器 1 和目的寄存器为同一个寄存器时,指令交换该寄存器和存储器的内容。

指令示例:

```
SWPB  R1,R2,[R3]      ; 将 R3 所指向的存储器中的字节数据传送到 R1,R1 的高 24 位
                      ; 清零,同时将 R2 中的低 8 位数据传送到 R3 所指向的存储单元
SWPB  R1,R1,[R2]      ; 将 R2 所指向的存储器中的字节数据与 R1 中的低 8 位数据交换
```

3.2.4 ARM 数据处理类指令

数据处理指令只能对寄存器的内容进行操作,不允许对存储器中的数据进行操作,也不允许指令直接使用存储器的数据或在寄存器与存储器之间传送数据。数据处理指令可分为三大类:数据传送指令、算术逻辑运算指令和比较指令。

数据传送指令用于在寄存器和存储器之间进行数据的双向传输。

算术逻辑运算指令完成常用的算术与逻辑的运算,该类指令不但将运算结果保存在目的寄存器中,同时更新 CPSR 中的相应条件标志位。

比较指令是对指定的两个寄存器(或一个寄存器,一个立即数)进行比较,不保存运算结果,只影响 CPSR 中相应的条件标志位。

1. 数据传送指令 MOV 和 MVN

(1) MOV 指令

MOV 指令的格式为:

MOV{条件}{S} 目的寄存器,源操作数

MOV 指令可完成在寄存器之间或寄存器与第 2 操作数之间进行的数据传送。

其中,S 选项决定指令的操作是否影响 CPSR 中条件标志位的值,当没有 S 时指令不更新 CPSR 中条件标志位的值。

指令示例:

```
MOV   R4,R5           ; 将寄存器 R5 的内容传送到寄存器 R4
MOV   PC,R14          ; 将寄存器 R14 的内容传送到 PC,常用于子程序返回
MOVNE R4,R5,LSL #2    ; 当 Z=0 时,将寄存器 R5 的内容逻辑左移 2 位后传送到 R4
```

(2) MVN 指令

MVN 指令的格式为:

MVN{条件}{S} 目的寄存器,源操作数

MVN 指令可完成在寄存器之间或寄存器与第 2 操作数之间进行的数据非传送。与 MOV 指令不同之处是在传送之前按位被取反了,即把一个被取反的值传送到目的寄存器中。

其中,S 决定指令的操作是否影响 CPSR 中条件标志位的值,当没有 S 时指令不更新

CPSR 中条件标志位的值。

指令示例：

```
MVN  R0,#0                    ;将立即数 0 取反传送到寄存器 R0 中,完成后 R0=-1
```

2. 算术逻辑运算指令

(1) ADD 指令

ADD 指令的格式为：

```
ADD{条件}{S} 目的寄存器,操作数 1,操作数 2
```

ADD 指令是加法指令,用于把两个操作数相加,并将结果存放到目的寄存器中。

操作数 1 应是一个寄存器。

操作数 2 可以是一个寄存器,被移位的寄存器或一个立即数。

指令示例：

```
ADDS     R0,R3,R4             ; R0 = R3 + R4,设置标志位
ADDC     R0,R3,#10            ; R0 = R3 + 10
ADD  R0,R2,R3,LSL#2           ; R0 = R2 + R3×4
```

(2) ADC 指令

ADC 指令的格式为：

```
ADC{条件}{S} 目的寄存器,操作数 1,操作数 2
```

ADC 指令是带进位加法指令,用于把两个操作数相加,再加上 CPSR 中的 C 条件标志位的值,并将结果存放到目的寄存器中。它使用一个进位标志位,这样就可以做比 32 位大的数的加法,注意不要忘记设置 S 后缀来更改进位标志。

操作数 1 应是一个寄存器。

操作数 2 可以是一个寄存器,被移位的寄存器,或一个立即数。

以下指令序列实现 64 位二进制数的加法：R2、R1=R2、R1+R4、R3

```
ADDS  R1,R1,R3                ; R1= R1+R3
ADC   R2,R2,R4                ; R2= R2+R4+C
```

(3) SUB 指令

SUB 指令的格式为：

```
SUB{条件}{S} 目的寄存器,操作数 1,操作数 2
```

SUB 指令是减法指令,用于把操作数 1 减去操作数 2,并将结果存放到目的寄存器中。该指令可用于有符号数或无符号数的减法运算。

操作数 1 应是一个寄存器。

操作数 2 可以是一个寄存器,被移位的寄存器,或一个立即数。

指令示例：

```
SUBS R0,R3,R4                 ; R0 = R3-R4,设置标志位
SUB  R0,R1,#0x10              ; R0 = R1-0x10
SUB  R0,R2,R3,LSL#1           ; R0 = R2-(R3 << 1)
```

(4) SBC 指令

SBC 指令的格式为:

```
SBC{条件}{S} 目的寄存器,操作数 1,操作数 2
```

SBC 指令是带借位减法指令,用于把操作数 1 减去操作数 2,再减去 CPSR 中的 C 条件标志位的反码,并将结果存放到目的寄存器中。该指令可用于有符号数或无符号数的减法运算。

操作数 1 应是一个寄存器。

操作数 2 可以是一个寄存器,被移位的寄存器,或一个立即数。该指令使用进位标志来表示借位,这样就可以做大于 32 位的减法,注意不要忘记设置 S 后缀来更改进位标志。

指令示例:

```
SBC   R2,R2,R4                ; R2 = R2-R4-C̄
```

(5) RSB 指令

RSB 指令的格式为:

```
RSB{条件}{S} 目的寄存器,操作数 1,操作数 2
```

RSB 指令是反减法指令,用于把操作数 2 减去操作数 1,并将结果存放到目的寄存器中。该指令可用于有符号数或无符号数的减法运算。

操作数 1 应是一个寄存器。

操作数 2 可以是一个寄存器,被移位的寄存器,或一个立即数。

指令示例:

```
RSB   R0,R1,R2                ; R0 = R2-R1
RSB   R0,R1,#0x10             ; R0 = 0x10-R1
RSB   R0,R2,R3,LSL#1          ; R0 =R3×2-R2
```

(6) RSC 指令

RSC 指令的格式为:

```
RSC{条件}{S} 目的寄存器,操作数 1,操作数 2
```

RSC 指令是带借位反减法指令,用于把操作数 2 减去操作数 1,再减去 CPSR 中的 C 条件标志位的反码,并将结果存放到目的寄存器中。该指令可用于有符号数或无符号数的减法运算。

操作数 1 应是一个寄存器。

操作数 2 可以是一个寄存器,被移位的寄存器,或一个立即数。

指令示例:

```
RSCS      R6,R4,R3,LSL#1      ; R6 = R3×2-R4-C̄ 同时刷新标志位
```

(7) AND 指令

AND 指令的格式为:

```
AND{条件}{S} 目的寄存器,操作数 1,操作数 2
```

AND 指令是逻辑与指令，用于在两个操作数上进行逻辑与运算，并把结果放置到目的寄存器中。该指令常用于屏蔽操作数 1 的某些位。

操作数 1 应是一个寄存器。

操作数 2 可以是一个寄存器，被移位的寄存器，或一个立即数。

指令示例：

```
AND   R5,R6,R8          ; R5=R6∧R8
AND   R2,R2,#3          ; 该指令保持 R2 的 0、1 位,其余位清零
```

(8) ORR 指令

ORR 指令的格式为：

```
ORR{条件}{S} 目的寄存器,操作数 1,操作数 2
```

ORR 指令是逻辑或指令，用于在两个操作数上进行逻辑或运算，并把结果放置到目的寄存器中。该指令常用于设置操作数 1 的某些位。

操作数 1 应是一个寄存器。

操作数 2 可以是一个寄存器，被移位的寄存器，或一个立即数。

指令示例：

```
ORR   R5,R6,R8          ; R5=R6∨R8
ORR   R2,R2,#3          ; 该指令设置 R2 的 0、1 位,其余位保持不变
```

(9) EOR 指令

EOR 指令的格式为：

```
EOR{条件}{S} 目的寄存器,操作数 1,操作数 2
```

EOR 指令是逻辑异或指令，用于在两个操作数上进行逻辑异或运算，并把结果放置到目的寄存器中。该指令常用于反转操作数 1 的某些位。

操作数 1 应是一个寄存器。

操作数 2 可以是一个寄存器，被移位的寄存器，或一个立即数。

指令示例：

```
EOR   R5,R6,R8          ; R5=R6⊕R8
EOR   R2,R2,#3          ; 该指令反转 R2 的 0、1 位为 1,其余位保持不变
```

(10) BIC 指令

BIC 指令的格式为：

```
BIC{条件}{S} 目的寄存器,操作数 1,操作数 2
```

BIC 指令是位清除指令，用于清除操作数 1 的某些位，并把结果放置到目的寄存器中。

操作数 1 应是一个寄存器。

操作数 2 可以是一个寄存器，被移位的寄存器，或一个立即数。

指令示例：

```
BIC   R0,R2,#2_0011     ; 清除 R2 中的 0、1 位,其余的位保持不变
```

```
BICS  R0,R2,#0x80000000       ;清除R2中的31位,其余的位保持不变,刷新标志位
```

(11) MUL指令

MUL指令的格式为:

```
MUL{条件}{S}目的寄存器,操作数1,操作数2
```

MUL指令是乘法指令,完成操作数1与操作数2的乘法运算,并把结果放置到目的寄存器中,同时可以根据运算结果设置CPSR中相应的条件标志位(不会影响V)。其中,操作数1和操作数2均为32位的有符号数或无符号数。

指令示例:

```
MUL   R0,R4,R5                ;R0 = R4 × R5
MULS  R0,R4,R5                ;R0 = R4 × R5,同时设置条件标志位
```

(12) MLA指令

MLA指令的格式为:

```
MLA{条件}{S} 目的寄存器,操作数1,操作数2,操作数3
```

MLA指令是乘加指令,完成操作数1与操作数2的乘法运算,再将乘积加上操作数3,并把结果放置到目的寄存器中,同时可以根据运算结果设置CPSR中相应的条件标志位(不会影响V)。其中,操作数1和操作数2均为32位的有符号数或无符号数。

指令示例:

```
MLA   R0,R1,R2,R3             ;R0 = R1 × R2 + R3
MLAS  R0,R1,R2,R3             ;R0 = R1 × R2 + R3,同时设置CPSR中的相关条件标志位
```

(13) SMULL指令

SMULL指令的格式为:

```
SMULL{条件}{S} 目的寄存器Low,目的寄存器High,操作数1,操作数2
```

SMULL指令是带符号长乘法指令,完成操作数1与操作数2的乘法运算,并把结果的低32位放置到目的寄存器Low中,结果的高32位放置到目的寄存器High中,同时可以根据运算结果设置CPSR中相应的条件标志位。其中,操作数1和操作数2均为32位的有符号数。

指令示例:

```
SMULL    R1,R2,R3,R4          ;R1 = (R3 × R4)的低32位
                              ;R2 = (R3 × R4)的高32位
```

(14) SMLAL指令

SMLAL指令的格式为:

```
SMLAL{条件}{S} 目的寄存器Low,目的寄存器High,操作数1,操作数2
```

SMLAL指令是长乘加指令,完成操作数1与操作数2的乘法运算,并把结果的低32位同目的寄存器Low中的值相加后又放置到目的寄存器Low中,结果的高32位同目的寄存器High中的值相加后又放置到目的寄存器High中,同时可以根据运算结果设置CPSR中相应的条件标志位。其中,操作数1和操作数2均为32位的有符号数。

对于目的寄存器 Low，在指令执行前存放 64 位加数的低 32 位，指令执行后存放结果的低 32 位。

对于目的寄存器 High，在指令执行前存放 64 位加数的高 32 位，指令执行后存放结果的高 32 位。

指令示例：

```
SMLAL    R1,R2,R3,R4        ; R1 = (R3×R4)的低 32 位 + R1
                            ; R2 = (R3×R4)的高 32 位 + R2
```

(15) UMULL 指令

UMULL 指令的格式为：

```
UMULL{条件}{S} 目的寄存器 Low,目的寄存器 High,操作数 1,操作数 2
```

UMULL 指令是无符号乘法指令，完成操作数 1 与操作数 2 的乘法运算，并把结果的低 32 位放置到目的寄存器 Low 中，结果的高 32 位放置到目的寄存器 High 中，同时可以根据运算结果设置 CPSR 中相应的条件标志位。其中，操作数 1 和操作数 2 均为 32 位的无符号数。

指令示例：

```
UMULL    R1,R2,R3,R4        ; R1 = (R3×R4)的低 32 位
                            ; R2 = (R3×R4)的高 32 位
```

(16) UMLAL 指令

UMLAL 指令的格式为：

```
UMLAL{条件}{S} 目的寄存器 Low,目的寄存器 High,操作数 1,操作数 2
```

UMLAL 指令是无符号长乘加指令，完成操作数 1 与操作数 2 的乘法运算，并把结果的低 32 位同目的寄存器 Low 中的值相加后又放置到目的寄存器 Low 中，结果的高 32 位同目的寄存器 High 中的值相加后又放置到目的寄存器 High 中，同时可以根据运算结果设置 CPSR 中相应的条件标志位。其中，操作数 1 和操作数 2 均为 32 位的无符号数。

对于目的寄存器 Low，在指令执行前存放 64 位加数的低 32 位，指令执行后存放结果的低 32 位。

对于目的寄存器 High，在指令执行前存放 64 位加数的高 32 位，指令执行后存放结果的高 32 位。

指令示例：

```
UMLAL    R1,R2,R3,R4        ; R1 = (R3×R4)的低 32 位 + R1
                            ; R2= (R3×R4)的高 32 位 + R2
```

3. 比较和测试指令

(1) CMP 指令

CMP 指令的格式为：

```
CMP{条件} 操作数 1,操作数 2
```

CMP 指令是比较指令，该指令是做一次减法运算，但不存储结果，只是刷新条件标志

位,根据条件标志位判断操作数的大小。对条件位的影响是:结果为正数则N=0,结果为负数则N=1;结果为0则Z=1,结果不为0则Z=0;如果产生借位则C=0,没有借位则C=1;结果符号溢出则V=1,否则V=0。

指令示例:

```
CMP R1,#0x30              ;比较R1和0x30
ADDCS R5,R5,#0x20         ;如果C=1,则R5=R5+0x20
ADDCC R5,R5,#0x10         ;如果C=0,则R5=R5+0x10
```

(2) CMN指令

CMN指令的格式为:

```
CMN{条件} 操作数1,操作数2
```

CMN指令是比较非指令,也是做一次减法运算,用操作数1减去操作数2的非值,结果不保存,只是刷新条件标志位,对条件标志位的影响和比较指令CMP相同。

指令示例:

```
CMN R1,#0x00              ;比较R1和0xFFFFFFFF
ADDCS R5,R5,#0x20         ;如果C=1,则R5=R5+0x20
ADDCC R5,R5,#0x10         ;如果C=0,则R5=R5+0x10
```

(3) TST指令

TST指令的格式为:

```
TST{条件} 操作数1,操作数2
```

TST指令是位测试指令,用于把一个寄存器的内容和另一个寄存器的内容或立即数进行按位的与运算,并根据运算结果更新CPSR中条件标志位的值。

指令示例:

```
TST  R2,#0x01             ;将寄存器R2的值与立即数0x01按位与,并根据结果设置
                          ;CPSR的标志位,用来判断R2中最低位是否为0
```

(4) TEQ指令

TEQ指令的格式为:

```
TEQ{条件} 操作数1,操作数2
```

TEQ指令是测试指令,用于把一个寄存器的内容和另一个寄存器的内容或立即数进行按位的异或运算,并根据运算结果更新CPSR中条件标志位的值。该指令通常用于比较操作数1和操作数2是否相等。

指令示例:

```
TEQ  R1,#0x10             ;将寄存器R1的值与0x10按位异或,并根据结果设置CPSR的
                          ;标志位,若Z=1则表示R1的内容是0x10
```

3.2.5 ARM分支指令

在ARM指令集中,没有专门的子程序调用指令,把分支和子程序调用看成是同一种操

作，分支指令用于实现程序流程的跳转，在 ARM 程序中可以通过使用专门的跳转指令或是直接向程序计数器 PC 写入跳转地址值的方法来实现。

通过向程序计数器 PC 写入跳转地址值，可以实现在 4GB 的地址空间中的任意跳转，在跳转之前结合使用 MOV LR、PC 等类似指令，可以保存将来的返回地址值，从而实现在 4GB 连续的线性地址空间的子程序调用。

ARM 指令集中的跳转指令可以完成从当前指令向前或向后的 32MB 的地址空间的跳转，包括以下 3 条指令。

1. B 指令

B 指令的格式为：

```
B{条件} 目标地址
```

B 指令是分支指令，是最简单的跳转指令。一旦遇到一个 B 指令，ARM 处理器将立即跳转到给定的目标地址，从那里继续执行。

注意存储在跳转指令中的实际值是相对当前 PC 值的一个偏移量，而不是一个绝对地址，它的值由汇编器来计算(参考寻址方式中的相对寻址)。它是 24 位有符号数，左移两位后有符号扩展为 32 位，表示的有效偏移为 26 位(前后 32MB 的地址空间)。

指令实例：

```
B      Label                 ; 程序无条件跳转到标号 Label 处执行
CMP    R1,#0                 ; 当 CPSR 寄存器中的 Z 条件码置位时,程序跳转到标号 Label
                             ; 处执行
BEQ    Label
```

2. BL 指令

BL 指令的格式为：

```
BL{条件} 目标地址
```

BL 指令是分支和链接指令，一种可以存储分支处地址的分支指令，可用于子程序调用。具体实现过程是跳转之前，在寄存器 R14 中保存 PC 的当前内容，因此，可以通过将 R14 的内容重新加载到 PC 中，返回到跳转指令之后的那个指令处执行。

指令实例：

```
BL     Label                 ; 当程序无条件跳转到标号 Label 处执行时,同时将当前的 PC
                             ; 值保存到 R14 中
```

3. BX 指令

BX 指令的格式为：

```
BX{条件} 目标地址
```

BX 指令是分支和交换指令，可以在 ARM 指令集和 Thumb 指令集之间跳转的分支指令。

指令实例：

```
        CODE32                  ; ARM 程序段,32 位编码
ARM1                            ; 语句标号
        ADR R0,THUMB1+1         ; 把 THUMB1 所在的地址赋给 R0
        BX R0                   ; 跳转到 THUMB1 指令集
        ...
        CODE16
THUMB1
        ...
        ADR R0,ARM1             ; 把语句标号 ARM1 所在的地址赋给 R0
        BIC R0,R0,#01           ; 末位 R0[0]清零
        BX R0                   ; 跳转到 ARM 指令集
```

3.2.6 ARM 协处理器指令

ARM 作为 32 位处理器,虽然能进行长乘法和乘加等运算,但没有除法指令和更复杂的运算指令。因此,ARM 可以通过外接协处理器来解决此问题,协处理器是一种专门用于进行辅助运算的芯片,其本身除了运算功能以外没有其他功能,因此,不能独立工作,必须和 CPU 一起工作,ARM 处理器可支持多达 16 个协处理器,每个协处理器都有自己的编号,命名为 Pn,每个协处理器都有自己的寄存器,命名为 Cn。

ARM 的协处理器指令主要用于 ARM 处理器初始化 ARM 协处理器的数据处理操作,以及在 ARM 处理器的寄存器和协处理器的寄存器之间传送数据,和在 ARM 协处理器的寄存器和存储器之间传送数据。ARM 协处理器指令包括以下 5 条。

1. CDP 指令

CDP 指令的格式为:

```
CDP{条件} 协处理器编码,协处理器操作码 1,目的寄存器,源寄存器 1,源寄存器 2,协处理器操作码 2
```

CDP 指令是协处理器数据操作指令,用于 ARM 处理器通知 ARM 协处理器执行特定的操作,若协处理器不能成功完成特定的操作,则产生未定义指令异常。其中协处理器操作码 1 和协处理器操作码 2 为协处理器将要执行的操作,目的寄存器和源寄存器均为协处理器的寄存器,指令不涉及 ARM 处理器的寄存器和存储器。

指令示例:

```
CDP   P1,2,C1,C2,C3      ; 命令 1 号(P1)协处理器把自己的寄存器(协处理器寄存器)C2 和 C3 作
                         ; 为操作数,进行第 2 方式的操作,结果放在 C1(协处理器寄存器)中
```

2. LDC 指令

LDC 指令的格式为:

```
LDC{条件}{L} 协处理器编码,目的寄存器,[源寄存器]
```

LDC 指令是协处理器加载指令,用于将源寄存器所指向的存储器中的字数据传送到目的寄存器中,若协处理器不能成功完成传送操作,则产生未定义指令异常。其中,{L}选项表示指令为长读取操作,如用于双精度数据的传输。

指令示例:

```
LDC  P3,C4,[R5]          ; 将 ARM 处理器的寄存器 R5 所指向的存储器中的字数据传送
                         ; 到协处理器 P3 的寄存器 C4 中
```

3. STC 指令

STC 指令的格式为：

```
STC{条件}{L} 协处理器编码,源寄存器,[目的寄存器]
```

STC 指令是协处理器存储指令，用于将源寄存器中的字数据传送到目的寄存器所指向的存储器中，若协处理器不能成功完成传送操作，则产生未定义指令异常。其中，{L}选项表示指令为长读取操作，如用于双精度数据的传输。

指令示例：

```
STCEQ   P2,C4,[R5]       ; 当 Z=1 时,执行将协处理器 P2 的寄存器 C4 中的字数据传送
                         ; 到 ARM 处理器的寄存器 R5 所指向的存储器中
```

4. MCR 和 MRC 指令

MCR 和 MRC 指令的格式为：

```
MCR/MRC {条件} 协处理器编码,协处理器操作码 1,源寄存器,目的寄存器 1,目的寄存器 2,协处
理器操作码 2
```

这两条指令是用来在两个寄存器之间进行数据传送。从 ARM 处理器寄存器中的数据传送到协处理器寄存器使用 MCR 指令；从协处理器寄存器中的数据传送到 ARM 处理器寄存器使用 MRC 指令。

ARM 处理器指定一个寄存器作为传送数据的源或接收数据的目标。协处理器指定两个寄存器，同时可以像 CDP 指令一样指定操作要求。这类指令可以用在浮点数运算和传送中，ARM 处理器把数据传送给协处理器，然后可以从协处理器读出浮点数的计算结果。

指令示例：

```
MCR  P2,3,R2,C4,C5,6     ; 将 ARM 处理器寄存器 R2 中的数据传送到协处理器 P2
                         ; 的寄存器 C4 和 C5 中。具体实现是:指定协处理器 P2 执行第 6
                         ; 种操作,操作数是 C4 和 C5,把操作结果传送给 R2
MRC  P0,3,R2,C4,C5,6     ; 将协处理器 P0 的寄存器中的数据传送到 ARM 处理器寄存器
                         ; 中。具体实现是:指定协处理器 P0 执行第 3 种操作,操作类型
                         ; 是 6,操作数之一是 R2,结果放在 C4 中
```

3.2.7 ARM 软件中断指令

ARM 指令集中的软件中断指令是唯一一条不使用寄存器的 ARM 指令，也是一条可以条件执行的指令。因为 ARM 指令在用户模式中受到很大的局限，有一些资源不能够访问。所以，在需要访问这些资源时，使用软件控制的唯一方法就是使用软件中断指令 SWI。

SWI 指令的格式为：

```
SWI{条件} 24 位的立即数
```

SWI 指令用于产生软件中断，以便用户程序能调用操作系统的系统例程。操作系统在 SWI 的异常处理程序中提供相应的系统服务，指令中 24 位的立即数指定用户程序调用系

统例程的类型,相关参数通过通用寄存器传递,当指令中 24 位的立即数被忽略时,用户程序调用系统例程的类型由通用寄存器 R0 的内容决定,同时,参数通过其他通用寄存器传递。

指令示例:

```
SWI  0x02                    ;实现中断,指明调用 2 号功能段
```

执行 SWI 指令,软件中断进入的是管理模式,中断后会改变程序状态寄存器中的相关位。中断后 ARM 处理器把 0x00000008 赋给 PC,并把中断处地址保存在 LR 中,同时把 CPSR 保存在 SPSR 中。

3.3 Thumb 指令集

为兼容数据总线宽度为 16 位的应用系统,ARM 体系结构除了支持执行效率很高的 32 位 ARM 指令集以外,同时支持 16 位的 Thumb 指令集。Thumb 指令集是 ARM 指令集的一个子集,允许指令编码为 16 位的长度。与等价的 32 位代码相比较,Thumb 指令集在保留 32 位代码优势的同时,大大地节省了系统的存储空间。

Thumb 指令集与 ARM 指令集在以下几个方面有区别。

- 跳转指令。条件跳转在范围上有更多的限制,转向子程序只具有无条件转移。
- 数据处理指令。对通用寄存器进行操作,操作结果须放入其中一个操作数寄存器,而不是第三个寄存器。
- 单寄存器加载和存储指令。Thumb 状态下,单寄存器加载和存储指令只能访问寄存器 R0~R7。
- 批量寄存器加载和存储指令。LDM 和 STM 指令可以将任何范围为 R0~R7 的寄存器子集加载或存储,PUSH 和 POP 指令使用堆栈指针 R13 作为基址实现满递减堆栈,除 R0~R7 外,PUSH 指令还可以存储连接寄存器 R14,并且 POP 指令可以加载程序指令 PC。
- Thumb 指令集没有包含进行异常处理时需要的一些指令,因此,在异常中断时还是需要使用 ARM 指令。这种限制决定了 Thumb 指令不能单独使用而需要与 ARM 指令配合使用。

Thumb 数据处理指令、存储器访问指令中的加载/存储指令使用方法和 ARM 指令集中相对应的指令类似,本节不做详细介绍,仅对有区别的指令介绍。

1. PUSH 和 POP

指令格式:

```
PUSH {低寄存器的全部或其子集}
POP {低寄存器的全部或其子集}
PUSH {低寄存器的全部或其子集,LR}
POP {低寄存器的全部或其子集,PC}
```

这两条指令是栈操作指令,用于在寄存器和堆栈之间进行成组的数据传送,PUSH 指令用于把寄存器列表中的寄存器数据推进堆栈;POP 指令用于把栈区的数据弹出列表的寄

存器中。

堆栈指针是隐含的地址基址，Thumb 指令中的堆栈是满递减堆栈，堆栈向下增长，堆栈指针总是指向最后入栈的数据。使用入栈指令 PUSH 时，每传送一个数据，堆栈指针就自动减 4；使用出栈指令 POP 时，每传送一个数据，堆栈指针就自动加 4。

POP {低寄存器的全部或其子集，PC}这条指令引起处理器转移到从堆栈弹出给 PC 的地址，这通常是从子程序返回，其中 LR 在子程序开头压进堆栈。这些指令不影响条件码标志。

指令示例：

```
PUSH {R0,R4,R6}             ; 把 R0、R4、R6 的数据顺序推进栈区
PUSH {R4-R7,LR}             ; 把 R4、R5、R6、R7、LR 顺序入栈
POP {R0,R4,R6}              ; 把 R0、R4、R6 的数据弹出栈区
POP {R0-R7,PC}              ; 恢复现场
```

2. 分支指令

(1) B 指令

这是 Thumb 指令集中唯一的有条件指令。

指令格式为：

```
B{条件}目标地址
```

若使用条件，则目标地址必须在当前指令的－256～＋256 字节范围内。若指令是无条件的，则目标地址必须在±2KB 范围内。若条件满足或不使用条件，则 B 指令引起处理器转移到目标地址。目标地址必须在指定限制内。ARM 链接器不能增加代码来产生更长的转移。

指令示例：

```
          CMP R2, #0x20     ; 比较 R2 和 0x20
          BNE START         ; 不相等时，即当 Z=0 时，则跳转
          ...
START ADD R3,R4             ; 跳转处
```

(2) BL 指令

BL 指令的格式为：

```
BL 目标地址
```

BL 指令是分支和链接指令，将下一条指令的地址复制到 R14(连接寄存器)，并引起处理器转移到目标地址，但目标地址不可以是 ARM 指令。BL 指令不能转移到当前指令±4MB 以外的地址。

指令示例：

```
        BL START            ; 分支跳转
        ADD R3,R4           ; 分支的下一条指令
        ...
START
       ADD R0,R1            ; 指令
```

(3) BX

BX 指令的格式为：

```
BX 寄存器
```

BX 指令是分支和交换指令，寄存器的地址是目标地址，其中的位[0]不是地址信息。当寄存器的位[0]为1时，表明目标地址处是 Thumb 指令；当寄存器的位[0]为0时，表明目标地址处是 ARM 指令，此时，要求字对准。

指令示例：

```
        CODE16                    ; Thumb 程序段
        ADR   R0,ARM1             ; 把标号 ARM1 处地址赋给 R0
        BIC   R0,#01              ; 清零 R0 的位[0]
        BX    R0                  ; 跳转到 ARM1 指令集
LET1          …
        CODE32
ARM1
                …
        ADD   R3,R4               ; ARM 语句
        ADR   R0,LET+1            ; 把 LET1 所在的地址赋给 R0,置 R0 的位[0]
        BX    R0                  ; 跳转到 ARM 指令集
```

3. SWI 指令

指令格式：

```
SWI 立即数
```

SWI 指令为软件中断指令，用于产生软件中断，即能够引起 SWI 异常。这意味着处理器状态切换到 ARM 态；处理器模式切换到管理模式，CPSR 保存到管理模式的 SPSR 中，执行转移到 SWI 向量地址。立即数要求是一个8位的无符号数，范围是0～255之间的整数。

指令示例：

```
SWI 12                            ; 产生软件中断,进入管理方式时带入参数 12,
                                  ; 作为 SWI 中断请求号
```

3.4 本章小结

本章系统地介绍了 ARM9 处理器支持的8种寻址方式，ARM9 处理器上使用的 ARM/Thumb 指令集中的基本指令，以及各指令的应用场合及方法。通过本章内容的学习，要求读者掌握各种指令的含义和用法，能够阅读汇编指令编写的程序，编写简单的汇编程序。

3.5 习　题　3

1. ARM 指令有哪几种寻址方式？试分别叙述其各自的特点并举例说明。
2. 简述 ARM9 指令集的分类。

3. 简述 ARM9 指令的分类有哪些。

4. 请叙述处理器如何实现 ARM 状态和 Thumb 状态的切换。

5. ARM9 指令集支持哪几种协处理器指令？试分别简述并列举特点。

6. 简述 ARM9 的 LDM/STM 堆栈指令中空、满、递增、递减的含义。

7. 假设 R4 的内容为 0x6000，寄存器 R5、R6、R7 内容分别为 0x01、0x02、0x03，存储器内容为空。执行下列指令后，PC 内容如何变化？存储器及 R4、R5、R6、R7 的内容如何变化？

```
STMIB  R4!{R5,R6,R7}
LDMIA  R4!{R5,R6,R7}
```

8. BIC 指令的作用是什么？

9. CMP 指令的操作数是什么？写一个程序，判断 R1 的值是否大于 0x20，是则将 R1 减去 0x10。

10. BX 和 BL 指令有什么不同？

第 4 章　嵌入式程序设计基础

基于 ARM 的编译器一般都支持汇编语言的程序设计、C/C++语言的程序设计及两者的混合编程。本章介绍 ARM 的嵌入式程序的基础知识，包括伪指令、汇编语言的语句格式、汇编语言和 C/C++语言的混合编程等问题。

4.1 伪　指　令

在 ARM 汇编语言程序里，有一些特殊指令助记符，这些助记符与指令系统的助记符不同，没有相对应的操作码，通常称这些特殊指令助记符为伪指令，它们所完成的操作称为伪操作。伪指令在源程序中的作用是既要把正常的程序用指令表达给计算机以外，又要把程序设计者的意图表达给编译器，例如：要告诉编译器程序段的开始和结束，需要定义数据等。

在 ARM 的汇编程序中，把伪指令分为三部分介绍。

4.1.1 通用伪指令

通用伪指令包括符号定义伪指令、数据定义伪指令、汇编控制伪指令及其他一些常用伪指令等。

1. 符号定义伪指令

符号定义伪指令用于声明 ARM 汇编程序中的变量、对变量赋值以及定义寄存器的名称等操作。

常见的符号定义伪指令有如下几种。

(1) GBLA、GBLL 和 GBLS

语法格式：

```
GBLA(GBLL 或 GBLS)   全局变量名
```

GBLA、GBLL 和 GBLS 伪指令是声明全局变量的伪指令，用于定义一个 ARM 程序中的全局变量，并将其初始化。

GBLA 用于声明一个全局的数字变量，并初始化为 0；GBLL 伪指令用于声明一个全局的逻辑变量，并初始化为 F(假)；GBLS 伪指令用于声明一个全局的字符串变量，并初始化为空。对于全局变量来说，变量名在源程序中必须是唯一的。

指令示例：

```
GBLA    DATE1                        ; 声明一个全局数字变量 DATE1
GBLL    DATE2                        ; 声明一个全局逻辑变量 DATE2
GBLS    DATE3                        ; 声明一个全局字符串变量 DATE3
```

```
DATE3   SETS "Testing"                  ; 将该变量赋值为 Testing
```

(2) LCLA、LCLL 和 LCLS

语法格式：

```
LCLA(LCLL 或 LCLS)局部变量名
```

LCLA、LCLL 和 LCLS 伪指令是声明局部变量的伪指令，用于定义一个 ARM 程序中的局部变量，并将其初始化。

LCLA 用于声明一个局部的数字变量，并初始化为 0；LCLL 用于声明一个局部的逻辑变量，并初始化为 F(假)；LCLS 用于声明一个局部的字符串变量，并初始化为空。对于局部变量来说，变量名在使用的范围内必须是唯一的，范围限制在定义这个变量的宏指令程序段内。

指令示例：

```
LCLA    DATE4                           ; 声明一个局部数字变量 DATE4
LCLL    DATE5                           ; 声明一个局部逻辑变量 DATE5
DATE4   SETA 0x10                       ; 为变量 DATE4 赋值为 0x10
LCLS    DATE6                           ; 声明一个局部字符串变量 DATE6
```

(3) SETA、SETL 和 SETS

语法格式：

```
变量名 SETA(SETL 或 SETS)   表达式
```

SETA、SETL、SETS 是变量赋值伪指令，用于给一个已经定义的全局变量或局部变量赋值。

SETA 用于给一个数字变量赋值；SETL 用于给一个逻辑变量赋值；SETS 用于给一个字符串变量赋值。

指令示例：

```
GBLA   EXAMP1                           ; 先声明一个全局数字变量 EXAMP1
EXAMP1 SETA   0xaa                      ; 将变量 EXAMP1 赋值为 0xaa

LCLL   EXAMP2                           ; 声明一个局部的逻辑变量 EXAMP2
EXAMP2 SETL   {TRUE}                    ; 将变量 EXAMP2 赋值为 TRUE

GBLS   EXAMP3                           ; 先声明一个全局字符串变量 EXAMP3
EXAMP3 SETS "string"                    ; 将变量 EXAMP3 赋值为 string
```

(4) RLIST

语法格式：

```
名称      RLIST  {寄存器列表}
```

RLIST 是定义通用寄存器列表伪指令，通用寄存器列表定义主要应用在堆栈操作或多寄存器传送中，即使用该伪指令定义的名称可在 ARM 指令 LDM/STM 中使用。在 LDM/STM 指令中，列表中的寄存器访问次序根据寄存器的编号由低到高，而与列表中的寄存器排列次序无关。

指令示例：

```
RegList  RLIST  {R0-R5,R8}                ;定义寄存器列表为 RegList
...
```

在程序中使用：

```
STMFD SP!,RegList                         ;存储列表到堆栈
LDMIA R5!,RegList                         ;加载列表
```

2. 数据定义伪指令

数据定义伪指令一般用于为特定的数据分配存储单元，同时可完成已分配存储单元的初始化。常见的数据定义伪指令有如下几种。

(1) DCB

语法格式：

```
标号      DCB    表达式
```

DCB 是字节分配内存单元伪指令，用来分配一片连续的字节存储单元并用伪指令中指定的数值或字符初始化。其中，数值范围为 0～255，DCB 也可用"＝"代替。

指令示例：

```
String DCB "This is a test!"              ;分配一片连续的字节存储单元并初始化
DATA2 DCB 15,25,62,00                     ;为数字常量 15,25,62,00 分配内存单元
```

(2) DCW(或 DCWU)

语法格式：

```
标号      DCW(或 DCWU)     表达式
```

DCW(或 DCWU)是为半字分配内存单元的伪指令，其中，表达式可以为程序标号或数字表达式。

伪指令 DCW 用于为半字分配一段半字对准的内存单元，并用指定的数据初始化；伪指令 DCWU 用于为半字分配一段可以非半字对准的内存单元，并用指定的数据初始化。

指令示例：

```
DATA1   DCW   1,2,3                       ;分配一片连续的半字存储单元并初始化为 1,2,3
DATA2   DCWU   45,0x2a*0x2a               ;分配一片非半字对准存储单元并初始化
```

(3) DCD(或 DCDU)

语法格式：

```
标号      DCD(或 DCDU)     表达式
```

DCD(或 DCDU)是为字分配内存单元的伪指令，其中，表达式可以为程序标号或数字表达式。DCD 也可用"&"代替。

伪指令 DCD 用来为字分配一段对准的内存单元，并用指定的数值或标号初始化；伪指令 DCDU 用来为字分配一段可以非对准的内存单元，并用指定的数值或标号初始化。

指令示例：

```
DATA1  DCD    4,5,6                ；分配一片连续的字存储单元并初始化
DATA2  DCDU   LOOP                 ；为 LOOP 标号的地址值分配一个内存单元
```

(4) DCFD(或 DCFDU)和 DCFS(或 DCFSU)

语法格式：

```
标号     伪指令   表达式
```

DCFD(或 DCFDU)和 DCFS(或 DCFSU)都是为浮点数分配内存单元的伪指令。

DCFD 用于为双精度的浮点数分配一段字对准的内存单元，并用指定的数据初始化，每个双精度的浮点数占两个字单元；DCFDU 用于为双精度的浮点数分配一段非字对准的内存单元，并用指定的数据初始化，每个双精度的浮点数占两个字单元；DCFS 用于为单精度的浮点数分配一段字对准的内存单元，并用指定的数据初始化，每个单精度的浮点数占一个字单元；DCFSU 用于为单精度的浮点数分配一段非字对准的内存单元，并用指定的数据初始化，每个单精度的浮点数占一个字单元。

指令示例：

```
FLO1  DCFD   2E115,-5E7          ；分配一段字对准存储单元并初始化为指定
                                 ；的双精度数 2E115,-5E7
FLO2  DCFDU  22,1E2              ；分配一段非字对准存储单元并初始化为指
                                 ；定的双精度数 22,1E2
FLO3  DCFS   2E5,-5E-7           ；分配一段非字对准存储单元并初始化为指
                                 ；定的单精度数 2E5,-5E-7
```

(5) DCQ(或 DCQU)

语法格式：

```
标号    DCQ(或 DCQU)    表达式
```

DCQ(或 DCQU)是为双字分配内存单元的伪指令。

伪指令 DCQ 用于为双字分配一段字对准的内存单元，并用指定的数据初始化；伪指令 DCQU 用于为双字分配一段可以非字对准的内存单元，并用指定的数据初始化。

指令示例：

```
DATA1  DCQ        100            ；分配一片连续的存储单元并初始化为指定的值
```

(6) MAP 和 FIELD

语法格式：

```
MAP    表达式,{基址寄存器}
标号   FIELD  表明数据字节数的数值
```

MAP 和 FIELD 是内存表定义伪指令。

伪指令 MAP 用于定义一个结构化的内存表的首地址，MAP 也可用“^”代替；伪指令 FIELD 用于定义内存表中的数据的长度。FIELD 也可用“#”代替。

表达式可以为程序中的标号或数学表达式，基址寄存器为可选项，当基址寄存器选项不存在时，表达式的值即为内存表的首地址，当该选项存在时，内存表的首地址为表达式的值与基址寄存器的和。

注意 MAP 和 FIELD 伪指令仅用于定义数据结构,并不实际分配存储单元。

指令示例:

```
MAP       0x10,R1                    ;定义内存表首地址的值为[R1]+0x10
DATA1   FIELD   4                    ;为数据 DATA1 定义 4 字节长度
DATA2   FIELD   16                   ;为数据 DATA2 定义 16 字节长度
```

(7) SPACE

语法格式:

```
标号      SPACE   分配的内存单元字节数
```

SPACE 是内存单元分配伪指令,用于分配一片连续的存储区域并初始化为 0,SPACE 也可用"%"代替。

指令示例:

```
DATASPA   SPACE     100              ;为 DATASPA 分配 100 个存储单元并初始化为 0
```

3. 汇编控制伪指令

汇编控制伪指令用于控制汇编程序的执行流程,常用的汇编控制伪指令包括以下几条。

(1) MACRO、MEND 和 MEXIT

语法格式:

```
      MACRO
$标号     宏名      $参数1,$参数2,…
      语句段
      MEXIT
      语句段
      MEND
```

MACRO、MEND 和 MEXIT 都是宏定义指令。

伪指令 MACRO 定义一个宏语句段的开始;伪指令 MEND 定义宏语句段的结束;伪指令 MEXIT 可以实现从宏程序段跳出。宏指令可以使用一个或多个参数,当宏指令被展开时,这些参数被相应的值替换。MACRO、MEND 伪指令可以嵌套使用。

宏是一段功能完整的程序,能够实现一个特定的功能,在使用中可以把它视为一个子程序。在其他程序中,可以调用宏完成某个功能。

调用宏是通过调用宏的名称来实现的。宏指令的使用方式和功能与子程序有些相似,子程序可以提供模块化的程序设计,节省存储空间并提高运行速度。但在使用子程序结构时需要保护现场,从而增加了系统的开销,因此,在代码较短且需要传递的参数较多时,可以使用宏指令代替子程序。调用宏的好处是不占用传送参数的寄存器,不用保护现场。

指令示例:

```
        MACRO                        ;定义宏
$DATA1    MAX    $N1,$N2             ;宏名称是 MAX,主标号是$DATA1,两个参数
        语句段                       ;语句段
$DATA1.MAY1                          ;非主标号,由主标号构成
        语句段                       ;语句段
        …
$DATA1.MAY2                          ;非主标号,由主标号构成
```

```
    …
    MEND                              ; 宏结束
```

(2) IF、ELSE 和 ENDIF

语法格式：

```
IF  逻辑表达式
    语句段 1
ELSE
    语句段 2
ENDIF
```

IF、ELSE 和 ENDIF 是条件分支伪指令，能根据条件的成立与否决定是否执行某个语句。伪指令 IF 可以对条件进行判断；伪指令 ELSE 产生分支；伪指令 ENDIF 定义分支结束。

当 IF 后面的逻辑表达式为真，则执行语句段 1，否则执行语句段 2。其中，ELSE 及语句段 2 可以没有，此时，当 IF 后面的逻辑表达式为真，则执行语句段 1，否则继续执行后面的指令。

IF、ELSE 和 ENDIF 伪指令可以嵌套使用。

指令示例：

```
IF      R0=0x10                       ; 判断 R0 中的内容是否是 0x10
ADD     R0,R1,R2                      ; 如果 R0=0x10,则执行 R0=R1+R2
ELSE
ADD     R0,R1,R3                      ; 如果 R0≠0x10,则执行 R0=R1+R3
ENDIF
```

(3) WHILE 和 WEND

语法格式：

```
WHILE  逻辑表达式
     语句段
WEND
```

WHILE 和 WEND 是条件循环伪指令，能根据条件的成立与否决定是否循环执行某个语句段。伪指令 WHILE 对条件进行判断，满足条件循环，不满足条件结束循环；伪指令 WEND 定义循环体结束。

当 WHILE 后面的逻辑表达式为真，则执行语句段，该语句段执行完毕后，再判断逻辑表达式的值，若为真则继续执行，一直到逻辑表达式的值为假。

指令示例：

```
  GBLA Coul                           ; 声明一个全局的数字变量,变量名为 Coul
  Coul   SETA  1                      ; 为 Coul 赋值 1
  WHILE   Coul< 10                    ; 判断 WHILE Coul< 10 进入循环
    ADD R1,R2,R3                      ; 循环执行语句
Coul   SETA Coul+1                    ; 每次循环 Coul 加 1
  WEND                                ; 执行 ADD R1,R2,R3 语句 10 次后,结束循环
```

在应用 WHILE 和 WEND 伪指令时要注意：用来进行条件判断的逻辑表达式必须是

编译程序能够判断的语句,一般应该是伪指令语句。

4. 其他杂类伪指令

下面是一些比较重要的杂类伪指令,这些杂类伪指令在汇编程序中经常会被使用,包括以下几条。

(1) ALIGN

语法格式:

```
ALIGN {表达式{,偏移量}}
```

ALIGN是地址对准伪指令,可通过插入字节使存储区满足所要求的地址对准。其中,表达式的值用于指定对准方式,可能的取值为 2^n,$0\leqslant n\leqslant 31$,如果不选表达式,则默认字对准;偏移量也为一个数字表达式,若使用该字段,则当前位置的对齐方式为:2^n+偏移量。

指令示例:

```
      B   START
      ADD R0,R1,R2                    ; 正常语句
      DATA1 DCB "Ertai"               ; 由于插入5个字节的存储区,地址不对准
      ALIGN 4                         ; 使用伪指令确保地址对准
START LDR R5,[R6]                     ; 否则此标号不对准
      …
```

(2) AREA

语法格式:

```
AREA   段名     属性1,属性2,…
```

AREA是段指示伪指令,用于定义一个代码段或数据段。其中,段名若以数字开头,则该段名需用“|”括起来,如|1_test|。

属性字段表示该代码段(或数据段)的相关属性,多个属性用逗号分隔。常用的属性如下。

① CODE属性:用于定义代码段,默认为READONLY。

② DATA属性:用于定义数据段,默认为READWRITE。

③ READONLY属性:指定本段为只读,代码段默认为READONLY。

④ READWRITE属性:指定本段为可读可写,数据段的默认属性为READWRITE。

⑤ ALIGN属性:使用方式为ALIGN表达式。在默认时,ELF(可执行连接文件)的代码段和数据段是按字对齐的,表达式的取值范围为0~31,相应的对齐方式为2表达式次方。

⑥ COMMON属性:该属性定义一个通用的段,不包含任何的用户代码和数据。各源文件中同名的COMMON段共享同一段存储单元。

指令示例:

```
AREA Example1,CODE,READONLY        ; 定义了一个代码段,段名为Example1,属性为只读
```

(3) CODE16、CODE32

语法格式:

```
CODE16
CODE32
```

CODE16 和 CODE32 是代码长度定义伪指令。

若在汇编源程序中同时包含 ARM 指令和 Thumb 指令时，可用 CODE16 伪指令定义后面的代码编译成 16 位的 Thumb 指令，CODE32 伪指令定义后面的代码编译成 32 位的 ARM 指令。

指令示例：

```
AREA  Example1,CODE,READONLY
...
CODE32                      ; 定义后面的指令为 32 位的 ARM 指令
LDR   R0,=NEXT+1            ; 将跳转地址放入寄存器 R0
BX    R0                    ; 程序跳转到新的位置执行，并将处理器切换到 Thumb 工作状态
...
CODE16                      ; 定义后面的指令为 16 位的 Thumb 指令
NEXTLDR    R3,=0x3FF
...
END                         ; 程序结束
```

(4) ENTRY

语法格式：

```
ENTRY
```

ENTRY 是程序入口伪指令。在一个完整的汇编程序中至少要有一个 ENTRY，编译程序在编译连接时依据程序入口进行连接。在只有一个入口时，编译程序会把这个入口的地址定义为系统复位后的程序起始点。但在一个源文件里最多只能有一个 ENTRY。

指令示例：

```
AREA  Example1,CODE,READONLY
ENTRY                       ; 程序的入口处
...
```

(5) END

语法格式：

```
END
```

END 是编译结束伪指令，用于通知编译器已经到了源程序的结尾，每个汇编语言的源程序都必须有一个 END 伪指令定义源程序结尾。编译程序检测到这个伪指令后，不再对后面的程序编译。

指令示例：

```
AREA  Example1,CODE,READONLY
...
END                         ; 程序结束
```

(6) EQU

语法格式：

```
名称        EQU    表达式{,类型}
```

EQU是赋值伪指令,用于为程序中的常量、标号等定义一个等效的字符名称。

名称为EQU伪指令定义的字符名称,当表达式为32位的常量时,可以指定表达式的数据类型,可以有以下三种类型：CODE16、CODE32和DATA。

指令示例：

```
Test   EQU    50                        ；定义标号Test的值为50
DATA1     EQU    0x55,CODE32            ；定义DATA1的值为0x55
                                        ；且该处为32位的ARM指令
```

(7) GET和INCBIN

语法格式：

```
GET      文件名
INCBIN   文件名
```

GET和INCBIN是文件引用伪指令。伪指令GET声明包含另一个源文件,并将被包含的源文件在当前位置进行汇编处理；伪指令INCBIN声明包含另一个源文件,在INCBIN处引用这个文件但不汇编。

指令示例：

```
AREA Example1,CODE,READONLY
GET    File1.s                          ；包含文件File1.s,并编译
INCBIN File2.s                          ；包含文件File2.s,不编译
…
GET  F:\EX\ File3.s                     ；包含文件File3.s,并编译
…
END
```

4.1.2 与ARM指令相关的伪指令

与ARM指令相关的伪指令共有4条。这4条伪指令和通用伪指令不同,在程序编译过程中,编译程序会为这4条指令产生代码,但这些代码不是它们自己的代码,所以尽管它们可以产生代码,但还是伪指令。

1. ADR

语法格式：

```
ADR{cond} Rd, 语句标号{+数值表达式}
```

其中Rd是目标寄存器,为R0～R15。

ADR是把地址加载到寄存器中的伪指令,这个地址可以是基于PC相对偏移的地址值,也可以是基于寄存器相对偏移的地址值。对偏移的地址值限定的范围是：字对准时,不得超过±1020B；非字对准时,不得超过±255B。

指令示例：

```
ADR R1,LOOP                      ; 把 LOOP 处绝对地址加载给 R1
ADR R1,LOOP+0x10                 ; 把 LOOP+0x10 处绝对地址加载给 R1
```

2. ADRL

语法格式：

```
ADR{cond} Rd, 语句标号{+数值表达式}
```

其中 Rd 是目标寄存器，为 R0～R15。

ADRL 是把长地址加载到寄存器中的伪指令，这个地址可以是基于 PC 相对偏移的地址值，也可以是基于寄存器相对偏移的地址值。对偏移的地址值限定的范围是：字对准时，不得超过±256KB；非字对准时，不得超过±64KB。

指令示例：

```
ADRL R1,0x10                     ; 把距离程序开始处 16 个地址单元处的绝对地址
                                 ; 加载给 R1
```

3. LDR

语法格式：

```
LDR{cond} Rd, =数值表达式
LDR{cond} Rd, =语句标号+数值表达式
```

LDR 是把一个数字常量或一个地址加载到寄存器中的伪指令。

LDR 伪指令主要用于以下两个目的：

一是用于 MOV 和 MVN 指令中，若立即数由于超出范围而不能加载到寄存器中时，产生文字常量；另一个是将程序相对偏移量或一个标号所对应的地址加载到寄存器中。

指令示例：

```
LDR R1, =0x20                    ; 加载 0x20 到 R1 中
                                 ; 汇编器汇编成 MOV R1, #0x20
LDR R1, =0x101                   ; 加载 0x101 到 R1 中
                                 ; 汇编器汇编成 LDR R1,[PC,offset_data1]
                                 ; data1 DCD 0x101
```

4. NOP

语法格式：

```
NOP
```

NOP 是空操作伪指令，在汇编时将被编译成一条无效指令，如 MOV R0,R0，占用 32 位代码空间。NOP 伪指令不影响 CPSR 中的条件标志位。

指令示例：

```
ADDRES1   LDR R1,=ADDRES2        ; 把 ADDRES2 地址加载给 R1
          ADR R2, ADDRES1        ; 把 ADDRES1 地址加载给 R2
          SUB R3,R1,R2           ; 相减
          ...
ADDRES2   NOP                    ; 空操作
```

4.1.3 与 Thumb 指令相关的伪指令

与 Thumb 指令相关的伪指令共有 3 条,这些伪指令必须出现在 Thumb 程序段。

1. ADR

语法格式:

```
ADR{cond} Rd, 语句标号{+数值表达式}
```

其中 Rd 是目标寄存器,为 R0~R7。

ADR 是把地址加载到低端寄存器中的伪指令,这个地址必须是基于 PC 相对偏移的地址值。偏移必须向前偏移,偏移量不大于 1KB,且该指令只可以加载字对准的地址。

指令示例:

```
        ADR R0,LOOP                ; 把 LOOP 处绝对地址加载给 R0
        ADR R1,LOOP+0x40 * 2       ; 把 LOOP+0x40 * 2 处绝对地址加载给 R1
            …
        ALIGN
LOOP    ADD R2,R0,R1
            …
```

2. LDR

语法格式:

```
LDR{cond} Rd, =数值表达式
LDR{cond} Rd, =语句标号+数值表达式
```

LDR 是把一个数字常量或一个地址加载到低端寄存器中的伪指令。如果所加载的是一个 32 位的数字常量,则编译程序就可以把这条语句编译成一条 MOV 指令,如果不能用 MOV 指令来表达,则编译成一条 LDR 指令。如果所加载的是地址的话,编译程序会把这条语句编译成 LDR 指令。

在使用 LDR 指令替代伪指令时,编译程序先把数据(或地址)存放在数据缓冲区内,在执行 LDR 指令时,从缓冲区读出这个数据加载到寄存器中去。因此,在使用这条伪指令时,要为程序创建数据缓冲区。

指令示例:

```
LDR R1, =0xFF                  ; 加载 0xFF 到 R1 中
                               ; 汇编器汇编成 MOV R1, #0xFF
LDR R1, =START                 ; 加载 START 处的地址到 R1 中
```

3. NOP

语法格式:

```
NOP
```

NOP 是空操作伪指令,在汇编时将被编译成一条无效指令,如 MOV R0,R0,占用 16 位代码空间。

4.2 汇编语言的语句格式

汇编语言的源程序主要由指令、伪指令、语句标号和注释组成。

4.2.1 书写格式

ARM(Thumb)汇编语言的语句格式为：

{语句标号} {指令或伪指令} {；注释}

1. 语句标号

语句标号可以大小写字母混合使用，可以使用数字和下划线。语句标号不能与指令助记符、寄存器、变量名同名。

2. 指令和伪指令

指令助记符和伪指令助记符可以大写，也可以小写，但不能大小写混合使用。指令助记符和后面的操作数寄存器之间必须有空格，不可以在这之间使用逗号。

3. 注释

汇编器在编译时，当发现一个分号后，把后面的内容解释为注释，不予以编译。

举例：

```
AREA   EXAMPLE1,CODE,READONLY   ; EXAMPLE1 程序段
                                ; 代码段，只读属性
```

4.2.2 汇编语言中表达式和运算符

在汇编语言程序设计中，经常使用各种符号代替地址、变量和常量等，以增加程序的可读性。

1. 变量

ARM(Thumb)汇编程序所支持的变量有数字变量、逻辑变量和字符串变量三种形式。变量在编译过程中可能被改变。

(1) 数字变量用于在程序的运行中保存数字值，数字变量的取值范围不能超过一个 32 位数所能表达的范围。全局数字变量使用伪指令 GBLA 定义；局部数字变量使用伪指令 LCLA 定义；数字变量使用伪指令 SETA 赋值。

(2) 逻辑变量用于在程序的运行中保存逻辑值，逻辑值只有两种取值情况：真或假。全局逻辑变量使用伪指令 GBLL 定义；局部逻辑变量使用伪指令 LCLL 定义；逻辑变量使用伪指令 SETA 赋值。

(3) 字符串变量用于在程序的运行中保存一个字符串，全局串变量使用伪指令 GBLS 定义；局部串变量使用伪指令 LCLS 定义；字符串变量使用伪指令 SETS 赋值。字符串变量需要使用双引号包含。

(4) 变量代换

程序中的变量可通过代换操作取得一个常量。代换操作符为“$”。

如果在数字变量前面有一个代换操作符“$”,编译器会将该数字变量的值转换为十六进制的字符串,并将该十六进制的字符串代换“$”后的数字变量;如果在逻辑变量前面有一个代换操作符“$”,编译器会将该逻辑变量代换为它的取值(真或假);如果在字符串变量前面有一个代换操作符“$”,编译器会将该字符串变量的值代换“$”后的字符串变量。

指令示例:

```
LCLS  String1                                    ; 定义局部字符串变量 String1 和 String2
LCLS  String2
String1      SETS    "pen!"
String2      SETS    "This is a $ String1"       ; 字符串变量 String2 的值为
                                                 ; "This is a pen!"
```

2. 数字表达式及运算符

数字表达式由数字、数字常量、数字变量、数字运算符和括号构成。表达式的结果不能超过一个32位数的表达范围。

(1) 数字可以是十进制、十六进制、N进制、ASCII形式。

若是十进制,在表达的时候可以直接表达,例如:1234、56789。

若是十六进制,有两种表达方法。一种是在数值前加“0x”;另一种是在数值前加“&”。例如:0x12A,&FF00。

若是N进制,N是一个2~9之间的整数。表示方法是n_数值。例如:2_01101111是一个二进制数字,8_54231067是一个八进制数字。

若是ASCII形式,有些值可以使用ASCII表示。例如:‘A’表示A的ASCII码。例如:MOV R1,#‘A’等同于MOV R1,#0x41。

(2) 数字常量是一个32位的整数。可以使用伪指令EQU定义一个数字常量,并且定义后不能改变。

(3) 数字变量是被定义为变量的数字。

(4) 数字运算符表明两个表达式之间的关系。在数字表达式中,操作符有以下几种。

① 算术运算符“+”、“-”、“×”、“/”及“MOD”。

分别是加、减、乘、除和取余数运算。以A和B表示两个数字表达式为例。

A+B	表示A与B的和。
A-B	表示A与B的差。
A×B	表示A与B的乘积。
A/B	表示A除以B的商。
A:MOD:B	表示A除以B的余数。

② 移位运算符“ROL”、“ROR”、“SHL”及“SHR”。

A和B表示两个数字表达式,以上的移位运算符代表的运算如下。

A:ROL:B	表示将A循环左移B位。
A:ROR:B	表示将A循环右移B位。
A:SHL:B	表示将A左移B位。
A:SHR:B	表示将A右移B位。

③ 逻辑运算符“AND”、“OR”、“NOT”及“EOR”。

A 和 B 表示两个数字表达式，以上的逻辑运算符代表的运算如下。

A：AND：B　　表示将 A 和 B 按位作逻辑与的操作。

A：OR：B　　表示将 A 和 B 按位作逻辑或的操作。

A：EOR：B　　表示将 A 和 B 按位作逻辑异或的操作。

：NOT：B　　表示将 B 按位作逻辑非的操作。

3. 逻辑表达式及运算符

逻辑表达式由逻辑值、逻辑变量、逻辑操作符、关系操作符和括号构成，其表达式的运算结果为真或假。与逻辑表达式相关的运算符如下。

(1) 逻辑值：只有{TRUE}或{FALSE}。

(2) 逻辑变量：可以用伪指令定义逻辑变量。

(3) 逻辑运算符：包括 LAND、LOR、LNOT 及 LEOR 运算符，它们在运算时优先权较低。

A 和 B 表示两个逻辑表达式，以上的逻辑运算符代表的运算如下。

A：LAND：B　　表示将 A 和 B 作逻辑与的操作。

A：LOR：B　　表示将 A 和 B 作逻辑或的操作。

A：LEOR：B　　表示将 A 和 B 作逻辑异或的操作。

：LNOT：B　　表示将 B 作逻辑非的操作。

(4) 关系运算符：关系运算符所关联的两个操作数必须形式相同，运算结果应该是一个逻辑值。包括=、>、<、>=、<=、/=、<>运算符。

A 和 B 表示两个逻辑表达式，以上的运算符代表的运算如下。

A = B　　表示 A 等于 B。

A > B　　表示 A 大于 B。

A < B　　表示 A 小于 B。

A >= B　　表示 A 大于等于 B。

A <= B　　表示 A 小于等于 B。

A /= B　　表示 A 不等于 B。

A <> B　　表示 A 不等于 B。

指令示例：

```
MOV R5,#0xFF00:MOD:0xF:ROL:2        ; R5 寄存器里的内容为 0x00
IF R5:LAND:R6<=R7
    MOV R0,#0x00
ELSE
    MOV R0,#0xFF                    ; 如果 R5∧R6<=R7,则 R0=0x00
                                    ; 否则,R0=0xFF
```

4. 字符串表达式及运算符

字符串表达式由字符串常量、字符串变量、运算符和括号构成。编译器所支持的字符串最大长度为 512 字节。

(1) 字符串：用双引号包含在内的一系列字符称为字符串。

(2) 字符串变量：被定义为变量的字符串称为字符串变量。

(3) 单目运算符：只涉及一个字符串的运算符，在串运算中，单目运算符有较高的优先权。单目运算符如表4-1所示。

表4-1 单目运算符

单目运算符	语法格式	功能
LEN	:LEN:X	当X是一个字符串时，计算X的长度
CHR	:CHR:X	当X是一个0～255之间的数字时，把X转换成ASCII的字符串
STR	:STR:X	将32位的数字表达式X转换为8个字符的十六进制字符串，或逻辑表达式X转换为字符串T或F
DEF	:DEF:X	如果符号X已经定义，则结果为真，否则为假

(4) 双目运算符：涉及两个表达式，其中至少有一个是字符串。双目运算符如表4-2所示。

表4-2 双目运算符

双目运算符	语法格式	功能
LEFT	X:LEFT:Y	从字符串X左侧取字符Y个
RIGHT	X:RIGHT:Y	从字符串X右侧取字符Y个
CC	X:CC:Y	将字符串Y接在字符串X后面形成一个字符串

指令实例：

```
        GBLS STRING                  ; 定义字符串 STRING
STRING  SETS:CHR:65                  ; 为 STRING 赋值
                                     ; (65 是 A 的 ASCII)
        GBLS STRING2                 ; 定义字符串 STRING2
STRING2 SETS "EMBEDDED SYSTEM"       ; 为 STRING2 赋值
        GBLS STRING3                 ; 定义字符串 STRING3
STRING3 SETS STRING2: LEFT:8         ; 将值 EMBEDDED 赋值给字符串 STRING3
```

5. 以寄存器和程序计数器(PC)为基址的表达式及运算符

常用的与寄存器和程序计数器(PC)相关的表达式及运算符如下。

(1) BASE运算符

BASE运算符返回基于寄存器的表达式中寄存器的编号，其语法格式如下：

```
:BASE: A
```

其中，A为与寄存器相关的表达式。

(2) INDEX运算符

INDEX运算符返回基于寄存器的表达式中相对于其基址寄存器的偏移量，其语法格式如下。

```
:INDEX: A
```

其中，A为与寄存器相关的表达式。

6. 运算符的优先级

在对汇编程序进行编译时，运算中一般遵循的基本规则是：先计算括号内，后计算括号外；在有多个操作符时，顺序和运算符有关；单目运算符较双目运算符优先；在相同优先权情况下，从左到右运算。运算符的优先级如表 4-3 所示。

表 4-3　运算符优先级

运　算　符	优先级顺序（由高到低）
单目运算符	↓
乘除和取余（×、/、MOD）	
移位运算（ROL、ROR、SHL、SHR）	
加减和逻辑运算（＋、－、AND、OR、EOR）	
各种逻辑运算（＝、＞、＜、＞＝、＜＝、/＝、＜＞）	
逻辑运算（LAND、LOR、LEOR）	

4.3　汇编程序应用

4.3.1　汇编程序基本结构

下面是一个汇编语言源程序的基本结构。

```
        AREA   example,CODE,READONLY    ; 定义代码块为 example
        ENTRY                           ; 程序入口
Start   MOV R0, #40                     ; R0=40
        MOV R1,#16                      ; R1=16
        ADD R2,R0,R1                    ; R2=R0+R1
        MOV R0,#0x18                    ; 传送到软件中断的参数
        LDR R1,=0x20026                 ; 传送到软件中断的参数
        SWI 0x123456                    ; 通过软件中断指令返回
        END                             ; 文件结束
```

在汇编语言程序中，用 AREA 伪指令定义一个段，并说明所定义段的相关属性，本例定义一个名为 example 的代码段，属性为只读。ENTRY 伪指令标识程序的入口点，接下来为语句段。执行主代码后，通过返回控制终止应用程序并返回到 DEBUG，通过使用软件中断指令实现了返回。在程序的末尾为 END 伪指令，该伪指令通知编译器停止对源文件的处理，每一个汇编程序段都必须有一条 END 伪指令，指示代码段的结束。

4.3.2　子程序调用

在 ARM 汇编语言程序中，子程序的调用一般是通过 BL 指令来实现的。

指令格式：

BL 子程序名

该指令在执行时完成如下操作：将子程序的返回地址存放在连接寄存器 LR 中，同时

将程序计数器PC指向子程序的入口点,当子程序执行完毕需要返回调用处时,只需要将存放在LR中的返回地址重新复制给程序计数器PC(即:使用指令 MOV PC,LR)。

习惯上用寄存器R0～R3来存放送到子程序的参数,然后从子程序返回时将返回的结果给调用者。

下面给出的子程序,减4个参数的值,用R0返回结果(即实现R0=R0-R1-R2-R3)。

例:

```
        AREA    Init,CODE,READONLY  ; 定义一个代码段
        ENTRY                       ; 定义一个程序入口
LOOP1   MOV R0, #211                ; 给参数 R0 赋值 211
        MOV R1, # 106               ; 给参数 R1 赋值 106
        MOV R2, # 64                ; 给参数 R2 赋值 64
        MOV R3, # 5                 ; 给参数 R3 赋值 5
        BL   SUB1                   ; 调用子程序 SUB1,同时将子程序的返回
                                    ; 地址存放在连接寄存器 R14(LR)中
        MOV R0, #0x18               ; 传送到软件中断的参数
        LDR R1, =0x20026            ; 传送到软件中断的参数
        SWI 0x123456                ; 通过软件中断指令返回
SUB1    SUB R0,R0,R1                ; 子程序代码
        SUB R0,R0,R2
        SUB R0,R0,R3
        MOV PC,LR                   ; 从子程序返回
        END
```

4.4 汇编语言与C/C++的混合编程

在应用系统的程序设计中,若所有的编程任务均用汇编语言来完成,其工作量是可想而知的。事实上,ARM体系结构支持C/C++以及与汇编语言的混合编程,在一个完整的程序设计中,除了初始化部分用汇编语言完成以外,其主要的编程任务一般都用C/C++完成。

汇编语言与C/C++的混合编程通常有以下几种方式。

- 在C/C++代码中嵌入汇编指令。
- 在汇编程序和C/C++的程序之间进行变量的互访。
- 汇编程序、C/C++程序间的相互调用。

在以上的几种混合编程技术中,必须遵守一定的调用规则。这里所指的是ATPCS规则,PCS即procedure call standard(过程调用规范),ATPCS即ARM-Thumb procedure call standard。PCS规定了应用程序的函数可以分开写,分开编译,最后将它们连接在一起,所以它实际上定义了一套有关过程(函数)调用者与被调用者之间的协议。

PCS强制实现如下约定:调用函数如何传递参数(即压栈方法),以何种方式存放参数,被调用函数如何获取参数,以何种方式传递函数返回值。PCS的制订是一系列指标的"tradeoff(折中)"(因为很大程度上涉及系统的一些性能),如:会涉及生成代码的大小,调试功能的支持,函数调用上下文处理速度以及内存消耗等。当然,通过编译器的支持可以让生成的代码有不同的特性,如:GCC编译选项可以支持或不支持 frame pointer 来实现深入

调试功能或提高程序运行性能。

基本 ATPCS 规定了在子程序调用时的一些基本规则，包括以下三个方面的内容：各寄存器的使用规则及其相应的名字；数据栈的使用规则；参数传递的规则。

相对于其他类型的 ATPCS，满足基本 ATPCS 的程序的执行速度更快，所占用的内存更少。但是它不能提供以下的支持：ARM 程序和 Thumb 程序相互调用；数据以及代码的位置无关；子程序的可重入性；数据栈检查等。

1. 各寄存器的使用规则

(1) 子程序通过寄存器 R0～R3 来传递参数。这时寄存器可以记作：A0～A3，被调用的子程序在返回前无须恢复寄存器 R0～R3 的内容。

(2) 在子程序中，使用 R4～R11 来保存局部变量，这时寄存器 R4～R11 可以记作：V1～V8。如果在子程序中使用到 V1～V8 的某些寄存器，子程序进入时必须保存这些寄存器的值，在返回前必须恢复这些寄存器的值，对于子程序中没有用到的寄存器则不必执行这些操作。在 Thumb 程序中，通常只能使用寄存器 R4～R7 来保存局部变量。

(3) 寄存器 R12 用作子程序间 scratch 寄存器，记作 IP；在子程序的连接代码段中经常会有这种使用规则。

(4) 寄存器 R13 用作数据栈指针，记作 SP；在子程序中寄存器 R13 不能用作其他用途。寄存器 SP 在进入子程序时的值和退出子程序时的值必须相等。

(5) 寄存器 R14 用作连接寄存器，记作 LR；它用于保存子程序的返回地址，如果在子程序中保存了返回地址，则 R14 可用作其他的用途。

(6) 寄存器 R15 是程序计数器，记作 PC；它不能用作其他用途。

(7) ATPCS 中的各寄存器在 ARM 编译器和汇编器中都是预定义的。

2. 数据栈的使用规则

ATPCS 规定数据栈为满递减类型。并对数据栈的操作是 8 字节对齐的，下面是一个数据栈的示例及相关的名词。

(1) 数据栈指针(stack pointer)，其指向最后一个写入栈的数据的内存地址。

(2) 数据栈的基地址(stack base)，是指数据栈的最高地址。由于 ATPCS 中的数据栈是 FD 类型的，实际上数据栈中最早入栈数据占据的内存单元是基地址的下一个内存单元。

(3) 数据栈界限(stack limit)，是指数据栈中可以使用的最低的内存单元地址。

(4) 已占用的数据栈(used stack)，是指数据栈的基地址和数据栈指针之间的区域，其中包括数据栈指针对应的内存单元。

(5) 数据栈中的数据帧(stack frames)，是指在数据栈中，为子程序分配的用来保存寄存器和局部变量的区域。

异常中断的处理程序可以使用被中断程序的数据栈，这时用户要保证中断的程序数据栈足够大。

3. 参数的传递规则

根据参数个数是否固定，可以将子程序分为参数个数固定的子程序和参数个数可变的子程序。

(1) 参数个数可变的子程序参数传递规则

对于参数个数可变的子程序，当参数不超过 4 个时，可以使用寄存器 R0～R3 来进行参数传递,当参数超过 4 个时,还可以使用数据栈来传递参数。在参数传递时,将所有参数看作是存放在连续的内存单元中的字数据。然后,依次将各数据传送到寄存器 R0、R1、R2、R3;如果参数多于 4 个,将剩余的字数据传送到数据栈中,入栈的顺序与参数顺序相反,即最后一个字数据先入栈。按照上面的规则,一个浮点数参数可以通过寄存器传递,也可以通过数据栈传递,也可能一半通过寄存器传递,另一半通过数据栈传递。

(2) 参数个数固定的子程序参数传递规则

对于参数个数固定的子程序,参数传递与参数个数可变的子程序参数传递规则不同,如果系统包含浮点运算的硬件部件,浮点参数将按照下面的规则传递:各个浮点参数按顺序处理;为每个浮点参数分配 FP 寄存器;分配的方法是满足该浮点参数需要的且编号最小的一组连续的 FP 寄存器。第一个整数参数通过寄存器 R0～R3 来传递,其他参数通过数据栈传递。

4. 子程序结果返回规则

(1) 结果为一个 32 位整数时,可以通过寄存器 R0 返回。

(2) 结果为一个 64 位整数时,可以通过 R0 和 R1 返回,以此类推。

(3) 对于位数更多的结果,需要通过调用内存来传递。

如果按照上述的方法,就过于繁琐。在实际的编程应用中,使用较多的方式是:程序的初始化部分用汇编语言完成,然后用 C/C++完成主要的编程任务,程序在执行时首先完成初始化过程,然后跳转到 C/C++程序代码中,汇编程序和 C/C++程序之间一般没有参数的传递,也没有频繁的相互调用,因此,整个程序的结构显得相对简单,容易理解。下面介绍一下 C/C++与汇编语言的混合编程方法。

4.4.1 在 C/C++程序中内嵌汇编指令的语法格式

在 ARM C 语言程序中使用关键字__asm 来标识一段汇编指令程序,其用法如下:

```
__asm
{
instruction [; instruction] 汇编语言程序段以及注释
...
[instruction]
}
```

其中,如果一行中有多个汇编指令,指令之间使用分号";"隔开;如果一条指令占多行,使用续行符号"\"表示接续;在汇编指令段中可以使用 C 语言的注释语句。

在 ARM C/C++程序中还可以使用关键词 asm 来内嵌一段汇编程序,其格式如下:

```
asm("instruction [; instruction]");
```

其中,asm 后面括号中必须是一条汇编语句,且其不能包含注释语句。

4.4.2 C/C++与汇编语言的混合编程应用

这里主要讨论 C/C++和汇编语言的混合编程,包括相互之间的函数调用。下面分 5 种情况来进行讨论。

1. 在 C 语言中内嵌汇编指令

在 C 中内嵌的汇编指令包含大部分的 ARM 和 Thumb 指令，不过其使用与汇编文件中的指令有些不同，存在一些限制，主要有以下几个方面。

(1) 不能直接向 PC 寄存器赋值，程序跳转要使用 B 或者 BL 指令。

(2) 在使用物理寄存器时，不要使用过于复杂的 C 表达式，避免物理寄存器冲突。

(3) R12 和 R13 可能被编译器用来存放中间编译结果，计算表达式值时可能将 R0～R3、R12 及 R14 用于子程序调用，因此要避免直接使用这些物理寄存器。

(4) 一般不要直接指定物理寄存器，而让编译器进行分配。

下面通过一个例子来说明如何在 C 中内嵌汇编语言。

```
#include<stdio.h>
void my_strcpy(const char *src, char *dest)      //声明一个函数
{
    char ch;                                     //声明一个字符型变量
    __asm                                        //调用关键词__asm
    {
    LOOP                                         ; 循环入口
        LDRB CH,[src],#1                         ; Thumb 指令,CH←src+1 将无符
                                                 ; 号 src 地址的数+1 送入 CH
        STRB CH,[dest],#1                        ; Thumb 指令, [dest+1] ←CH
                                                 ; 将无符号 CH 数据送入[dest+1]存储
        CMP CH, #0                               ; 比较 CH 是否为零,否则循环
                                                 ; 总共循环 256 次
        BNE LOOP;                                ; B 指令跳转,NE 为 Z 位清零不相等
    }
}
    int main()                                   //C 语言主程序
{
    char *a = "forget it and move on!";          //声明字符型指针变量
    char b[64];                                  //字符型数组
    my_strcpy(a, b);                             //调用子函数,进行复制
    printf("original: %s", a);                   //屏幕输出,a 的数值
    printf("copyed: %s", b);                     //屏幕输出,b 的数值
    return 0;
}
```

在这里 C 和汇编之间的数据传递是用 C 的指针来实现的，因为指针对应的是地址，所以汇编中也可以访问。

2. 在汇编中使用 C 程序全局变量

内嵌汇编不用单独编辑汇编语言文件，比较简捷，但是有诸多限制，当汇编的代码较多时一般放在单独的汇编文件中。这时就需要在汇编和 C 之间进行一些数据的传递，最简便的办法就是使用全局变量。具体的汇编程序中访问方法如下。

(1) 使用 IMPORT 伪操作声明该全局变量。

(2) 使用 LDR 指令读取该全局变量的内存地址，通常该全局变量的内存地址值存放在程序的数据缓冲池中(literal pool)。

(3) 根据该数据的类型，使用相应的 LDR/STR 指令读取/修改该全局变量的值。

下面通过一个例子来说明如何在汇编程序中访问C程序全局变量。

```
AREA asmfile,CODE,READONLY            ；建立一个汇编程序段
EXPORT asmDouble                      ；声明可以被调用的汇编函数 asmDouble
IMPORT gVar_1                         ；调用C语言中声明的全局变量
asmDouble                             ；汇编子函数入口
LDR R0,=gVar_1                        ；将等于 gVar_1 地址的数据送入 R0 寄存器
LDR R1,[R0]                           ；将 R0 中的值作为地址的数据送给 R1
MOV R2, #10                           ；将 10 送给 R2
ADD R3, R1, R2                        ；R3=R1+R2,实现了 gVar_1= gVar_1+10
STR R3,[R0]                           ；将 R3 中的数据送给 R0
MOV PC, LR                            ；子程序返回
END
```

3. C程序中调用汇编的函数

在C程序中调用汇编文件中的函数，主要工作有两个：一是在C中声明函数原型，并加extern关键字；二是在汇编中用EXPORT导出函数名，并用该函数名作为汇编代码段的标识，最后用MOV PC,LR返回。然后，就可以在C程序中使用该函数了。

下面是一个C程序调用汇编程序的例子，其中汇编程序strcpy实现字符串复制功能，C程序调用strcpy完成字符串复制的工作。

```
    //C程序
    #include<stdio.h>
    extern void asm_strcpy(const char * src, char * dest);
//声明可以被调用的函数
int main()                                       //C语言主函数
{
    const char *s = "seasons in the sun";        //声明字符型指针变量
    char d[32];                                  //声明字符型数组
    asm_strcpy(s,d);                             //调用汇编子函数
    printf("source: %s",s);                      //屏幕显示,s的值
    printf("destination: %s",d);                 //屏幕显示,d的值
    return 0;
}
；汇编语言程序段
    AREA asmfile,CODE,READONLY                   ；声明汇编语言程序段
    EXPORT asm_strcpy                            ；声明可被调用函数名称
    asm_strcpy                                   ；函数入口地址
LOOP                                             ；循环标志条
    LDRB R4, [R0], #1                            ；R0 的地址加 1 后送给 R4
    CMP R4, #0                                   ；比较 R4 是否为零
    BEQ OVER                                     ；为零跳转到结束
    STRB R4, [R1], #1                            ；R4 的值送入 R1 加 1 地址
    B LOOP                                       ；跳转到循环位置
    OVER                                         ；跳出标志位
    MOV PC, LR                                   ；子函数返回
    END
```

4. 在汇编程序中调用C的函数

在汇编中调用C的函数，需要在汇编中使用伪指令IMPORT声明将要调用的C函数。

下面是一个汇编程序调用 C 程序的例子。其中,在汇编程序中设置好各参数的值,本例有 3 个参数,分别使用寄存器 R0 存放第 1 个参数,R1 存放第 2 个参数,R2 存放第 3 个参数。

```
    EXPORT asmfile                        ; 可被调用的汇编段
    AREA asmfile, CODE, READONLY          ; 声明汇编程序段
    IMPORT cFun                           ; 声明调用 C 语言的 cFun 函数
    ENTRY                                 ; 主程序起始入口
    MOV R0, #11                           ; 将 11 放入 R0
    MOV R1, #22                           ; 将 22 放入 R1
    MOV R2, #33                           ; 将 33 放入 R2
    BL cFun                               ; 调用 C 语言子函数
    END
//C 语言函数, 被汇编语言调用
int cFun(int a, int b, int c)             //声明一个函数
{
    return a+b+c;                         //返回 a+b+c 的值
}
```

5. C++嵌入式系统中应用

C++和 C 是可以互相调用的,并且可以灵活地进行汇编语言、C 语言、C++语言的混合调用。

前面讲述了 C 语言与汇编语言的互相调用,在这里将讨论 C++和 C 语言的互相调用。当 C++与 C 互相调用时必须使用伪指令 extern "C"{…},例如,extern "C"{include "cHeadfile.h"}。

extern "C"包含双重含义,其一,被它修饰的目标是“extern”的；其二,被它修饰的目标是“C”的。

(1) 被 extern "C"限定的函数或变量是 extern 类型的。

extern 是 C/C++语言中表明函数和全局变量作用范围(可见性)的关键字,该关键字告诉编译器,其声明的函数和变量可以在本模块或其他模块中使用。

例如：extern int a；此语句仅仅是在声明一个变量,并不是定义变量 a,并未为 a 分配内存空间。变量 a 在所有模块中作为一种全局变量只能被定义一次,否则会出现连接错误。

通常,在模块的头文件中对模块提供给其他模块引用的函数和全局变量以关键字 extern 声明。例如,如果模块 B 欲引用该模块 A 中定义的全局变量和函数时只需包含模块 A 的头文件即可。这样,模块 B 调用模块 A 中的函数时,在编译阶段,模块 B 虽然找不到该函数,但是并不会报错,它会在连接阶段从模块 A 编译生成的目标代码中找到此函数。

与 extern 对应的关键字是 static,被它修饰的全局变量和函数只能在本模块中使用。因此,一个函数或变量只可能被本模块使用时,其不可能被 extern "C"修饰。

(2) 被 extern "C"修饰的变量和函数是按照 C 语言方式编译和连接的。

作为一种面向对象的语言,C++支持函数重载,而过程式语言 C 则不支持。函数被 C++编译后在符号库中的名字与 C 语言的不同。例如,假设某个函数的原型为：void foo(int x, int y)；

该函数被 C 编译器编译后在符号库中的名字为_foo,而 C++编译器则会产生像_foo_int_int 之类的名字(不同的编译器可能产生的名字不同,但是都采用了相同的机制)。_foo_int_int 这样的名字包含了函数名、函数参数数量及类型信息,C++就是靠这种机制来实现函数重载的。例如,在 C++中,函数 void foo(int x, int y)与 void foo(int x, float y)编

译产生的符号是不相同的,后者为_foo_int_float。

(3) extern "C"的习惯用法。

① 在C++中引用C语言中的函数和变量,在包含C语言头文件(假设为cExample.h)时,须进行下列处理。

```
extern "C"
{
#include "cExample.h"
}
```

而在C语言的头文件中,对其外部函数只能指定为extern类型,C语言中不支持extern "C"声明,在.c文件中包含了extern "C"时会出现编译语法错误。

② 在C中引用C++语言中的函数和变量时,C++的头文件须添加extern "C",但是在C语言中不能直接引用声明了extern "C"的头文件,应该仅在C文件中将extern "C"函数声明为extern类型。

例如:

```
cppExample.h                                    //C++头文件
#ifndef CPP_EXAMPLE_H
#define CPP_EXAMPLE_H
extern "C" int add(int x, int y);
#endif
cppExample.cpp                                  //C++实现文件
#include "cppExample.h"
int add(int x, int y)
{
    return x+y;
}
//C实现文件 cFile.c
//这样会编译出错: #include "cppExample.h"
extern int add(int x, int y);
int main(int argc, char *argv[])                //C语言主程序入口
{
    add(2,3);
    return 0;
}
```

4.5 本章小结

本章介绍了ARM汇编语言程序设计中常见的通用伪指令、与ARM指令相关的伪指令、与Thumb指令相关的伪指令及汇编语言的基本语句格式和基本结构等,同时简单介绍了C/C++和汇编语言的混合编程的语法格式及应用等。通过本章的学习,要求基本掌握伪指令、表达式和运算符的含义及用法,能够编写出汇编语言程序及掌握与C/C++的混合编程方法。

4.6 习　题　4

1. ARM 伪指令与 Thumb 伪指令有什么区别？

2. 变量有哪几种类型？

3. 编写一个完整的程序，结构是什么？

4. 汇编语言中的表达式有哪些？试举例说明。

5. 汇编语言中的运算符有哪些？试说明它们的特点及使用方法。

6. LDR 指令和 LDR 伪操作有什么不同？

7. 汇编语言与 C/C++的混合编程通常有几种方式？

8. 编写程序：统计 20 个数据中所有位中 1 的个数，如果为奇数则在 R0 中存放 1，如果为偶数则在 R0 中存放 0。

9. 用汇编语言编写程序实现：寄存器 R0 和 R1 中有两个正整数，求这两个数的最大公约数，结果存储在 R0 中。

10. 编程实现将从地址 source 开始的 number 个字的数据复制到地址 dst 去。

第 5 章　嵌入式内部可编程模块

S3C2440A 内部除了 ARM920T 内核外，还包括如存储器、I/O 端口、中断系统等模块，其中许多是可编程控制的，下面将介绍其中的重要模块。

5.1　存储控制模块

嵌入式系统中，存储系统差别很大，可包含多种类型的存储器件，如 Flash，SRAM，SDRAM，ROM 等，这些不同类型的存储器件速度和宽度等各不相同；在访问存储单元时，可能采取平板式的地址映射机制对其操作，或需要使用虚拟地址对其进行读写；系统中，须引入存储保护机制，增强系统的安全性。为适应如此复杂的存储体系要求，ARM 处理器中引入了存储管理单元来管理存储系统。

5.1.1　存储器控制器

S3C2440A 片内集成了存储器控制器，提供了访问存储器所需的全部控制信号。

1. 外部存储空间特点

S3C2440A 芯片外部可寻址的存储空间是 1GB，被分成 8 个存储模块，每块 128MB，如图 5-1 所示。S3C2440A 外部存储空间有如下特点。

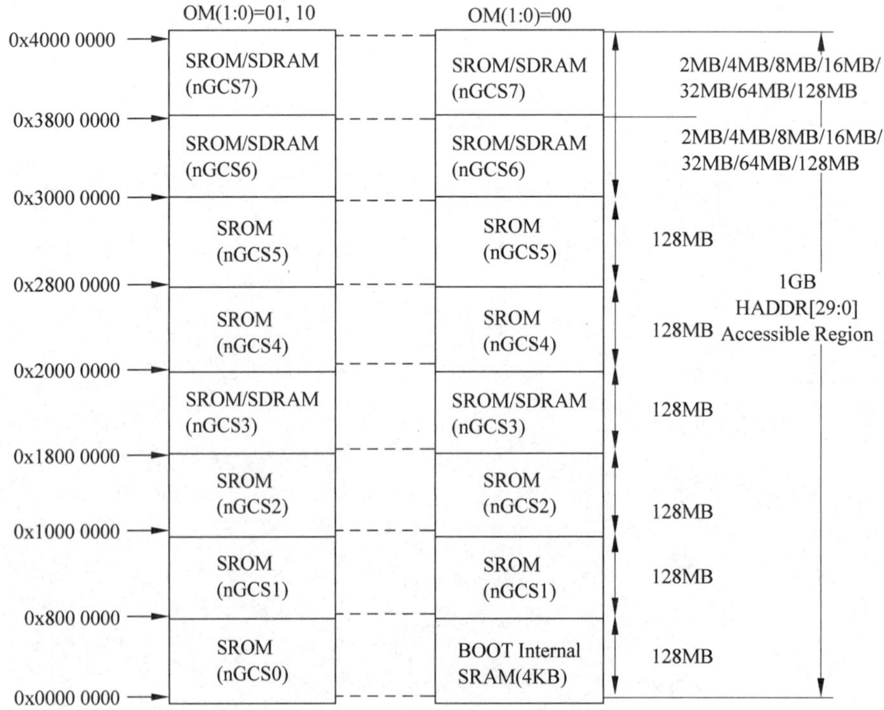

图 5-1　S3C2440 存储空间分配图

- 支持小端/大端模式。
- 8 个存储块中，其中 6 个用于 ROM，SRAM，2 个用于 ROM、SRAM、SDRAM。
- 8 个存储块中，其中 7 个有固定的起始地址，最后 1 个起始地址可调整。并且最后 2 个存储块的大小可以编程。
- 所有存储器块的访问周期可编程。
- 可用 nWAIT（等待）信号来扩展外部存储器的读/写周期。
- 在 SDRAM 中支持自主刷新和省电模式。

0 号存储块可以外接 SDRAM 类型的存储器或者具有 SDRAM 接口特性的 ROM 存储器，其数据总线宽度应设定为 16 位或 32 位。因为 0 号存储块作为启动 ROM 区工作时，存储块的总线宽度应该在第一次 ROM 访问之前被决定，其依赖于 OM[0:1]在重启时的逻辑电平，如表 5-1 所示。

表 5-1　OM[0:1]逻辑电平的作用

OM1（操作模式 1）	OM2（操作模式 2）	启动 ROM 数据宽度
0	0	NAND Flash 模式
0	1	16 位
1	0	32 位
1	1	测试模式

1 号存储块到 5 号存储块也可以外接 SRAM 类型的存储器或者具有 SDRAM 接口特性的 ROM 存储器，其数据总线宽度应设定为 8 位、16 位或 32 位。6 号存储块、7 号存储块可以外接 SDRAM 类型的存储器，它们的块容量可改变，且 7 号存储块的起始地址也可改变，如表 5-2 所示。

表 5-2　6 号和 7 号存储块地址

地　　址	2MB	4MB	8MB	16MB	32MB	64MB	128MB
6 号地址							
起始地址	0x3000_0000	0x3000_0000	0x3000_0000	0x3000_0000	0x3000_0000	0x3000_0000	0x3000_0000
结束地址	0x301f_ffff	0x303f_ffff	0x307f_ffff	0x30ff_ffff	0x31ff_ffff	0x33ff_ffff	0x37ff_ffff
7 号地址							
地址起始	0x3020_0000	0x3040_0000	0x3080_0000	0x3100_0000	0x3200_0000	0x3400_0000	0x3800_0000
结束地址	0x303f_ffff	0x307f_ffff	0x30ff_ffff	0x31ff_ffff	0x33ff_ffff	0x37ff_ffff	0x3fff_ffff

由于数据总线的宽度可以设置为 8 位、16 位或 32 位，因此 S3C2440A 的地址总线与存储块地址线的连接有 3 种不同的方法，如表 5-3 所示。

表 5-3　地址总线与存储块地址线的连接

存储器地址引脚	S3C2440A 地址 @8 位数据总线	S3C2440A 地址 @16 位数据总线	S3C2440A 地址 @32 位数据总线
A0	A0	A1	A2
A1	A1	A2	A3
…	…	…	…

当数据总线为8位时，S3C2440A 地址总线 A0 与存储块 A0 连接，地址总线 A1 与存储块 A1 连接。当数据总线为16位或32位时，地址总线 A0 不用，地址总线 A1 与存储块地址线 A0 连接，地址总线 A2 与存储块 A1 连接，以此类推。

2. 存储器控制器特殊功能寄存器

(1) 总线宽度和 WAIT 控制寄存器

总线宽度和 WAIT 控制寄存器(BWSCON)用于设定各个存储块的数据宽度及 WAIT 使能。地址为 0x48000000，复位后的值为 0x0000，此寄存器可读可写。寄存器的具体定义如表 5-4 所示。

表 5-4　BWSCON 寄存器定义

引脚名称	位	描　述	初始值
ST7	[31]	SRAM 对 7 号存储块是否使用 UB/LB 控制位 0 = 不使用 UB/LB (引脚对应 nWBE[3:0])； 1 = 使用 UB/LB (引脚对应 nBE[3:0])	0
WS7	[30]	7 号存储块的等待状态控制位 0 = WAIT 不使能；1 = WAIT 使能	0
DW7	[29:28]	7 号存储块的数据总线宽度控制位 00 = 8b；01= 16b；10 = 32b；11 =保留	00
ST6	[27]	SRAM 对 6 号存储块是否使用 UB/LB 控制位 0 = 不使用 UB/LB (引脚对应 nWBE[3:0])； 1 = 使用 UB/LB (引脚对应 nBE[3:0])	0
WS6	[26]	6 号存储块的等待状态控制位 0 = WAIT 不使能；1 = WAIT 使能	0
DW6	[25:24]	6 号存储块的数据总线宽度 00 = 8b；01 = 16b；10 = 32b；11 =保留	00
ST5	[23]	SRAM 对 5 号存储块是否使用 UB/LB 控制位 0 = 不使用 UB/LB (引脚对应 nWBE[3:0])； 1 = 使用 UB/LB (引脚对应 nBE[3:0])	0
WS5	[22]	5 号存储块的等待状态控制位 0 = WAIT 不使能；1 = WAIT 使能	0
DW5	[21:20]	5 号存储块的数据总线宽度控制位 00 = 8b；01= 16b；10= 32b；11=保留	00
ST4	[19]	SRAM 对 4 号存储块是否使用 UB/LB 控制位 0 = 不使用 UB/LB (引脚对应 nWBE[3:0])； 1 = 使用 UB/LB (引脚对应 nBE[3:0])	0
WS4	[18]	4 号存储块的等待状态控制位 0 = WAIT 不使能；1 = WAIT 使能	0
DW4	[17:16]	4 号存储块的数据总线宽度控制位 00= 8b；01= 16b；10=32b；11= 保留	00
ST3	[15]	SRAM 对 3 号存储块是否使用 UB/LB 0 = 不使用 UB/LB (引脚对应 nWBE[3:0])； 1 = 使用 UB/LB (引脚对应 nBE[3:0])	0
WS3	[14]	3 号存储块的等待状态控制位 0 = WAIT 不使能；1 = WAIT 使能	0

续表

引脚名称	位	描　述	初　始　值
DW3	[13:12]	3 号存储块的数据总线宽度控制位 00 = 8b；01= 16b；10= 32b；11 = 保留	00
ST2	[11]	SRAM 对 2 号存储块是否使用 UB/LB 控制位 0 = 不使用 UB/LB (引脚对应 nWBE[3:0])； 1 = 使用 UB/LB (引脚对应 nBE[3:0])	0
WS2	[10]	2 号存储块的等待状态控制位 0 = WAIT 不使能；1 = WAIT 使能	0
DW2	[9:8]	2 号存储块的数据总线宽度控制位 00= 8b；01= 16b；10= 32b；11=保留	00
ST1	[7]	SRAM 对 1 号存储块是否使用 UB/LB 控制位 0 = 不使用 UB/LB (引脚对应 nWBE[3:0])； 1 = 使用 UB/LB (引脚对应 nBE[3:0])	0
WS1	[6]	1 号存储块的等待状态控制位 0 = WAIT 不使能；1 = WAIT 使能	0
DW1	[5:4]	1 号存储块的数据总线宽度控制位 00= 8b；01=16b；10=32b；11=保留	00
DW0	[2:1]	0 号存储块的数据总线宽度控制位 00 = 8b；01= 16b；10 = 32b；11 =保留	—
Reserved	[0]	保留为 0	0

(2) 存储块控制寄存器

每个存储块对应一个控制寄存器(即 BANK 控制寄存器)，0～5 号存储块对应 BANKCON0～BANKCON5，其地址分配如表 5-5 所示，BANKCON0～BANKCON5 寄存器每位的定义如表 5-6 所示。

表 5-5　BANKCON0～BANKCON5 地址分配表

寄　存　器	地　　址	读写	描　　述	复　位　值
BANKCON0	0x4800 0004	R/W	0 号存储块控制寄存器	0x0700
BANKCON1	0x4800 0008	R/W	1 号存储块控制寄存器	0x0700
BANKCON2	0x4800 000C	R/W	2 号存储块控制寄存器	0x0700
BANKCON3	0x4800 0010	R/W	3 号存储块控制寄存器	0x0700
BANKCON4	0x4800 0014	R/W	4 号存储块控制寄存器	0x0700
BANKCON5	0x4800 0018	R/W	5 号存储块控制寄存器	0x0700

表 5-6　BANK 控制寄存器位的定义

引 脚 名 称	位	描　　述	初　始　值
Tacs	[14:13]	确定 nGCSn 信号有效之前，建立有效地址的时间 00 = 0 时钟周期；01 = 1 时钟周期； 10 = 2 时钟周期；11 = 4 时钟周期	00
Tcos	[12:11]	确定 nOE 信号有效之前，建立时间 00 = 0 时钟周期；01 = 1 时钟周期； 10 = 2 时钟周期；11 = 4 时钟周期	00

续表

引脚名称	位	描　述	初始值
Tacc	[10:8]	访问周期控制位，当 nWAIT 信号被使用，Tacc 大于等于 4 时钟周期 000 = 1 时钟周期；001 = 2 时钟周期； 010 = 3 时钟周期；011 = 4 时钟周期； 100 = 6 时钟周期；101 = 8 时钟周期； 110 = 10 时钟周期；111 = 14 时钟周期	111
Tcoh	[7:6]	确定 nOE 信号失效后，保持时间 00 = 0 时钟周期；01 = 1 时钟周期； 10 = 2 时钟周期；11 = 4 时钟周期	00
Tcah	[5:4]	确定 nGCSn 信号失效之后，地址保持时间 00 = 0 时钟周期；01 = 1 时钟周期； 10 = 2 时钟周期；11 = 4 时钟周期	00
Tacp	[3:2]	页模式下的访问周期控制位 00 = 2 时钟周期；01 = 3 时钟周期； 10 = 4 时钟周期；11 = 6 时钟周期	00
PMC	[1:0]	页模式配置位 00 = 常规(1 data)；01 = 4 data； 10 = 8 data；11 = 16 data	00

(3) 刷新控制寄存器

SDRAM 类型存储器需要使用刷新控制器(REFRESH 寄存器)。其地址是 0x48000024，复位后的值为 0xAC00，此寄存器可读可写。该寄存器每位的定义如表 5-7 所示。

表 5-7　REFRESH 寄存器位的定义

引脚名称	位	描　述	初始值
REFEN	[23]	SDRAM 刷新使能控制位 0 = 无效；1 = 有效(CBR/自动刷新)	1
TREFMD	[22]	SDRAM 刷新模式控制位 0 = CBR/Auto 模式；1 = Self 模式 在自刷新模式下，SDRAM 控制信号被置于适当的电平	0
Trp	[21:20]	SDRAM RAS 预充电时间(Trp)控制位 00 = 2 时钟周期；01 = 3 时钟周期； 10 = 4 时钟周期；11 = 不支持	10
Tsrc	[19:18]	SDRAM 半行周期时间(Tsrc) 00 = 4 时钟周期；01 = 5 时钟周期； 10 = 6 时钟周期；11 = 7 时钟周期 SDRAM 行周期时间：Trc=Tsrc+Trp	11
Reserved	[17:16]	保留	00
Reserved	[15:11]	保留	0000
Refresh Counter	[10:0]	SDRAM 刷新计数值 刷新时间=$(2^{11}-$刷新计数值$+1)$/HCLK 如果刷新时间是 7.8 μs 并且 HCLK 是 100MHz， 刷新计数值如下：刷新计数值= $2^{11}+1-100\times7.8=1269$	0

(4) 存储块大小控制寄存器

存储块大小控制寄存器值为 0x02。该寄存器的位定义如表 5-8 所示。

表 5-8　BANKSIZE 寄存器位定义

引脚名称	位	描　述	初始值
BURST_EN	[7]	ARM 内核突发操作使能控制位 0 =不使能；1 =使能突发操作	0
Reserved	[6]	保留	0
SCKE_EN	[5]	SDRAM 省电模式使能控制位 0 =禁止；1 =使能	0
SCLK_EN	[4]	SCLK 信号使能控制位 SDRAM 没有被访问时，SCLK 变成低电平 0 = SCLK 总是激活； 1 = SCLK 仅当访问周期才被激活(推荐)	0
Reserved	[3]	保留	0
BK7MAP	[2:0]	6 号存储块/7 号存储块的容量控制位 010=128MB；001=64MB；000=32MB； 111=16MB；110=8MB；101=4MB；100=2MB	不确定

5.1.2　NAND Flash 控制器

目前，Nor Flash 价格较高，而 SDRAM 和 NAND Flash 存储器相对经济，这样促使一些用户在 NAND Flash 上执行启动代码，在 SDRAM 上执行主程序。

1. 概述

S3C2440A 的驱动代码可以在外部的 NAND Flash 存储器上被执行。为了支持 NAND Flash 的 boot loader，S3C2440A 配备了一个内部的 SRAM 缓冲器名为"Steppingstone"。启动时，NAND Flash 上的前 4KB 将被装载到 Steppingstone，且执行启动代码。

一般情况下，启动代码会复制 NAND Flash 上的内容到 SDRAM。使用硬件的 ECC 检查 NAND Flash 的数据。在完成复制的基础上，主程序将在 SDRAM 上被执行。NAND Flash 控制器的模块图如图 5-2 所示。

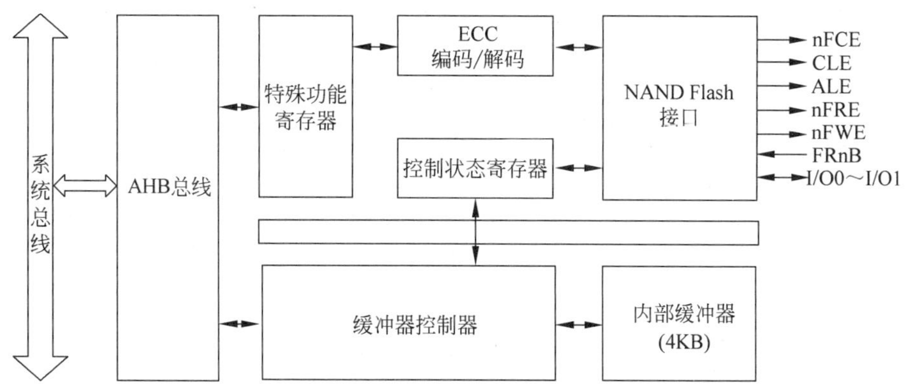

图 5-2　NAND Flash 控制器模块图

NAND Flash 控制器的特点如下。

- 自动启动：启动代码在重启时被传输到 4KB 的 Steppingstone 上。传输后代码会在

Steppingstone 上被执行。

- NAND Flash 存储器接口：支持 256 字、512 字节、1000 字和 2000 字节页。
- 软件模式：用户可以直接访问 NAND Flash，例如这个特性可以被用于对 NADN Flash 存储器的读/擦除/编程。
- 接口：8/16 位的 NAND Flash 存储器接口总线。
- 硬件 ECC 生成、检测和指示(软件纠错)。
- SFR 接口：支持小端模式，对于数据和 ECC 数据寄存器的字节/半字/字访问，对于其他寄存器的字访问。
- Steppingstone 接口：支持大小端，字节/半字/字访问。
- Steppingstone 4KB 内部 SRAM 缓冲器可以在 NAND Flash 启动后被用于其他目的。

在重启期间，NAND Flash 控制器通过引脚状态得到连接 NAND Flash 的信息(如 NCON(adv flash)、GPG13(页大小)、GPG14(地址周期)、GPG15(总线宽度)等参考引脚配置)。在上电或重启以后，NAND Flash 控制器自动装载 4KB 的 boot loader 代码。在装载 boot loader 代码后，其在 Steppingstone 中被执行。

注意：在自动重启期间，ECC 没有检查，所以一般认为 NAND Flash 的前 4KB 数据没有位错误。

(1) 引脚配置

当 OM[1:0]=00 时，使能 NAND Flash 存储器启动。

NCON：NAND Flash 存储器选择位。

- 当 NCON=0 时，选择普通 NAND Flash(256 字/512 字节页大小，3/4 地址周期)。
- 当 NCON=1 时，选择高级 NAND Flash(1000 字/2000 字节页大小，4/5 地址周期)。

GPG13：NAND Flash 存储器页容量选择位。

- 当 GPG13=0 时，页=256 字(NCON=0)或页=1000 字(NCON=1)。
- 当 GPG13=1 时，页=512 字节(NCON=0)或页=2000 字节(NCON=1)。

GPG14：NAND Flash 存储器地址周期选择位。

- 当 GPG14=0 时，3 个地址周期(NCON=0)或 4 个地址周期(NCON=1)。
- 当 GPG14=1 时，4 个地址周期(NCON=0)或 5 个地址周期(NCON=1)。

GPG15：NAND Flash 存储器总线宽度选择位。

- 当 GPG15=0 时，8 位总线宽度。
- 当 GPG15=1 时，16 位总线宽度。

注：NCON，GPG[15:13]引脚在重启期间被配置。

在通常状态下，当软件进入睡眠模式或异常状态时，这些引脚必须设置为输入状态，这样引脚状态不会被改变。NAND Flash 配置设置如表 5-9 所示。

表 5-9 NAND Flash 配置设置

部 件	页大小/总大小	NCON0	NCON1	NCON2	NCON3
K9S1208V0M-xxxx	512Byte/512Mbit	0	1	1	0
K9K2G16U0M-xxxx	1KB/2Gbit	1	0	0	1

(2) 读写时序

当 TACLS=1、TWRPH0=0、TWRPH1=0 时,CLE 和 ALE 的时序如图 5-3 所示;当 TWRPH0=0,TWRPH1=0 时,nWE 和 nRE 的时序如图 5-4 所示。

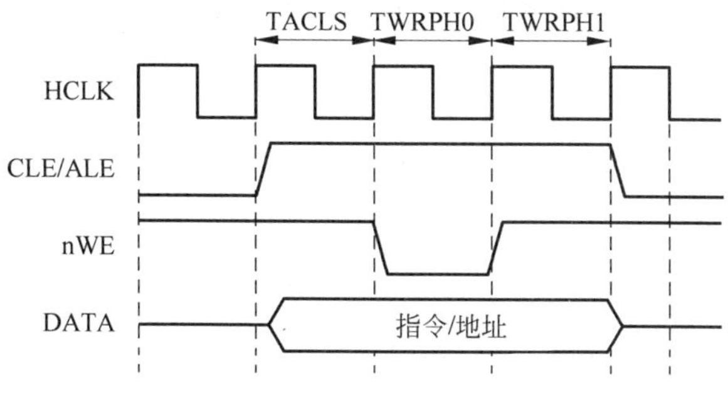

图 5-3　CLE 和 ALE 的时序图

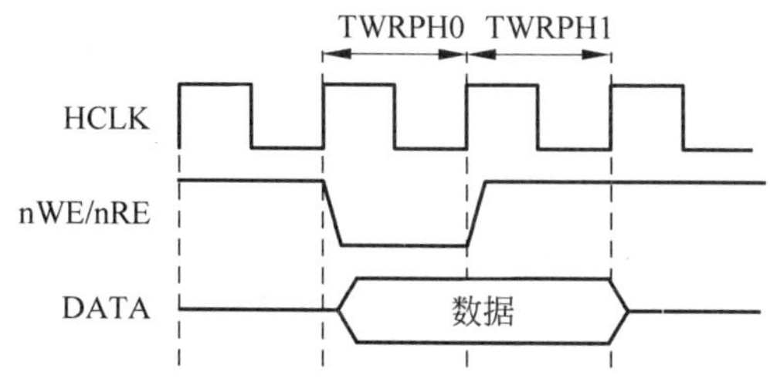

图 5-4　nWE 和 nRE 的时序图

(3) 软件模式

S3C2440A 仅支持软件模式访问。在此模式下,可以访问 NAND Flash。NAND Flash 控制器支持 NAND Flash 存储器的直接访问接口。

- 写命令寄存器=NAND Flash 存储器命令周期。
- 写地址寄存器=NAND Flash 存储器地址周期。
- 写数据寄存器=写数据到 NAND Flash(写周期)。
- 读数据寄存器=从 NAND Flash 读数据(读周期)。
- 读主 ECC 寄存器和空闲 ECC 寄存器=从 NAND Flash 存储器读数据。

注:在软件模式中,必须用查询或中断来检测 RnB 状态输入引脚。

(4) 错误纠错码 ECC

NAND Flash 控制器包括 4 个错误纠错码 ECC 模块。两个模块(一个用于 data[7:0],一个用于 data[15:8])可以被用于 2048B 的主 ECC 奇偶码的生成,另外两个模块(一个用于 data[7:0],一个用于 data[15:8])可以被用于 16B 的空闲 ECC 奇偶校验码的生成。

- 28 位 ECC 奇偶码=22 位行奇偶+6 位列奇偶。
- 14 位 ECC 奇偶码=8 位行奇偶+6 位列奇偶。

ECC 生成由控制寄存器的 ECC 锁位(主 ECC 锁、空闲 ECC 锁)来控制。

2. NAND Flash 寄存器

在 S3C2440A 芯片内部,除了有专门用于控制 NAND Flash 存储器的部件外,内部还有许多支持 NAND Flash 存储器接口的寄存器,在设计 NAND Flash 存储器接口时,还必须对这些寄存器进行操作。

(1) NAND Flash 配置寄存器

NAND Flash 配置寄存器(NFCONF)用来完成 NAND Flash 的配置，其地址为 0x4E000000，初始值为不确定，此寄存器是可读可写的。该寄存器中每位的定义如表 5-10 所示。

表 5-10　NFCONF 寄存器位定义

引脚名称	位	描　　述	初始值
Reserved	[15:14]	保留	—
TACLS	[13:12]	确定 CLE 和 ALE 的持续时间值，该两位可以设置的范围是 0～3 持续时间值＝HCLK×TACLS	01
Reserved	[11]	保留	0
TWRPH0	[10:8]	确定 TWRPH0 的持续时间值，该三位可以设置的范围是 0～7 持续时间值＝HCLK×(TWRPH0＋1)	000
Reserved	[7]	保留	0
TWRPH1	[6:4]	确定 TWRPH1 的持续时间值，该三位可以设置的范围是 0～7 持续时间值＝HCLK×(TWRPH1＋1)	000
AdvFlash (Read only)	[3]	自动加载高级 NAND Flash 存储器 0＝ NAND Flash 为 256 /512 字节页大小； 1＝ NAND Flash 为 1024 /2048 字节页大小 这个标志位由从睡眠模式重启或唤醒过程中的 NCON0 引脚状态决定	设置 H/W (NCON0)
PageSize (Read only)	[2]	NAND Flash 存储器页容量选择位 当 AdvFlash＝0 时， 0＝256 字节/页；1＝512 字节/页 当 AdvFlash＝1 时， 0＝1024 字节/页；1＝2048 字节/页 这个标志位由从睡眠模式重启或唤醒过程中的 GPG13 引脚状态决定 复位之后，GPG13 作为一般的 I/O 端口或外部中断	设置 H/W (GPG13)
AddrCycle (Read only)	[1]	NAND Flash 存储器地址周期选择位 当 AdvFlash＝0 时， 0＝3 地址周期；1＝4 地址周期 当 AdvFlash＝1 时， 0＝4 地址周期；1＝5 地址周期 这个标志位由从睡眠模式重启或唤醒过程中的 GPG14 引脚状态决定 复位之后，GPG14 作为一般的 I/O 端口或外部中断	设置 H/W (GPG14)
BusWidth (R/W)	[0]	NAND Flash 存储器总线宽度选择位 0＝8 位总线宽度；1＝16 位总线宽度 这个标志位由从睡眠模式重启或唤醒过程中的 GPG15 引脚状态决定 复位之后，GPG15 作为一般的 I/O 端口或外部中断。该位能被软件改变	设置 H/W (GPG15)

(2) NAND Flash 控制寄存器

NAND Flash 控制寄存器(NFCONT)用来完成 NAND Flash 的配置，其地址为 0x4E000004，初始值为 0x0384，此寄存器是可读可写的。该寄存器中每位的定义如表 5-11 所示。

表 5-11　NFCONT 寄存器位定义

引脚名称	位	描　　述	初始值
Reserved	[15:14]	保留	00
Lock-tight	[13]	Lock-tight 配置位 0=不使能；1=使能 该位一旦被设置为 1，将不能被清除。只有从睡眠模式复位或唤醒时，才能设置为不使能。当该位设置为 1 时，NFSBLK(0x4E000038)～NFEBLK(0x4E00003C)－1 的地址寄存器空间为不锁定，除了这个区域外的其他地址寄存器空间的只能读 当试图写或擦除锁定区域时，将发生非法访问(NFSTAT[3]位将被置 1) 若 NFSBLK 和 NFEBLK 地址寄存器相同，则整个区域都将被锁定	0
Soft Lock	[12]	软件锁定配置位 0=不使能；1=使能。软件可以随时修改软锁的区域 操作方式同 Lock-tight 位	1
Reserved	[11]	保留	0
EnbIllegalAccINT	[10]	非法访问中断控制 0=不使能中断；1=使能中断 当处理器试图编程或擦写锁存区域时发生非法访问中断控制	0
EnbRnBINT	[9]	RnB 状态输入信号转换中断控制 0=不使能 RnB 中断；1=使能 RnB 中断	0
RnB_TransMode	[8]	RnB 转换检测配置 0=上升沿检测；1=下降沿检测	0
Reserved	[7]	保留	0
SpareECCLock	[6]	空闲区域 ECC 锁定 0=未锁定；1=锁定 空闲区域 ECC 状态寄存器是 FSECC，地址为 0x4E000034	1
MainECCLock	[5]	主数据区域 ECC 锁定 0=未锁定；1=锁定 主数据区域 ECC 状态寄存器是 NFMECC0/1，地址为 0x4E00002C/30	1
InitECC	[4]	初始化 ECC 译码器/编码器(只读) 1=初始化 ECC 译码器/编码器	0
Reserved	[3:2]	保留	00
Reg_nCE	[1]	NAND Flash 的 nFCE 信号控制 0=nFCE 为低电平；1= nFCE 为高电平 注意：在启动期间，它能自动控制，当方式位为 1 时，该值才有效	1
MODE	[0]	NAND Flash 控制器的运行模式 0=控制器不使能；1=控制器使能	0

(3) NAND Flash 命令寄存器

NAND Flash 命令寄存器(NFCMMD)用来设置命令值,其地址为 0x4E000008,初始值为 0x00,此寄存器是可读可写的。该寄存器中每位的定义如表 5-12 所示。

表 5-12 NFCMMD 寄存器位定义

引脚名称	位	描 述	初始值
Reserved	[15:8]	保留	0x00
Lock-tight	[7:1]	NAND Flash 的命令值	0x00

(4) 设置地址值

NAND Flash 地址寄存器(NFADDR)用来设置地址值,其地址为 0x4E00000C,初始值为不确定,此寄存器是可读可写的。该寄存器中每位的定义如表 5-13 所示。

表 5-13 NFADDR 寄存器位定义

引脚名称	位	描 述	初始值
Reserved	[15:8]	保留	0x00
Lock-tight	[7:1]	NAND Flash 的地址值	0x00

(5) 设置 NAND Flash 数据值

NAND Flash 数据寄存器(NFDATA)用来设置数据值,其地址为 0x4E000010,初始值为不确定,此寄存器是可读可写的。该寄存器中每位的定义如表 5-14 所示。

表 5-14 NFDATA 寄存器位定义

引脚名称	位	描 述	初始值
NFDATA	[31:0]	NAND Flash 的数据,在读时是读出的数据,在写时是编程 I/O 的数据	—

(6) NAND Flash 操作状态寄存器

NAND Flash 操作状态寄存器(NFSTAT)地址为 0x4E000020,初始值为不确定,此寄存器是可读可写的。该寄存器中每位的定义如表 5-15 所示。

表 5-15 NFSTAT 寄存器位定义

引脚名称	位	描 述	初始值
Reserved	[7]	保留	—
Reserved	[6:4]	保留	00
IllegalAccess	[3]	一旦软锁或 Lock-tight 位被激活,若非法存取(程序或擦除),将置位该位 0=非法存取不被检测;1=非法存取被检测	0
RnB_TransDetect	[2]	nCE 输出引脚状态位	0
nCE (Read-only)	[1]	RnB 输入引脚状态位 0= NAND Flash 忙;1=NAND Flash 可以运行	1

除了以上介绍的寄存器之外,还有主数据区域 ECC 寄存器(NFMECCD0/1)、空闲区域 ECC 寄存器(NFSECCD)、NAND Flash ECC0/1 状态寄存器(NFESTAT0/1)、NAND

Flash 主数据区域 ECC 状态寄存器(NFMECC)、NAND Flash 空闲区域 ECC 状态寄存器(NFSECC)等,本书不做详细介绍,可参考 S3C2440A 使用手册。

5.1.3　存储器实例

NAND Flash 的内部结构能够提供极高的单元密度,可以达到很大的存储容量,并且写入和擦除的速度也很快。但 NAND Flash 存储器需要特殊的接口来操作,K9F1208U0C 芯片为典型的 64MB×8b 的 NAND Flash。

例 5-1　测试 NAND Flash,原理框图如图 5-5 所示。

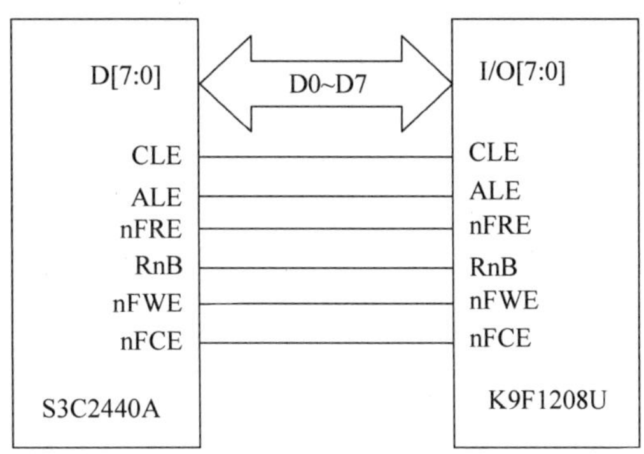

图 5-5　NAND Flash 设计原理图

```
/* 测试 NAND Flash */
#include <string.h>
#include "def.h"
#include "2440addr.h"
#include "2440lib.h"
#include "2440slib.h"
#include "Nand.h"
//suppport boot params
#define GLOBAL_PARAMS
#include "bootpara.h"
#define EnNandFlash()        (rNFCONT |= 1)
#define DsNandFlash()        (rNFCONT &= ~1)
#define NFChipEn()           (rNFCONT &= ~(1<<1))
#define NFChipDs()           (rNFCONT |= (1<<1))
#define InitEcc()            (rNFCONT |= (1<<4))
#define MEccUnlock()         (rNFCONT &= ~(1<<5))
#define MEccLock()           (rNFCONT |= (1<<5))
#define SEccUnlock()         (rNFCONT &= ~(1<<6))
#define SEccLock()           (rNFCONT |= (1<<6))
#define WrNFDat8(dat)        (rNFDATA8 = (dat))
#define WrNFDat32(dat)       (rNFDATA = (dat))
#define RdNFDat8()           (rNFDATA8)              //字节存取
#define RdNFDat32()          (rNFDATA)               //字存取
#define WrNFCmd(cmd)         (rNFCMD = (cmd))
#define WrNFAddr(addr)       (rNFADDR = (addr))
#define WrNFDat(dat)         WrNFDat8(dat)
#define RdNFDat()            RdNFDat8()              //操作 8 位 NAND Flash, 字节存取
```

```
#define RdNFMEcc()        (rNFMECC0)                    //操作8位NAND Flash，只用NFMECC0
#define RdNFSEcc()        (rNFSECC)                     //操作8位NAND Flash,只用低16位
#define RdNFStat()        (rNFSTAT)
#define NFIsBusy()        (!(rNFSTAT&1))
#define NFIsReady()       (rNFSTAT&1)
#define READCMD0          0
#define READCMD1          1
#define READCMD2          0x50
#define ERASECMD0         0x60
#define ERASECMD1         0xd0
#define PROGCMD0          0x80
#define PROGCMD1          0x10
#define QUERYCMD          0x70
#define RdIDCMD           0x90
static U16 NandAddr;
//HCLK=100MHz
#define TACLS    1
#define TWRPH0   4
#define TWRPH1   0
static void InitNandCfg(void)                           //初始化NAND Flash
{
rNFCONF = (TACLS<<12)|(TWRPH0<<8)|(TWRPH1<<4)|(0<<0);
//初始化NAND Flash配置寄存器
rNFCONT=(0<<13)|(0<<12)|(0<<10)|(0<<9)|(0<<8)|(1<<6)|(1<<5)|(1<<4)|
(1<<1)|(1<<0);
//初始化NAND Flash命令寄存器
}
#ifdef WIAT_BUSY_HARD
#define WaitNFBusy()   while(NFIsBusy())
#else
static U32 WaitNFBusy(void)                             //R/B未接好?
{
        U8 stat;
        WrNFCmd(QUERYCMD);
          do {
                  stat = RdNFDat();
                  //Uart_Printf("%x\n", stat);
          }while(!(stat&0x40));
          WrNFCmd(READCMD0);
          return stat&1;
}
#endif
static U32 ReadChipId(void)                             //读取芯片ID
{
          U32 id;
          NFChipEn();                                   //NAND Flash芯片使能
          WrNFCmd(RdIDCMD);
          WrNFAddr(0);
```

```
        while(NFIsBusy());
        id = RdNFDat()<<8;
        id |= RdNFDat();
        NFChipDs();
        return id;
}
static U16 ReadStatus(void)                              //读取状态
{
        U16 stat;
        NFChipEn();
        WrNFCmd(QUERYCMD);
        stat = RdNFDat();
        NFChipDs();

        return stat;
}
static U32 EraseBlock(U32 addr)                          //整块擦除
{
        U8 stat;
        addr &= ~0x1f;
        NFChipEn();
        WrNFCmd(ERASECMD0);
        WrNFAddr(addr);
        WrNFAddr(addr>>8);
        if(NandAddr)
                WrNFAddr(addr>>16);
        WrNFCmd(ERASECMD1);
        stat = WaitNFBusy();
        NFChipDs();
#ifdef ER_BAD_BLK_TEST
        if(!((addr+0xe0)&0xff)) stat = 1;                //测试坏块
#endif
        Uart_Printf("Erase block 0x%x %s\n", addr, stat?"fail":"ok");
        return stat;
}
static void ReadPage(U32 addr, U8 *buf)                  //整页读取
{
        U16 i;
        NFChipEn();
        WrNFCmd(READCMD0);
        WrNFAddr(0);
        WrNFAddr(addr);
        WrNFAddr(addr>>8);
        if(NandAddr)
                WrNFAddr(addr>>16);
        InitEcc();
        WaitNFBusy();
        for(i=0; i<512; i++)
                buf[i] = RdNFDat();
        NFChipDs();
}
```

```
static U32 WritePage(U32 addr, U8 * buf)                    //写整页
{
        U32 i, mecc;
        U8 stat, tmp[7];
        NFChipEn();
        WrNFCmd(PROGCMD0);
        WrNFAddr(0);
        WrNFAddr(addr);
        WrNFAddr(addr>>8);
        if(NandAddr)
                WrNFAddr(addr>>16);
        InitEcc();                                          //复位 MECC 和 SECC
        MEccUnlock();
        for(i=0; i<512; i++)
                WrNFDat(buf[i]);
        MEccLock();
        mecc = RdNFMEcc();
        tmp[0] = mecc&0xff;
        tmp[1] = (mecc>>8)&0xff;
        tmp[2] = (mecc>>16)&0xff;
        tmp[3] = (mecc>>24)&0xff;
        tmp[5] = 0xff;                                      //标志好块
        SEccUnlock();
        WrNFDat(tmp[0]);
        WrNFDat(tmp[1]);
        WrNFDat(tmp[2]);
        WrNFDat(tmp[3]);
        SEccLock();
        WrNFDat(tmp[4]);
        WrNFDat(tmp[5]);
        WrNFCmd(PROGCMD1);
        stat = WaitNFBusy();
        NFChipDs();
#ifdef WR_BAD_BLK_TEST
        if((addr&0xff)==0x17) stat = 1;                     //测试坏块
#endif
        if(stat)
                Uart_Printf("Write nand flash 0x%x fail\n", addr);
        else
        {
                U8 RdDat[512];
                ReadPage(addr, RdDat);
                for(i=0; i<512; i++)
            if(RdDat[i]!=buf[i])
            {
                Uart_Printf("Check data at page 0x%x, offset 0x%x fail\n", addr, i);
                stat = 1;
                break;
            }
        }
        return stat;
```

```
}
static void MarkBadBlk(U32 addr)                    //标志坏块
{
        addr &= ~0x1f;
        NFChipEn();
        WrNFCmd(READCMD2);                          //指向 C 区
        WrNFCmd(PROGCMD0);
        WrNFAddr(4);                                //标志偏移量 4,5,6,7
        WrNFAddr(addr);
        WrNFAddr(addr>>8);
        if(NandAddr)
                WrNFAddr(addr>>16);
        WrNFDat(0);                                 //标志为 0
        WrNFDat(0);
        WrNFDat(0);                                 //标志为 0
        WrNFDat(0);
        WrNFCmd(PROGCMD1);
        WaitNFBusy();                               //无返回状态
        WrNFCmd(READCMD0);                          //指向 a 区
        NFChipDs();
}

static int CheckBadBlk(U32 addr)                    //检查坏块
{
        U8 dat;
        addr &= ~0x1f;
        NFChipEn();
        WrNFCmd(READCMD2);
        WrNFAddr(5);
        WrNFAddr(addr);
        WrNFAddr(addr>>8);
        if(NandAddr)
                WrNFAddr(addr>>16);
        WaitNFBusy();
        dat = RdNFDat();
        WrNFCmd(READCMD0);
        NFChipDs();
        return (dat!=0xff);
}
```

5.2 GPIO

输入输出端口是嵌入式系统硬件平台的重要组成部分，通过输入输出端口可以连接各种类型的外部输入输出设备。这里把在 S3C2440A 芯片中的输入/输出端口称为 GPIO 端口。S3C2440A 芯片中共有 130 个 GPIO 端口，分为 9 组，GPA～GPJ，这 9 组 GPIO 端口均为多功能端口，端口功能可以编程设置，若选定某个 GPIO 端口的功能，用户应在主程序运行之前编程设置对应的控制寄存器，从而选定所需 GPIO 端口的功能；如果某个 GPIO 引脚不用于特定功能,那么该引脚就可以设置为普通的输入输出引脚。

5.2.1 端口功能

S3C2440A 芯片的 9 个 GPIO 端口是:

- 端口 A(GPA)有 23 个输出引脚的端口。
- 端口 B(GPB)有 11 个输入输出引脚的端口。
- 端口 C(GPC)有 16 个输入输出引脚的端口。
- 端口 D(GPD)有 16 个输入输出引脚的端口。
- 端口 E(GPE)有 16 个输入输出引脚的端口。
- 端口 F(GPF)有 8 个输入输出引脚的端口。
- 端口 G(GPG)有 16 个输入输出引脚的端口。
- 端口 H(GPH)有 11 个输入输出引脚的端口。
- 端口 J(GPJ)有 13 个输入输出引脚的端口。

每个 GPIO 端口均是多功能的,本节将具体介绍每个端口引脚的功能。

1. 端口 A 的 GPIO 引脚功能

端口 A 的 I/O 引脚共有 23 个,每个引脚的功能如表 5-16 所示。

表 5-16 端口 A 的引脚功能

引脚名称	功能 1	功能 2	功能 3
GPA22	输出	nFCE	—
GPA21	输出	nRSTOUT	—
GPA20	输出	nFRE	—
GPA19	输出	nFWE	—
GPA18	输出	ALE	—
GPA17	输出	CLE	—
GPA16	输出	nGCS5	—
GPA15	输出	nGCS4	—
GPA14	输出	nGCS3	—
GPA13	输出	nGCS2	—
GPA12	输出	nGCS1	—
GPA11	输出	ADDR26	—
GPA10	输出	ADDR25	—
GPA9	输出	ADDR24	—
GPA8	输出	ADDR23	—
GPA7	输出	ADDR22	—
GPA6	输出	ADDR21	—
GPA5	输出	ADDR20	—
GPA4	输出	ADDR19	—
GPA3	输出	ADDR18	—
GPA2	输出	ADDR17	—
GPA1	输出	ADDR16	—
GPA0	输出	ADDR0	—

端口 A 的引脚有两种功能，第一种功能是作为普通的输出口；第二种功能主要用作外接存储器的地址信号和存储块选择信号。

2. 端口 B 的 GPIO 引脚功能

端口 B 的 I/O 引脚共有 11 个，每个引脚的功能如表 5-17 所示。

表 5-17　端口 B 的引脚功能

引脚名称	功能 1	功能 2	功能 3
GPB10	输入/输出	nXDREQ0	—
GPB9	输入/输出	nXDACK0	—
GPB8	输入/输出	nXDREQ1	—
GPB7	输入/输出	nXDACK1	—
GPB6	输入/输出	nXBREQ	—
GPB5	输入/输出	nXBACK	—
GPB4	输入/输出	TCLK0	—
GPB3	输入/输出	TOUT3	—
GPB2	输入/输出	TOUT2	—
GPB1	输入/输出	TOUT1	—
GPB0	输入/输出	TOUT0	—

3. 端口 C 的 GPIO 引脚功能

端口 C 的 I/O 引脚共有 16 个，每个引脚的功能如表 5-18 所示。

表 5-18　端口 C 的引脚功能

引脚名称	功能 1	功能 2	功能 3
GPC15	输入/输出	VD7	—
GPC14	输入/输出	VD6	—
GPC13	输入/输出	VD5	—
GPC12	输入/输出	VD4	—
GPC11	输入/输出	VD3	—
GPC10	输入/输出	VD2	—
GPC9	输入/输出	VD1	—
GPC8	输入/输出	VD0	—
GPC7	输入/输出	LCD_LPCREVB	—
GPC6	输入/输出	LCD_LPCREV	—
GPC5	输入/输出	LCD_LPCOE	—
GPC4	输入/输出	VM	—
GPC3	输入/输出	VFRAME	—
GPC2	输入/输出	VLINE	—
GPC1	输入/输出	VCLK	—
GPC0	输入/输出	LEND	—

4. 端口 D 的 GPIO 引脚功能

端口 D 的 I/O 引脚共有 16 个，每个引脚的功能如表 5-19 所示。

表 5-19　端口 D 的引脚功能

引脚名称	功能 1	功能 2	功能 3
GPD15	输入/输出	VD23	nSS0
GPD14	输入/输出	VD22	nSS1
GPD13	输入/输出	VD21	—
GPD12	输入/输出	VD20	—
GPD11	输入/输出	VD19	—
GPD10	输入/输出	VD18	SPICLK1
GPD9	输入/输出	VD17	SPIMOSI1
GPD8	输入/输出	VD16	SPIMISO1
GPD7	输入/输出	VD15	—
GPD6	输入/输出	VD14	—
GPD5	输入/输出	VD13	—
GPD4	输入/输出	VD12	—
GPD3	输入/输出	VD11	—
GPD2	输入/输出	VD10	—
GPD1	输入/输出	VD9	—
GPD0	输入/输出	VD8	—

5. 端口 E 的 GPIO 引脚功能

端口 E 的 I/O 引脚共有 16 个，每个引脚的功能如表 5-20 所示。

表 5-20　端口 E 的引脚功能

引脚名称	功能 1	功能 2	功能 3
GPE15	输入/输出	IICSDA	—
GPE14	输入/输出	IICSCL	—
GPE13	输入/输出	SPICLK0	—
GPE12	输入/输出	SPIMOSI0	—
GPE11	输入/输出	SPIMISO0	—
GPE10	输入/输出	SDDAT3	—
GPE9	输入/输出	SDDAT2	—
GPE8	输入/输出	SDDAT1	—
GPE7	输入/输出	SDDAT0	—
GPE6	输入/输出	SDCMD	—
GPE5	输入/输出	SDCLK	—
GPE4	输入/输出	I2SSDO	AC_SDATA_OUT
GPE3	输入/输出	I2SSDI	AC_SDATA_IN
GPE2	输入/输出	CDCLK	AC_nRESET
GPE1	输入/输出	I2SSCLK	AC_BIT_CLK
GPE0	输入/输出	I2SLRCK	AC_SYNC

6. 端口 F 的 GPIO 引脚功能

端口 F 的 I/O 引脚共有 8 个，每个引脚的功能如表 5-21 所示。

表 5-21　端口 F 的引脚功能

引脚名称	功能 1	功能 2	功能 3
GPF7	输入/输出	EINT7	—
GPF6	输入/输出	EINT6	—
GPF5	输入/输出	EINT5	—
GPF4	输入/输出	EINT4	—
GPF3	输入/输出	EINT3	—
GPF2	输入/输出	EINT2	
GPF1	输入/输出	EINT1	
GPF0	输入/输出	EINT0	

7. 端口 G 的 GPIO 引脚功能

端口 G 的 I/O 引脚共有 16 个，每个引脚的功能如表 5-22 所示。

表 5-22　端口 G 的引脚功能

引脚名称	功能 1	功能 2	功能 3
GPG15	输入/输出	EINT23	—
GPG14	输入/输出	EINT22	—
GPG13	输入/输出	EINT21	—
GPG12	输入/输出	EINT20	—
GPG11	输入/输出	EINT19	TCLK1
GPG10	输入/输出	EINT18	nCTS1
GPG9	输入/输出	EINT17	nRTS1
GPG8	输入/输出	EINT16	—
GPG7	输入/输出	EINT15	SPICLK1
GPG6	输入/输出	EINT14	SPIMOSI1
GPG5	输入/输出	EINT13	SPIMISO1
GPG4	输入/输出	EINT12	LCD_PWREN
GPG3	输入/输出	EINT11	nSS1
GPG2	输入/输出	EINT10	nSS0
GPG1	输入/输出	EINT9	—
GPG0	输入/输出	EINT8	—

8. 端口 H 的 GPIO 引脚功能

端口 H 的 I/O 引脚共有 11 个，每个引脚的功能如表 5-23 所示。

表 5-23　端口 H 的引脚功能

引脚名称	功能 1	功能 2	功能 3
GPH10	输入/输出	CLKOUT1	—
GPH9	输入/输出	CLKOUT0	—
GPH8	输入/输出	UEXTCLK	—
GPH7	输入/输出	RXD2	nCTS1
GPH6	输入/输出	TXD2	nRTS1
GPH5	输入/输出	RXD1	—

续表

引脚名称	功能1	功能2	功能3
GPH4	输入/输出	TXD1	—
GPH3	输入/输出	RXD0	—
GPH2	输入/输出	TXD0	—
GPH1	输入/输出	nRTS0	—
GPH0	输入/输出	nCTS0	—

9. 端口J的GPIO引脚功能

端口J的I/O引脚共有13个,每个引脚的功能如表5-24所示。

表5-24　端口J的引脚功能

引脚名称	功能1	功能2	功能3
GPJ12	输入/输出	CAMRESET	—
GPJ11	输入/输出	CAMCLKOUT	—
GPJ10	输入/输出	CAMHREF	—
GPJ9	输入/输出	CAMVSYNC	—
GPJ8	输入/输出	CAMPCLK	—
GPJ7	输入/输出	CAMDATA7	—
GPJ6	输入/输出	CAMDATA6	—
GPJ5	输入/输出	CAMDATA5	—
GPJ4	输入/输出	CAMDATA4	—
GPJ3	输入/输出	CAMDATA3	—
GPJ2	输入/输出	CAMDATA2	—
GPJ1	输入/输出	CAMDATA1	—
GPJ0	输入/输出	CAMDATA0	—

5.2.2　端口配置寄存器

在S3C2440A芯片中,所有I/O引脚是功能复用的。因此,在具体使用I/O端口引脚时,应该通过编程设置端口控制寄存器,以决定使用每个I/O引脚的哪种功能。另外,I/O端口的状态(如输入输出、数据线是否挂起),用户也需要通过编程设置控制寄存器来确定。本节将详细介绍这些端口控制寄存器的格式。

1. 端口A控制寄存器

端口A的控制寄存器包括GPACON和GPADAT。GPACON是端口A功能设置寄存器,用来设置端口A中每个GPIO引脚的功能。其地址为0x56000000,复位后的值为0x7FFFFF,此寄存器是可读可写的。GPACON寄存器的具体格式如表5-25所示。

表5-25　GPACON寄存器的格式

引脚名称	位	描　述	初始值
GPA24	[24]	保留	—
GPA23	[23]	保留	—
GPA22	[22]	0 =输出;1 = nFCE	1

续表

引脚名称	位	描　　述	初始值
GPA21	[21]	0=输出；1=nRSTOUT	1
GPA20	[20]	0=输出；1=nFRE	1
GPA19	[19]	0=输出；1=nFWE	1
GPA18	[18]	0=输出；1=ALE	1
GPA17	[17]	0=输出；1=CLE	1
GPA16	[16]	0=输出；1=nGCS[5]	1
GPA15	[15]	0=输出；1=nGCS[4]	1
GPA14	[14]	0=输出；1=nGCS[3]	1
GPA13	[13]	0=输出；1=nGCS[2]	1
GPA12	[12]	0=输出；1=nGCS[1]	1
GPA11	[11]	0=输出；1=ADDR26	1
GPA10	[10]	0=输出；1=ADDR25	1
GPA9	[9]	0=输出；1=ADDR24	1
GPA8	[8]	0=输出；1=ADDR23	1
GPA7	[7]	0=输出；1=ADDR22	1
GPA6	[6]	0=输出；1=ADDR21	1
GPA5	[5]	0=输出；1=ADDR20	1
GPA4	[4]	0=输出；1=ADDR19	1
GPA3	[3]	0=输出；1=ADDR18	1
GPA2	[2]	0=输出；1=ADDR17	1
GPA1	[1]	0=输出；1=ADDR16	1
GPA0	[0]	0=输出；1=ADDR0	1

GPADAT 是端口 A 数据寄存器，当端口 A 为输出功能时，用来存放端口 A 对应的数据。其地址为 0x56000004，复位后的地址不确定，此寄存器是可读可写的。GPADAT 寄存器的具体格式如表 5-26 所示。

表 5-26　GPADAT 寄存器的格式

引脚名称	位	描　　述	初始值
GPA21：0	[22:0]	存放端口 A 的数据	—

2. 端口 B 控制寄存器

端口 B 的控制寄存器包括 GPBCON、GPBDAT 和 GPBUP。GPBCON 是端口 B 功能设置寄存器，用来设置端口 B 中每个 GPIO 引脚的功能。其地址为 0x56000010，复位后的值为 0x0000，此寄存器是可读可写的。GPBCON 寄存器的具体格式如表 5-27 所示。

表 5-27　GPBCON 寄存器的格式

引脚名称	位	描　　述	初始值
GPB10	[21:20]	00=输入；01=输出；10=nXDREQ0；11=保留	00
GPB9	[19:18]	00=输入；01=输出；10=nXDACK0；11=保留	00
GPB8	[17:16]	00=输入；01=输出；10=nXDREQ1；11=保留	00

续表

引脚名称	位	描　述	初始值
GPB7	[15:14]	00=输入；01=输出；10=nXDACK1；11=保留	00
GPB6	[13:12]	00=输入；01=输出；10=nXBREQ；11=保留	00
GPB5	[11:10]	00=输入；01=输出；10=nXBACK；11=保留	00
GPB4	[9:8]	00=输入；01=输出；10=TCLK [0]；11=保留	00
GPB3	[7:6]	00=输入；01=输出；10=TOUT3；11=保留	00
GPB2	[5:4]	00=输入；01=输出；10=TOUT2；11=保留	00
GPB1	[3:2]	00=输入；01=输出；10=TOUT1；11=保留	00
GPB0	[1:0]	00=输入；01=输出；10=TOUT0；11=保留	00

GPBDAT是端口B数据寄存器，当端口B为输入功能时，从该寄存器可读取B连接的外部数据信息；当端口B为输出功能时，向该寄存器写入的数据将通过端口B输出。其地址为0x56000014，复位后的值不确定，此寄存器是可读可写的。GPBDAT寄存器的具体格式如表5-28所示。

表5-28　GPBDAT寄存器的格式

引脚名称	位	描　述	初始值
GPB10:0	[10:0]	存放端口B的数据	—

GPBUP是端口B上拉设置寄存器，用来确定端口B的GPIO引脚是否内部接上拉电阻。其地址为0x56000018，复位后的值为0x000，此寄存器是可读可写的。GPBUP寄存器的具体格式如表5-29所示。

表5-29　GPBUP寄存器的格式

引脚名称	位	描　述	初始值
GPB10:0	[10:0]	1=对应的GPIO引脚上拉电阻不使能； 0=对应的GPIO引脚上拉电阻使能	0x000

3. 端口C控制寄存器

端口C的控制寄存器包括GPCCON、GPCDAT和GPCUP。GPCCON是端口C功能设置寄存器，用来设置端口C中每个GPIO引脚的功能。其地址为0x56000020，复位后的值为0x0000，此寄存器是可读可写的。GPCCON寄存器的具体格式如表5-30所示。

表5-30　GPCCON寄存器的格式

引脚名称	位	描　述	初始值
GPC15	[31:30]	00=输入；01=输出；10=VD[7]；11=保留	00
GPC14	[29:28]	00=输入；01=输出；10=VD[6]；11=保留	00
GPC13	[27:26]	00=输入；01=输出；10=VD[5]；11=保留	00
GPC12	[25:24]	00=输入；01=输出；10=VD[4]；11=保留	00
GPC11	[23:22]	00=输入；01=输出；10=VD[3]；11=保留	00
GPC10	[21:20]	00=输入；01=输出；10=VD[2]；11=保留	00
GPC9	[19:18]	00=输入；01=输出；10=VD[1]；11=保留	00

续表

引脚名称	位	描　　述	初　始　值
GPC8	[17:16]	00＝输入；01＝输出；10＝VD[0]；11＝保留	00
GPC7	[15:14]	00＝输入；01＝输出；10＝LCD_LPCREVB；11＝保留	00
GPC6	[13:12]	00＝输入；01＝输出；10＝LCD_LPCREV；11＝保留	00
GPC5	[11:10]	00＝输入；01＝输出；10＝LCD_LPCOE；11＝保留	00
GPC4	[9:8]	00＝输入；01＝输出；10＝VM；11＝保留	00
GPC3	[7:6]	00＝输入；01＝输出；10＝VFRAME；11＝保留	00
GPC2	[5:4]	00＝输入；01＝输出；10＝VLINE；11＝保留	00
GPC1	[3:2]	00＝输入；01＝输出；10＝VCLK；11＝保留	00
GPC0	[1:0]	00＝输入；01＝输出；10＝LEND；11＝保留	00

GPCDAT 是端口 C 数据寄存器，当端口 C 为输入功能时，从该寄存器可读取 C 连接的外部数据信息；当端口 C 为输出功能时，向该寄存器写入的数据将通过端口 C 输出。其地址为 0x56000024，复位后的值不确定，此寄存器是可读可写的。GPCDAT 寄存器的具体格式如表 5-31 所示。

表 5-31　GPCDAT 寄存器的格式

引脚名称	位	描　　述	初　始　值
GPC15:0	[15:0]	存放端口 C 的数据	—

GPCUP 是端口 C 上拉设置寄存器，用来确定端口 C 的 GPIO 引脚是否内部接上拉电阻。其地址为 0x56000028，复位后的值为 0x0000，此寄存器是可读可写的。GPCUP 寄存器的具体格式如表 5-32 所示。

表 5-32　GPCUP 寄存器的格式

引脚名称	位	描　　述	初　始　值
GPC15:0	[15:0]	1＝对应的 GPIO 引脚上拉电阻不使能； 0＝对应的 GPIO 引脚上拉电阻使能	0x0000

4. 端口 D 控制寄存器

端口 D 的控制寄存器包括 GPDCON、GPDDAT 和 GPDUP。GPDCON 是端口 D 功能设置寄存器，用来设置端口 D 中每个 GPIO 引脚的功能。其地址为 0x56000030，复位后的值为 0x00000000，此寄存器是可读可写的。GPDCON 寄存器的具体格式如表 5-33 所示。

表 5-33　GPDCON 寄存器的格式

引脚名称	位	描　　述	初　始　值
GPD15	[31:30]	00＝输入；01＝输出；10＝VD23；11＝nSS0	00
GPD14	[29:28]	00＝输入；01＝输出；10＝VD22；11＝保留	00
GPD13	[27:26]	00＝输入；01＝输出；10＝VD21；11＝保留	00
GPD12	[25:24]	00＝输入；01＝输出；10＝VD20；11＝保留	00
GPD11	[23:22]	00＝输入；01＝输出；10＝VD19；11＝保留	00
GPD10	[21:20]	00＝输入；01＝输出；10＝VD18；11＝保留	00

续表

引脚名称	位	描述	初始值
GPD9	[19:18]	00=输入；01=输出；10=VD17；11=保留	00
GPD8	[17:16]	00=输入；01=输出；10=VD16；11=保留	00
GPD7	[15:14]	00=输入；01=输出；10=VD15；11=保留	00
GPD6	[13:12]	00=输入；01=输出；10=VD14；11=保留	00
GPD5	[11:10]	00=输入；01=输出；10=VD13；11=保留	00
GPD4	[9:8]	00=输入；01=输出；10=VD12；11=保留	00
GPD3	[7:6]	00=输入；01=输出；10=VD11；11=保留	00
GPD2	[5:4]	00=输入；01=输出；10=VD10；11=保留	00
GPD1	[3:2]	00=输入；01=输出；10=VD9；11=保留	00
GPD0	[1:0]	00=输入；01=输出；10=VD8；11=保留	00

GPDDAT是端口D数据寄存器，当端口D为输入功能时，从该寄存器可读取D连接的外部数据信息；当端口D为输出功能时，向该寄存器写入的数据将通过端口D输出。其地址为0x56000034，复位后的值不确定，此寄存器是可读可写的。GPDDAT寄存器的具体格式如表5-34所示。

表5-34 GPDDAT寄存器的格式

引脚名称	位	描述	初始值
GPD15:0	[15:0]	存放端口D的数据	—

GPDUP是端口D上拉设置寄存器，用来确定端口D的GPIO引脚是否内部接上拉电阻。其地址为0x56000038，复位后的值为0x0000，此寄存器是可读可写的。GPDUP寄存器的具体格式如表5-35所示。

表5-35 GPDUP寄存器的格式

引脚名称	位	描述	初始值
GPD15:0	[15:0]	1=对应的GPIO引脚上拉电阻不使能 0=对应的GPIO引脚上拉电阻使能	0xF000

5. 端口E控制寄存器

端口E的控制寄存器包括GPECON、GPEDAT和GPEUP。GPECON是端口E功能设置寄存器，用来设置端口E中每个GPIO引脚的功能。其地址为0x56000040，复位后的值为0x0000，此寄存器是可读可写的。GPECON寄存器的具体格式如表5-36所示。

表5-36 GPECON寄存器的格式

引脚名称	位	描述	初始值
GPE15	[31:30]	00=输入；01=输出；10=IICSDA；11=保留 注：这个引脚是无上拉漏极开路	00
GPE14	[29:28]	00=输入；01=输出；10= IICSCL；11=保留 注：这个引脚是无上拉漏极开路	00
GPE13	[27:26]	00=输入；01=输出；10=SPICLK0；11=保留	00

续表

引脚名称	位	描 述	初始值
GPE12	[25:24]	00=输入；01=输出；10=SPIMOSI0；11=保留	00
GPE11	[23:22]	00=输入；01=输出；10=SPIMISO0；11=保留	00
GPE10	[21:20]	00=输入；01=输出；10=SDDAT3；11=保留	00
GPE9	[19:18]	00=输入；01=输出；10=SDDAT2；11=保留	00
GPE8	[17:16]	00=输入；01=输出；10=SDDAT1；11=保留	00
GPE7	[15:14]	00=输入；01=输出；10=SDDAT0；11=保留	00
GPE6	[13:12]	00=输入；01=输出；10=SDCMD；11=保留	00
GPE5	[11:10]	00=输入；01=输出；10=SDCLK；11=保留	00
GPE4	[9:8]	00=输入；01=输出；10=I2SDO；11=AC_SDATA_OUT	00
GPE3	[7:6]	00=输入；01=输出；10=I2SDI；11=AC_SDATA_IN	00
GPE2	[5:4]	00=输入；01=输出；10=CDCLK；11=AC_nRESET	00
GPE1	[3:2]	00=输入；01=输出；10= I2SSCLK；11=AC_BIT_CLK	00
GPE0	[1:0]	00=输入；01=输出；10=I2SLRCK；11=AC_SYNC	00

GPEDAT 是端口 E 数据寄存器，当端口 E 为输入功能时，从该寄存器可读取 E 连接的外部数据信息；当端口 E 为输出功能时，向该寄存器写入的数据将通过端口 E 输出。其地址为 0x56000044，复位后的值不确定，此寄存器是可读可写的。GPEDAT 寄存器的具体格式如表 5-37 所示。

表 5-37 GPEDAT 寄存器的格式

引脚名称	位	描 述	初始值
GPE15:0	[15:0]	存放端口 E 的数据	—

GPEUP 是端口 E 上拉设置寄存器，用来确定端口 E 的 GPIO 引脚是否内部接上拉电阻。其地址为 0x56000048，复位后的值为 0x0000，此寄存器是可读可写的。GPEUP 寄存器的具体格式如表 5-38 所示。

表 5-38 GPEUP 寄存器的格式

引脚名称	位	描 述	初始值
GPE15:0	[15:0]	1=对应的 GPIO 引脚上拉电阻不使能 0=对应的 GPIO 引脚上拉电阻使能	0x0000

6. 端口 F 控制寄存器

端口 F 的控制寄存器包括 GPFCON、GPFDAT 和 GPFUP。GPFCON 是端口 F 功能设置寄存器，用来设置端口 F 中每个 GPIO 引脚的功能。其地址为 0x56000050，复位后的值为 0x0000，此寄存器是可读可写的。GPFCON 寄存器的具体格式如表 5-39 所示。

表 5-39 GPFCON 寄存器的格式

引脚名称	位	描 述	初始值
GPF7	[15:14]	00=输入；01=输出；10=EINT[7]；11=保留	00
GPF6	[13:12]	00=输入；01=输出；10=EINT[6]；11=保留	00
GPF5	[11:10]	00=输入；01=输出；10=EINT[5]；11=保留	00

续表

引脚名称	位	描　　述	初始值
GPF4	[9:8]	00=输入；01=输出；10=EINT[4]；11=保留	00
GPF3	[7:6]	00=输入；01=输出；10=EINT[3]；11=保留	00
GPF2	[5:4]	00=输入；01=输出；10=EINT[2]；11=保留	00
GPF1	[3:2]	00=输入；01=输出；10=EINT[1]；11=保留	00
GPF0	[1:0]	00=输入；01=输出；10=EINT[0]；11=保留	00

GPFDAT是端口F数据寄存器，当端口F为输入功能时，从该寄存器可读取F连接的外部数据信息；当端口F为输出功能时，向该寄存器写入的数据将通过端口F输出。其地址为0x56000054，复位后的值不确定，此寄存器是可读可写的。GPFDAT寄存器的具体格式如表5-40所示。

表5-40　GPFDAT寄存器的格式

引脚名称	位	描　　述	初始值
GPF7：0	[7:0]	存放端口F的数据	—

GPFUP是端口F上拉设置寄存器，用来确定端口F的GPIO引脚是否内部接上拉电阻。其地址为0x56000058，复位后的值为0x0000，此寄存器是可读可写的。GPFUP寄存器的具体格式如表5-41所示。

表5-41　GPFUP寄存器的格式

引脚名称	位	描　　述	初始值
GPF7：0	[7:0]	1=对应的GPIO引脚上拉电阻不使能 0=对应的GPIO引脚上拉电阻使能	0x0000

7. 端口G控制寄存器

端口G的控制寄存器包括GPGCON、GPGDAT和GPGUP。GPGCON是端口G功能设置寄存器，用来设置端口G中每个GPIO引脚的功能。其地址为0x56000060，复位后的值为0x0000，此寄存器是可读可写的。GPGCON寄存器的具体格式如表5-42所示。

表5-42　GPGCON寄存器的格式

引脚名称	位	描　　述	初始值
GPG15	[31:30]	00=输入；01=输出；10=EINT[23]；11=保留	00
GPG14	[29:28]	00=输入；01=输出；10=EINT[22]；11=保留	00
GPG13	[27:26]	00=输入；01=输出；10=EINT[21]；11=保留	00
GPG12	[25:24]	00=输入；01=输出；10=EINT[20]；11=保留	00
GPG11	[23:22]	00=输入；01=输出；10=EINT[19]；11=TCLK[1]	00
GPG10	[21:20]	00=输入；01=输出；10=EINT[18]；11=nCTS1	00
GPG9	[19:18]	00=输入；01=输出；10=EINT[17]；11=nRTS1	00
GPG8	[17:16]	00=输入；01=输出；10=EINT[16]；11=保留	00
GPG7	[15:14]	00=输入；01=输出；10=EINT[15]；11=SPICLK1	00
GPG6	[13:12]	00=输入；01=输出；10=EINT[14]；11=SPIMOSI1	00
GPG5	[11:10]	00=输入；01=输出；10=EINT[13]；11=SPIMISO1	00

续表

引脚名称	位	描述	初始值
GPG4	[9:8]	00=输入；01=输出；10=EINT[12]；11=LCD_PWRDN	00
GPG3	[7:6]	00=输入；01=输出；10=EINT[11]；11=nSS1	00
GPG2	[5:4]	00=输入；01=输出；10=EINT[10]；11=nSS0	00
GPG1	[3:2]	00=输入；01=输出；10=EINT[9]；11=保留	00
GPG0	[1:0]	00=输入；01=输出；10=EINT[8]；11=保留	00

GPGDAT 是端口 G 数据寄存器，当端口 G 为输入功能时，从该寄存器可读取 G 连接的外部数据信息；当端口 G 为输出功能时，向该寄存器写入的数据将通过端口 G 输出。其地址为 0x56000064，复位后的值不确定，此寄存器是可读可写的。GPGDAT 寄存器的具体格式如表 5-43 所示。

表 5-43 GPGDAT 寄存器的格式

引脚名称	位	描述	初始值
GPG15:0	[15:0]	存放端口 G 的数据	—

GPGUP 是端口 G 上拉设置寄存器，用来确定端口 G 的 GPIO 引脚是否内部接上拉电阻。其地址为 0x56000068，复位后的值为 0xF800，此寄存器是可读可写的。GPGUP 寄存器的具体格式如表 5-44 所示。

表 5-44 GPGUP 寄存器的格式

引脚名称	位	描述	初始值
GPG15:0	[15:0]	1=对应的 GPIO 引脚上拉电阻不使能 0=对应的 GPIO 引脚上拉电阻使能	0xF800

8. 端口 H 控制寄存器

端口 H 的控制寄存器包括 GPHCON、GPHDAT 和 GPHUP。GPHCON 是端口 H 功能设置寄存器，用来设置端口 H 中每个 GPIO 引脚的功能。其地址为 0x56000070，复位后的值为 0x0000，此寄存器是可读可写的。GPHCON 寄存器的具体格式如表 5-45 所示。

表 5-45 GPHCON 寄存器的格式

引脚名称	位	描述	初始值
GPH10	[21:20]	00=输入；01=输出；10=CLKOUT1；11=保留	00
GPH9	[19:18]	00=输入；01=输出；10=CLKOUT0；11=保留	00
GPH8	[17:16]	00=输入；01=输出；10=UEXTCLK；11=保留	00
GPH7	[15:14]	00=输入；01=输出；10=RXD[2]；11=nCTS1	00
GPH6	[13:12]	00=输入；01=输出；10=TXD[2]；11=nRTS1	00
GPH5	[11:10]	00=输入；01=输出；10=RXD[1]；11=保留	00
GPH4	[9:8]	00=输入；01=输出；10=TXD[1]；11=保留	00
GPH3	[7:6]	00=输入；01=输出；10=RXD[0]；11=保留	00
GPH2	[5:4]	00=输入；01=输出；10=TXD[0]；11=保留	00
GPH1	[3:2]	00=输入；01=输出；10=nRTS0；11=保留	00
GPH0	[1:0]	00=输入；01=输出；10=nCTS0；11=保留	00

GPHDAT是端口H数据寄存器，当端口H为输入功能时，从该寄存器可读取H连接的外部数据信息；当端口H为输出功能时，向该寄存器写入的数据将通过端口H输出。其地址为0x56000074，复位后的值不确定，此寄存器是可读可写的。GPHDAT寄存器的具体格式如表5-46所示。

表5-46　GPHDAT寄存器的格式

引脚名称	位	描　述	初始值
GPH10:0	[10:0]	存放端口H的数据	—

GPHUP是端口H上拉设置寄存器，用来确定端口H的GPIO引脚是否内部接上拉电阻。其地址为0x56000078，复位后的值为0x000，此寄存器是可读可写的。GPHUP寄存器的具体格式如表5-47所示。

表5-47　GPHUP寄存器的格式

引脚名称	位	描　述	初始值
GPH10:0	[10:0]	1=对应的GPIO引脚上拉电阻不使能 0=对应的GPIO引脚上拉电阻使能	0x000

9. 端口J控制寄存器

端口J的控制寄存器包括GPJCON、GPJDAT和GPJUP。GPJCON是端口J功能设置寄存器，用来设置端口J中每个GPIO引脚的功能。其地址为0x560000D0，复位后的值为0x0000，此寄存器是可读可写的。GPJCON寄存器的具体格式如表5-48所示。

表5-48　GPJCON寄存器的格式

引脚名称	位	描　述	初始值
GPJ12	[25:24]	00=输入；01=输出；10=CAMRESET；11=保留	00
GPJ11	[23:22]	00=输入；01=输出；10=CAMCLKOUT；11=保留	00
GPJ10	[21:20]	00=输入；01=输出；10=CAMHREF；11=保留	00
GPJ9	[19:18]	00=输入；01=输出；10=CAMVSYNC；11=保留	00
GPJ8	[17:16]	00=输入；01=输出；10=CAMPCLK；11=保留	00
GPJ7	[15:14]	00=输入；01=输出；10=CAMDATA[7]；11=保留	00
GPJ6	[13:12]	00=输入；01=输出；10=CAMDATA[6]；11=保留	00
GPJ5	[11:10]	00=输入；01=输出；10=CAMDATA[5]；11=保留	00
GPJ4	[9:8]	00=输入；01=输出；10=CAMDATA[4]；11=保留	00
GPJ3	[7:6]	00=输入；01=输出；10=CAMDATA[3]；11=保留	00
GPJ2	[5:4]	00=输入；01=输出；10=CAMDATA[2]；11=保留	00
GPJ1	[3:2]	00=输入；01=输出；10=CAMDATA[1]；11=保留	00
GPJ0	[1:0]	00=输入；01=输出；10=CAMDATA[0]；11=保留	00

GPJDAT是端口J数据寄存器，当端口J为输入功能时，从该寄存器可读取J连接的外部数据信息；当端口J为输出功能时，向该寄存器写入的数据将通过端口J输出。其地址为0x560000D4，复位后的值不确定，此寄存器是可读可写的。GPJDAT寄存器的具体格式如表5-49所示。

表 5-49　GPJDAT 寄存器的格式

引脚名称	位	描　　述	初始值
GPJ12:0	[12:0]	存放端口 J 的数据	—

GPJUP 是端口 J 上拉设置寄存器，用来确定端口 J 的 GPIO 引脚是否内部接上拉电阻。其地址为 0x560000D8，复位后的值为 0x000，此寄存器是可读可写的。GPJUP 寄存器的具体格式如表 5-50 所示。

表 5-50　GPJUP 寄存器的格式

引脚名称	位	描　　述	初始值
GPJ12: 0	[12:0]	1=对应的 GPIO 引脚上拉电阻不使能 0=对应的 GPIO 引脚上拉电阻使能	0x000

5.2.3 端口其他寄存器

1. 多控制寄存器

多控制寄存器(即 MISCCR)有多个功能，可以用来对 USB 主机和 USB 设备进行控制。其地址为 0x56000080，复位后的值为 0x10330，此寄存器是可读可写的。MISCCR 寄存器的具体格式如表 5-51 所示。

表 5-51　MISCCR 寄存器的格式

引脚名称	位	描　　述	初始值
Reserved	[24:23]	保留	00
BATT_FUNC	[22:20]	电池故障功能选择 0xx:当 nBATT_FLT=0 时，系统复位，为防止电池启动故障状态 10x: 休眠模式，当 nBATT_FLT=0 时，系统会唤醒；在正常模式时，nBATT_FLT=0，电池故障中断将发生 110: 休眠模式，nBATT_FLT=0 系统会忽视所有的觉醒的事件；正常模式，nBATT_FLT 信号不能影响系统 111: nBATT_FLT 功能无效	000
OFFREFRESH	[19]	0=自刷新不使能；1=自刷新使能	0
nEN_SCLK1	[18]	SCLK1 信号输出使能 0=SCLK1 等于 SCLK；1= SCLK1 为低电平	0
nEN_SCLK0	[17]	SCLK0 信号输出使能 0=SCLK0 等于 SCLK；1= SCLK0 为低电平	0
nRSTCON	[16]	用于 nRSTCON 信号软件控制 0=nRSTCON 信号为 0；1=nRSTCON 信号为 1	1
Reserved	[15:14]	保留	00
SEL_SUSPND1	[13]	USB 端口 1 的模式选择端 0=正常模式；1=悬挂模式	0
SEL_SUSPND0	[12]	USB 端口 0 的模式选择端 0=正常模式；1=悬挂模式	0

续表

引脚名称	位	描述	初始值
CLKSEL1 (Note)	[10:8]	CLKOUT1 的输出信号源 000=MPLL CLK；001=UPLL CLK； 010=FCLK；011=HCLK；100=PCLK；101=DCLK1； 11×=保留	000
Reserved	[7]	保留	0
CLKSEL0 (Note)	[6:4]	CLKOUT0 的输出信号源 000=MPLL CLK；001=UPLL CLK； 010=FCLK；011=HCLK；100=PCLK；101=DCLK1； 11×=保留	010
SEL_USBPAD	[3]	USB 端口的模式选择端 0=正常模式；1=悬挂模式	0
Reserved	[2]	保留	0
SPUCR1	[1]	数据线 DATA15～DATA0 的上拉电阻使能端 0=使能；1=不使能	0
SPUCR0	[0]	数据线 DATA31～DATA16 的上拉电阻使能端 0=使能；1=不使能	0

2. DCLK 控制寄存器

DCLK 控制寄存器(即 DCLKCON)用于对外部源时钟 DCLK0、DCLK1 进行控制。其地址为 0x56000084,复位后的值为 0x00000000,此寄存器是可读可写的。DCLKCON 寄存器的具体格式如表 5-52 所示。

表 5-52 DCLKCON 寄存器的格式

引脚名称	位	描述	初始值
DCLK1CMP	[27:24]	确定 DCLK1 的占空比 例如：DCLK1CMP 的值为 n,那么 DCLK1 信号的低电平宽度为：n+1；DCLK1 信号的高电平宽度为：((DCLK1DIV +1)−(n +1))	0000
DCLK1DIV	[23:20]	DCLK1 的分频系数 DCLK1 信号的频率=源时钟频率/(DCLK1DIV + 1)	0000
Reserved	[19:18]	保留	00
DCLK1SelCK	[17]	DCLK1 的源时钟选择端 1=UCLK(USB)；0=PCLK	0
DCLK1EN	[16]	DCLK1 的使能位 1=DCLK1 使能；0=DCLK1 不使能	0
Reserved	[15:12]	保留	0000
DCLK0CMP	[11:8]	确定 DCLK0 的占空比	0000
DCLK0DIV	[7:4]	DCLK0 的分频系数	0000
Reserved	[3:2]	保留	00
DCLK0 SelCK	[1]	DCLK0 的源时钟选择端 1=UCLK(USB)；0=PCLK	0
DCLK0EN	[0]	DCLK0 的源时钟选择端 1=UCLK(USB)；0=PCLK	0

3. 外部中断控制寄存器

外部中断控制寄存器共有三个，分别为 EXTINT0、EXTINT1、EXTINT2，它们均是可读可写的，用于对 24 个外部中断请求信号的有效方式进行选择。其地址分别为 0x56000088、0x5600008C、0x56000090，复位后均为 0x0000。EXTINT0、EXTINT1、EXTINT2 寄存器的具体格式分别如表 5-53、表 5-54 和表 5-55 所示。

表 5-53　EXTINT0 寄存器的格式

引脚名称	位	描述	初始值
EINT7	[30:28]	确定 EINT7 信号有效方式 000=低电平；001=高电平；01×=下降沿； 10×=上升沿；11×=边沿	000
EINT6	[26:24]	确定 EINT6 信号有效方式 000=低电平；001=高电平；01×=下降沿； 10×=上升沿；11×=边沿	000
EINT5	[22:20]	确定 EINT5 信号有效方式 000=低电平；001=高电平；01×=下降沿； 10×=上升沿；11×=边沿	000
EINT4	[18:16]	确定 EINT4 信号有效方式 000=低电平；001=高电平；01×=下降沿； 10×=上升沿；11×=边沿	000
EINT3	[14:12]	确定 EINT3 信号有效方式 000=低电平；001=高电平；01×=下降沿； 10×=上升沿；11×=边沿	000
EINT2	[10:8]	确定 EINT2 信号有效方式 000=低电平；001=高电平；01×=下降沿； 10×=上升沿；11×=边沿	000
EINT1	[6:4]	确定 EINT1 信号有效方式 000=低电平；001=高电平；01×=下降沿； 10×=上升沿；11×=边沿	000
EINT0	[2:0]	确定 EINT0 信号有效方式 000=低电平；001=高电平；01×=下降沿； 10×=上升沿；11×=边沿	000

表 5-54　EXTINT1 寄存器的格式

引脚名称	位	描述	初始值
FLTEN15	[31]	确定 EINT15 的滤波器使能 1=使能；0=不使能	
EINT15	[30:28]	确定 EINT15 信号有效方式 000=低电平；001=高电平； 01×=下降沿；10×=上升沿；11×=边沿	000
FLTEN14	[27]	确定 EINT14 的滤波器使能 1=使能；0=不使能	
EINT14	[26:24]	确定 EINT14 信号有效方式 000=低电平；001=高电平； 01×=下降沿；10×=上升沿；11×=边沿	000

续表

引脚名称	位	描　述	初始值
FLTEN13	[23]	确定 EINT13 的滤波器使能 1=使能；0=不使能	
EINT13	[22:20]	确定 EINT13 信号有效方式 000=低电平；001=高电平； 01×=下降沿；10×=上升沿；11×=边沿	000
FLTEN12	[19]	确定 EINT12 的滤波器使能 1=使能；0=不使能	
EINT12	[18:16]	确定 EINT12 信号有效方式 000=低电平；001=高电平； 01×=下降沿；10×=上升沿；11×=边沿	000
FLTEN11	[15]	确定 EINT11 的滤波器使能 1=使能；0=不使能	
EINT11	[14:12]	确定 EINT11 信号有效方式 000=低电平；001=高电平； 01×=下降沿；10×=上升沿；11×=边沿	000
FLTEN10	[11]	确定 EINT10 的滤波器使能 1=使能；0=不使能	
EINT10	[10:8]	确定 EINT10 信号有效方式 000=低电平；001=高电平； 01×=下降沿；10×=上升沿；11×=边沿	000
FLTEN9	[7]	确定 EINT9 的滤波器使能 1=使能；0=不使能	
EINT9	[6:4]	确定 EINT9 信号有效方式 000=低电平；001=高电平； 01×=下降沿；10×=上升沿；11×=边沿	000
FLTEN8	[3]	确定 EINT8 的滤波器使能 1=使能；0=不使能	
EINT8	[2:0]	确定 EINT8 信号有效方式 000=低电平；001=高电平； 01×=下降沿；10×=上升沿；11×=边沿	000

表 5-55　EXTINT2 寄存器的格式

引脚名称	位	描　述	初始值
FLTEN23	[31]	确定 EINT23 的滤波器使能 1=使能；0=不使能	
EINT23	[30:28]	确定 EINT23 信号有效方式 000=低电平；001=高电平； 01×=下降沿；10×=上升沿；11×=边沿	000
FLTEN22	[27]	确定 EINT22 的滤波器使能 1=使能；0=不使能	

续表

引脚名称	位	描　述	初始值
EINT22	[26:24]	确定 EINT22 信号有效方式 000＝低电平；001＝高电平； 01×＝下降沿；10×＝上升沿；11×＝边沿	000
FLTEN21	[23]	确定 EINT21 的滤波器使能 1＝使能；0＝不使能	
EINT21	[22:20]	确定 EINT21 信号有效方式 000＝低电平；001＝高电平； 01×＝下降沿；10×＝上升沿；11×＝边沿	000
FLTEN20	[19]	确定 EINT20 的滤波器使能 1＝使能；0＝不使能	
EINT20	[18:16]	确定 EINT20 信号有效方式 000＝低电平；001＝高电平； 01×＝下降沿；10×＝上升沿；11×＝边沿	000
FLTEN19	[15]	确定 EINT19 的滤波器使能 1＝使能；0＝不使能	
EINT19	[14:12]	确定 EINT19 信号有效方式 000＝低电平；001＝高电平； 01×＝下降沿；10×＝上升沿；11×＝边沿	000
FLTEN18	[11]	确定 EINT18 的滤波器使能 1＝使能；0＝不使能	
EINT18	[10:8]	确定 EINT18 信号有效方式 000＝低电平；001＝高电平； 01×＝下降沿；10×＝上升沿；11×＝边沿	000
FLTEN17	[7]	确定 EINT17 的滤波器使能 1＝使能；0＝不使能	
EINT17	[6:4]	确定 EINT17 信号有效方式 000＝低电平；001＝高电平； 01×＝下降沿；10×＝上升沿；11×＝边沿	000
FLTEN16	[3]	确定 EINT16 的滤波器使能 1＝使能；0＝不使能	
EINT16	[2:0]	确定 EINT16 信号有效方式 000＝低电平；001＝高电平； 01×＝下降沿；10×＝上升沿；11×＝边沿	000

4. 外部中断过滤寄存器

为了使 S3C2440A 芯片有效检测到中断请求信号的电平，外部中断引脚的有效逻辑电平至少保持 40ns。外部中断过滤寄存器共有 4 个：分别为 EINTFLT0、EINTFLT1、EINTFLT2、EINTFLT3，它们均是可读可写的，其中 EINTFLT0、EINTFLT1 保留，而 EINTFLT2、EINTFLT3 分别用于对 8 个外部中断请求信号的滤波器宽度进行设置。其地址分别为 0x56000094、0x56000098、0x5600009C、0x4C6000A0，复位后为 0x0000。EINTFLT2、EINTFLT3 寄存器的具体格式分别如表 5-56 和表 5-57 所示。

表 5-56　EINTFLT2 寄存器的格式

引脚名称	位	描　述	初始值
FLTCLK19	[31]	EINT19 的滤波器时钟选择端 0=PCLK；1=EXTCLK/OSC_CLK	0
EINTFLT19	[30:24]	确定 EINT19 的滤波器宽度	0000000
FLTCLK18	[23]	EINT18 的滤波器时钟选择端 0=PCLK；1=EXTCLK/OSC_CLK	0
EINTFLT18	[22:16]	确定 EINT18 的滤波器宽度	0000000
FLTCLK17	[15]	EINT17 的滤波器时钟选择端 0=PCLK；1=EXTCLK/OSC_CLK	0
EINTFLT17	[14:8]	确定 EINT17 的滤波器宽度	0000000
FLTCLK16	[7]	EINT16 的滤波器时钟选择端 0=PCLK；1=EXTCLK/OSC_CLK	0
EINTFLT16	[6:0]	确定 EINT16 的滤波器宽度	0000000

表 5-57　EINTFLT3 寄存器的格式

引脚名称	位	描　述	初始值
FLTCLK23	[31]	EINT23 的滤波器时钟选择端 0=PCLK；1=EXTCLK/OSC_CLK	0
EINTFLT23	[30:24]	确定 EINT23 的滤波器宽度	0000000
FLTCLK22	[23]	EINT22 的滤波器时钟选择端 0=PCLK；1=EXTCLK/OSC_CLK	0
EINTFLT22	[22:16]	确定 EINT22 的滤波器宽度	0000000
FLTCLK21	[15]	EINT21 的滤波器时钟选择端 0=PCLK；1=EXTCLK/OSC_CLK	0
EINTFLT21	[14:8]	确定 EINT21 的滤波器宽度	0000000
FLTCLK20	[7]	EINT20 的滤波器时钟选择端 0=PCLK；1=EXTCLK/OSC_CLK	0
EINTFLT20	[6:0]	确定 EINT20 的滤波器宽度	0000000

5. 外部中断屏蔽寄存器

外部中断屏蔽寄存器(即 EINTMASK)用来作为 20 个外部中断的屏蔽寄存器。其地址为 0x560000A4,复位后为 0x00FFFFF0,此寄存器是可读可写的。EINTMASK 寄存器的具体格式如表 5-58 所示。

表 5-58　EINTMASK 寄存器的格式

引脚名称	位	描　述	初始值
EINT23	[23]	EINT23 的屏蔽位 1=屏蔽；0=不屏蔽	1
EINT22	[22]	EINT22 的屏蔽位 1=屏蔽；0=不屏蔽	1
EINT21	[21]	EINT21 的屏蔽位 1=屏蔽；0=不屏蔽	1

续表

引脚名称	位	描　述	初始值
EINT20	[20]	EINT20 的屏蔽位 1=屏蔽；0=不屏蔽	1
EINT19	[19]	EINT19 的屏蔽位 1=屏蔽；0=不屏蔽	1
EINT18	[18]	EINT18 的屏蔽位 1=屏蔽；0=不屏蔽	1
EINT17	[17]	EINT17 的屏蔽位 1=屏蔽；0=不屏蔽	1
EINT16	[16]	EINT16 的屏蔽位 1=屏蔽；0=不屏蔽	1
EINT15	[15]	EINT15 的屏蔽位 1=屏蔽；0=不屏蔽	1
EINT14	[14]	EINT14 的屏蔽位 1=屏蔽；0=不屏蔽	1
EINT13	[13]	EINT13 的屏蔽位 1=屏蔽；0=不屏蔽	1
EINT12	[12]	EINT12 的屏蔽位 1=屏蔽；0=不屏蔽	1
EINT11	[11]	EINT11 的屏蔽位 1=屏蔽；0=不屏蔽	1
EINT10	[10]	EINT10 的屏蔽位 1=屏蔽；0=不屏蔽	1
EINT9	[9]	EINT9 的屏蔽位 1=屏蔽；0=不屏蔽	1
EINT8	[8]	EINT8 的屏蔽位 1=屏蔽；0=不屏蔽	1
EINT7	[7]	EINT7 的屏蔽位 1=屏蔽；0=不屏蔽	1
EINT6	[6]	EINT6 的屏蔽位 1=屏蔽；0=不屏蔽	1
EINT5	[5]	EINT5 的屏蔽位 1=屏蔽；0=不屏蔽	1
EINT4	[4]	EINT4 的屏蔽位 1=屏蔽；0=不屏蔽	1
Reserved	[3:0]	保留	0

6. 外部中断悬挂寄存器

外部中断悬挂寄存器(即 EINTPEND)用来作为 20 个外部中断的未决定寄存器。其地址为 0x560000A8,复位后为 0x0000,此寄存器是可读可写的。EINTPEND 寄存器的具体格式如表 5-59 所示。

表 5-59 EINTPEND 寄存器的格式

引脚名称	位	描 述	初始值
EINT23	[23]	EINT23 的中断未决位。0=不请求；1=请求	0
EINT22	[22]	EINT22 的中断未决位。0=不请求；1=请求	0
EINT21	[21]	EINT21 的中断未决位。0=不请求；1=请求	0
EINT20	[20]	EINT20 的中断未决位。0=不请求；1=请求	0
EINT19	[19]	EINT19 的中断未决位。0=不请求；1=请求	0
EINT18	[18]	EINT18 的中断未决位。0=不请求；1=请求	0
EINT17	[17]	EINT17 的中断未决位。0=不请求；1=请求	0
EINT16	[16]	EINT16 的中断未决位。0=不请求；1=请求	0
EINT15	[15]	EINT15 的中断未决位。0=不请求；1=请求	0
EINT14	[14]	EINT14 的中断未决位。0=不请求；1=请求	0
EINT13	[13]	EINT13 的中断未决位。0=不请求；1=请求	0
EINT12	[12]	EINT12 的中断未决位。0=不请求；1=请求	0
EINT11	[11]	EINT11 的中断未决位。0=不请求；1=请求	0
EINT10	[10]	EINT10 的中断未决位。0=不请求；1=请求	0
EINT9	[9]	EINT9 的中断未决位。0=不请求；1=请求	0
EINT8	[8]	EINT8 的中断未决位。0=不请求；1=请求	0
EINT7	[7]	EINT7 的中断未决位。0=不请求；1=请求	0
EINT6	[6]	EINT6 的中断未决位。0=不请求；1=请求	0
EINT5	[5]	EINT5 的中断未决位。0=不请求；1=请求	0
EINT4	[4]	EINT4 的中断未决位。0=不请求；1=请求	0
Reserved	[3:0]	保留	0

7. 通用状态寄存器

通用状态寄存器(即 GSTATUSn)包括 GSTATUS0、GSTATUS1、GSTATUS2、GSTATUS3、GSTATUS4 五个状态寄存器。其中 GSTATUS0 和 GSTATUS1 寄存器只读；GSTATUS2、GSTATUS3、GSTATUS4 寄存器均是可读可写的。GSTATUS0 寄存器是反映外部引脚状态，GSTATUS1 寄存器是反映芯片编号情况，GSTATUS2 寄存器是反映复位状态，GSTATUS3 和 GSTATUS4 寄存器是信息寄存器。此五个寄存器对应的地址分别为 0x560000AC、0x560000B0、0x560000B4、0x560000B8、0x560000BC，复位后分别为未确定，0x32440001、0x1、0x0、0x0。具体格式如表 5-60、表 5-61、表 5-62、表 5-63 和表 5-64 所示。

表 5-60 GSTATUS0 寄存器的格式

引脚名称	位	描 述
nWAIT	[3]	nWAIT 引脚状态
NCON	[2]	NCON 引脚状态
RnB	[1]	RnB 引脚状态
BATT_FLT	[0]	BATT_FLT 引脚状态

表 5-61 GSTATUS1 寄存器的格式

引脚名称	位	描 述
CHIP ID	[0]	ID 寄存器为 0x32440001

表 5-62　GSTATUS2 寄存器的格式

引脚名称	位	描　述
Reserved	[3]	保留
WDTRST	[2]	置 1 时看门狗复位
SLEEPRST	[1]	置 1 时节电模式复位
PWRST	[0]	置 1 时上电复位

表 5-63　GSTATUS3 寄存器的格式

引脚名称	位	描　述
inform	[31:0]	当上电复位时，该寄存器被清空，否则保存数据

表 5-64　GSTATUS4 寄存器的格式

引脚名称	位	描　述
inform	[31:0]	当上电复位时，该寄存器被清空，否则保存数据

8. 驱动能力控制寄存器

驱动能力控制(即 DSCn)包括 DSC0、DSC1 两个寄存器是用来控制 I/O 驱动能力。DSC0、DSC1 分别驱动能力控制寄存器 0、驱动能力控制寄存器 1。对应的地址分别为 0x560000C4、0x560000C8，复位后为 0x0000，此寄存器是可读可写的。具体格式如表 5-65 和表 5-66 所示。

表 5-65　DSC0 寄存器的格式

引脚名称	位	描　述	初始值
nEN_DSC	[31]	使能端。0 =使能；1 = 不使能	0
Reserved	[30:10]	保留	0
DSC_ADR	[9:8]	地址总线驱动能力 00=12mA；10=10mA；01=8mA；11=6mA	00
DSC_DATA3	[7:6]	DATA[31:24]线驱动能力 00=12mA；10=10mA；01=8mA；11=6mA	00
DSC_DATA2	[5:4]	DATA[23:16]线驱动能力 00=12mA；10=10mA；01=8mA；11=6mA	00
DSC_DATA1	[3:2]	DATA[15:8]线驱动能力 00=12mA；10=10mA；01=8mA；11=6mA	00
DSC_DATA0	[1:0]	DATA[7:0]线驱动能力 00=12mA；10=10mA；01=8mA；11=6mA	00

表 5-66　DSC1 寄存器的格式

引脚名称	位	描　述	初始值
DSC_SCK1	[29:28]	SCLK1 驱动线能力 00=12mA；10=10mA；01=8mA；11=6mA	00
DSC_SCK0	[27:26]	SCLK0 驱动线能力 00=12mA；10=10mA；01=8mA；11=6mA	00

续表

引脚名称	位	描述	初始值
DSC_SCKE	[25:24]	SCKE 驱动能力 00=12mA; 10=10mA; 01=6mA; 11=4mA	00
DSC_SDR	[23:22]	nSRAS/nSCAS 驱动能力 00=12mA; 10=10mA; 01=6mA; 11=4mA	00
DSC_NFC	[21:20]	NAND Flash 驱动能力 00=12mA; 10=10mA; 01=6mA; 11=4mA	00
DSC_BE	[19:18]	nBE[3:0]驱动能力 00=12mA; 10=10mA; 01=6mA; 11=4mA	00
DSC_WOE	[17:16]	nWE/nOE 驱动能力 00=12mA; 10=10mA; 01=6mA; 11=4mA	00
DSC_CS7	[15:14]	nGCS7 驱动能力 00=12mA; 10=10mA; 01=6mA; 11=4mA	00
DSC_CS6	[13:12]	nGCS6 驱动能力 00=12mA; 10=10mA; 01=6mA; 11=4mA	00
DSC_CS5	[11:10]	nGCS5 驱动能力 00=12mA; 10=10mA; 01=6mA; 11=4mA	00
DSC_CS4	[9:8]	nGCS4 驱动能力 00=12mA; 10=10mA; 01=6mA; 11=4mA	00
DSC_CS3	[7:6]	nGCS3 驱动能力 00=12mA; 10=10mA; 01=6mA; 11=4mA	00
DSC_CS2	[5:4]	nGCS2 驱动能力 00=12mA; 10=10mA; 01=6mA; 11=4mA	00
DSC_CS1	[3:2]	nGCS1 驱动能力 00=12mA; 10=10mA; 01=6mA; 11=4mA	00
DSC_CS0	[1:0]	nGCS0 驱动能力 00=12mA; 10=10mA; 01=6mA; 11=4mA	00

9. 内存休眠控制寄存器

内存休眠控制寄存器(即 MSLCON)是指在休眠状态下选择存储器接口状态。对应的地址分别为 0x560000CC,复位后为 0x0000,此寄存器是可读可写的。具体格式如表 5-67 所示。

表 5-67 MSLCON 寄存器的格式

引脚名称	位	描述	初始值
PSC_DATA	[11]	在休眠模式下,DATA[31:0]引脚状态。0 =高阻; 1=输出"0"	0
PSC_WAIT	[10]	在休眠模式下,nWAIT 引脚状态。0 =输入; 1= 输出"0"	0
PSC_RnB	[9]	在休眠模式下,RnB 引脚状态。0=输入; 1= 输出"0"	0
PSC_NF	[8]	在休眠模式下,NAND Flash 引脚状态 0 =闲置; (即 nFCE,nFRE,nFWE,ALE,CLE=11100)1 =高阻状态	0
PSC_SDR	[7]	在休眠模式下,nSRAS, nSCAS 引脚状态 0 =闲置("1"); 1 =高阻状态	0

续表

引脚名称	位	描　述	初始值
PSC_DQM	[6]	在休眠模式下，DQM[3:0]/nWE[3:0]引脚状态 0 =闲置（"1"）；1 =高阻状态	0
PSC_OE	[5]	在休眠模式下，nOE 引脚状态。0 =闲置（"1"）；1 =高阻状态	0
PSC_WE	[4]	在休眠模式下，nWE 引脚状态。0 =闲置（"1"）；1 =高阻状态	0
PSC_GCS0	[3]	在休眠模式下，nGCS[0]引脚状态。0 =闲置（"1"）；1 =高阻状态	0
PSC_GCS51	[2]	在休眠模式下，nGCS[5:1]引脚状态。0 =闲置（"1"）；1 =高阻状态	0
PSC_GCS6	[1]	在休眠模式下，nGCS[6]引脚状态。0 =闲置（"1"）；1 =高阻状态	0
PSC_GCS7	[0]	在休眠模式下，nGCS[7]引脚状态。0 =闲置（"1"）；1 =高阻状态	0

5.2.4　I/O 应用实例

例 5-2　如图 5-6 所示，通过控制 GPF3，GPF4，GPF5，GPF6 的输出来实现对 LED1，LED2，LED3，LED4 亮灭的控制。LED 灯通过电源、限流电阻与 ARM 的 I/O 口相连，当 I/O 口输出为低电平时，点亮 LED。反之 I/O 口输出为高电平时，则 LED 不会亮。

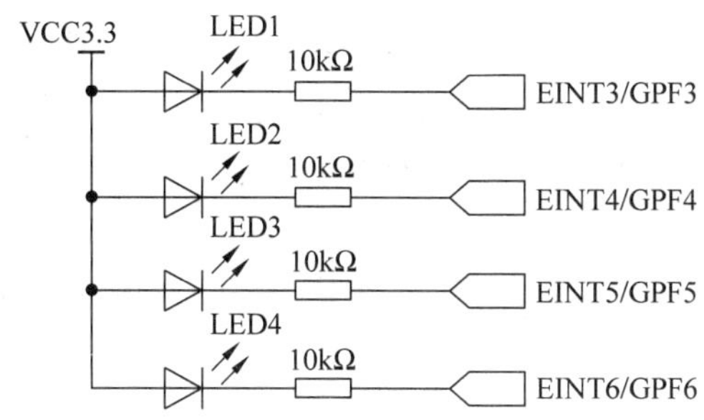

图 5-6　LED 灯控制原理图

程序如下：

```
#define GPFCON (*(volatile unsigned *)0x56000050)
#define GPFDAT (*(volatile unsigned *)0x56000054)
#define GPFUP (*(volatile unsigned *)0x56000058)
void Delay(unsigned int);
int Ledlamp()                          //流水灯程序
{
    unsigned char ledtab[]={0xf7,0xef,0xdf,0xbf};
    //流水灯接口输出赋值
    int i;
    GPFUP&=0xFFFFFF87;                 //使能上拉 F3~F6
    GPFCON&=0xC03f;
    GPFCON|=0x1540;                    //将 F3~F6 设为输出口
    while(1)
    {
        for(i=0;i<4;i++)
        {
            GPFDAT=ledtab[i];
            Delay(70);
        }
```

```
    }
    return(0);
}
void Delay(unsigned int x )                //延时程序
{
    unsigned int i,j,k;
for(i=0;i<=x;i++)
    for(j=0;j<=0xff;j++)
        for(k=0;k<=0xff;k++);
}
//init.s 在汇编语言中,请记住只有标识符才顶格写,其他的不要顶格写
//主函数入口
AREA |DATA|,CODE,READONLY
ENTRY
ldr r13,=0x1000
IMPORT Ledlamp                             //调用 LED 子函数
b LedMain
END
```

例 5-3 如图 5-7 所示,蜂鸣器是通过 I/O 口 GPB0 通过 NPN 型三极管控制的。当三极管的发射极(C)为低电平,即 GPB0 为高电平时,蜂鸣器会响,反之则不响。通过设置两者之间的时间则可以让蜂鸣器发出不同的响声,甚至唱歌。

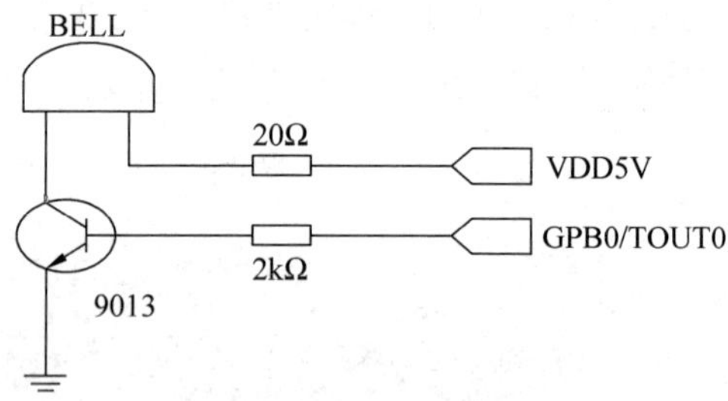

图 5-7 控制蜂鸣器原理图

程序如下:

```
int BellMain()
{
#define GPBCON (*(volatile unsigned *)0x56000010)
#define GPBDAT (*(volatile unsigned *)0x56000014)
#define GPBUP (*(volatile unsigned *)0x56000018)
void Delay(unsigned int);
GPBUP&=0XFFFFFFFE;                         //上拉使能 GPB0
GPBCON&=0XFFFFFFC;                         //GPB0 设为输出
GPBCON|=0X0000001;
while(1)
{
GPBDAT &=0xfe;                             //不能用!(非)
Delay(40);
GPBDAT |=0x1;                              //用与或方式,不影响其他位
Delay(40);
}
return(0);
}
void Delay(unsigned int x )
{
unsigned int i,j,k;
for(i=0;i<=x;i++)
for(j=0;j<=0xff;j++)
for(k=0;k<=0xff;k++);
}
//主函数入口
```

```
AREA |DATA|,CODE,READONLY
ENTRY
ldr r13,=0x1000
IMPORT BellMain; 调用 Bell 子函数
b BellMain
END
```

例 5-4　如图 5-7 和 5-8 所示，蜂鸣器是通过 I/O 口 GPB0 通过 NPN 型三极管控制的。在 GPFCON 寄存器中设置相应管脚为输入，管脚经按键连接到 GND 上，当按键按下时，按键对应的管脚被拉低，GPFDAT 相应位被置 0。检测 GPFDAT 即可知道哪个按键被按下。

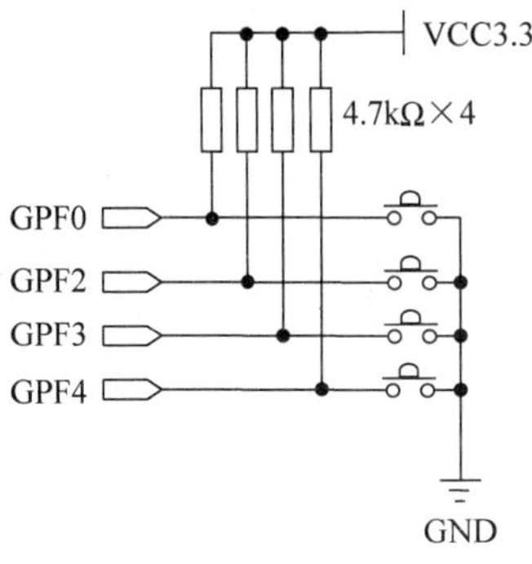

图 5-8　**键盘输入原理图**

程序如下：

```
#define GPFCON (*(volatile unsigned *)0x56000050)
#define GPFDAT (*(volatile unsigned *)0x56000054)
#define GPFUP (*(volatile unsigned *)0x56000058)

#define GPBCON (*(volatile unsigned *)0x56000010)
#define GPBDAT (*(volatile unsigned *)0x56000014)
#define GPBUP (*(volatile unsigned *)0x56000018)
void Beep_On(void)                    //打开蜂鸣器
{
GPBDAT |= 0x01;
}
void Beep_Off(void)                   //关掉蜂鸣器
{
GPBDAT &= 0xfffe;
}

void BeepCount(unsigned char count)   //蜂鸣器控制口拉高后,蜂鸣器开始工作
{
unsigned int time;
time = count * 1200;
if (time != 0)
{
Beep_On();
Delay(time);
Beep_Off();
Delay(time);
}
}
unsigned char KeyNum(void)            //按键扫描程序
{
unsigned char KeyTemp;
KeyTemp = 0;
//根据按键的不同,蜂鸣器工作时间依次加倍
if ((GPFDAT&0x01) == 0) KeyTemp = 1;
if ((GPFDAT&0x04) == 0) KeyTemp = 2;
if ((GPFDAT&0x08) == 0) KeyTemp = 4;
if ((GPFDAT&0x10) == 0) KeyTemp = 8;
return KeyTemp;
}
int keyMain(void)                     //入口程序
```

```
{
GPFCON = 0x3FFC0C;                    //GPF0,GPF2,GPF3,GPF4 设置为输入
GPBCON |= 0x01;                       //GPB0 输出有效
GPBUP = 0xFFF;
GPFUP = 0xFF;
Beep_Off();                           //关闭蜂鸣器
while (1)                             //死循环
{
BeepCount(KeyNum());
}
return 0;
}
//主函数入口
AREA |DATA|,CODE,READONLY
ENTRY
ldr r13, =0x1000
IMPORT keyMain
b keyMain
END
```

5.3 中断系统

中断是 I/O 端口或部件在完成一个 I/O 操作后,产生一个信号给微处理器,这个信号叫做"中断请求",微处理器响应这个请求信号,停止其当前的程序操作,而转向对该 I/O 端口或部件进行新的读/写操作。即中断发生时,程序计数器(PC)的值发生变化,指向一个管理 I/O 端口或部件的中断服务程序例程(也称为设备驱动程序),完成向 I/O 端口或部件写一个数据或从 I/O 端口或部件读取刚准备好的数据。对于 ARM920T 微处理器核来说,它有 7 种异常中断。本节主要介绍外部中断请求(IRQ)和快速中断请求(FIQ)。

S3C2440A 中的中断控制器可以从 60 个中断源接收中断请求,如表 5-68 和表 5-69 所示。这些中断源由内部的外围 I/O 端口或部件如 DMA 控制器、UART、IIC 等提供。在这些中断源中,UARTn、AC97 和外部中断 EINTn 对于中断控制器来说是或逻辑。

如果在 ARM920T 核内部的程序状态寄存器的 F 位置 1,CPU 不能接收来自中断控制器的 FIQ,如果程序状态寄存器的 I 位被置 1,则 CPU 不能接收来自中断控制器的 IRQ。所以,通过给程序状态寄存器中的 F 位和 I 位清零,且对 INTMASK 寄存器中的相应位清零,中断控制器可以接收中断。

表 5-68 中断控制器支持的 60 个中断源

中断源名称	描 述	仲 裁 组
INT_ADC	ADC 结束中断、触摸屏中断	ARB5
INT_RTC	RTC 闹钟中断	ARB5
INT_SPI1	SPI1 中断	ARB5
INT_UART0	串口 0 中断(ERR、RXD、TXD)	ARB5
INT_IIC	I^2C 中断	ARB4
INT_USBH	USB 主机中断	ARB4
INT_USBD	USB 设备中断	ARB4

续表

中断源名称	描　述	仲　裁　组
INT_NFCON	NAND Flash 控制中断	ARB4
INT_UART1	串口 1 中断(ERR、RXD、TXD)	ARB4
INT_SPI0	SPI0 中断	ARB4
INT_SDI	SDI 中断	ARB3
INT_DMA3	DMA 通道 3 中断	ARB3
INT_DMA2	DMA 通道 2 中断	ARB3
INT_DMA1	DMA 通道 1 中断	ARB3
INT_DMA0	DMA 通道 0 中断	ARB3
INT_LCD	LCD 中断(INT_FrSyn、INT_FiCnt)	ARB3
INT_UART2	串口 2 中断(ERR、RXD、TXD)	ARB2
INT_TIMER4	定时器 4 中断	ARB2
INT_TIMER3	定时器 3 中断	ARB2
INT_TIMER2	定时器 2 中断	ARB2
INT_TIMER1	定时器 1 中断	ARB2
INT_TIMER0	定时器 0 中断	ARB2
INT_WDT_AC97	看门狗定时器中断	ARB1
INT_TICK	RTC 定时中断	ARB1
nBATT_FLT	电池失效中断	ARB1
INT_CAM	摄像头接口	ARB1
EINT8_23	外部中断 8_23	ARB1
EINT4_7	外部中断 4_7	ARB1
EINT3	外部中断 3	ARB0
EINT2	外部中断 2	ARB0
EINT1	外部中断 1	ARB0
EINT0	外部中断 0	ARB0

表 5-69　子中断源

中断源名称	描　述	源
INT_AC97	AC97 中断	INT_WDT_AC97
INT_WDT	WDT 中断	INT_WDT_AC97
INT_CAM_P	摄像头接口的 P 口捕获中断	INT_CAM
INT_CAM_C	摄像头接口的 C 口捕获中断	INT_CAM
INT_ADC_S	ADC 中断	INT_ADC
INT_TC	触摸屏中断(开/关)	INT_ADC
INT_ERR2	UART2 错误中断	INT_UART2
INT_TXD2	UART2 发送中断	INT_UART2
INT_RXD2	UART2 接收中断	INT_UART2
INT_ERR1	UART1 错误中断	INT_UART1
INT_TXD1	UART1 发送中断	INT_UART1
INT_RXD1	UART1 接收中断	INT_UART1
INT_ERR0	UART0 错误中断	INT_UART0
INT_TXD0	UART0 发送中断	INT_UART0
INT_RXD0	UART0 接收中断	INT_UART0

5.3.1 中断优先级

32 个中断请求优先级逻辑包括基于裁决器的 7 个裁决：6 个一级裁决器和 1 个二级裁决器。在系统复位状态下，按照图 5-9 中由上到下的顺序，中断优先级由高到低排列，即 EINT0 中断优先级最高，INT_ADC 中断优先级最低。

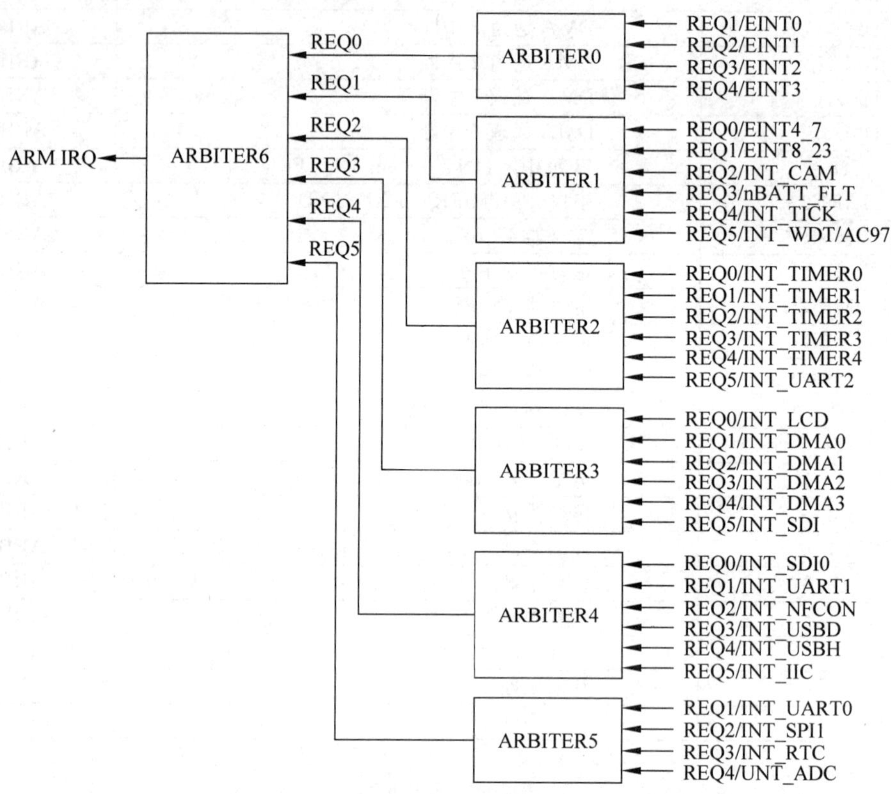

图 5-9 S3C2440 芯片的中断仲裁判决逻辑

ARBITER0～ARBITER5 组成一级裁决，每个裁决器用 1 位裁决模式控制信号(ARB_MODE)和 2 位选择控制信号(ARB_SEL)确定中断优先级，共可确定 6 级中断请求的优先级，具体如下。

- 如果 ARB_SEL 位是 00，优先级是 REQ0，REQ1，REQ2，REQ3，REQ4 和 REQ5。
- 如果 ARB_SEL 位是 01，优先级是 REQ0，REQ2，REQ3，REQ4，REQ1 和 REQ5。
- 如果 ARB_SEL 位是 10，优先级是 REQ0，REQ3，REQ4，REQ1，REQ2 和 REQ5。
- 如果 ARB_SEL 位是 11，优先级是 REQ0，REQ4，REQ1，REQ2，REQ3 和 REQ5。

注意：裁决器的 REQ0 总是有最高优先级，REQ5 总是有最低优先级。此外通过改变 ARB_SEL 位，可以循环 REQ1 到 REQ4 的优先级。

如果 ARB_MODE 位置 0，ARB_SEL 位不会自动改变，使得裁决器在一个固定优先级的模式下操作(注意在此模式下，通过编程设置 ARB_SEL 位来配置优先级)。另外，如果 ARB_MODE 位是 1，ARB_SEL 位以翻转的方式改变。例如如果 REQ1 被处理，则 ARB_SEL 位自动的变为 01，把 REQ1 放到最低的优先级。ARB_SEL 变化的详细规则如下。

- 如果 REQ0 或 REQ5 被中断处理，ARB_SEL 位不会变化。
- 如果 REQ1 被处理，ARB_SEL 位变为 01。
- 如果 REQ2 被处理，ARB_SEL 位变为 10。
- 如果 REQ3 被处理，ARB_SEL 位变为 11。
- 如果 REQ4 被处理，ARB_SEL 位变为 00。

5.3.2　中断控制寄存器

在中断控制器中有 5 个控制寄存器：中断源未决寄存器，中断模式寄存器，屏蔽寄存器，优先级寄存器和中断未决寄存器。下面将分别介绍。

1. 中断源未决寄存器

中断源未决寄存器(SRCPND)是 32 位寄存器，每位与一个中断源相对应。当某个中断源产生中断请求服务，则对相应的位置 1。因此该寄存器记录了哪个中断源在等待处理。注意：SRCPND 寄存器的每一位都由中断源自动置位，而不管中断屏蔽寄存器(INTMASK)中对应的位是否被屏蔽。此外，SRCPND 寄存器不会受到中断控制器的优先级逻辑的影响。

在某个特定中断源的中断服务程序中，SRCPND 寄存器的相应位必须被清除从而保证能收到同一中断源的下一次中断请求。换言之，如果 SRCPND 寄存器的某位始终置 1，则总是被认为一个有效的中断请求等待处理。用户可以通过写数据到 SRCPND 寄存器来清除未决位。数据位为 1 表示该位置的未决位将清除，而 0 表示该位置的未决位保持不变。SRCPND 寄存器的地址是 0x4A000000，复位后为 0x00000000。该寄存器每位的含义如表 5-70 所示。

表 5-70　SRCPND 寄存器的格式

引脚名称	位	描　　述	初始值
INT_ADC	[31]	确定 INT_ADC 中断请求。0=没有请求；1=请求	0
INT_RTC	[30]	确定 INT_RTC 中断请求。0=没有请求；1=请求	0
INT_SPI1	[29]	确定 INT_SPI1 中断请求。0=没有请求；1=请求	0
INT_UART0	[28]	确定 INT_UART0 中断请求。0=没有请求；1=请求	0
INT_IIC	[27]	确定 INT_IIC 中断请求。0=没有请求；1=请求	0
INT_USBH	[26]	确定 INT_USBH 中断请求。0=没有请求；1=请求	0
INT_USBD	[25]	确定 INT_USBD 中断请求。0=没有请求；1=请求	0
INT_NFCON	[24]	确定 INT_NFCON 中断请求。0=没有请求；1=请求	0
INT_UART1	[23]	确定 INT_UART1 中断请求。0=没有请求；1=请求	0
INT_SPI0	[22]	确定 INT_SPI0 中断请求。0=没有请求；1=请求	0
INT_SDI	[21]	确定 INT_SDI 中断请求。0=没有请求；1=请求	0
INT_DMA3	[20]	确定 INT_DMA3 中断请求。0=没有请求；1=请求	0
INT_DMA2	[19]	确定 INT_DMA2 中断请求。0=没有请求；1=请求	0
INT_DMA1	[18]	确定 INT_DMA1 中断请求。0=没有请求；1=请求	0
INT_DMA0	[17]	确定 INT_DMA0 中断请求。0=没有请求；1=请求	0
INT_LCD	[16]	确定 INT_LCD 中断请求。0=没有请求；1=请求	0
INT_UART2	[15]	确定 INT_UART2 中断请求。0=没有请求；1=请求	0
INT_TIMER4	[14]	确定 INT_TIMER4 中断请求。0=没有请求；1=请求	0

续表

引脚名称	位	描　述	初始值
INT_TIMER3	[13]	确定 INT_TIMER3 中断请求。0=没有请求；1=请求	0
INT_TIMER2	[12]	确定 INT_TIMER2 中断请求。0=没有请求；1=请求	0
INT_TIMER1	[11]	确定 INT_TIMER1 中断请求。0=没有请求；1=请求	0
INT_TIMER0	[10]	确定 INT_TIMER0 中断请求。0=没有请求；1=请求	0
INT_WDT_AC97	[9]	确定 INT_WDT_AC97 中断请求。0=没有请求；1=请求	0
INT_TICK	[8]	确定 INT_TICK 中断请求。0=没有请求；1=请求	0
nBATT_FLT	[7]	确定 nBATT_FLT 中断请求。0=没有请求；1=请求	0
INT_CAM	[6]	确定 INT_ CAM 中断请求。0=没有请求；1=请求	0
EINT8_23	[5]	确定 EINT8_23 中断请求。0=没有请求；1=请求	0
EINT4_7	[4]	确定 EINT4_7 中断请求。0=没有请求；1=请求	0
EINT3	[3]	确定 EINT3 中断请求。0=没有请求；1=请求	0
EINT2	[2]	确定 EINT2 中断请求。0=没有请求；1=请求	0
EINT1	[1]	确定 EINT1 中断请求。0=没有请求；1=请求	0
EINT0	[0]	确定 EINT0 中断请求。0=没有请求；1=请求	0

2. 中断模式寄存器

中断模式寄存器(INTMOD)是 32 位寄存器，S3C2440A 的中断模式有两种：FIQ 模式和 IRQ 模式。如果某位设置成 1，则相应的中断按 FIQ 模式处理。若设置成 0，则按 IRQ 模式处理。请注意仅有一个中断源能够在 FIQ 模式下处理，也就是说，INTMOD 仅有一个位可以被置 1。因此，用户应该将最紧迫的中断源设置为 FIQ 模式使用。INTMOD 寄存器的地址是 0x4A000004，复位后为 0x00000000。该寄存器每位的含义如表 5-71 所示。

表 5-71　INTMOD 寄存器的格式

引脚名称	位	描　述	初始值
INT_ADC	[31]	确定 INT_ADC 中断请求。0=IRQ；1=FIQ	0
INT_RTC	[30]	确定 INT_RTC 中断请求。0=IRQ；1=FIQ	0
INT_SPI1	[29]	确定 INT_SPI1 中断请求。0=IRQ；1=FIQ	0
INT_UART0	[28]	确定 INT_UART0 中断请求。0=IRQ；1=FIQ	0
INT_IIC	[27]	确定 INT_IIC 中断请求。0=IRQ；1=FIQ	0
INT_USBH	[26]	确定 INT_USBH 中断请求。0=IRQ；1=FIQ	0
INT_USBD	[25]	确定 INT_USBD 中断请求。0=IRQ；1=FIQ	0
INT_NFCON	[24]	确定 INT_NFCON 中断请求。0=IRQ；1=FIQ	0
INT_UART1	[23]	确定 INT_UART1 中断请求。0=IRQ；1=FIQ	0
INT_SPI0	[22]	确定 INT_SPI0 中断请求。0=IRQ；1=FIQ	0
INT_SDI	[21]	确定 INT_SDI 中断请求。0=IRQ；1=FIQ	0
INT_DMA3	[20]	确定 INT_DMA3 中断请求。0=IRQ；1=FIQ	0
INT_DMA2	[19]	确定 INT_DMA2 中断请求。0=IRQ；1=FIQ	0
INT_DMA1	[18]	确定 INT_DMA1 中断请求。0=IRQ；1=FIQ	0
INT_DMA0	[17]	确定 INT_DMA0 中断请求。0=IRQ；1=FIQ	0
INT_LCD	[16]	确定 INT_LCD 中断请求。0=IRQ；1=FIQ	0
INT_UART2	[15]	确定 INT_UART2 中断请求。0=IRQ；1=FIQ	0

续表

引脚名称	位	描　述	初始值
INT_TIMER4	[14]	确定 INT_TIMER4 中断请求。0=IRQ；1=FIQ	0
INT_TIMER3	[13]	确定 INT_TIMER3 中断请求。0=IRQ；1=FIQ	0
INT_TIMER2	[12]	确定 INT_TIMER2 中断请求。0=IRQ；1=FIQ	0
INT_TIMER1	[11]	确定 INT_TIMER1 中断请求。0=IRQ；1=FIQ	0
INT_TIMER0	[10]	确定 INT_TIMER0 中断请求。0=IRQ；1=FIQ	0
INT_WDT_AC97	[9]	确定 INT_WDT_AC97 中断请求。0=IRQ；1=FIQ	0
INT_TICK	[8]	确定 INT_TICK 中断请求。0=IRQ；1=FIQ	0
nBATT_FLT	[7]	确定 nBATT_FLT 中断请求。0=IRQ；1=FIQ	0
INT_CAM	[6]	确定 INT_ CAM 中断请求。0=IRQ；1=FIQ	0
EINT8_23	[5]	确定 EINT8_23 中断请求。0=IRQ；1=FIQ	0
EINT4_7	[4]	确定 EINT4_7 中断请求。0=IRQ；1=FIQ	0
EINT3	[3]	确定 EINT3 中断请求。0=IRQ；1=FIQ	0
EINT2	[2]	确定 EINT2 中断请求。0=IRQ；1=FIQ	0
EINT1	[1]	确定 EINT1 中断请求。0=IRQ；1=FIQ	0
EINT0	[0]	确定 EINT0 中断请求。0=IRQ；1=FIQ	0

3. 中断屏蔽寄存器

中断屏蔽寄存器(INTMSK)也是 32 位寄存器，每位与一个中断源相对应。若某位设置为 1，则 CPU 不会处理该位所对应的中断源提出的中断请求。如果设置为 0，则对应的中断源提出的中断请求可以被处理。INTMSK 寄存器的地址是 0x4A000008，复位后为 0xFFFFFFFF。该寄存器每位的含义如表 5-72 所示。

表 5-72　INTMSK 寄存器的格式

引脚名称	位	描　述	初始值
INT_ADC	[31]	确定 INT_ADC 中断请求。0=允许中断；1=屏蔽中断	1
INT_RTC	[30]	确定 INT_RTC 中断请求。0=允许中断；1=屏蔽中断	1
INT_SPI1	[29]	确定 INT_SPI1 中断请求。0=允许中断；1=屏蔽中断	1
INT_UART0	[28]	确定 INT_UART0 中断请求。0=允许中断；1=屏蔽中断	1
INT_IIC	[27]	确定 INT_IIC 中断请求。0=允许中断；1=屏蔽中断	1
INT_USBH	[26]	确定 INT_USBH 中断请求。0=允许中断；1=屏蔽中断	1
INT_USBD	[25]	确定 INT_USBD 中断请求。0=允许中断；1=屏蔽中断	1
INT_NFCON	[24]	确定 INT_NFCON 中断请求。0=允许中断；1=屏蔽中断	1
INT_UART1	[23]	确定 INT_UART1 中断请求。0=允许中断；1=屏蔽中断	1
INT_SPI0	[22]	确定 INT_SPI0 中断请求。0=允许中断；1=屏蔽中断	1
INT_SDI	[21]	确定 INT_SDI 中断请求。0=允许中断；1=屏蔽中断	1
INT_DMA3	[20]	确定 INT_DMA3 中断请求。0=允许中断；1=屏蔽中断	1
INT_DMA2	[19]	确定 INT_DMA2 中断请求。0=允许中断；1=屏蔽中断	1
INT_DMA1	[18]	确定 INT_DMA1 中断请求。0=允许中断；1=屏蔽中断	1
INT_DMA0	[17]	确定 INT_DMA0 中断请求。0=允许中断；1=屏蔽中断	1
INT_LCD	[16]	确定 INT_LCD 中断请求。0=允许中断；1=屏蔽中断	1
INT_UART2	[15]	确定 INT_UART2 中断请求。0=允许中断；1=屏蔽中断	1

续表

引脚名称	位	描　述	初始值
INT_TIMER4	[14]	确定 INT_TIMER4 中断请求。0=允许中断；1=屏蔽中断	1
INT_TIMER3	[13]	确定 INT_TIMER3 中断请求。0=允许中断；1=屏蔽中断	1
INT_TIMER2	[12]	确定 INT_TIMER2 中断请求。0=允许中断；1=屏蔽中断	1
INT_TIMER1	[11]	确定 INT_TIMER1 中断请求。0=允许中断；1=屏蔽中断	1
INT_TIMER0	[10]	确定 INT_TIMER0 中断请求。0=允许中断；1=屏蔽中断	1
INT_WDT_AC97	[9]	确定 INT_WDT_AC97 中断请求。0=允许中断；1=屏蔽中断	1
INT_TICK	[8]	确定 INT_TICK 中断请求。0=允许中断；1=屏蔽中断	1
nBATT_FLT	[7]	确定 nBATT_FLT 中断请求。0=允许中断；1=屏蔽中断	1
INT_CAM	[6]	确定 INT_ CAM 中断请求。0=允许中断；1=屏蔽中断	1
EINT8_23	[5]	确定 EINT8_23 中断请求。0=允许中断；1=屏蔽中断	1
EINT4_7	[4]	确定 EINT4_7 中断请求。0=允许中断；1=屏蔽中断	1
EINT3	[3]	确定 EINT3 中断请求。0=允许中断；1=屏蔽中断	1
EINT2	[2]	确定 EINT2 中断请求。0=允许中断；1=屏蔽中断	1
EINT1	[1]	确定 EINT1 中断请求。0=允许中断；1=屏蔽中断	1
EINT0	[0]	确定 EINT0 中断请求。0=允许中断；1=屏蔽中断	1

4. 中断优先级寄存器

中断优先级寄存器(PRIORITY)是 IRQ 中断模式下的中断优先级控制寄存器，每个中断源在寄存器中有 3 位对应，分别代表 ARB_SEL 的 2 位和 ARB_MODE 的 1 位。该寄存器的地址是 0x4A00000C，复位后 0x0000007F，每位的含义如表 5-73 所示。

表 5-73　PRIORITY 寄存器的格式

引脚名称	位	描　述	初始值
ARB_SEL6	[20:19]	确定仲裁判决器 Arbiter 6 的优先级顺序 00=REQ 0-1-2-3-4-5；01=REQ 0-2-3-4-1-5； 10=REQ 0-3-4-1-2-5；11=REQ 0-4-1-2-3-5	00
ARB_SEL5	[18:17]	确定仲裁判决器 Arbiter 5 的优先级顺序 00=REQ 1-2-3-4；01=REQ 2-3-4-1； 10=REQ 3-4-1-2；11=REQ 4-1-2-3	00
ARB_SEL4	[16:15]	确定仲裁判决器 Arbiter 4 的优先级顺序 00=REQ 0-1-2-3-4-5；01=REQ 0-2-3-4-1-5； 10=REQ 0-3-4-1-2-5；11=REQ 0-4-1-2-3-5	00
ARB_SEL3	[14:13]	确定仲裁判决器 Arbiter 3 的优先级顺序 00=REQ 0-1-2-3-4-5；01=REQ 0-2-3-4-1-5； 10=REQ 0-3-4-1-2-5；11=REQ 0-4-1-2-3-5	00
ARB_SEL2	[12:11]	确定仲裁判决器 Arbiter 2 的优先级顺序 00=REQ 0-1-2-3-4-5；01=REQ 0-2-3-4-1-5； 10=REQ 0-3-4-1-2-5；11=REQ 0-4-1-2-3-5	00
ARB_SEL1	[10:9]	确定仲裁判决器 Arbiter 1 的优先级顺序 00=REQ 0-1-2-3-4-5；01=REQ 0-2-3-4-1-5； 10=REQ 0-3-4-1-2-5；11=REQ 0-4-1-2-3-5	00

续表

引脚名称	位	描　述	初始值
ARB_SEL0	[8:7]	确定仲裁判决器 Arbiter 0 的优先级顺序 00=REQ 1-2-3-4；01=REQ 2-3-4-1； 10=REQ 3-4-1-2；11=REQ 4-1-2-3	00
ARB_MODE6	[6]	确定仲裁判决器 Arbiter 6 的循环优先级顺序 0=优先级不循环；1=优先级循环	0
ARB_MODE5	[5]	确定仲裁判决器 Arbiter 5 的循环优先级顺序 0=优先级不循环；1=优先级循环	0
ARB_MODE4	[4]	确定仲裁判决器 Arbiter 4 的循环优先级顺序 0=优先级不循环；1=优先级循环	0
ARB_MODE3	[3]	确定仲裁判决器 Arbiter 3 的循环优先级顺序 0=优先级不循环；1=优先级循环	0
ARB_MODE2	[2]	确定仲裁判决器 Arbiter 2 的循环优先级顺序 0=优先级不循环；1=优先级循环	0
ARB_MODE1	[1]	确定仲裁判决器 Arbiter 1 的循环优先级顺序 0=优先级不循环；1=优先级循环	0
ARB_MODE0	[0]	确定仲裁判决器 Arbiter 0 的循环优先级顺序 0=优先级不循环；1=优先级循环	0

5. 中断未决寄存器

中断未决寄存器(INTPND)是 32 位寄存器，每位与一个中断源相对应。因为 INTPND 寄存器位于优先级逻辑之后，只有一位可以被置 1，且中断请求生成对 CPU 的 IRQ。在对于 IRQ 的中断服务程序中，可以读取寄存器决定哪个中断源被处理。该寄存器的地址是 0x4A000010，复位后 0x00000000，每位的含义如表 5-74 所示。

表 5-74　INTPND 寄存器的格式

引脚名称	位	描　述	初始值
INT_ADC	[31]	确定 INT_ADC 中断请求。0=没有请求；1=请求	0
INT_RTC	[30]	确定 INT_RTC 中断请求。0=没有请求；1=请求	0
INT_SPI1	[29]	确定 INT_SPI1 中断请求。0=没有请求；1=请求	0
INT_UART0	[28]	确定 INT_UART0 中断请求。0=没有请求；1=请求	0
INT_IIC	[27]	确定 INT_IIC 中断请求。0=没有请求；1=请求	0
INT_USBH	[26]	确定 INT_USBH 中断请求。0=没有请求；1=请求	0
INT_USBD	[25]	确定 INT_USBD 中断请求。0=没有请求；1=请求	0
INT_NFCON	[24]	确定 INT_NFCON 中断请求。0=没有请求；1=请求	0
INT_UART1	[23]	确定 INT_UART1 中断请求。0=没有请求；1=请求	0
INT_SPI0	[22]	确定 INT_SPI0 中断请求。0=没有请求；1=请求	0
INT_SDI	[21]	确定 INT_SDI 中断请求。0=没有请求；1=请求	0
INT_DMA3	[20]	确定 INT_DMA3 中断请求。0=没有请求；1=请求	0
INT_DMA2	[19]	确定 INT_DMA2 中断请求。0=没有请求；1=请求	0
INT_DMA1	[18]	确定 INT_DMA1 中断请求。0=没有请求；1=请求	0
INT_DMA0	[17]	确定 INT_DMA0 中断请求。0=没有请求；1=请求	0

续表

引脚名称	位	描　　述	初始值
INT_LCD	[16]	确定 INT_LCD 中断请求。0=没有请求；1=请求	0
INT_UART2	[15]	确定 INT_UART2 中断请求。0=没有请求；1=请求	0
INT_TIMER4	[14]	确定 INT_TIMER4 中断请求。0=没有请求；1=请求	0
INT_TIMER3	[13]	确定 INT_TIMER3 中断请求。0=没有请求；1=请求	0
INT_TIMER2	[12]	确定 INT_TIMER2 中断请求。0=没有请求；1=请求	0
INT_TIMER1	[11]	确定 INT_TIMER1 中断请求。0=没有请求；1=请求	0
INT_TIMER0	[10]	确定 INT_TIMER0 中断请求。0=没有请求；1=请求	0
INT_WDT_AC97	[9]	确定 INT_WDT_AC97 中断请求。0=没有请求；1=请求	0
INT_TICK	[8]	确定 INT_TICK 中断请求。0=没有请求；1=请求	0
nBATT_FLT	[7]	确定 nBATT_FLT 中断请求。0=没有请求；1=请求	0
INT_CAM	[6]	确定 INT_ CAM 中断请求。0=没有请求；1=请求	0
EINT8_23	[5]	确定 EINT8_23 中断请求。0=没有请求；1=请求	0
EINT4_7	[4]	确定 EINT4_7 中断请求。0=没有请求；1=请求	0
EINT3	[3]	确定 EINT3 中断请求。0=没有请求；1=请求	0
EINT2	[2]	确定 EINT2 中断请求。0=没有请求；1=请求	0
EINT1	[1]	确定 EINT1 中断请求。0=没有请求；1=请求	0
EINT0	[0]	确定 EINT0 中断请求。0=没有请求；1=请求	0

6. 中断偏移寄存器

中断偏移寄存器(INTOFFSET)中的值代表了中断源号。即在 IRQ 模式下，INTPND 寄存器中某位置 1,则 INTOFFSET 寄存器中的值是其对应中断源的偏移量。该寄存器可以通过清除 SRCPND 和 INTPND 寄存器的未决位来自动清除。该寄存器的地址是 0x4A000014,复位后 0x00000000,只允许读取操作。该寄存器中位的含义如表 5-75 所示。

表 5-75　INTOFFSET 寄存器的格式

引脚名称	偏移量	引脚名称	偏移量	引脚名称	偏移量	引脚名称	偏移量
INT_ADC	31	INT_UART1	23	INT_UART2	15	nBATT_FLT	7
INT_RTC	30	INT_SPI0	22	INT_TIMER4	14	INT_CAM	6
INT_SPI1	29	INT_SDI	21	INT_TIMER3	13	EINT8_23	5
INT_UART0	28	INT_DMA3	20	INT_TIMER2	12	EINT4_7	4
INT_IIC	27	INT_DMA2	19	INT_TIMER1	11	EINT3	3
INT_USBH	26	INT_DMA1	18	INT_TIMER0	10	EINT2	2
INT_USBD	25	INT_DMA0	17	INT_WDT_AC97	9	EINT1	1
INT_NFCON	24	INT_LCD	16	INT_TICK	8	EINT0	0

7. 子中断源未决寄存器

子中断源未决寄存器(SUBSRCPND)是 32 位寄存器,每位与一个中断源相对应。因为该寄存器是用于那些共用中断请求信号的中断源控制,其作用和操作与 SRCPND 寄存器相同。该寄存器的地址是 0x4A000018,复位后为 0x00000000,每位的含义如表 5-76 所示。

表 5-76　SUBSRCPND 寄存器的格式

引脚名称	位	描　述	初始值
Reserved	[31:15]	保留	0
INT_AC97	[14]	0=没有请求；1=请求	0
INT_WDT	[13]	0=没有请求；1=请求	0
INT_CAM_P	[12]	0=没有请求；1=请求	0
INT_CAM_C	[11]	0=没有请求；1=请求	0
INT_ADC_S	[10]	0=没有请求；1=请求	0
INT_TC	[9]	0=没有请求；1=请求	0
INT_ERR2	[8]	0=没有请求；1=请求	0
INT_TXD2	[7]	0=没有请求；1=请求	0
INT_RXD2	[6]	0=没有请求；1=请求	0
INT_ERR1	[5]	0=没有请求；1=请求	0
INT_TXD1	[4]	0=没有请求；1=请求	0
INT_RXD1	[3]	0=没有请求；1=请求	0
INT_ERR0	[2]	0=没有请求；1=请求	0
INT_TXD0	[1]	0=没有请求；1=请求	0
INT_RXD0	[0]	0=没有请求；1=请求	0

8. 中断子屏蔽寄存器(INTSUBMASK)

中断子屏蔽寄存器(INTSUBMASK)有 15 位，每位与一个子中断源相对应。如果某位置 1，则对应的中断源产生的中断请求将不会被 CPU 处理；如果某位为 0，则对应的中断请求可以被处理。INTSUBMASK 寄存器的地址是 0x4A00001C，复位后为 0xFFFF。该寄存器每位的含义如表 5-77 所示。

表 5-77　INTSUBMASK 寄存器的格式

引脚名称	位	描　述	初始值
Reserved	[31:15]	保留	0
INT_AC97	[14]	确定 INT_AC97 中断屏蔽位。0=允许中断；1=屏蔽中断	1
INT_WDT	[13]	确定 INT_WDT 中断屏蔽位。0=允许中断；1=屏蔽中断	1
INT_CAM_P	[12]	确定 INT_CAM_P 中断屏蔽位。0=允许中断；1=屏蔽中断	1
INT_CAM_C	[11]	确定 INT_CAM_C 中断屏蔽位。0=允许中断；1=屏蔽中断	1
INT_ADC_S	[10]	确定 INT_ADC_S 中断屏蔽位。0=允许中断；1=屏蔽中断	1
INT_TC	[9]	确定 INT_TC 中断屏蔽位。0=允许中断；1=屏蔽中断	1
INT_ERR2	[8]	确定 INT_ERR2 中断屏蔽位。0=允许中断；1=屏蔽中断	1
INT_TXD2	[7]	确定 INT_TXD2 中断屏蔽位。0=允许中断；1=屏蔽中断	1
INT_RXD2	[6]	确定 INT_RXD2 中断屏蔽位。0=允许中断；1=屏蔽中断	1
INT_ERR1	[5]	确定 INT_ERR1 中断屏蔽位。0=允许中断；1=屏蔽中断	1
INT_TXD1	[4]	确定 INT_TXD1 中断屏蔽位。0=允许中断；1=屏蔽中断	1
INT_RXD1	[3]	确定 INT_RXD1 中断屏蔽位。0=允许中断；1=屏蔽中断	1
INT_ERR0	[2]	确定 INT_ERR0 中断屏蔽位。0=允许中断；1=屏蔽中断	1
INT_TXD0	[1]	确定 INT_TXD0 中断屏蔽位。0=允许中断；1=屏蔽中断	1
INT_RXD0	[0]	确定 INT_RXD0 中断屏蔽位。0=允许中断；1=屏蔽中断	1

5.3.3 中断编程实例

例 5-5 如图 5-10 所示,EINT0 接 S3C2440A 的 GPF0,EINT2 接 S3C2440A 的 GPF2,利用 K1、K2 按键触发外部中断 EINT0、EINT2。

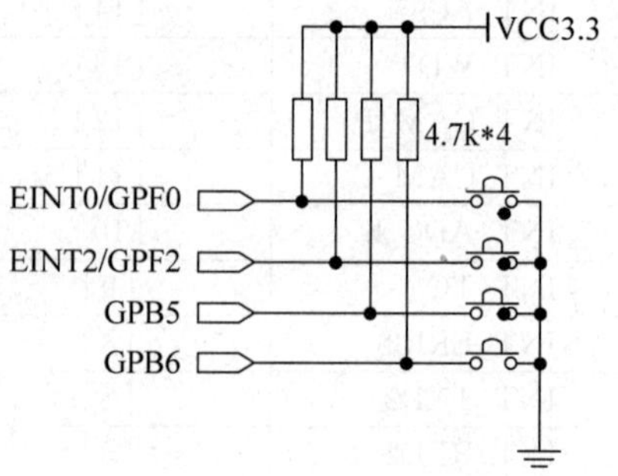

外部中断服务程序如下:

```
static void __irq Eint0_ISR(void)
{
    Delay(10);
    ClearPending(BIT_EINT0);
    Uart_Printf("EINT0 is occurred.\n");
}
static void __irq Eint2_ISR(void)
{
    Delay(10);
    ClearPending(BIT_EINT2);
    Uart_Printf("EINT2 is occurred.\n");
}
//中断初始化函数
void Eint_Init(void)
{
rGPFCON=rGPFCON & ~(3)|(1<<1);                //GPF0 设置为 EINT0
rGPFCON=rGPFCON & ~(3<<4)|(1<<5);             //GPF2 设置为 EINT2
rGPFUP|=(1<<0);                               //GPF0 上拉电阻不使能
rGPFUP|=(1<<2);                               //GPF2 上拉电阻不使能
rEXTINT0=(rEXTINT0 & ~(7<<0))|(2<<0);         //设置 EINT0 为下降沿触发
rEXTINT0=(rEXTINT0 & ~(7<<8))|(2<<8);         //设置 EINT2 为下降沿触发
pISR_EINT0=(unsigned)Eint0_ISR;
pISR_EINT2=(unsigned)Eint2_ISR;
}
//开外部中断
void Enable_Eint(void)
{
    rEINTPEND=0xffffff;                        //清除 EINTPND 寄存器
    rSRCPND |= BIT_EINT0|BIT_EINT2;
    rINTPND |= BIT_EINT0|BIT_EINT2;
    rEINTMASK=~( (1<<11)|(1<<19) );
    rINTMSK=~(BIT_EINT0|BIT_EINT2);
}
//主程序
int Main()
{
    Uart_Init(115200);
    Eint_Init();
    Enable_Eint();
    while(1)
    { //等待中断,死循环
        Uart_Printf("the main is running\n");
        Delay(50);}}
```


图 5-10　键盘输入原理图

5.4　定时部件

5.4.1　看门狗定时器原理及实例

S3C2440A 芯片看门狗定时器是用于当噪音或系统错误引起故障时，恢复控制器操作的定时器。看门狗定时器是一个普通的 16 位时间间隔定时器，定时溢出来请求中断服务。看门狗定时器每 128 个 PCLK 时钟周期产生一个复位信号。其特点是有中断请求的普通间隔定时器模式，当定时器计数器值为 0(超时)时激活 128 个 PCLK 时钟周期的内部复位信号。

1. 看门狗定时器操作

如图 5-11 所示的看门狗定时器功能模块图。看门狗定时器使用 PCLK 作为时钟源。PCLK 频率被预分频产生相应的看门狗定时器时钟，得到的频率再次被分频。

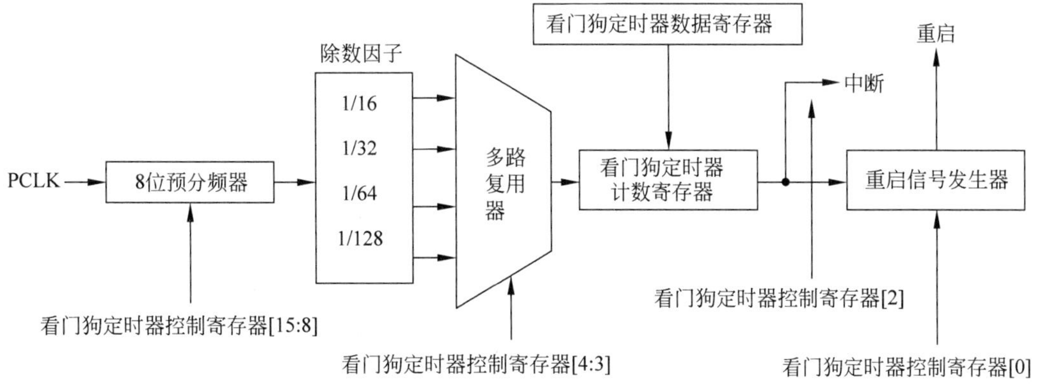

图 5-11　看门狗定时器功能模块图

预分频器的值(prescaler value)和频率除数因子(division_factor)存放在看门狗定时器控制寄存器(WTCON)中，预分频器的值有效范围 0～255。频率除数因子可以设定为 16、32、64 或 128 分频。

看门狗定时器的时钟频率和定时器时钟周期公式：

T_watchdog＝1/[PCLK/(prescaler value＋1)/division_factor]

2. 看门狗定时器的控制寄存器

S3C2440A 芯片的看门狗定时器逻辑中有三个控制其操作的专用寄存器：看门狗定时器控制寄存器(WTCON)、看门狗定时器数据寄存器(WTDAT)和看门狗计数器寄存器(WTCNT)。

(1) 看门狗定时器控制寄存器

看门狗定时器控制寄存器(WTCON)用来设定预分频器的值、设定看门狗是否有效、设定 4 种频率除数因子，设定看门狗复位及中断使能。其地址为 0x53000000，复位后为 0x8021，此寄存器是可读可写的。具体操作如表 5-78 所示。

注意：看门狗定时器中断与看门狗定时器复位容易混淆，看门狗定时器中断是指看门狗定时器作为普通定时器应用时，向 CPU 提出中断申请。而看门狗定时器的复位信号是令整个 CPU 复位，相当于重新启动所有程序。

表 5-78　WTCON 寄存器的格式

引脚名称	位	描　述	初始值
Prescaler Value	[15:8]	设定预分频器的值。该值有效范围是从 0 到 255(2^8-1)	0x80
Reserved	[7:6]	保留,这两位必须是 0	00
Watchdog Timer	[5]	看门狗定时器使能位。0=不使能；1=使能	1
Clock Select	[4:3]	确定分割器因子。00=16；01=32；10=64；11=128	00
Interrupt Generation	[2]	确定中断请求使能位。0=不使能；1=使能	0
Reserved	[1]	保留,这一位必须是 0	0
Reset Enable/Disable	[0]	复位信号看门狗定时器输出使能位 0=禁止看门狗定时器的复位功能； 1=在看门狗定时器回 0 时复位信号有效	1

(2) 看门狗定时器数据寄存器

看门狗定时器数据寄存器(WTDAT),其地址为 0x53000004,复位后为 0x8000,此寄存器是可读可写的。它用于存放看门狗定时器的溢出时间间隔值,即从定时器的计数器开始工作,到计数器值变为 0 的时间间隔。WTDAT 寄存器通常存储的是一个计数常数,该常数通过下面公式计算求得。

计数常数=所需时间间隔/计数时钟周期

=所需时间间隔×(PCLK/(预分频器+1)/分割因子)

WTDAT 寄存器的具体格式如表 5-79 所示。

表 5-79　WTDAT 寄存器的格式

引脚名称	位	描　述	初始值
Count Reload Value	[15:0]	看门狗定时器计数常数值	0x8000

(3) 看门狗定时器计数寄存器

看门狗定时器计数寄存器(WTCNT),其地址 0x53000008,复位后为 0x8000,此寄存器是可读可写的。它用作减 1 计数器,它对计数时钟信号进行减 1 计数,即每来一个计数时钟脉冲,计数器内的值减 1。因为 WTDAT 寄存器的值在看门狗定时器初始使能时,不能自动装载到 WTCNT 中,所以必须第一次要给 WTCNT 设定一个初始值。WTCNT 寄存器的具体格式如表 5-80 所示。

表 5-80　WTCNT 寄存器的格式

引脚名称	位	描　述	初始值
Count Value	[15:0]	计数器当前值	0x8000

5.4.2 RTC 部件

实时时钟(RTC)单元是用于提供年、月、日、时、分、秒、星期等实时时间信息的定时部件。它通常在系统电源关闭的情况下可以在备用电池下工作。

下面对 S3C2440A 芯片内部的 RTC 部件的工作原理、工作控制寄存器及应用进行介绍。

1. 工作原理

RTC 可以利用 STRB/LDRB 指令传输 BCD 码 8 位数据给 CPU。数据包括秒、分钟、小时、日期、天、月、年的时间信息。RTC 单元在外部晶振 32.768kHz 下工作，并具备报警功能。S3C2440A 芯片内部的 RTC 部件功能框图如图 5-12 所示。

(1) 闰年发生器

RTC 内部的闰年发生器可以基于 BCDDATE、BCDMON、BCDYEAR 的数据，从 28、29、30、31 中确定每个月的最后一天。同时还能确定该年是否为闰年。因为一个 8 位的数据仅能代表两个 BCD 数字，所以它无法有效区分 00 年。例如不能区别 1900 年和 2000 年。为了解决这个问题，S3C2440A 的 RTC 模块有一个硬件逻辑来计算 2000 年是闰年。借此来区分这个 00 是 1900 还是 2000。

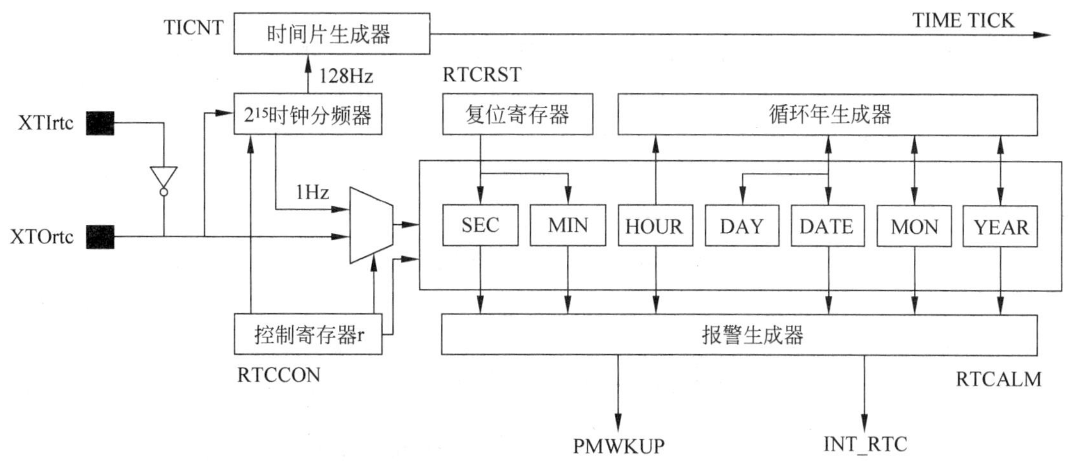

图 5-12　RTC 功能框图

(2) 读写寄存器控制

为了写 RTC 模块中的 BCD 寄存器，RTCCON 寄存器的第 0 位必须置 1。为了显示秒、分、小时、星期、日、月、年，CPU 应该分别读取在 RTC 模块中的 BCDSEC，BCDMIN，BCDHOUR，BCDDAY，BCDDATE，BCDMON 和 BCDYEAR。但是，因为多寄存器读取可能存在一秒的误差。例如，当用户读 BCDYEAR 和 BCDMON，假定是 2059 年 12 月 31 日 23 点 59 分。当用户读 BCDSEC 寄存器，正确的值的范围是从 1 到 59(秒)，但是如果值为 0，因为有刚才提到的 1 秒误差，年月日就变成了 2060 年 1 月 1 日 0 时 0 分。在这种情况下如果 BCDSEC 为 0 时，用户应该重新读取 BCDYEAR 到 BCDSEC。

(3) 备用电池操作

RTC 模块可以通过备用电池供电运行，当系统电源关闭时，通过 RTCVDD 引脚给 RTC 模块供电。当系统电源关闭时，CPU 和 RTC 模块之间的电源接口是开路的，备用电池仅驱动振荡电路和 BCD 计数器就可以保证最小的电源消耗，节省电池电量。

(4) 报警功能

RTC 在掉电或正常操作模式下的被设定的时间会发出报警信号。在正常操作模式下，报警中断(INT_RTC)被激活；在掉电模式下，电源管理唤醒信号(PMWKUP)被激活。RTC 报警寄存器(RTCALM)决定报警的使能状态和报警时间设定的条件。

(5) 节拍时间中断

RTC 节拍时间是用于对 CPU 发出中断请求。TICNT 寄存器内有一个中断使能位和用于中断的计数器值。当计数器的值为 0 时，节拍时间中断提出申请。中断周期如下：

Period＝(n＋1)/128 second

其中，n：节拍计数器值（1～127）。

(6) 32.768kHz 晶振硬件连接应用

XTIrtc、XTOrtc 是外部时钟的引脚，可以外接 32.768kHz 的晶振。如图 5-13 所示，它为 RTC 内部提供基准工作频率。

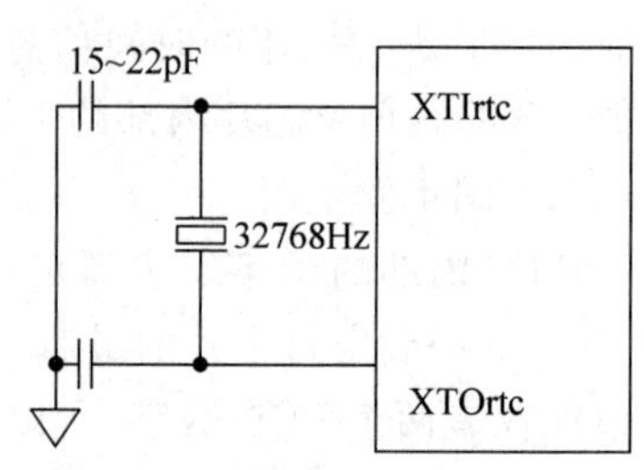

图 5-13　实时时钟振荡频率 32.768kHz

2. RTC 控制寄存器

RTC 部件内部有许多用于控制其操作的寄存器。通过编程对这些寄存器进行设定，用户就可以控制 RTC 部件的工作。下面对这些寄存器的格式进行介绍。

(1) 实时时钟控制寄存器

实时时钟控制寄存器(RTCCON)，地址为 0x57000040(小端)，0x57000043(大端)，复位后值为 00，此寄存器是可读可写的。RTCCON 寄存器的具体格式如表 5-81 所示。

表 5-81　RTCCON 寄存器的格式

引脚名称	位	描　　述	初始值
CLKRST	[3]	RTC 时钟计数器复位。0＝未复位；1＝复位	0
CNTSEL	[2]	BCD 计数器选择位。0＝合并 BCD 计数器；1＝保留(单独 BCD 计数器)	0
CLKSEL	[1]	RTC 时钟选择位。0＝晶振的 1/32 768 分频时钟；1＝保留(晶振只用来做测试)	0
RTCEN	[0]	RTC 控制使能位。0＝不使能；1＝使能 注：仅 BCD 时间计数器和读操作可以执行	0

(2) 节拍时间计数寄存器

节拍时间计数寄存器(TICNT)，小端地址 0x57000044，大端地址 0x57000047，复位值为 0，此寄存器是可读可写的。TICNT 寄存器的具体格式如表 5-82 所示。

表 5-82　TICNT 寄存器的格式

引脚名称	位	描　　述	初始值
TICK INT BNABLE	[7]	节拍时间中断使能位。0＝使能；1＝不使能	0
TICK TIME COUNT	[6:0]	时间片计数器的值(范围为 1～127) 该计数器是减 1 计数，在计数过程中不能进行读操作	0000000

(3) RTC 报警控制寄存器

RTC 报警控制寄存器，决定了报警使能和报警时间。在掉电模式下 RTCALM 寄存器通过 INT_RTC 和 PMWKUP 产生报警信号，在正常操作模式下仅通过 INT_RTC 产生。小端地址 0x57000050，大端地址 0x57000053，复位值为 0，此寄存器是可读可写的。RTCALM 寄存器的具体格式如表 5-83 所示。

(4) 报警秒数据寄存器

报警秒数据寄存器(ALMSEC)，小端地址 0x57000054，大端地址 0x57000057，复位值为 0，此寄存器是可读可写的。ALMSEC 寄存器的具体格式如表 5-84 所示。

表 5-83　RTCALM 寄存器的格式

引脚名称	位	描　　述	初始值
Reserved	[7]	保留	0
ALMEN	[6]	全局报警使能位。0=不使能；1=使能	0
YEAREN	[5]	年报警使能位。0=不使能；1=使能	0
MONEN	[4]	月报警使能位。0=不使能；1=使能	0
DATAEN	[3]	日报警使能位。0=不使能；1=使能	0
HOUREN	[2]	时报警使能位。0=不使能；1=使能	0
MINEN	[1]	分报警使能位。0=不使能；1=使能	0
SECEN	[0]	秒报警使能位。0=不使能；1=使能	0

表 5-84　ALMSEC 寄存器的格式

引脚名称	位	描　　述	初始值
Reserved	[7]	保留	0
SECDATA	[6:4]	报警定时器秒数据的十位数 BCD 值，值范围为 0～5	000
	[3:0]	报警定时器秒数据的个位数 BCD 值，值范围为 0～9	0000

(5) 报警分钟数据寄存器

报警分钟数据寄存器(ALMMIN)，小端地址 0x57000058，大端地址 0x5700005B，复位值为 0，此寄存器是可读可写的。ALMMIN 寄存器的具体格式如表 5-85 所示。

表 5-85　ALMMIN 寄存器的格式

引脚名称	位	描　　述	初始值
Reserved	[7]	保留	0
MINDATA	[6:4]	报警定时器分钟数据的十位数 BCD 值，值范围为 0～5	000
	[3:0]	报警定时器分钟数据的个位数 BCD 值，值范围为 0～9	0000

(6) 报警小时数据寄存器

报警小时数据寄存器(ALMHOUR)，小端地址 0x5700005C，大端地址 0x5700005F，复位值为 0，此寄存器是可读可写的。ALMHOUR 寄存器的具体格式如表 5-86 所示。

表 5-86　ALMHOUR 寄存器的格式

引脚名称	位	描　　述	初始值
Reserved	[7:6]	保留	00
HOURDATA	[5:4]	报警定时器时数据的十位数 BCD 值，值范围为 0～5	00
	[3:0]	报警定时器时数据的个位数 BCD 值，值范围为 0～9	0000

(7) 报警日数据寄存器

报警日数据寄存器(ALMDATE)，小端地址 0x57000060，大端地址 0x57000063，复位值为 0x01，此寄存器是可读可写的。ALMDATE 寄存器的具体格式如表 5-87 所示。

表 5-87　ALMDATE 寄存器的格式

引脚名称	位	描　　述	初始值
Reserved	[7:6]	保留	00
DATEDATA	[5:4]	报警定时器日数据的十位数 BCD 值，值范围为 0～5	00
	[3:0]	报警定时器日数据的个位数 BCD 值，值范围为 0～9	0001

(8) 报警月数据寄存器

报警月数据寄存器(ALMMON),小端地址 0x57000064,大端地址 0x57000067,复位值为 0x01,此寄存器是可读可写的。ALMMON 寄存器的具体格式如表 5-88 所示。

表 5-88　ALMMON 寄存器的格式

引脚名称	位	描　述	初始值
Reserved	[7:6]	保留	00
MONDATA	[5:4]	报警定时器月数据的十位数 BCD 值,值范围为 0～5	00
	[3:0]	报警定时器月数据的个位数 BCD 值,值范围为 0～9	0001

(9) 报警年数据寄存器

报警年数据寄存器(ALMYEAR),小端地址 0x57000068,大端地址 0x5700006B,复位值为 0x01,此寄存器是可读可写的。ALMYEAR 寄存器的具体格式如表 5-89 所示。

表 5-89　ALMYEAR 寄存器的格式

引脚名称	位	描　述	初始值
YEARDATA	[7:0]	报警定时器年数据的 BCD 值,值范围为 0～9	0x01

(10) BCD 秒寄存器

BCD 秒寄存器(BCDSEC),用来存储当前时间的秒数据(合并 BCD 码格式),小端地址 0x57000070,大端地址 0x57000073,无复位值,此寄存器是可读可写的。BCDSEC 寄存器的具体格式如表 5-90 所示。

表 5-90　BCDSEC 寄存器的格式

引脚名称	位	描　述	初始值
SECDATA	[6:4]	秒数据的十位数 BCD 值,值范围为 0～5	—
	[3:0]	秒数据的个位数 BCD 值,值范围为 0～9	

(11) BCD 分钟寄存器

BCD 分钟寄存器(BCDMIN),用来存储当前时间的分数据(合并 BCD 码格式),小端地址 0x57000074,大端地址 0x57000077,无复位值,此寄存器是可读可写的。BCDMIN 寄存器的具体格式如表 5-91 所示。

表 5-91　BCDMIN 寄存器的格式

引脚名称	位	描　述	初始值
MINDATA	[6:4]	分数据的十位数 BCD 值,值范围为 0～5	—
	[3:0]	分数据的个位数 BCD 值,值范围为 0～9	

(12) BCD 小时寄存器

BCD 小时寄存器(BCDHOUR),用来存储当前时间的时数据(合并 BCD 码格式),小端地址 0x57000078,大端地址 0x5700007B,无复位值,此寄存器是可读可写的。BCDHOUR 寄存器的具体格式如表 5-92 所示。

表 5-92　BCDHOUR 寄存器的格式

引脚名称	位	描　述	初始值
Reserved	[7:6]	保留	—
HOURDATA	[5:4]	时数据的十位数 BCD 值,值范围为 0～5	—
	[3:0]	时数据的个位数 BCD 值,值范围为 0～9	

(13) BCD 日寄存器

BCD 日期存器(BCDDATE),用来存储当前时间的日数据(合并 BCD 码格式),小端地址 0x5700007C,大端地址 0x5700007F,无复位值,此寄存器是可读可写的。BCDDATE 寄存器的具体格式如表 5-93 所示。

表 5-93　BCDDATE 寄存器的格式

引脚名称	位	描　述	初始值
Reserved	[7:6]	保留	—
DATEDATA	[5:4]	日数据的十位数 BCD 值,值范围为 0～5	—
	[3:0]	日数据的个位数 BCD 值,值范围为 0～9	

(14) BCD 星期寄存器

BCD 星期寄存器(BCDDAY),用来存储当前时间的星期数据(合并 BCD 码格式),小端地址 0x57000080,大端地址 0x57000083,无复位值,此寄存器是可读可写的。BCDDAY 寄存器的具体格式如表 5-94 所示。

表 5-94　BCDDAY 寄存器的格式

引脚名称	位	描　述	初始值
Reserved	[7:3]	保留	—
DAYDATA	[2:0]	星期数据的 BCD 值,值范围为 1～7	—

(15) BCD 月寄存器

BCD 月寄存器(BCDMON),小端地址 0x57000084,大端地址 0x57000087,无复位值,此寄存器是可读可写的。BCDMON 寄存器的具体格式如表 5-95 所示。

表 5-95　BCDMON 寄存器的格式

引脚名称	位	描　述	初始值
Reserved	[7:5]	保留	—
MONDATA	[4]	月数据的十位数 BCD 值,值范围为 0～1	—
	[3:0]	月数据的个位数 BCD 值,值范围为 0～9	

(16) BCD 年寄存器

BCD 年寄存器(BCDYEAR),小端地址 0x57000088,大端地址 0x5700008B,无复位值,此寄存器是可读可写的。BCDYEAR 寄存器的具体格式如表 5-96 所示。

表 5-96　BCDYEAR 寄存器的格式

引脚名称	位	描　述	初始值
YEARDATA	[7:0]	年数据的 BCD 值,值范围为 00～99	—

5.4.3 Timer 部件

Timer 部件主要用于提供定时功能、脉宽调制(PWM)功能,它的应用比较灵活,对于需要一定频率的脉冲信号、一定时间间隔的定时信号的应用场合,它都能提供应用支持。

S3C2440A 有 5 个 16 位的定时器。定时器 0、1、2、3 有脉宽调制功能,定时器 4 是一个没有输出引脚的内部定时器。定时器 0 有一个用于驱动大电流设备的死区生成器。

定时器 0 和 1 共享一个 8 位的预分频器,定时器 2,3,4 共享另一个 8 位预分频器。每个定时器有一个时钟分频器,其可以生成 5 种不同的分频信号(1/2,1/4,1/8,1/16 和 TCLK)。每个定时器模块从自己对应的时钟分频器接收时钟信号,对应的时钟分频器从相对应 8 位预分频器接收相应时钟信号。预分频器是 8 位可编程寄存器,它根据预置在 TCFG0 和 TCFG1 寄存器的值来分频 PCLK。当定时器使能时,定时器缓存计数寄存器(TCNTBn)的初始值被装载到递减计数器中。定时器比较缓存寄存器(TCMPBn)内的初始值被装载到比较寄存器中,用来与递减计数器的值作比较。TCNTBn 和 TCMPBn 是双缓存机制,保证了 Timer 部件在频率和占空比发生改变时能有一个稳定的输出。

S3C2440A 芯片内部的 Timer 部件功能框图如图 5-14 所示。

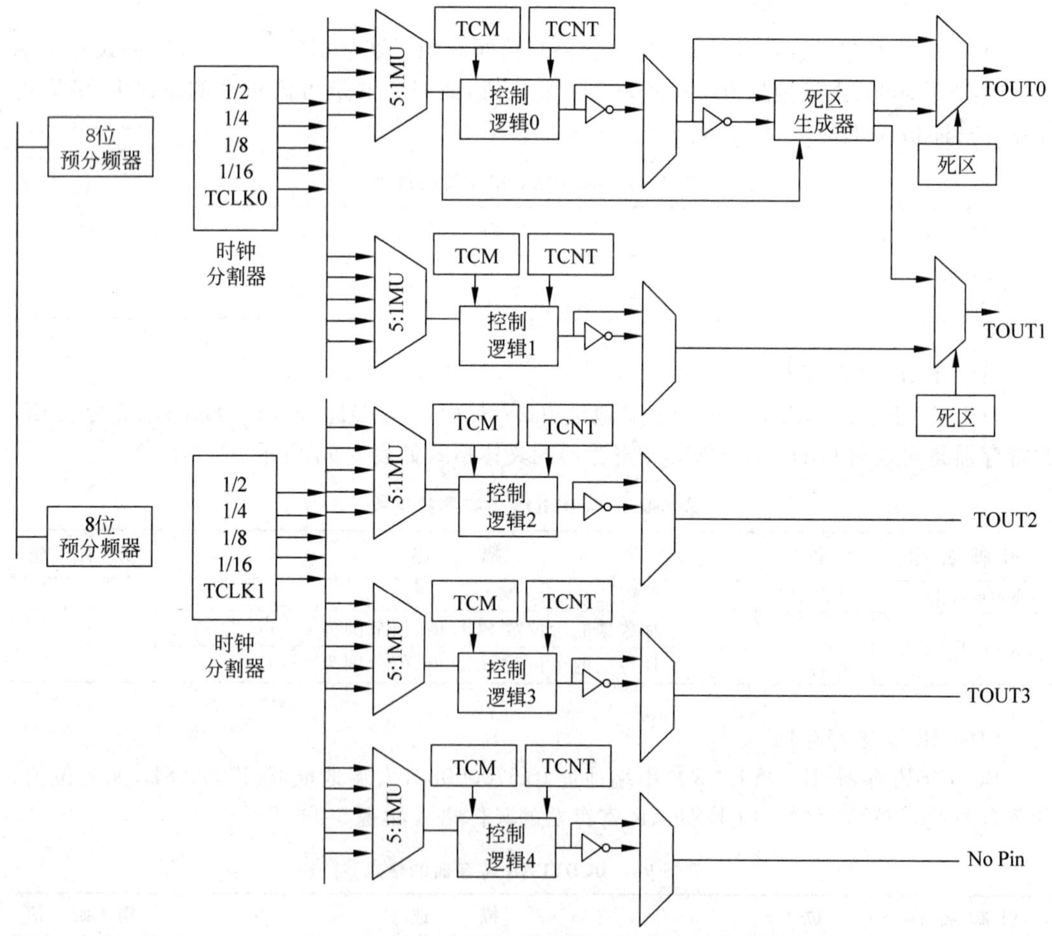

图 5-14 S3C2440A 芯片内部的 Timer 部件功能框图

1. Timer 部件操作

每个定时器有一个自己的由定时器时钟驱动的 16 位递减计数器 TCNTn。当递减计数器为零时,定时器向 CPU 发出中断请求,同时相应的 TCNTBn 的值自动加载到递减计数器。但是 TCONn 的定时器使能位清零时(即定时器停止时),则相应的 TCNTBn 的值不会装载到计数器中。

TCMPBn 的值用于脉宽调制。当递减计数器的值和定时器控制逻辑中的比较寄存器的值匹配时,定时器控制逻辑改变输出电平。因此,比较寄存器决定了 PWM 输出的开启时间(上升或下降时间)。

(1) 基本的定时器操作

定时器(除第 5 通道定时器外)有 TCNTBn、TCNTn、TCMPBn 和 TCMPn。TCNTn 和 TCMPn 是内部寄存器的名字。TCNTn 寄存器的值可以从 TCNTOn 寄存器中读取。当定时器为 0,TCNTBn 和 TCMPBn 可以被装载到 TCNTn 和 TCMPn 中。如果中断使能,当 TCNTn 为 0 时,则向 CPU 发出中断请求。定时器基本操作的过程如图 5-15 所示。

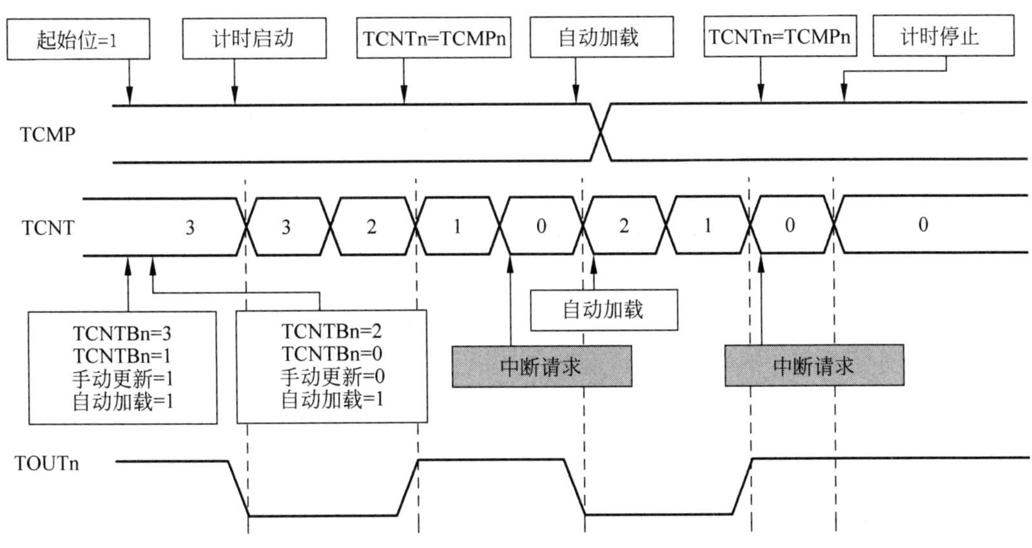

图 5-15 定时器基本操作

(2) 预分频器和分频器

一个 8 位的预分频器和一个 4 位的分频器得到的输出频率见表 5-97 所示。

表 5-97 输出频率表

4 位分频器设置	最小分辨率 (prescaler=0)	最大分辨率 (prescaler=255)	最大间隔 (TCNTBn=65 535)
1/2(PCLK=50MHz)	0.0400μs(25.0000MHz)	10.2400μs(97.6562MHz)	0.6710sec
1/4(PCLK=50MHz)	0.0800μs(12.5000MHz)	20.4800μs(48.8281kHz)	1.3421sec
1/8(PCLK=50MHz)	0.1600μs(6.2500MHz)	40.9601μs(24.4140kHz)	2.6843sec
1/16(PCLK=50MHz)	0.3200μs(3.1250MHz)	81.9188μs(12.2070kHz)	5.3686sec

(3) 自动重载和双缓冲

S3C2440A 的 PWM 定时器有一个双缓冲功能,在刷新一个定时器的同时,不会影响另一个正在运行的定时器正常运行。定时器设定值可以写入到定时器计数缓存寄存器

TCNTBn 中,定时器的当前计数器值可以从定时器计数观察寄存器 TCNTOn 中读取。TCNTBn 中的值,不是计数器的当前状态值,而是下个定时器的重载值。当 TCNTn 为 0 时,自动重载 TCNTBn 的值到 TCNTn 中。一个双缓冲功能的例子如图 5-16 所示。

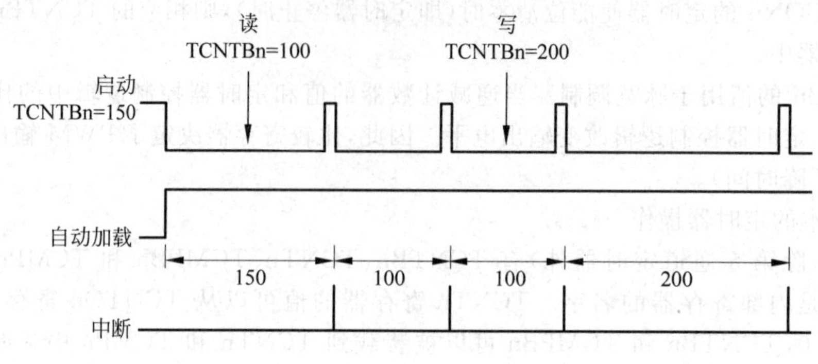

图 5-16　双缓冲功能的例子

注意:如果自动重载位设定为 0,即使 TCNTn 递减为 0,TCNTn 也不再进一步操作。

(4) 使用手动更新位和反相器位方式初始化定时器

TNCTn 的初始值必须由用户预选定义。在这种情况下,初始值必须由手动更新位来装载。以下步骤描述了如何开始一个定时器。

- 写初始值到 TCNTBn 和 TCMPBn 中。
- 设置相应定时器的手动更新位。推荐配置反相器开关位使能。
- 设置相应定时器的启动位来启动定时器(且清除手动更新位)。

如果定时器被强行停止,TCNTn 保留计数器值且不从 TCNTBn 重载。如果必须设置新值,执行手动更新。

注:不论 TOUT 反相器开关位是否改变,如果定时器在运行,TOUTn 逻辑值也不会改变。因此其描述了反相器开关位由手动更新位来配置。

(5) 定时器操作

如图 5-17 所示以下过程的结果。

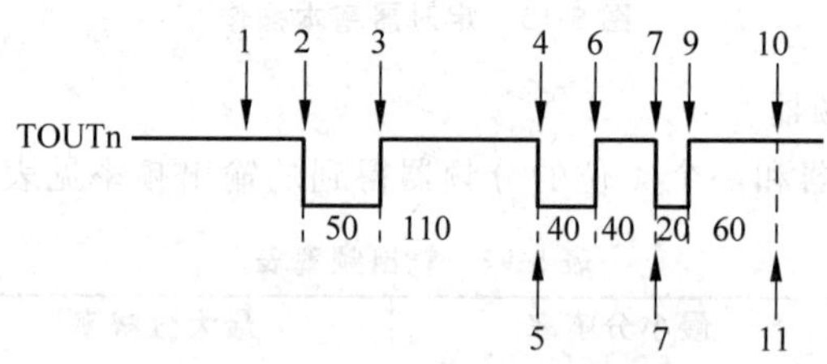

图 5-17　定时器产生脉冲信号实例

① 使能自动重载功能。设置 TCNTBn 为 160(50+110),TCMPBn 为 110。设置手动更新位且配置反相器位使能。手动更新位将 TCNTn 和 TCMPn 的值分别置给 TCNTBn 和 TCMPBn。然后分别设置 TCNTBn 和 TCMPBn 的值为 80(40+40)和 40 以决定下一个重载值。

② 设置起始位,手动更新位为 0,反相器关闭且自动重载开启。在等待时间后定时器开始倒计数。

③ 当 TCNTn 的值和 TCMPn 的值相同,TOUTn 的逻辑电平从低变为高。

④ 当 TCNTn 为 0，中断请求生成且 TCNTBn 的值装载到一个临时寄存器中。在下一个定时器周期开始时，TCNTn 会从临时寄存器中重新加载计数值。

⑤ 在中断服务程序中，TCNTBn 和 TCMPBn 的值被分别设置为 80(60＋20)和 60，用于下一轮的定时操作。

⑥ 当 TCNTn 的值和 TCMPn 的值相同，TOUTn 的逻辑电平从低变成高。

⑦ 当 TCNTn 为 0，TCNTn 用 TCNTBn 的值自动重载，并触发中断请求。

⑧ 在中断服务程序中，自动重载和自动请求被设禁止，从而停止定时器工作。

⑨ 当 TCNTn 的值和 TCMPn 的值相同，TOUTn 的逻辑电平从低变成高。

⑩ 就算 TCNTn 为 0，因为自动重载被设为禁止，TCNTn 不再被重载且定时器停止。

⑪ 没有其他的自动请求产生。

(6) 脉宽调制(PWM)

通过使用 TCMPBn 来执行 PWM 功能。PWM 的频率由 TCNTBn 来决定。如图 5-18 所示，由 TCMPBn 的值来决定 PWM 的值。要得到一个更高的 PWM 的值，则要减少 TCMPBn 的值。要得到一个更低的 PWM 的值，则要增加 TCMPBn 的值。如果使用了反相器，则增加和减少可以相反。双缓冲功能允许对于下个 PWM 周期在当前 PWM 周期任意时间点由 ISR 或其他程序改写 TCMPBn。

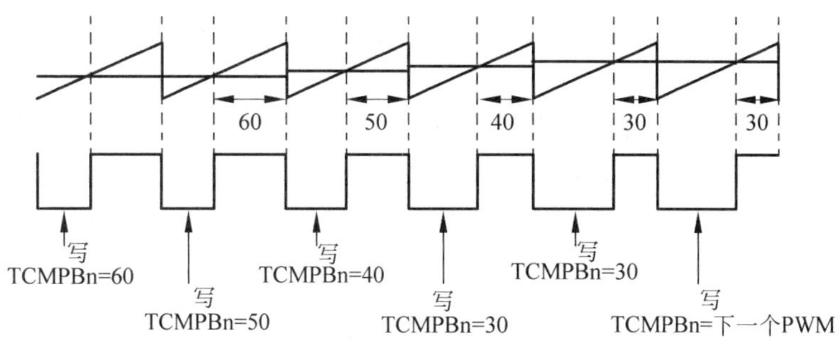

图 5-18　PWM 的脉宽实例

(7) 输出电平控制

以下过程描述如何保持 TOUT 高电平或低电平(假定反相器关闭)。

① 关闭中断重载位。然后 TOUTn 变成高电平，在 TCNTn 为 0 后定时器停止。

② 对定时器的开始停止位清零停止定时器。如果 TCNTn≤TCMPn，输出为高电平。如果 TCNTn＞TCMPn，输出为低电平。

③ TOUTn 可以由 TCON 中的反相器开启关闭位来翻转。经过反转器反转的 PWM 信号如图 5-19 所示。

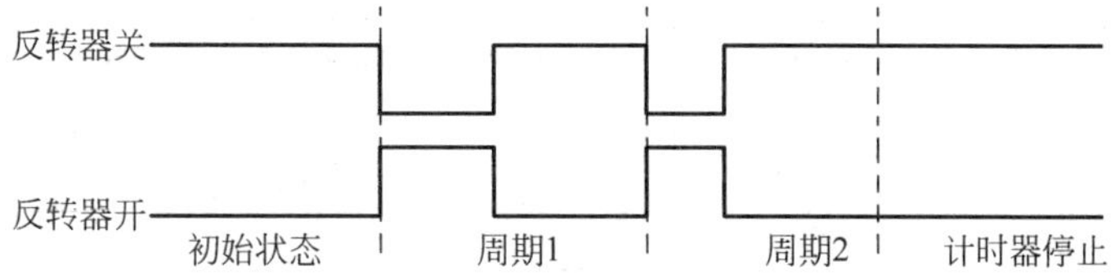

图 5-19　反转器反转后的效果

(8) 死区生成器

死区用于电源设备的 PWM 控制。该功能是使能在关闭一个开关设备和开启另一个开关设备之间插入一个时间间隙。该时间间隙禁止两个开关设备同时开启即使是在极短的时间内。TOUT0是PWM输出。nTOUT0是TOUT0的倒置。如果死区使能,TOUT0和TOUT1的输出波形分别是TOUT0_DZ和nTOUT0_DZ。如图5-20所示,nTOUT0_DZ被发生到TOUT1引脚。在死区间隙,TOUT0_DZ和nTOUT0_DZ不能同时开启。

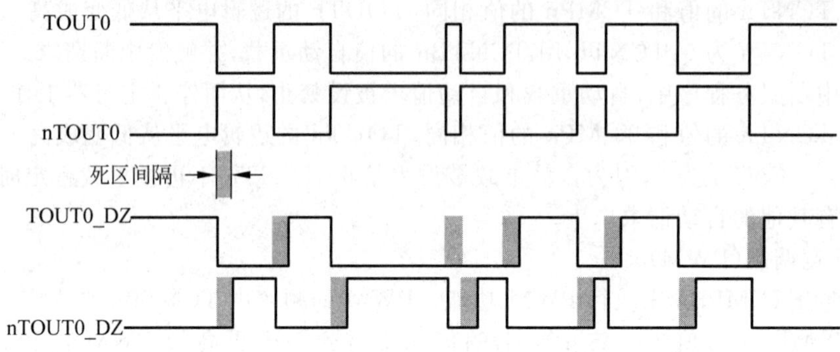

图 5-20　死区使能时的输出波形

(9) DMA 请求模式

PWM定时器可以在每个特定时间内生成DMA请求。定时器保持DMA请求信号(nDMA_REQ)为低电平直到定时器收到一个ACK信号。当定时器收到一个ACK信号时,请求信号无效。DMA基本操作如图5-21所示。生成DMA请求的定时器可以通过DMA模式位(在TCFG寄存器中)来决定,见表5-98所示。如果一个定时器配置为DMA请求模式,定时器不会产生中断请求,其他定时器还可以正常的生成中断。

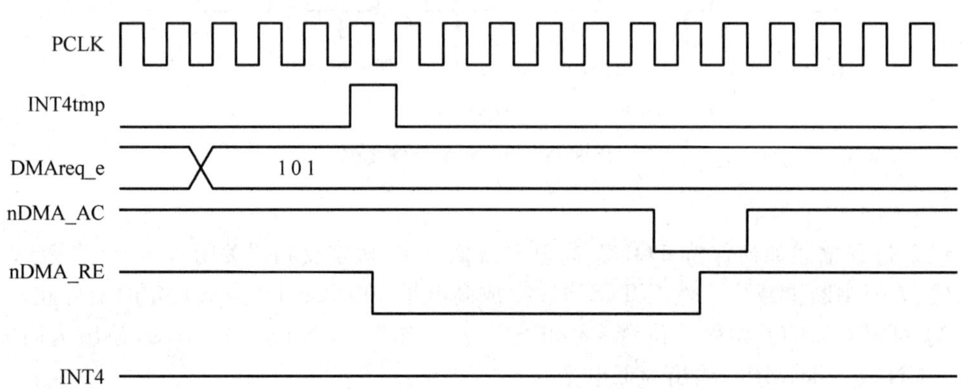

图 5-21　DMA 基本操作

表 5-98　DMA 模式配置和 DMA/中断操作表

DMA 模式	DMA 请求	Timer0 INT	Timer1 INT	Timer2 INT	Timer3 INT	Timer4 INT
0000	无选择	ON	ON	ON	ON	ON
0001	Timer0	OFF	ON	ON	ON	ON
0010	Timer1	ON	OFF	ON	ON	ON
0011	Timer2	ON	ON	OFF	ON	ON
0100	Timer3	ON	ON	ON	OFF	ON
0101	Timer4	ON	ON	ON	ON	OFF
0110	无选择	ON	ON	ON	ON	ON

2. 脉宽调制定时器特殊寄存器

(1) 定时器配置寄存器(TCFGn)

① 定时器配置寄存器 0

定时器配置寄存器 0(TCFG0)主要用来设置两个 8 位预分频器。其地址为 0x51000000，复位后的初值为 0x00000000，此寄存器是可读可写的。TCFG0 寄存器的具体格式如表 5-99 所示。

表 5-99　TCFG0 寄存器的具体格式表

引脚名称	位	描　述	初始值
Reserved	[31:24]	保留	0x00
Dead zone length	[23:16]	此 8 位决定死区长度。死区长度的单位时间等于定时器 0 的单位时间	0x00
Prescaler 1	[15:8]	此 8 位决定定时器 2,3,4 的预分频器值	0x00
Prescaler 0	[7:0]	此 8 位决定定时器 0,1 的预分频器值	0x00

② 定时器配置寄存器 1

定时器配置寄存器 1(TCFG1)主要用来设置分割器值。其地址为 0x51000004，复位后的初值为 0x00000000，此寄存器是可读可写的。TCFG1 寄存器的具体格式如表 5-100 所示。

表 5-100　TCFG1 寄存器的具体格式表

引脚名称	位	描　述	初始值
Reserved	[31:24]	保留	00000000
DMA mode	[23:20]	选择产生 DMA 请求的定时器 0000＝不选择(所有采用中断请求)； 0001＝Timer0；0010＝Timer1；0011＝Timer2； 0100＝Timer3；0101＝Timer4；0110＝保留	0000
MUX4	[19:16]	选择 Timer4 的分割器值 0000＝1/2；0001＝1/4；0010＝1/8；0011＝1/16； 01××＝External TCLK1	0000
MUX3	[15:12]	选择 Timer3 的分割器值 0000＝1/2；0001＝1/4；0010＝1/8；0011＝1/16； 01××＝External TCLK1	0000
MUX2	[11:8]	选择 Timer2 的分割器值 0000＝1/2；0001＝1/4；0010＝1/8；0011＝1/16； 01××＝External TCLK1	0000
MUX1	[7:4]	选择 Timer1 的分割器值 0000＝1/2；0001＝1/4；0010＝1/8；0011＝1/16； 01××＝External TCLK1	0000
MUX0	[3:0]	选择 Timer0 的分割器值 0000＝1/2；0001＝1/4；0010＝1/8；0011＝1/16； 01××＝External TCLK	0000

通过TCFG0、TCFG1的设置,可以确定预分频系数和分割器值,最终通过下面公式计算定时器输入时钟频率。

定时器输出时钟频率=PCLK /(预分频系数+1)/(分割器值)

预分频系数的范围为0~255;分割器值的取值范围为2,4,8,16。

(2) 定时器控制寄存器

定时器控制寄存器(TCON)地址为0x51000008,复位后的初值为0x00000000,此寄存器是可读可写的。TCON寄存器的具体格式如表5-101所示。

表5-101　TCON寄存器的具体格式表

引脚名称	位	描　述	初始值
Timer4 auto reload on/off	[22]	确定Timer4的自动重载功能位 0=单次;1=自动重载	0
Timer4 manual update(note)	[21]	确定Timer4手动更新标志 0=无操作;1=更新TCNTB4	0
Timer4 start/stop	[20]	确定Timer4启动/停止位 0=停止;1=启动	0
Timer3 auto reload on/off	[19]	确定Timer4的自动重载功能位 0=单次;1=自动重载	0
Timer3 output inverter on/off	[18]	确定Timer3的反向输出位 0=反向输出关;1=TOUT3反向输出开	0
Timer3 manual update(note)	[17]	确定Timer3手动更新标志 0=无操作;1=更新TCNTB3和TCMPB3	0
Timer3 start/stop	[16]	确定Timer3启动/停止位 0=停止;1=启动	0
Timer2 auto reload on/off	[15]	确定Timer2的自动重载功能位 0=单次;1=自动重载	0
Timer2 output inverter on/off	[14]	确定Timer2的反向输出位 0=反向输出关;1=TOUT2反向输出开	0
Timer2 manual update(note)	[13]	确定Timer2手动更新标志 0=无操作;1=更新TCNTB2和TCMPB2	0
Timer2 start/stop	[12]	确定Timer2启动/停止位 0=停止;1=启动	0
Timer1 auto reload on/off	[11]	确定Timer1的自动重载功能位 0=单次;1=自动重载	0
Timer1 output inverter on/off	[10]	确定Timer1的反向输出位 0=反向输出关;1=TOUT2反向输出开	0
Timer1 manual update(note)	[9]	确定Timer1手动更新标志 0=无操作;1=更新TCNTB1和TCMPB1	0
Timer1 start/stop	[8]	确定Timer1启动/停止位 0=停止;1=启动	0
Reserved	[7:5]	保留	
Dead zone enable	[4]	确定死区操作位 0=不使能;1=使能	0

续表

引脚名称	位	描　述	初 始 值
Timer0 auto reload on/off	[3]	确定 Timer0 的自动重载功能位 0=单次；1=自动重载	0
Timer0 output inverter on/off	[2]	确定 Timer0 的反向输出位 0=反向输出关；1=TOUT2 反向输出开	0
Timer0 manual update(note)	[1]	确定 Timer0 手动更新标志 0=无操作；1=更新 TCNTB1 和 TCMPB1	0
Timer0 start/stop	[0]	确定 Timer0 启动/停止位 0=停止；1=启动	0

(3) 定时器 0 计数缓存寄存器和比较缓存寄存器

定时器 0 计数缓存寄存器(TCNTB0)地址为 0x5100000C,复位后的初值为 0x00000000,此寄存器是可读可写的。定时器 0 比较缓冲寄存器(TCMPB0)地址为 0x51000010,复位后的初值为 0x00000000,此寄存器是可读可写的。TCNTB0 和 TCMPB0 寄存器的具体格式如表 5-102 所示。

表 5-102　TCNTB0 和 TCMPB0 寄存器的具体格式表

引脚名称	位	描　述	初 始 值
Timer0 compare buffer register	[15:0]	存放 Timer0 的计数初始值	0x0000
Timer0 count buffer register	[15:0]	存放 Timer0 的比较缓冲值	0x0000

(4) 定时器 0 计数观察寄存器

定时器 0 计数观察寄存器(TCNTO0)地址为 0x51000014,复位后的初值为 0x00000000,此寄存器是只读的。TCNTO0 寄存器的具体格式如表 5-103 所示。

表 5-103　TCNTO0 寄存器的具体格式表

引脚名称	位	描　述	初 始 值
Timer0 compare buffer register	[15:0]	存放 Timer0 的当前计数值	0x0000

定时器通道 Timer1、Timer2、Timer3 的计数缓冲寄存器(TCNTBn)、比较缓冲寄存器(TCMPBn)、计数观察寄存器(TCNTOn)与 Timer0 对应的寄存器格式相同。地址分别为 0x51000018(TCNTB1)、0x5100001C(TCMPB1)、0x51000020(TCNTO1)；0x51000024(TCNTB2)、0x51000028(TCMPB2)、0x5100002C(TCNTO2)；0x51000030(TCNTB3)、0x51000034(TCMPB3)、0x51000038(TCNTO3)；Timer4 没有比较缓冲寄存器,但是计数缓冲寄存器和计数观察寄存器的寄存器格式与 Timer0 对应的寄存器格式相同,地址分别为 0x5100003C(TCNTB4)、0x51000040(TCNTO4)。

5.4.4　定时部件应用实例

例 5-6　看门狗定时器应用。

由于看门狗是对系统的复位或者中断的操作,所以不需要外围的硬件电路。以下程序段对看门狗的寄存器组进行配置。即对看门狗的控制寄存器(WTCON)、看门狗数据寄存器(WTDAT)、看门狗计数寄存器(WTCNT)的操作。

设计流程如下:

设置看门狗中断操作,包括全局中断和看门狗中断的使能、看门狗中断向量的定义。对看门狗控制寄存器的设置,包括设置预分频比例因子、分频器的分频值、中断使能和复位使能等。对看门狗数据寄存器和看门狗计数寄存器的设置。启动看门狗定时器。

```
//主功能函数
void wtMain(void)
{
Uart_Init(115200);
Uart_Printf("watchdog test is beginning\n");
watchdog_test();
}
//看门狗复位功能程序实现
void watchdog_test(void)
{
rWTCON=((prescaler_value<<8)|(clock_select<<3));
rWTDAT=15000;
rWTCNT=15000;
rWTCON &= ~(3<<1);
rWTCON|=((1<<5)|(1<<0));
while(1);
}
//看门狗定时器功能程序实现
void watchdog_test(void)
{
/****************初始化*****************/
//建立 WatchDog 中断服务程序句柄
pISR_WDT=(unsigned)watchdog_isr;
//initialize interrupt registers
ClearPending(BIT_WDT_AC97);
ClearSubPending(BIT_WDT);
/***************启动看门狗**************/
//Prescaler value=100、clock division factor=128、PCLK=50M
//t_watchdog=1/[PCLK/(Prescaler value+1)/Division_factor]=0.00025856
//disable watchdog
rWTCON=((prescaler_value<<8)|(clock_select<<3));
//看门狗时钟周期 T=WTCNT * t_watchdog=3.8784s
//看门狗喂狗
rWTDAT=15000;
rWTCNT=15000;
rWTCON|=(1<<5)|(1<<2);                //使能 WDT 定时器和中断
//开中断
EnableIrq(BIT_WDT_AC97);
EnableSubIrq(BIT_WDT);
while(f_ucSencondNo<11);
while(1);
}
```

例 5-7　RTC 定时部件应用,设定 RTC 定时器的相应的寄存器。

```
#include "2440addr.h"
#include "2440lib.h"
#include "2440slib.h"

void Display_Rtc(void);
void Test_Rtc_Alarm(void);
void Rtc_Init(void);
void Rtc_TimeSet(void);
void __irq EINT0_int(void);
void __irq Rtc_Int(void);

#define TESTYEAR        (0x01)
#define TESTMONTH       (0x12)
#define TESTDATE        (0x31)
#define TESTDAY         (0x02)          //周日:1 周一:2 周二:3 周三:4 周四:5 周五:6 周六:7
#define TESTHOUR        (0x23)
#define TESTMIN         (0x59)
#define TESTSEC         (0x59)

#define TESTYEAR2       (0x02)
#define TESTMONTH2      (0x01)
#define TESTDATE2       (0x01)
#define TESTDAY2        (0x03)          //周日:1 周一:2 周二:3 周三:4 周四:5 周五:6 周六:7
#define TESTHOUR2       (0x00)
#define TESTMIN2        (0x00)
#define TESTSEC2        (0x00)

char * day[8]={" ","Sunday","Monday","Tuesday","Wednesday","Thursday","Friday","Saturday"};
volatile int isRtcInt, isInit=2;
volatile unsigned int sec_tick;

void * func_rtc_test[][2]=
{
                (void *)Test_Rtc_Alarm, "RTC Alarm",
                (void *)Display_Rtc, "RTC Display ",
                (void *)Test_Rtc_Tick, "RTC Tick ",
        0,0
};
void Rtc_Test(void)                             //RTC 测试
{
        int i;

        Uart_Printf("\n********* RTC Test program start ********* \n");
         while(1)
        {
        i=0;
                Uart_Printf("\n\n");     //回车两行
        while(1)
        {  //显示菜单
```

```
                    Uart_Printf("%2d:%s",i,func_rtc_test[i][1]);
                    i++;
                    if((int)(func_rtc_test[i][0])==0)
                    {
                        Uart_Printf("\n");
                        break;
                    }
                if((i%4)==0)
                    Uart_Printf("\n");
                }
                Uart_Printf("\nPress Enter key to exit : ");
                i = Uart_GetIntNum();
                if(i==-1) break;
                if(i>=0 && (i<((sizeof(func_rtc_test)-1)/8)) )
                    ( (void (*)(void)) (func_rtc_test[i][0]) )();
        }
        Uart_Printf("\n====== RTC Test program end ======\n");
}

//RTC 时钟显示
void Display_Rtc(void)
{
    int year,tmp,key;
    int month,date,weekday,hour,min,sec;

    Uart_Printf("[ Display RTC Test ]\n");
    Uart_Printf("0. RTC Initialize      1. RTC Time Setting      2. Only RTC Display\n\n");
    Uart_Printf("Selet: ");
    key=Uart_GetIntNum();
    Uart_Printf("\n\n");

    isInit=key;

    if(isInit==0)
    {
        Rtc_Init();
        isInit=2;
    }

    else if(isInit==1)
    {
        Rtc_TimeSet();
        isInit=2;
    }

    rRTCCON=0x01;
    Uart_Printf("Press any key to exit.\n\n");
    while(!Uart_GetKey())
    {
        while(1)
        {
```

```
                    if(rBCDYEAR==0x99)
                        year=0x1999;
                    else
                        year     =0x2000 + rBCDYEAR;
                        month    =rBCDMON;
                        weekday=rBCDDAY;
                        date     =rBCDDATE;
                        hour     =rBCDHOUR;
                        min      =rBCDMIN;
                        sec      =rBCDSEC;
                    if(sec!=tmp)
                {
                            tmp=sec;
                            break;
                }
        }
                Uart_Printf("%2x : %2x : %2x  %10s, %2x/%2x/%4x\n", hour, min, sec,
day[weekday], month, date, year);
    }
    rRTCCON=0x0; //No reset, Merge BCD counters, 1/32768, RTC Control disable(for power
consumption)
}

//RTC 定时器报警测试
void Test_Rtc_Alarm(void)
{
    Uart_Printf("[ RTC Alarm Test for S3C2440 ]\n");
    Rtc_Init();
    rRTCCON=0x01;                   //无复位, 合并 BCD 计数器, 1/32768, RTC 控制使能
    rALMYEAR=TESTYEAR2;
    rALMMON=TESTMONTH2;
    rALMDATE=TESTDATE2;
    rALMHOUR=TESTHOUR2;
    rALMMIN=TESTMIN2;
    rALMSEC=TESTSEC2+9;
    Uart_Printf("After 9 sec, alarm interrupt will occur.. \n");
    isRtcInt=0;
    pISR_RTC=(unsigned int)Rtc_Int;
    rRTCALM=0x7f;               //全局变量, Year, Month, Day, Hour, Minute, Second 报警使能
    rRTCCON=0x0;                //无复位, 合并 BCD 计数器, 1/32768, RTC 控制禁用
    rINTMSK=~(BIT_RTC);

    while(isRtcInt==0);

    rINTMSK=BIT_ALLMSK;
}

//初始化 RTC
void Rtc_Init(void)
{
    //无复位, 合并 BCD 计数器, 1/32768, RTC 控制使能
```

```
    rRTCCON=rRTCCON & ~(0xf) | 0x1;
    rBCDYEAR=rBCDYEAR & ~(0xff) | TESTYEAR;
    rBCDMON=rBCDMON & ~(0x1f) | TESTMONTH;
    rBCDDATE=rBCDDATE & ~(0x3f) | TESTDATE;
    //周日:1 周一:2 周二:3 周三:4 周四:5 周五:6 周六:7
    rBCDDAY=rBCDDAY & ~(0x7) | TESTDAY;
    rBCDHOUR=rBCDHOUR & ~(0x3f) | TESTHOUR;
    rBCDMIN=rBCDMIN & ~(0x7f) | TESTMIN;
    rBCDSEC=rBCDSEC & ~(0x7f) | TESTSEC;

    rRTCCON=0x0; //无复位，合并 BCD 计数器，1/32768，RTC 控制禁用
}

//设置 RTC 定时器
void Rtc_TimeSet(void)
{
    int syear, smonth, sdate, shour, smin, ssec;
    int sday;

    Uart_Printf("[ RTC Time Setting ]\n");
    Rtc_Init();            //RTC Initialize
    Uart_Printf("RTC Time Initialized ...\n");

    Uart_Printf("Year (Two digit the latest) [0~99] : ");
    syear=Uart_GetIntNum();

    Uart_Printf("Month  [1~12] : ");
    smonth=Uart_GetIntNum();

    Uart_Printf("Date  [1~31] : ");
    sdate=Uart_GetIntNum();

    Uart_Printf("\n1:Sunday 2:Monday 3:Tuesday 4:Wednesday 5:Thursday 6:Friday 7:Saturday\n");
    Uart_Printf("Day of the week: ");
    sday=Uart_GetIntNum();

    Uart_Printf("Hour  [0~23] : ");
    shour=Uart_GetIntNum();

    Uart_Printf("Minute  [0~59] : ");
    smin=Uart_GetIntNum();

    Uart_Printf("Second  [0~59] : ");
    ssec=Uart_GetIntNum();

    rRTCCON=rRTCCON & ~(0xf) | 0x1;//无复位，合并 BCD 计数器，1/32768，RTC 控制使能

    rBCDYEAR=((syear/10)<<4)+(syear%10);
    rBCDMON=((smonth/10)<<4)+(smonth%10);
    rBCDDAY=sday;                //周日:1 周一:2 周二:3 周三:4 周四:5 周五:6 周六:7
    rBCDDATE=((sdate/10)<<4)+(sdate%10);
```

```
    rBCDHOUR=((shour/10)<<4)+(shour%10);
    rBCDMIN=((smin/10)<<4)+(smin%10);
    rBCDSEC=((ssec/10)<<4)+(ssec%10);

    Uart_Printf("%2d : %2d : %2d  %10s, %2d/%2d/%4d\n",shour,smin,ssec,day[sday],
smonth,sdate,syear);
    Uart_Printf("%2x : %2x : %2x  %10s, %2x/%2x/%4x\n",rBCDHOUR,
           rBCDMIN,rBCDSEC,day[rBCDDAY],rBCDMON,rBCDDATE,rBCDYEAR);
    rRTCCON=0x0;                    //周日:1 周一:2 周二:3 周三:4 周四:5 周五:6 周六:7
}

//外部中断服务子函数
void __irq EINT0_int(void)
{
    rSRCPND=BIT_EINT0;
    rINTPND=BIT_EINT0;
    rINTPND;

    rRTCRST=(1<<3) | 3;                    //Round second reset enable, over than 30 sec
}


//RTC 中断服务子程序
void __irq Rtc_Int(void)
{
    rSRCPND=BIT_RTC;
    rINTPND=BIT_RTC;
    rINTPND;

    Uart_Printf("RTC Alarm Interrupt O.K.\n");
    isRtcInt=1;
}
```

例 5-8　Timer 定时器部件应用，测试 Timer0 定时器。

```
#include "2440addr.h"
#include "2440lib.h"

void __irq Timer0Done(void);

volatile int variable0=0;
int ctime=0;
void Test_TimerInt(void)
{
        rINTMSK=~BIT_TIMER0;
        pISR_TIMER0=(int)Timer0Done;
        Uart_Printf("\n[Timer0 Interrupt Test]\n");
 //每 0.2 秒产生一个中断
```

```
//设定 TCFG0, rTCFG1, rTCNTB0 寄存器
//Timer Output Period=(TCNTB+1)x (Presc. +1)x Divider / PCLK
    rTCFG0=0xff;                        //预分频计数器=255
    rTCFG1=0x03;                        //0011 : 1/16 设定为 16 分频
    rTCNTB0=2440;                       //(TCNT + 1)×81.92=0.2×1000000
    rTCON=0x02;                         //0010
//自动重载
    rTCON=0x09;
    while(1)
    {
        if (variable0==5) {
                variable0=0;
                ctime++;
                Uart_Printf("%d seconds\n", ctime);
        }
    }
    rINTMSK |= (BIT_TIMER0);
}

void __irq Timer0Done(void)             //Timer 定时器中断子函数
{
    rSRCPND=BIT_TIMER0;                 //挂起位
    rINTPND=BIT_TIMER0;
    variable0++;
    Uart_Printf("variable0=%d ",variable0);
}
```

5.5 UART

S3C2440A 通用异步接收器和发送器(UART)提供了三个独立的异步串行 I/O(SIO)端口,每个端口都可以在中断模式或 DMA 模式下操作。换言之,UART 可以在微处理器与 UART 接口部件之间通过产生中断或 DMA 请求来传输数据。UART 采用系统时钟时可支持最大波特率为 115.2kbps。如果一个外部设备提供 UEXTCLK 给 UART,UART 可以在更高的速度下工作。每个 UART 通道中均包括两个 64 字节的 FIFO,用于串行接收和发送数据。

S3C2440A UART 包括了可编程波特率,红外传输接收,一个或两个停止位,5 位、6 位、7 位、8 位数据长度和奇偶校验。每个 UART 包含一个波特率发生器,一个发送器,一个计数器和一个控制单元,如图 5-22 所示。其波特率发生器可由 PCLK,FCLK/n 或 UEXTCLK(外部输入时钟)来锁定。发送器和接收器分别包含了 64 字节 FIFO 和数据移位器。数据通过数据发送引脚(TxDn)被移出去。同时,把接收数据从接收数据引脚(RxDn)移入移位器中,然后从移位器中把数据复制到 FIFO。

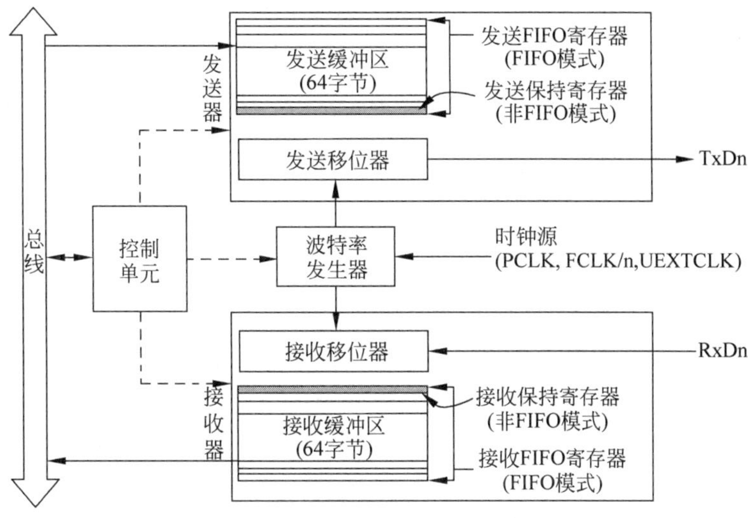

图 5-22　UART 的内部结构框图

5.5.1　UART 的操作

本小节将介绍 UART 接口部件的基本操作，主要包括数据发送和接收、自动流控制、中断生成、波特率产生、回送模式、红外模式自动流控制。

1. 数据发送

一个须发送的数据帧包括 1 位起始位，5～8 位数据位，1 位可选的奇偶校验位和 1～2 位停止位，发送的数据帧是可编程的。用户可以通过线性控制寄存器 ULCONn 来设置。发送器也可以产生通信中断，其可以对一个帧发送时间强制串行输出为逻辑 0。在当前发送字被完全传输以后，该模块发送一个中断信号。在中断信号发送后，其串行发送数据到 TxFIFO。

2. 数据接收

一个须接收的数据帧包括 1 位起始位，5～8 位数据位，1 位可选的奇偶校验位和 1～2 位停止位。与数据发送类似，接收的数据帧也是可编程的，其数据格式与发送方的数据帧格式一致，用户也是通过线性控制寄存器 ULCONn 来设置。接收器可以检测到溢出错误，奇偶校验错误，帧错误和通信中断，并设置相应的错误标志。

- 溢出错误是指在旧数据被读取前新数据覆盖了旧数据。
- 奇偶校验错误是指接收器检测到一个不希望的奇偶条件。
- 帧错误是指接收到的数据没有一个有效的停止位。
- 通信中断是指 RxDn 输入保持逻辑 0 状态的持续时间超过一个数据帧的传输时间。

3. 自动流控制

S3C2440A 的 UART0 和 UART1 通过 nRTS 和 nCTS 信号来支持自动流控制。除此之外，它可以与外部的 UART 设备连接。例如用户想把 UART 与 Modem 连接，则可以通过使 UMCONn 寄存器中的自动流控制位无效，通过软件控制 nRTS 信号。

在 AFC 模式下，nRTS 信号根据接收器的状况及 nCTS 信号控制发送器的操作。当

nCTS信号被激活时,表示接收方的UART在FIFO模式下准备好接收数据,而非自动流控制模式下,nRTS和nCTS信号由软件控制。在UART接收数据之前,当其接收FIFO有大于32个字节的空闲空间,nRTS必须被激活;当其接收FIFO有小于32个字节的空闲空间,nRTS必须置非激活。

UART2不支持AFC功能,因此S3C2440A没有nRTS2和nCTS2。

非自动流控制举例(用软件控制nRTS和nCTS)。

(1) 使用FIFO的接收操作

① 选择接收模式(中断或DMA模式)。

② 检查UFSTATn寄存器中的Rx FIFO计数器。如果其值小于32,用户应该将UMCONn[0]的值置1(激活nRTS),如果其等于大于32,用户应该将其置0。

③ 重复步骤②。

(2) 使用FIFO的发送操作

① 选择发送模式(中断或DMA模式)。

② 检查UMSTATn[0]的值,如果其值为1,用户写数据到发送FIFO寄存器。

4. 中断/DMA请求的产生

S3C2440A的每个UART有7个状态(Tx/Rx/Error)信号:溢出错误,奇偶校验错误,帧错误,终止,接收缓存数据准备好,发送缓存空和发送移位器空。其中溢出错误,奇偶校验错误,帧错误和通信中断是作为接收错误状态信号,如果把控制寄存器UCONn中的接收错误状态中断使能位置1,则每种错误状态都可以产生接收错误的中断请求。

如果控制寄存器UCONn中的接收模式设置为中断请求模式,该信号引起的请求可以通过读UERSTSTn寄存器的值来鉴别。在FIFO模式下,当接收器把接收移位寄存器上的数据传送到FIFO寄存器上且接收到的数据恰好填满FIFO寄存器,则接收中断产生。如果在控制寄存器UCONn中接收模式被置1(中断请求或查询模式)。在非FIFO模式下,当接收器把接收移位寄存器数据传送到接收存储器时,则将引起在中断请求或查询模式下的接收中断。

如果控制寄存器UCONn中的传送模式设置为中断请求模式,那么,当传送器把数据从它的FIFO寄存器传送到移位寄存器,且此时FIFO寄存器为空,则会产生发送中断,如果在控制寄存器UCONn中的接收模式被选定为中断请求或查询模式。在非FIFO模式下,当把数据从传输存储寄存器传送到传输移位寄存器中时,则将引起在中断请求或查询模式下的发送中断。

5. UART错误状态FIFO

除了接收FIFO寄存器,UART有一个错误状态FIFO。错误状态FIFO是指出FIFO寄存器中有错的数据。当准备读出有错的数据时,错误中断就产生。为了清除错误状态FIFO,有错误的URXHn和UERSTATn必须被读出。例如:设UART Rx FIFO顺序接收到A、B、C、D、E字符且在接收B时出现帧错误,在接收D时出现奇偶校验错误。因为错误接收的字符没有被读取,所以UART没有产生错误中断。一旦字符被读取,则错误中断产生,如表5-104所示。

表 5-104　UART 接收 5 个字符包括 2 个错误的情况表

时　间	顺　序　流	错 误 中 断	备　注
#0	当没有字符被读出	保留	0
#1	接收到 A、B、C、D、E	帧错误(B 中)中断出现	'B'必须被读出
#2	在 A 被读出后	—	—
#3	在 B 被读出后	—	—
#4	在 C 被读出后	奇偶校验错误(D 中)中断出现	'D'必须被读出
#5	在 D 被读出后	—	—
#6	在 E 被读出后	—	—

6. 波特率产生

每个 UART 波特率发生器都为自身的发送器和接收器提供串行时钟。波特率发生器的源时钟可以选择 S3C2440A 的内部系统时钟或外部时钟 UEXTCLK。换言之，被除数可以设定，通过时钟选择器 UCONn 来实现。波特率时钟通过把源时钟(PCLK、FCLK/n 或、UEXTCLK)和 UART 的波特率除数寄存器(UBRDIVn)产生的 16 位除数相除产生的。UBRDIVn 由以下表达式来决定。

UBRDIVn＝(int)(源时钟/(波特率×16))－1

UBRDIVn 的范围应该是从 1 到 $2^{16}-1$，当使用小于 PCLK 的外部时钟 UEXTCLK 时应该设置 0。

例如，如果波特率是 115 200bps，且 UART 时钟是 40MHz，那么 UBRDIVn 计算得到如下的值：

$$\begin{aligned}\text{UBRDIVn} &= (\text{int})(40\,000\,000/(115\,200\times 16))-1\\ &= (\text{int})(21.7)-1\\ &= 21-1=20\end{aligned}$$

上述计算中的小数被舍弃，这样必然会引起误差。但 UART 波特率发生器允许有一定的误差，其误差范围是：

UART 帧错误应该少于 1.87％(3/160)。

tUPCLK＝(UBRDIVn＋1)×16×1Frame/PCLK

tUPCLK：实际的 UART10 位时间。

tUEXACT＝1Frame/baud－rate

tUEXACT：理想的 UART 10 位时间。

UART 误差＝(tUPCLK－tUEXACT)/tUEXACT×100％

7. 回送模式

S3C2440A 芯片的 UART 提供了一个回送模式，它实际上是一种测试模式，用来帮助诊断通信连接中的错误。这个模式结构上使能在 UART 中的 RXD 和 TXD 连接。在此模式下发送的数据通过 RXD 接收到接收器。该特点是允许处理器验证内部传输和每个 SIO 通道的接收数据通道。该模式通过设置 UART 控制寄存器 UCONn 的回送位来选定。

8. 红外模式

S3C2440A UART 模块支持红外发送和接收(即 IR 模式)，其通过设置 UART 线性控制寄存器 ULCONn 的红外模式位来选定。红外模式功能框图如图 5-23 所示。

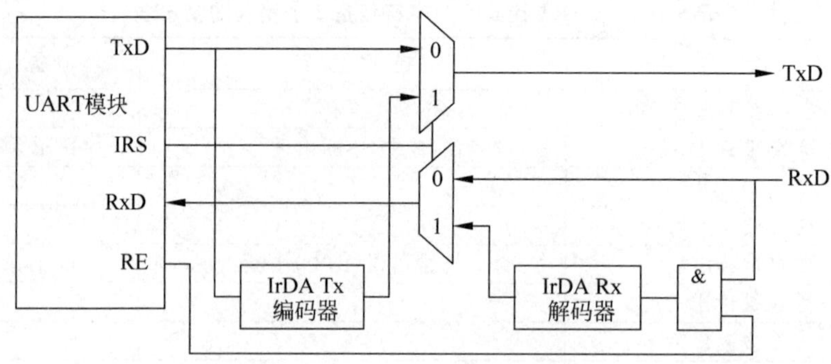

图 5-23 红外模式功能框图

在红外发送模式下,当发送的数据位为0时,其传送脉冲的宽度是常规 UART 数据位宽度的3/16;在红外接收模式下,接收器必须进行周期性的检测,当检测到一个宽度为常规 UART 数据位宽度 3/16 的脉冲时,判断为数据0,否则判断为数据1。

5.5.2 UART 接口寄存器

每个 UART 的使用都必须初始化设置一些控制寄存器,下面主要介绍这些寄存器的格式。

1. UART 线性控制寄存器

UART 线性控制寄存器(ULCONn)有三个:ULCON0、ULCON1、ULCON2。每个 UART 接口通道分别对应一个,均是可读/写的,地址分别为 0x50000000、0x50004000、0x50008000,复位后的值为 0x00。ULCONn 寄存器的具体格式如表 5-105 所示。

表 5-105 ULCONn 寄存器的格式

引脚名称	位	描述	初始值
Reserved	[7]	保留	0
Infrared Mode	[6]	确定是否使用红外模式 0=正常模式操作;1=红外接收发送模式	0
Parity Mode	[5:3]	在 UART 发送接收操作中,确定奇偶码的生成和检验类型 0xx=无校验;100=奇校验;101=偶校验; 110=强迫奇偶校验/检测为1; 111=强迫奇偶校验/检测为0	000
Number of Stop Bit	[2]	确定停止位数 0=1位停止位;1=2位停止位	0
Word Length	[1:0]	确定数据位数 00=5位;01=6位;10=7位;11=8位	00

2. UART 控制寄存器

UART 控制寄存器(UCONn)共有三个:UCON0、UCON1、UCON2。每个 UART 接口通道分别对应一个,均是可读/写的,地址分别为 0x50000004、0x50004004、0x50008004,复位后的值均为 0x00。UCONn 寄存器的具体格式如表 5-106 所示。

表 5-106　UCONn 寄存器的格式

引脚名称	位	描　述	初始值
FCLK divider	[15:12]	确定 UART 时钟源选为 FCLK/n 时的分频器值 n 由 UCON0[15:12],UCON1[15:12],UCON2[14:12]来决定 UCON2[15]是 FCLK/n 时钟使能位 设置 n 从 7～21,使用 UCON0[15:12], 设置 n 从 22～36,使用 UCON1[15:12], 设置 n 从 37～43,使用 UCON2[14:12], UCON2[15]: 0=无效时钟; 1=使能时钟 对于 UCON0,UART 时钟=FCLK/(divider+6),其 divider>0, UCON1,UCON2 必须为 0	0000
Clock Selection	[11:10]	选择波特率所用的时钟 00,10=PCLK; 01=UEXTCLE; 11=FCLK/n	0
Tx Interrupt Type	[9]	确定发送中断请求信号的类型 0=边沿触发方式; 1=电平触发方式	0
Rx Interrupt Type	[8]	确定接收中断请求信号的类型 0=边沿触发方式; 1=电平触发方式	0
RxTimeOut Enable	[7]	确定接收超时使能。0=不使能; 1=使能	0
RxError UART Status Interrupt Enable	[6]	确定接收错误状态使能。0=不使能; 1=使能	0
Loopback Mode	[5]	确定是否采用回送模式。0=正常操作模式; 1=回送模式	0
Send Break Signal	[4]	确定通信中断信号。0=正常操作; 1=发送通信中断信号	0
Transmit Mode	[3:2]	确定用哪种方式来写数据到 UART 发送缓存寄存器 00=无效; 01=中断请求模式 10=DMA0 请求(UART0)或 DMA3(UART2); 11=DMA1 请求(UART1)	00
Receive Mode	[1:0]	确定用哪种方式来读取 UART 接收缓存寄存器中的数据 00=无效;01=中断请求模式 10=DMA0 请求(UART0)或 DMA3(UART2); 11=DMA1 请求(UART1)	00

3. UART FIFO 控制寄存器

UART FIFO 控制寄存器(UFCONn)共有三个: UFCON0、UFCON1、UFCON2。每个 UART 接口通道分别对应一个,均是可读/写的,地址分别为 0x50000008、0x50004008、0x50008008,复位后的值均为 0x00。UFCONn 寄存器的具体格式如表 5-107 所示。

表 5-107　UFCONn 寄存器的格式

引脚名称	位	描　述	初始值
Tx FIFO Trigger Leve	[7:6]	确定发送 FIFO 寄存器的触发选择 00=空; 01=16 字节; 10=32 字节; 11=48 字节	00
Rx FIFO Trigger Leve	[5:4]	确定接收 FIFO 寄存器的触发选择 00=1 字节; 01=8 字节; 10=16 字节; 11=32 字节	00
Reserved	[3]	保留	0
Tx FIFO Reset	[2]	确定复位 FIFO 之后自动清除 0=正常; 1=复位清除发送 FIFO	0
Rx FIFO Reset	[1]	确定复位 FIFO 之后自动清除 0=正常; 1=复位清除接收 FIFO	0
FIFO Enable	[0]	确定 FIFO 使能。0=不使能; 1=使能	0

4. UART MODEM 控制寄存器

UART MODEM 控制寄存器(UMCONn)共有两个：UMCON0、UMCON1。均是可读/写的，地址分别为 0x5000000C、0x5000400C，复位后的值均为 0x00。UMCONn 寄存器的具体格式如表 5-108 所示。

表 5-108　UMCONn 寄存器的格式

引脚名称	位	描　述	初始值
Reserved	[7:5]	这些位必须是 0	000
Auto Flow Control (AFC)	[4]	确定自动回流控制(AFC)使能 0=不使能；1=使能	0
Reserved	[3:1]	这些位必须是 0	000
Request to Send	[0]	如果 AFC 使能，该位被忽略；如果 AFC 不使能，nRST 必须由软件控制，则当该位为 0=高电平(nRST 不激活)；当该位为 1=低电平(nRST 激活)	0

5. UART 接收/发送状态寄存器

UART 接收/发送状态寄存器(UTRSTATn)共有三个：UTRSTAT0、UTRSTAT1、UTRSTAT2。均是只读的，地址分别为 0x50000010、0x50004010、0x50008010，复位后的值均为 0x06。UTRSTATn 寄存器的具体格式如表 5-109 所示。

表 5-109　UTRSTATn 寄存器的格式

引脚名称	位	描　述	初始值
Transmitter empty	[2]	当发送缓冲寄存器中没有有效数据，并且发送移位寄存器为空时，该位自动置为 1 0=非空；1=发送器空(发送缓冲和移位寄存器)	1
Transmit buffer empty	[1]	当发送缓冲寄存器为空时，该位自动置为 1 该位为 0 时，发送缓冲寄存器非空	1
Receive buffer data ready	[0]	当接收缓冲寄存器接收到一个数据时，该位自动置为 1。该位为 0 时，接收缓冲寄存器非空	0

6. UART 错误状态寄存器

UART 错误状态寄存器(UERSTATn)共有三个：UERSTAT0、UERSTAT1、UERSTAT2。均是只读的，地址分别为 0x50000014、0x50004014、0x50008014，复位后的值均为 0x00。UERSTATn 寄存器的具体格式如表 5-110 所示。

表 5-110　UERSTATn 寄存器的格式

引脚名称	位	描　述	初始值
BreakDetect	[3]	当一个终止信号发出时，自动置 1 0=没有中断；1=已发出中断请求	0
FrameError	[2]	当接收出现帧错误时，该位自动置为 1 0=接收过程中无帧错误； 1=帧错误(已请求中断)	0

续表

引脚名称	位	描述	初始值
ParityError	[1]	当接收出现奇偶校验错误时，该位自动置为 1 0＝接收过程中无奇偶校验错误； 1＝奇偶校验错误(已请求中断)	0
OverrunError	[0]	当接收出现溢出错误时，该位自动置为 1 0＝接收过程中无溢出错误； 1＝溢出错误(已请求中断)	0

7. UART FIFO 状态寄存器

UART FIFO 状态寄存器(UFSTATn)共有三个：UFSTAT0、UFSTAT1、UFSTAT2。均是只读的，地址分别为 0x50000018、0x50004018、0x50008018，复位后的值均为 0x00。UFSTATn 寄存器的具体格式如表 5-111 所示。

表 5-111 UFSTATn 寄存器的格式

引脚名称	位	描述	初始值
Reserved	[15]	保留	0
Tx FIFO Full	[14]	当发送期间，若发送 FIFO 满，该位自动置为 1 0＝0 字节 ≤Tx FIFO 数据≤63 字节； 1＝帧错误(已请求中断)	0
Tx FIFO Count	[13:8]	在发送 FIFO 中的数据个数	000000
Reserved	[7]	保留	0
Rx FIFO Full	[6]	当接收期间，若发送 FIFO 满，该位自动置为 1 0＝0 字节 ≤Tx FIFO 数据≤63 字节； 1＝帧错误(已请求中断)	0
Rx FIFO Count	[5:0]	接收 FIFO 中的数据个数	000000

8. UART MODEM 状态寄存器

UART MODEM 状态寄存器(UMSTATn)共有两个：UMSTAT0、UMSTAT1。均是只读的，地址分别为 0x5000001C、0x5000401C，复位后的值均为 0x00。UMSTATn 寄存器的具体格式如表 5-112 所示。

表 5-112 UMSTATn 寄存器的格式

引脚名称	位	描述	初始值
Delta CTS	[4]	在 CPU 上次读取该位后，若 nCTS 信号发生变化，该位自动设置为 1。0 表示 nCTS 信号未发生改变	0
Reserved	[3:1]	保留	0
Clear to Send	[0]	确定 CTS 的电平状态 0＝CTS 信号未激活 (nCTS 引脚为高电平)； 1＝CTS 信号激活 (nCTS 引脚为低电平)	0

9. UART 传送缓冲寄存器

UART 传送缓冲寄存器(UTXHn)共有三个：UTXH0、UTXH1、UTXH2。均是只能写入的，地址分别为 0x50000020、0x50004020、0x50008020，复位后的值不确定。UTXHn

寄存器的具体格式如表5-113所示。

表 5-113　UTXHn 寄存器的格式

引脚名称	位	描　述	初始值
TXDATAn	[7:0]	UARTn 的要发送的 8 位数据	—

10. UART 接收缓冲寄存器

UART 接收缓冲寄存器(URXHn)共有三个：URXH0、URXH1、URXH2。均是只读的，地址分别为 0x50000024、0x50004024、0x50008024，复位后的值不确定。URXHn 寄存器的具体格式如表5-114所示。

表 5-114　UTXHn 寄存器的格式

引脚名称	位	描　述	初始值
RXDATAn	[7:0]	UARTn 的要接收的 8 位数据	—

5.5.3　UART 实例

例 5-9　如图5-24所示，UART0 串行口收发实例，波特率 115 200bps，使用 PCLK 时钟为 50MHz。

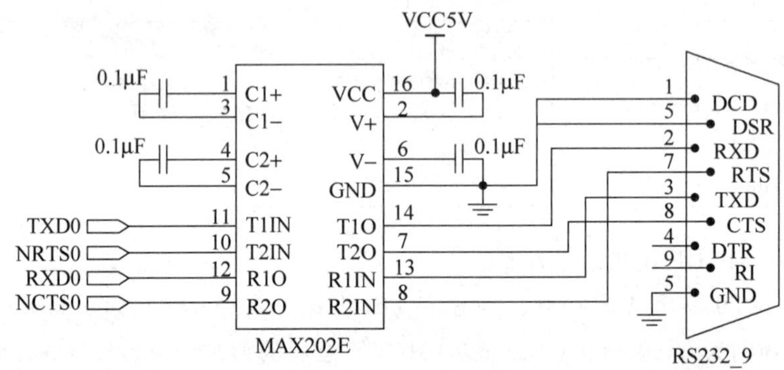

图 5-24　串口收发原理图

程序如下：

```
#define ULCON0 (*(volatile unsigned *)0x50000000)      //UART0 线性控制寄存器
#define UCON0 (*(volatile unsigned *)0x50000004)       //UART0 控制寄存器
#define UFCON0 (*(volatile unsigned *)0x50000008)      //FIFO 控制寄存器
#define UTRSTAT0 (*(volatile unsigned *)0x50000010)    //UART 状态寄存器
#define UBRDIV0 (*(volatile unsigned *)0x50000028)     //波特率除数寄存器
#define UTXH0 (*(volatile unsigned *)0x50000020)       //UART0 的传送寄存器
#define URXH0 (*(volatile unsigned *)0x50000024)       //UART0 的接收寄存器
int TSmain()
{
char buf;
ULCON0&=0xFFFFFF00;
ULCON0|=0x03;                                          //1 位停止位,8 位数据位
UCON0=0x0805;                                          //串口时钟 PCLK,查询方式
```

```
UBRDIV0=0X1A;                                        //波特率 115 200bps
     while(1)
     {
          if(UTRSTAT0 & 0x01)                        //接收是否完毕,如等于 1 接收结束
          {
               buf=URXH0;                            //读取数据
               while(!(UTRSTAT0 & 0x04));            //是否允许发送,如等于 1 允许
               UTXH0=buf;
          }
     }
return 0;
}
//主函数.
AREA |DATA|,CODE,READONLY
ENTRY
ldr r13,=0x1000
IMPORT TSmain
b TSmain
END
```

5.6　ADC 及触摸屏接口

S3C2440A 具有一个由 8 通道多路复用器共用的 10 位 CMOS 工艺制作的 ADC（模数转换器）。2.5MHz 转换时钟下最大的转换率在 500KSPS。AD 转换器支持片上采样功能并且具有掉电采样模式。

触摸屏接口可以控制或选择触摸屏的触点(XP，XM，YP，YM)用于 XY 坐标的转换。触摸屏接口包括触摸触点控制逻辑和有中断产生逻辑的 ADC 接口逻辑。

特点如下：

- 分辨率：10 位。
- 微分线性误差：±1.0LSB。
- 积分线性误差：±2.0LSB。
- 最大转换速率：500KSPS。
- 低功耗。
- 供电电压：3.3V。
- 输入模拟电压范围：0～3.3V。
- 片上采样保持功能。
- 普通转换模式。
- 分离的 XY 坐标转换模式。
- 自动连续 XY 坐标转换模式。
- 等待中断模式。

AD 转换器和触摸屏接口的功能模块图如图 5-25 所示。

注意：当触摸屏接口使用时，XM 或 YM 应该接触摸屏接口的地。当触摸屏设备不使用时，XM 或 YM 应该连接模拟输入信号作为普通 ADC 转换用。

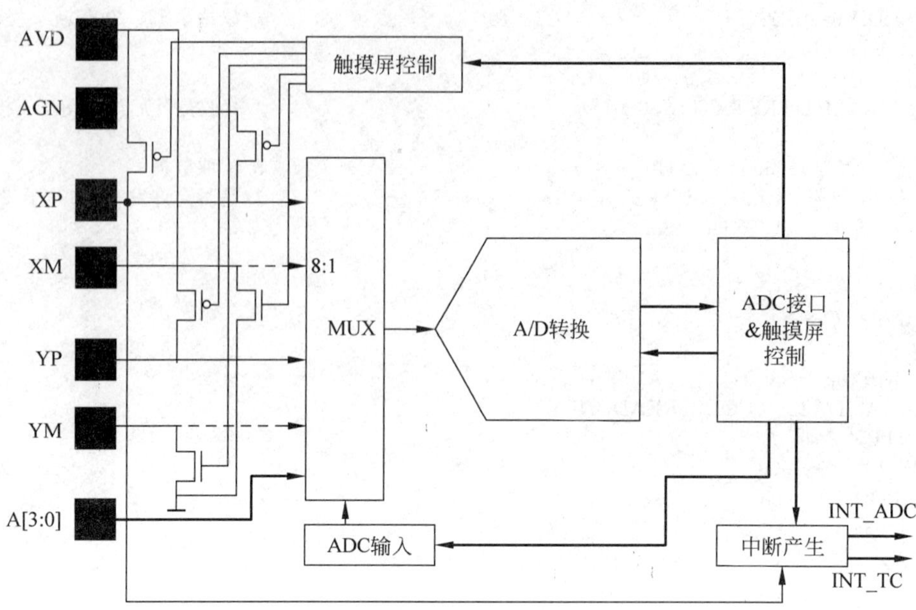

图 5-25　中断模式等待

5.6.1　功能描述

1. AD 转换时间

当 GCLK 频率为 50MHz 和预分频器(预定标器)值为 49,总共 10 位转换时间如下。

AD 转换器频率=50MHz/(49+1)=1MHz

转换时间=1/(1MHz/5cycles)=1/200kHz=5μs

注:AD 转换器设计在最大 2.5MHz 时钟下工作,所以转换率最高达到 500KSPS。

2. 触摸屏接口模式

(1) 正常转换模式

单个转换模式可能多数是使用在通用目的的 ADC 转换。该模式可以通过设置 ADCCON(ADC 控制寄存器)来初始化并且完成对 ADCDAT0 的读写操作(ADC 数据寄存器 0)。

(2) 分离 XY 坐标转换模式

触摸屏控制器可以在两种转换模式中的一种模式下操作。分离的 XY 坐标转换模式操作方法是 X 坐标模式写 X 坐标转换数据到 ADCDAT0,触摸屏接口产生中断源到中断控制器;Y 坐标模式写 Y 坐标转换数据到 ADCDAT1,触摸屏接口产生中断源到中断控制器。

(3) 自动(连续)XY 坐标转换模式

自动(连续)XY 坐标转换模式是触摸屏控制器连续的转换触摸 X 坐标和 Y 坐标。在触摸控制器写 X 测量数据到 ADCDAT0 且写 Y 测量数据到 ADCDAT1 后,触摸屏接口产生中断源到自动坐标转换模式下的中断控制器。

(4) 等待中断模式

当光标按下,触摸屏控制器产生中断信号(INT_TC)。触摸屏控制器的等待中断模式必须设定触摸屏接口中触点的状态(XP、XM、YP、YM)。

当触摸屏控制器产生中断信号(INT_TC),等待中断模式必须被清除(XY_PST 设置到无操作模式)。

(5) 备用模式

备用模式在 ADCCON[2]置 1 时激活。在此模式下,AD 转换操作停止,ADCDAT0 和 ADCDAT1 寄存器保留先前的转换数据。

3. 编程注意

(1) AD 转换的数据可以通过中断或查询的方式来访问。使用中断方式时整个转换时间(从 AD 转换器开始到转换数据读取)可能会因为中断服务程序的返回时间和数据访问时间而延长;使用查询方式,通过查看 ADCCON[15]位(转换标志结束位),ADCDAT 寄存器的读取时间可以确定。

(2) 提供另外的开启 AD 转换的方法。在 ADCCON[1]置 1(AD 转换开始读取模式),只要转换数据被读取,AD 转换同时开始。

5.6.2　ADC 及触摸屏接口特殊寄存器

1. ADC 控制寄存器

ADC 控制寄存器(ADCCON)是可读/写状态,地址为 0x58000000,复位后的值为 0x3FC4。ADCCON 寄存器的具体格式如表 5-115 所示。

表 5-115　ADCCON 寄存器的格式

引脚名称	位	描　述	初始值
ECFLG	[15]	转换结束标志位(只读) 0=AD 转换在过程中;1=AD 转换结束	0
PRSCEN	[14]	AD 转换器预分频器(预定标器)使能端 0=不使能;1=使能	0
PRSCVL	[13:6]	确定 AD 转换器预分频器(预定标器)值,数值范围为 0~255 注意:ADC 频率应该设置至少小于 PCLK 的 1/5	0xFF
SEL_MUX	[5:3]	模拟输入通道选择端 000=AIN0;001=AIN1;010=AIN2;011=AIN3;100=YM;101=YP;110=XM;111=XP	000
STDBM	[2]	备用操作模式选择端 0=普通操作模式;1=备用模式	1
READ_ START	[1]	AD 转换通过读取开始 0=通过读取操作开始无效;1=通过读取操作开始有效	0
ENABLE_START	[0]	AD 转换开始使能 如果 READ_START 使能,该值无效 0=无操作;1=AD 转换开始且该位在开始后清零	0

注:当触摸屏触点(YM、YP、XM、XP)无效,这些引脚应该用于作为 ADC 的模拟输入引脚(AIN4、AIN5、AIN6、AIN7)。

2. ADC 触摸屏控制寄存器

ADC 触摸屏控制寄存器(ADCTSC)是可读/写状态,地址为 0x58000004,复位后的值为 0x58。ADCTSC 寄存器的具体格式如表 5-116 所示。

表 5-116 ADCTSC 寄存器的格式

引脚名称	位	描 述	初始值
UD_SEN	[8]	检测光标上下状态端 0=检测光标按下中断信号；1=检测光标提起中断信号	0
YM_SEN	[7]	YM 开关使能端 0=YM 输出驱动无效(Hi-z)； 1=YM 输出驱动有效(GND)	0
YP_SEN	[6]	YP 开关使能端 0=YP 输出驱动有效(Ext-vol)；1=YP 输出驱动无效(AIN5)	1
XM_SEN	[5]	XM 开关使能端 0=XM 输出驱动无效(Hi-z)；1=XM 输出驱动有效(GND)	0
XP_SEN	[4]	XP 开关使能端 0=XP 输出驱动有效(Ext-vol)； 1=XP 输出驱动无效(AIN7)	1
PULL_UP	[3]	上拉开关使能端。0=XP 上拉有效；1=XP 上拉无效	1
AUTO_PST	[2]	自动连续转换 X 坐标和 Y 坐标控制端 0=普通 ADC 转换；1=自动连续测量 X 坐标和 Y 坐标	0
XY_PST	[1:0]	手动测量 X 坐标和 Y 坐标选择端 00=无操作模式；01=X 坐标测量； 10=Y 坐标测量；11=等待中断模式	0

注：

(1) 当等待触摸屏中断时,XP_SEN 位(XP 输出无效)应该置 1,而 PULL_UP 位(XP 上拉使能)应该置 0。

(2) 只有在自动连续 XY 坐标转换中,AUTO_PST 位置 1。

(3) 因为 XP 和 YP 在睡眠模式下保持高电平,所以当睡眠模式时为了避免泄漏电流,XP、YP 应该与地断开。

3. ADC 开始延时寄存器

ADC 开始延时寄存器(ADCDLY)是可读/写状态,地址为 0x58000008,复位后的值为 0x58。ADCDLY 寄存器的具体格式如表 5-117 所示。

表 5-117 ADCDLY 寄存器的格式

引脚名称	位	描 述	初始值
DELAY	[15:0]	(1) 普通转换模式,XY 坐标模式,自动坐标模式。 存放 AD 转换开始延迟值 (2) 等待中断模式 当光标按下出现在睡眠模式时,产生一个用于退出睡眠模式的唤醒信号,有几个毫秒的时间间隔。注：不要用 0 值	0x00FF

4. ADC 转换数据寄存器 0

ADC 转换数据寄存器 0(ADCDAT0)是可读/写状态,地址为 0x5800000C,复位后的值不确定。ADCDAT0 寄存器的具体格式如表 5-118 所示。

表 5-118 ADCDAT0 寄存器的格式

引脚名称	位	描述	初始值
UPDOWN	[15]	等待中断模式下,光标按下或提起状态的选择端 0=光标按下状态; 1=光标提起状态	—
AUTO_PST	[14]	X 坐标和 Y 坐标的自动连续转换控制端 0=普通 ADC 转换; 1=X 坐标和 Y 坐标的连续测量	—
XY_PST	[13:12]	X 坐标和 Y 坐标的手动测量选择端 00=无操作模式; 01: X 坐标测量; 10=Y 坐标测量; 11=等待中断模式	—
Reserved	[11:10]	保留	—
XPDATA	[9:0]	X 坐标转换数据值(包括普通 ADC 转换数据值)数据值: 0～3FF	—

5. ADC 转换数据寄存器 1

ADC 转换数据寄存器 1(ADCDAT1)是可读/写状态,地址为 0x58000010,复位后的值不确定。ADCDAT1 寄存器的具体格式如表 5-119 所示。

表 5-119 ADCDAT1 寄存器的格式

引脚名称	位	描述	初始值
UPDOWN	[15]	等待中断模式下,光标按下或提起状态的选择端 0=光标按下状态; 1=光标提起状态	—
AUTO_PST	[14]	X 坐标和 Y 坐标的自动连续转换控制端 0=普通 ADC 转换; 1=X 坐标和 Y 坐标的连续测量	—
XY_PST	[13:12]	X 坐标和 Y 坐标的手动测量选择端 00=无操作模式; 01=X 坐标测量; 10=Y 坐标测量; 11=等待中断模式	—
Reserved	[11:10]	保留	—
YPDATA	[9:0]	Y 坐标转换数据值(包括普通 ADC 转换数据值)数据值: 0～3FF	—

6. ADC 触摸屏指针上下中断检测寄存器

ADC 触摸屏指针上下中断检测寄存器(ADCUPDN)是可读/写状态,地址为 0x58000014,复位后的值为 0x0。ADCUPDN 寄存器的具体格式如表 5-120 所示。

表 5-120 ADCUPDN 寄存器的格式

引脚名称	位	描述	初始值
TSC_UP	[1]	光标提起中断标志位。0=无光标提起状态; 1=出现光标提起中断	0
TSC_DN	[0]	光标按下中断标志位 0=无光标按下状态; 1=出现光标按下中断	0

5.6.3 A/D 转换实例

例 5-10 四线电阻触摸屏使用实例。

四线电阻触摸屏的分辨方法是将四线电阻触摸后变化的模拟量转换成数字量,经过软件计算得出不同的屏幕上不同的X,Y坐标。此工作主要是靠S3C2440A芯片中的模数转换器来实现的。

```
//主程序
#include "2410addr.h"
#include "2410lib.h"
#include "Touch_Screen.h"
void xmain(void)
{
    ChangeClockDivider(3,1);
    ChangeMPllValue(0xa1,0x3,0x1);
    Uart_Init(0, 115200);
    Uart_Select(0);
    Uart_Printf("the main is running\n");
    Touch_Screen_Init();
    Touch_Screen_Off();
    Uart_Printf("touch screen test stops\n");
}
//触摸屏初始化
void Touch_Screen_Init(void)
{
    rADCDLY=50000;                    //转换延时(1/3.6864M)*50000=13.56ms
    rADCCON=(1<<14)|(39<<6)|(0<<3)|(0<<2)|(0<<1)|(0);
    rADCTSC=(0<<8)|(1<<7)|(1<<6)|(0<<5)|(1<<4)|(0<<3)|(0<<2)|(3);
    Uart_Printf("OK2440 ADC touch screen\n");
    pISR_ADC=(unsigned)ADC_ISR;
    ClearSubPending(BIT_SUB_TC);
    ClearSubPending(BIT_SUB_ADC);
    ClearPending(BIT_ADC);
    EnableSubIrq(BIT_SUB_TC);
    EnableIrq(BIT_ADC);
    Uart_Printf( "\nNow touchpanel controler is initial!\n" );
    Uart_Printf( "Please Press it with touch pen and see what happend\n" );
    Uart_Printf( "\nAny key to exit the touchpanel test\n" );
    Uart_Getch();
    Touch_Screen_Off();
  }
//触摸屏中断服务子函数
void __irq ADC_ISR(void)
{
    int i;
    DisableIrq(BIT_ADC);
    DisableSubIrq(BIT_SUB_TC);
    rADCTSC=(1<<3)|(1<<2);
    rADCCON|=0x1;                     //ADC 启动
    while(rADCCON & 0x1);
    while(!(rADCCON & 0x8000));       //检查 EC 标志是否为高
    for(i=0;i<5;i++)
    {
        while(!((1<<15)&rADCCON));    //检查转换是否结束
```

```
        buf[i][0]=(0x3ff&rADCDAT0);        //X 坐标的位置数据
        buf[i][1]=(0x3ff&rADCDAT1);        //Y 坐标的位置数据
    }
        for(i=0;i<5;i++)
        Uart_Printf("X %4d, Y %4d\n", buf[i][0], buf[i][1]);
        Uart_Printf("the next touch\n");
        rADCTSC=0xd3;                      //开中断,等待中断
        rADCTSC=rADCTSC|(1<<8);            //测到笔尖向上的中断
        rADCTSC=rADCTSC&~(1<<8);           //测到笔尖向下的中断
        ClearPending(BIT_ADC);
        ClearSubPending(BIT_SUB_TC);
        EnableSubIrq(BIT_SUB_TC);
        EnableIrq(BIT_ADC);
}
//触摸屏关闭
void Touch_Screen_Off(void)
{
        DisableIrq(BIT_ADC);
        DisableSubIrq(BIT_SUB_TC);
        rADCCON|=(1<<2);                   //ADC 待机模式
        rADCCON|=(1);                      //ADC 无操作
}
```

5.7　本章小结

本章详细介绍了 S3C2440A 内部的存储控制模块、GPIO、中断系统、看门狗、Timer、RTC、ADC 及触摸屏等资源的原理、组成及其相关的寄存器。

5.8　习　题　5

1. S3C2440A 芯片外部可寻址的存储空间是多少?
2. S3C2440A 芯片有几个 GPIO? 分别是什么?
3. S3C2440A 中的中断控制器可以从多少个中断源接收中断请求?
4. 看门狗定时器原理是什么?
5. 请叙述 UART 工作的过程。
6. S3C2440A 具有一个由几通道多路复用器共用的几位 CMOS 工艺制作的 ADC?
7. 触摸屏接口模式分几类?
8. 试编程实现流水灯。
9. 试编程实现走马灯。
10. 试编程输出三角波、方波。

第 6 章　嵌入式接口技术应用

6.1　LCD 显示器接口

S3C2440A 内置的 LCD 控制器能将显示在 LCD 上的数据从系统内部的数据缓冲区通过逻辑单元传送到外部的 LCD 驱动器中。它可以支持不同分辨率的显示，如：640×480、320×240 等，最大可支持 24 位数据的 16.7M 彩色 TFT 模块。用户可以通过编程设定 LCD 控制器中的相关寄存器，来选择所需的水平、垂直像素数、数据接口的数据线宽度，界面时序以及刷新率等参数。

6.1.1　LCD 的控制器

要使一块 LCD 正常的显示文字或图像，不仅需要 LCD 驱动器，而且还需要相应的 LCD 控制器。在通常情况下，生产厂商把 LCD 驱动器以 COF/COG 的形式与 LCD 玻璃基板制作在一起，而 LCD 控制器则是由外部的电路来实现，现在很多的 MCU 内部都集成了 LCD 控制器。通过 LCD 控制器就可以产生 LCD 驱动器所需要的控制信号来控制 STN 或 TFT 类的 LCD 屏。其控制器框图如图 6-1 所示。本节仅以 STN-LCD 控制器为例来介绍。

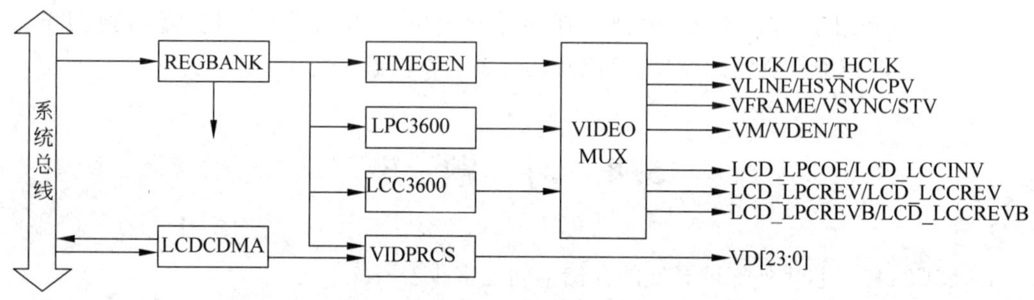

图 6-1　S3C2440A 内置 LCD 控制器框图

LCD 控制器主要由 REGBANK、LCDCDMA、TIMEGEN、VIDPRCS 寄存器组成，用于产生必要的控制信号和传输数据信号。

- REGBANK 有 17 个可编程寄存器组和 256×16 的调色板存储器，用来设定 LCD 控制器。
- LCDCDMA 是一个专用的 DMA，自动从帧存储器传输视频数据到 LCD 控制器，视频数据可以不经 CPU 处理直接显示在屏上。
- TIMEGEN 由可编程逻辑器件组成，产生 VFRAME/VSYNC、VLINE/HSYNC、VCLK/DCLK、VM/VDEN 信号等，以支持不同的 LCD 驱动器的接口时序和速率。
- VIDPRCS 接收来自 LCDCDMA 的数据，将数据转换为合适的数据格式，比如说

4/8 位单扫，4 位双扫显示模式，然后通过数据端口 VD[23:0]传送视频数据到 LCD 驱动器；TIMEGEN 由可编程的逻辑组成，它生成 LCD 驱动器需要的控制信号，比如 VSYNC、HSYNC、VCLK 和 LEND 等等，而这些控制信号又与 REGBANK 寄存器组中的 LCDCON1/2/3/4/5 的配置密切相关，通过不同的配置，TIMEGEN 就能产生这些信号的不同形态，从而支持不同的 LCD 驱动器(即不同的 STN/TFT 屏)。

1. 接口信号

S3C2440A 内置的 LCD 控制器的接口信号主要有 24 根数据线和 9 根控制信号线，其接口信号主要有以下几种。

- VFRAME：LCD 控制器和 LCD 驱动器之间的帧同步信号。该信号告诉 LCD 屏的新的一帧开始了。LCD 控制器在一个完整帧显示完成后立即插入一个 VFRAME 信号，开始新一帧的显示；该信号与 LCD 模块接口的 VFRAME 信号相对应。
- VLINE：LCD 控制器和 LCD 驱动器之间的线同步脉冲信号，该信号用于 LCD 驱动器将水平线(行)移位寄存器的内容传送给 LCD 屏显示。LCD 控制器在整个水平线(行)数据移入 LCD 驱动器后，插入一个 VLINE 信号；该信号与 LCD 模块的 VLINE 信号相对应。
- VCLK：LCD 控制器和 LCD 驱动器之间的像素时钟信号，由 LCD 控制器送出的数据在 VCLK 的上升沿处送出，在 VCLK 的下降沿处被 LCD 驱动器采样；该信号与 LCD 模块的 VCLK 信号相对应。
- VM：LCD 驱动器的 AC 信号。VM 信号被 LCD 驱动器用于改变行和列的电压极性，从而控制像素点的显示或熄灭。VM 信号可以与每个帧同步，也可以与可变数量的 VLINE 信号同步。
- VD[23:0]：LCD 像素点数据输出端口。

2. STN-LCD 控制器操作

LCDDMA 模块中包含了一个 FIFO 存储器组。当 FIFO 寄存器为空或部分为空时，LCDDMA 请求从帧存储器以阵发存储器传输模式(每一个阵发请求获取 4 字的连续内存单元，并且在总线传输过程中不允许总线控制权让给其他总线控制器)获取数据。如果微处理器核响应传输请求，接下来将有连续的 4 个字数据从系统内存传输到该 FIFO 寄存器组中。FIFO 寄存器组总的大小是 28 个字，分别由 FIFO 低 12 字和 FIFO 高 16 字组成。S3C2440A 芯片内有两个 FIFO 寄存器组，用来支持双重扫描显示模式。如使用单重扫描模式，则仅有一个 FIFO 寄存器组可使用。

VFRAME 脉冲信号在每帧图像的第一行数据周期间变为有效，它使行指针回到显示器的顶行重新开始新的一帧。VM 信号使 LCD 驱动器的行和列电压极性交替变换，用作对像素的开与关。VM 信号的触发速率决定于 LCDCON1 寄存器中 MMODE 位和 LCDCON4 寄存器 MVAL 区的设置。若 MMODE 位为 0，则 VM 信号每帧触发一次。若 MMODE 位为 1，则 VM 信号在指定数量的 VLINE 信号后触发，VLINE 数量由 MVAL[7:0]的值决定。其 VM 信号的速率与 MVAL[7:0]的值有关，公式为

$$\text{VM 速率} = \text{VLINE 速率} / (2 \times \text{MVAL})$$

VFRAME 和 VLINE 脉冲的产生取决于 LCDCON2/3 寄存器中 HOZVAL 和 LINEVAL 的配置，它们都与 LCD 屏的大小和显示模式有关。换句话说，HOZVAL 和 LINEVAL 可

由 LCD 屏与显示模式决定,公式如下:

HOZVAL =(水平显示尺寸 / 有效 VD 数据队列数)- 1

在彩色显示模式下,水平显示尺寸=3×水平像素数。在 4 位单扫描模式下,有效 VD 数据队列数应为 4。若用 4 位双扫描显示,有效的 VD 数据队列数也应为 4,但在 8 位单扫描模式下,有效的 VD 数据队列数应为 8。

LINEVAL =(垂直显示尺寸)- 1　　单扫描情况

LINEVAL =(垂直显示尺寸 / 2)- 1　　双扫描情况

VCLK 信号的速率取决于 LCDCON1 寄存器中 CLKVAL 的配置。表 6-1 定义了 VCLK 与 CLKVAL 的关系。CLKVAL 的最小值为 2。

VCLK(Hz)=HCLK/(CLKVAL×2)

表 6-1　VCLK 与 CLKVAL 间的关系 (STN, HCLK=60MHz)

CLKVAL	60MHz/X	VCLK
2	60MHz/4	15.0MHz
3	60MHz/6	10.0MHz
⋮	⋮	⋮
1023	60MHz/2046	29.3kHz

帧速率就是 VFRAM 信号的频率。帧速率和寄存器 LCDCON1/2/3/4 中 WLH[1:0](VLINE 脉冲宽度)、WDLY[1:0](VCLK 延迟于 VLINE 脉冲的宽度)、HOZVAL、LINEBLANK、LINEVAL、VCLK 和 HCLK 密切相关。大多数 LCD 驱动器有它们适合的帧频。帧频可由下列公式计算得出:

$$帧速率 = 1/[\{ (1/VCLK) \times (HOZVAL + 1) + (1/HCLK) \times (A + B + (LINEBLANK \times 8))\} \times (LINEVAL + 1)]$$

式中:$A=2^{(4+WLH)}$,$B=2^{(4+WDLY)}$。

3. 视频操作

S3C2440A 芯片的 LCD 控制器可支持 8 位彩色模式(256 色模式),12 位彩色模式(4096 色模式),4 级灰度模式,16 级灰度模式以及单色模式。对于灰度或彩色模式,需要基于时间抖动和帧速率控制的方法来实现灰度或彩色的分级。可以通过一个可编程的查找表选择,这个以后会作解释。单色模式则不需要这些模块 (FRC 和查找表),基本上通过转换视频数据使 FIFOH(如果是双扫描显示类型则还有 FIFOL)的数据串行化为 4 位(若为 4 位双扫描或 8 位单扫描显示类型时为 8 位)数据流到 LCD 驱动器。

接下来的部分将介绍根据查找表和 FRC 在灰度和彩色模式下的操作。

(1) 调色板查找表

S3C2440A 芯片能支持多样选择的颜色或灰度映射的颜色查找表,确保用户使用弹性化。颜色查找表是可以选择彩色或灰度级别(在 4 级灰度模式下可选择 16 级灰度中的 4 种,在 256 色模式下可选择 16 级红色中的 8 种,16 级绿色中的 8 种和 16 级蓝色中的 4 种)的调色板。换句话说就是,在 4 级灰度模式下,利用查找表用户可以选择 16 级灰度中的 4 种。在 16 级灰度模式下,灰度级别是不能选择的。在可能的 16 级灰度中所有的 16 种灰度必须选择。在 256 色模式下,3 位代表红色,3 位代表绿色,2 位代表蓝色。这 256 种颜色是指由 8 种红色、8 种绿色和 4 种蓝色(8×8×4=256 种)组合而成的。在其他模式下,查找表可适当选择。8 种红色可从 16 级红色选择,8 种绿色可从 16 级绿色选择,4 种蓝色可从 16 级蓝色选择。在 4096 色模式下不能像在 256 色模式下那样选择。

(2) 灰度模式操作

S3C2440A 芯片的 LCD 控制器支持两种灰度模式:每像素 2 位灰色(4 级灰度)和每像素 4 位灰色(16 级灰度)。2 位/像素灰色模式下使用一个查找表,允许在 16 级可能的灰度中选择 4 种。2 位/像素灰色查找表用的是蓝色查找表(BLUELUT)寄存器中的 BLUEVAL[15:0],就像在彩色模式下的使用蓝色查找表一样。0 级灰度由 BLUEVAL[3:0]指定。若 BLUEVAL[3:0]值为 9,则 0 级灰度就代表 16 级灰度中的第 9 级灰度。若 BLUEVAL[3:0]值为 15,则 0 级灰度就代表 16 级灰度中的第 15 级灰度,以此类推。按上面介绍的方法,1 级灰度由 BLUEVAL[7:4]指定,2 级灰度由 BLUEVAL[11:8]指定,而 3 级灰度就由 BLUEVAL[15:12]指定。BLUEVAL[15:0]中这 4 组值就分别代表灰度 0、灰度 1、灰度 2 和灰度 3。在 16 级灰度模式下就不需要选择了。

(3) 彩色模式操作

S3C2440A 芯片的 LCD 控制器可支持 8 位/像素的 256 色显示模式。利用抖动算法和帧频控制,彩色显示模式下可产生 256 种颜色。每像素的 8 位可编码成为 3 位代表红色、3 位代表绿色和 2 位代表蓝色。彩色显示模式使用单独的红色、绿色和蓝色查找表。它们分别用寄存器 REDLUT 中 REDVAL[31:0]、寄存器 GREENLUT 中 GREENVAL[31:0]和寄存器 BLUELUT 中 BLUEVAL[15:0]作为可编程的查找表项。和灰度显示一样,寄存器 REDLUT 有 8 组,每组 4 位共 32 位,也就是 REDVAL[31:28]、REDLUT[27:24]、REDLUT[23:20]、REDLUT[19:16]、REDLUT[15:12]、REDLUT[11:8]、REDLUT[7:4]和 REDLUT[3:0],分别指定一种红色级别。每组中的 4 位的可能组合数为 16,每种红色级别应指定为 16 种可能级别中的一种。换言之,用户利用这种查找表可以选择适合的红色级别。对于绿色,寄存器 GREENLUT 中的 GREENVAL[31:0]作为查找表,和红色查找表作同样的处理。同样地,寄存器 BLUELUT 中 BLUEVAL[15:0]也被指派为查找表。对于蓝色,和 8 级红色或绿色级别不同,只有 2 位,可以指定 4 级蓝色。

S3C2440A 芯片的 LCD 控制器可以支持 12 位/像素的 4096 色显示模式。利用抖动算法和帧频控制,这种彩色显示模式可产生 4096 种颜色。代表一个像素的 12 位编码为 4 位代表红色、4 位代表绿色和 4 位代表蓝色。4096 色显示模式下不使用颜色查找表。

(4) 显示类型

LCD 控制器支持三种类型的 LCD 驱动器:4 位双扫描、4 位单扫描和 8 位单扫描显示模式。

- 4 位双扫描显示方式

4 位双扫描用 8 位并行数据线同时移送数据至显示屏的上半屏和下半屏。8 个平行数据线中有 4 位数据被移入上半屏,而另一半被移入下半屏。当每个半屏中数据移送完毕时一帧便结束。

LCD 控制器引出的 8 个 LCD 输出端可直接与 LCD 驱动器相连。

- 4 位单扫描显示方式

4 位单扫描采用 4 位并行数据线将行数据一次连续移出,直到整个帧的数据被移出为止。从 LCD 控制器引出的 4 个 LCD 输出端(VD[3:0])可直接连到 LCD 驱动器上,而 LCD 输出端的另 4 个端口(VD[7:4])则没用。

• 8 位单扫描显示方式

8 位单扫描采用 8 位并行数据线将行数据一次连续移出,直到整个帧的数据被移出为止。从 LCD 控制器引出的 8 个 LCD 输出端可直接连到 LCD 驱动器上。

6.1.2 S3C2440A 芯片的 LCD 专用寄存器

S3C2440A 芯片内部的 LCD 控制器包括有许多可编程的寄存器,用户可以通过编程设置这些寄存器来控制 LCD 的显示。下面介绍这些寄存器的格式。

1. LCD 控制寄存器 1

LCD 控制寄存器 1(LCDCON1)是可读/写状态,地址为 0x4D000000,复位后的值为 0x00000000。LCDCON1 寄存器的具体格式如表 6-2 所示。

表 6-2 LCDCON1 寄存器的格式

引脚名称	位	描述	初始值
LINECNT(只读)	[27:18]	行计数器状态位,值由 LINEVAL 递减至 0	0000000000
CLKVAL	[17:8]	确定 VCLK 的速率 STN: VCLK= HCLK / (CLKVAL×2) CLKVAL ≧ 2; TFT: VCLK=HCLK/ [(CLKVAL+1)×2] CLKVAL ≧ 0	0000000000
MMODE	[7]	决定 VM 信号的触发速率 0=每帧触发; 1=触发速率由 MVAL 决定	0
PNRMODE	[6:5]	显示模式选择位 00=4 位双扫描显示模式(STN); 01=4 位单扫描显示模式(STN); 10=8 位单扫描显示模式(STN); 11=TFT 型 LCD 显示	00
BPPMODE	[4:1]	单个像素的位数选择 0000=STN 型 1 位/像素,单色模式; 0001=STN 型 2 位/像素,4 级灰度模式; 0010=STN 型 4 位/像素 16 级灰度模式; 0011=STN 型 8 位/像素,彩色模式; 0100=STN 型 12 位/像素,彩色模式; 1000=TFT 型 1 位/像素; 1001=TFT 型 2 位/像素; 1010=TFT 型 4 位/像素; 1011=TFT 型 8 位/像素; 1100=TFT 型 16 位/像素; 1101=TFT 型 24 位/像素	0000
ENVID	[0]	LCD 视频输出和逻辑信号使能位 0=视频输出和控制信号无效; 1=视频输出和控制信号有效	0

2. LCD 控制寄存器 2

LCD 控制寄存器 2(LCDCON2)是可读/写状态,地址为 0x4D000004,复位后的值为 0x00000000。LCDCON2 寄存器的具体格式如表 6-3 所示。

表 6-3　LCDCON2 寄存器的格式

引脚名称	位	描　　述	初始值
VBPD	[31:24]	TFT：垂直后沿(VBPD)指在一帧开始时，垂直同步时期之后非活动行的数目； STN：使用 STN 型 LCD 时此位应为 0	0x00
LINEVAL	[23:14]	TFT/STN：确定 LCD 屏的垂直尺寸	0000000000
VFPD	[13:6]	TFT：垂直后沿指在一帧结束时，垂直同步时期后非活动行的数目； STN：使用 STN 型 LCD 时此位应为 0	00000000
VSPW	[5:0]	显示模式选择位 00=4 位双扫描显示模式(STN)；01=4 位单扫描显示模式(STN)； 10=8 位单扫描显示模式(STN)；11=TFT 型 LCD 显示	000000

3. LCD 控制寄存器 3

LCD 控制寄存器 3(LCDCON3)是可读/写状态，地址为 0x4D000008，复位后的值为 0x00000000。LCDCON3 寄存器的具体格式如表 6-4 所示。

表 6-4　LCDCON3 寄存器的格式

引脚名称	位	描　　述	初始值
HBPD (TFT)	[25:19]	TFT:在 HSYNC 信号下降沿和有效数据开始之间的 VCLK 脉冲数	0x00
WDLY (STN)		STN：WDLY[1:0]位确定 VLINE 与 VCLK 之间的延时 00=16HCLK；01=32HCLK；10=48HCLK；11=64HCLK WDLY[7:2]为保留位	0000000
HOZVAL	[18:8]	确决 LCD 显示屏水平尺寸。HOZVAL 必须被指定以满足一行有 4n 个字节的条件	0000000000
HFPD (TFT)	[7:0]	TFT：在 HSYNC 信号上升沿和有效数据结束之间的 VCLK 脉冲数	00000000
LINEBLANK (STN)		STN：确定行扫描的占空时间。这些位可微调 VLINE 的速率 LINEBLANK 的最小数为 HCLK×8 如：LINEBLANK=10，占空时间在 80 个 HCLK 期间插入 VCLK	00000

4. LCD 控制寄存器 4

LCD 控制寄存器 4(LCDCON4)是可读/写状态，地址为 0x4D00000C，复位后的值为 0x00000000。LCDCON4 寄存器的具体格式如表 6-5 所示。

表 6-5　LCDCON4 寄存器的格式

引脚名称	位	描　　述	初始值
MVAL	[15:8]	STN:当 MMODE=1 时，MVAL 位定确定 VM 信号的速率	0x00
HSPW(TFT)	[7:0]	TFT:通过对 VCLK 的计数水平同步脉冲宽度决定着 HSYNC 脉高电平脉冲的宽度	0x00
WLH(STN)		STN：WLH[1:0] 位确定 VLINE 脉冲的宽度 00=16HCLK；01=32HCLK；10=48HCLK；11=64HCLK WLH[7:2]作为保留位	

5. LCD控制寄存器5

LCD控制寄存器5(LCDCON5)是可读/写状态,地址为0x4D000010,复位后的值为0x00000000。LCDCON5寄存器的具体格式如表6-6所示。

表6-6 LCDCON5寄存器的格式

引脚名称	位	描述	初始值
Reserved	[15:8]	保留位	0
VSTATUS	[16:15]	TFT:垂直扫描状态(只读) 00=VSYNC;01=BACK Porch;10=ACTIVE;11=FRONT Porch	00
HSTATUS	[14:13]	TFT:水平扫描状态(只读) 00=HSYNC;01=BACK Porch;10=ACTIVE;11=FRONT Porch	00
BPP24BL	[12]	TFT:确定24bpp显示时显存中数据的格式 0=LSB有效;1=MSB有效	0
FRM565	[11]	TFT:确定16bpp显示时输出数据的格式 0=5:5:5:1格式;1=5:6:5格式	0
INVVCLK	[10]	STN/TFT:确定VCLK信号的有效边沿 0=CLK信号的下降沿时取数据;1=VCLK信号的上升沿时取数据	0
INVVLINE	[9]	STN/TFT:确定VLINE/HSYNC的脉冲极性。0=正常;1=反转	0
INVVFRAME	[8]	STN/TFT:确定VFRAME/VSYNC的脉冲极性。0 =正常;1=反转	0
INVVD	[7]	STN/TFT:确定VD(视频数据)的脉冲极性。0=正常;1=反转	0
INVVDEN	[6]	TFT:确定VDEN信号的脉冲极性。0=正常;1=反转	0
INVPWREN	[5]	STN/TFT:确定PWREN信号的脉冲极性。0 =正常;1=反转	0
INVLEND	[4]	TFT:确定LEND信号的脉冲极性。0=正常;1=反转	0
PWREN	[3]	STN/TFT:LCD_PWREN输出信号使能位。0=不使能;1=使能	0
ENLEND	[2]	TFT:LEND输出信号使能位。0=不使能;1=使能	0
BSWP	[1]	STN/TFT:字节交换使能位。0=不使能;1=使能	0
HWSWP	[0]	STN/TFT:半字交换使能位。0=不使能;1=使能	0

6. 帧缓冲起始地址寄存器1

帧缓冲起始地址寄存器1(LCDSADDR1)是可读/写状态,地址为0x4D000014,复位后的值为0x00000000。LCDSADDR1寄存器的具体格式如表6-7所示。

表6-7 LCDSADDR1寄存器的格式

引脚名称	位	描述	初始值
LCDBANK	[29:21]	指示系统内存中视频缓冲区的位置A[30:22]	0x00
LCDBASEU	[20:0]	对于双扫描LCD:指示帧缓冲区或在双扫描LCD时的高帧缓冲区的开始地址A[21:1]; 对于单扫描LCD:指示帧缓冲区的首地址A[21:1]	0x000000

7. 帧缓冲起始地址寄存器2

帧缓冲起始地址寄存器2(LCDSADDR2)是可读/写状态,地址为0x4D000018,复位后的值为 0x00000000。LCDSADDR2 寄存器的具体格式如表 6-8 所示。

表 6-8　LCDSADDR2 寄存器的格式

引脚名称	位	描　述	初始值
LCDBASEL	[20:0]	对于双扫描 LCD：指示在使用双扫描 LCD 时的低帧存储区的开始地址 A[21:1]； 对于单扫描 LCD：指示帧存储区的结束地址为 A[21:1]	0x0000

8. 帧缓冲起始地址寄存器 3

帧缓冲起始地址寄存器 3(LCDSADDR3)是可读/写状态，地址为 0x4D00001C，复位后的值为 0x00000000。LCDSADDR3 寄存器的具体格式如表 6-9 所示。

表 6-9　LCDSADDR3 寄存器的格式

引脚名称	位	描　述	初始值
OFFSIZE	[21:11]	实际屏幕的偏移量大小	00000000000
PAGEWIDTH	[10:0]	实际屏幕的页宽度	000000000

例 6-1　LCD 屏=320×240，16 级灰度，单扫描。

帧起始地址=0x0c500000

偏移点数=2048 点(512 个半字)

LINEVAL=240－1=0xef

PAGEWIDTH=320×4/16=0x50

OFFSIZE=512=0x200

LCDBANK=0x0c500000>>22=0x31

LCDBASEU=0x100000>>1=0x80000

LCDBASEL=0x80000+(0x50+0x200)×(0xef+1)=0xa2b00

例 6-2　LCD 屏=320×240，16 级灰度，双扫描。

帧起始地址=0x0c500000

偏移点数=2048 点(512 个半字)

LINEVAL=120－1=0x77

PAGEWIDTH=320×4/16=0x50

OFFSIZE=512=0x200

LCDBANK=0x0c500000>>22=0x31

LCDBASEU=0x100000>>1=0x80000

LCDBASEL=0x80000+(0x50+0x200)×(0x77+1)=0x91580

9. 红色查找表寄存器

红色查找表寄存器(REDLUT)是可读/写状态，地址为 0x4D000020，复位后的值为 0x00000000。REDLUT 寄存器的具体格式如表 6-10 所示。

表 6-10 REDLUT 寄存器的格式

引脚名称	位	描述	初始值
REDVAL	[31:0]	定义了选择 16 种色度当中的哪 8 种红色组合 000=REDVAL[3:0]; 001=REDVAL[7:4]; 010=REDVAL[11:8]; 011=REDVAL[15:12]; 100=REDVAL[19:16]; 101=REDVAL[23:20]; 110=REDVAL[27:24]; 111=REDVAL[31:28]	0x00000000

10. 绿色查找表寄存器

绿色查找表寄存器(GREENLUT)是可读/写状态,地址为 0x4D000024,复位后的值为 0x00000000。GREENLUT 寄存器的具体格式如表 6-11 所示。

表 6-11 GREENLUT 寄存器的格式

引脚名称	位	描述	初始值
GREENVAL	[31:0]	定义了选择 16 种色度当中的哪 8 种绿色组合 000=GREENVAL[3:0]; 001=GREENVAL[7:4]; 010=GREENVAL[11:8]; 011=GREENVAL[15:12]; 100=GREENVAL[19:16]; 101=GREENVAL[23:20]; 110=GREENVAL[27:24]; 111=GREENVAL[31:28]	0x00000000

11. 蓝色查找表寄存器

蓝色查找表寄存器(BLUELUT)是可读/写状态,地址为 0x4D000028,复位后的值为 0x0000。BLUELUT 寄存器的具体格式如表 6-12 所示。

表 6-12 BLUELUT 寄存器的格式

引脚名称	位	描述	初始值
BLUEVAL	[15:0]	定义了选择 16 种色度当中的哪 8 种蓝色组合 00=BLUEVAL[3:0]; 01=BLUEVAL[7:4]; 10=BLUEVAL[11:8]; 11=BLUEVAL[15:12]	0x0000

12. 抖动模式寄存器

抖动模式寄存器(DITHMODE)是可读/写状态,地址为 0x4D00004C,初始值为 0x00000,但用户可以编程设置为 0x12210。DITHMODE 寄存器的具体格式如表 6-13 所示。

表 6-13 DITHMODE 寄存器的格式

引脚名称	位	描述	初始值
DITHMODE	[18:0]	选择下面两个值之一: 0x00000 或 0x12210	0x00000

13. 临时调色板寄存器

临时调色板寄存器(TPAL)是可读/写状态,地址为 0x4D000050,复位后的值为 0x00000000。TPAL 寄存器的具体格式如表 6-14 所示。

表 6-14　TPAL 寄存器的格式

引脚名称	位	描　述	初始值
TPALEN	[24]	临时调色板寄存器使能位。0=不使能；1=使能	0
TPALVAL	[23:0]	临时调色板值 TPALVAL[23:16]=红色；TPALVAL[15:8]=绿色； TPALVAL[7:0]=蓝色	0x000000

14. LCD 中断未决寄存器

LCD 中断未决寄存器(LCDINTPND)是可读/写状态，地址为 0x4D000054，复位后的值为 0x0。LCDINTPND 寄存器的具体格式如表 6-15 所示。

表 6-15　LCDINTPND 寄存器的格式

引脚名称	位	描　述	初始值
INT_FrSyn	[1]	LCD 帧同步中断未决位 0=未产生中断请求；1=帧提出中断请求	0
INT_FiCnt	[0]	LCD 的 FIFO 中断未决位 0=未产生中断请求； 1=当 LCD FIFO 已达到翻转值时提出中断请求	0

15. LCD 中断源未决寄存器

LCD 中断源未决寄存器(LCDSRCPND)是可读/写状态，地址为 0x4D000058，复位后的值为 0x0。LCDSRCPND 寄存器的具体格式如表 6-16 所示。

表 6-16　LCDSRCPND 寄存器的格式

引脚名称	位	描　述	初始值
INT_FrSyn	[1]	LCD 帧同步中断源未决位 0=未产生中断请求；1=帧提出中断请求	0
INT_FiCnt	[0]	LCD 的 FIFO 中断源未决位 0=未产生中断请求； 1=当 LCD FIFO 已达到翻转值时提出中断请求	0

16. LCD 中断屏蔽寄存器

LCD 中断屏蔽寄存器(LCDINTMSK)是可读/写状态，地址为 0x4D00005C，复位后的值为 0x3。LCDINTMSK 寄存器的具体格式如表 6-17 所示。

表 6-17　LCDINTMSK 寄存器的格式

引脚名称	位	描　述	初始值
FIWSEL	[2]	确定 LCD FIFO 的翻转值。0=4 字；1=8 字	0
INT_FrSyn	[1]	LCD 帧同步中断屏蔽位 0=中断请求有效；1=中断请求被屏蔽	1
INT_FiCnt	[0]	LCD 的 FIFO 中断屏蔽 0=中断请求有效；1=中断请求被屏蔽	1

6.1.3　S3C2440A 芯片 LCD 寄存器的设置

下面对 STN-LCD 控制器的寄存器设置进行介绍。LCD 控制器可支持多种尺寸的 LCD 屏，VCLK 的频率由 CLKVAL 的值决定。CLKVAL 的取值应这样决定：必须使 VCLK 的值大于数据传输速率。LCD 控制器中 VD 端口的数据传输速率决定着 CLKVAL 寄存器的值。数据传输速率由以下方程计算：

$$数据传输速率=HS\times VS\times FR\times MV$$

式中，HS 表示 LCD 屏的水平尺寸；VS 表示 LCD 屏的垂直尺寸；FR 表示帧频；MV 表示模式依赖值，具体如表 6-18 所示。

表 6-18　各种显示模式的 MV 值

模　　式	MV 值
单色，4 位单扫描显示模式	1/4
单色，8 位单扫描显示模式或 4 位双扫描显示模式	1/8
4 级灰度，4 位单扫描显示模式	1/4
4 级灰度，8 位单扫描显示模式或 4 位双扫描显示模式	1/8
16 级灰度，4 位单扫描显示模式	1/4
16 级灰度 8 位单扫描显示模式或 4 位双扫描显示模式	1/8
彩色，4 位单扫描显示模式	3/4
彩色，8 位单扫描显示模式或 4 位双扫描显示模式	3/8

LCDBASEU 寄存器的值为帧缓冲区的首地址值。为了用于阵发 4 字存取模式，必须除去地址低 4 位。LCDBASEL 寄存器的值依赖于 LCD 尺寸和 LCDBASEU 的值。

该值由以下方程计算：

$$LCDBASEL=LCDBASEU+LCDBASEL 的偏移量$$

例 6-3　160×160，4 级灰度，80 帧每秒，4 位单扫描显示 HCLK 频率为 60MHz，WLH=1，WDLY=1。则：

数据传输速率=160×160×80×1/4=512kHz

CLKVAL=58；VCLK=517kHz

HOZVAL=39；LINEVAL=159

LINEBLANK=10

LCDBASEL=LCDBASEU+3200

对于灰度级别选择，利用帧速率控制部件(FRC)可产生 16 级灰度。由于 FRC 自身的特点是可导致意想不到的灰度类型。这些不希望有的错误类型在快速响应的 LCD 上或在比较低的帧速率时可能会显示出来。因为 LCD 灰度显示的质量依赖于 LCD 本身的特点，用户可先观察 LCD 所有的灰度级别，然后才选择合适的灰度级别。

可通过以下步骤来选择灰度质量。

① 确定抖动模式寄存器的最佳值。

② 在 LCD 上显示 16 级灰度条。

③ 选择一个帧速率的最佳值。

④ 改变 VM 交替周期以获得最佳质量。

⑤ 观察完 16 级灰度条后，可选用 LCD 正常显示的灰度，只使用质量好的灰度。

例 6-4　对于 640×480、8bpp、60 帧每秒、数据总线宽度为 16 位、SDRAM 的访问时间为 0.25μs、HCLK 为 60MHz 的 LCD，计算如下：

LCD 数据速率＝8×640×480×60/8＝18.432MB/s

LCD DMA 阵发计数值＝18.432/16＝1.152MB/s

Pdma＝(Trp＋Trcd＋CL＋(2×4)＋1×(1/60MHz)＝0.250ms

LCD 系统负载＝1.152×250＝0.288

系统总线占有率＝(0.288/1)×100＝28.8%

6.2　I²C 总线

S3C2440A 可以支持多主设备 I²C 总线串行接口。专用串行数据线(SDA)和串行时钟线(SCL)承载总线主设备和连接 I²C 总线的外围设备之间的信息。SDA 和 SCL 线都是双向的。在多主设备 I²C 总线模式下，多个 S3C2440A 微处理器可以从从属设备接收或发送串行数据。主设备 S3C2440A 可以初始化和终止一个基于 I²C 总线的数据传输。在 S3C2440A 中的 I²C 总线使用标准总线仲裁步骤。

当 I²C 总线空闲时，SDA 和 SCL 线应该都是高电平。SDA 从高到低的变化能够初始化一个开始条件。当 SCL 保持稳定在高电平下，SDA 从低到高的变化可以初始化一个停止条件。开始和停止条件都是由主设备生成。在第一个字节中的一个 7 位的地址值可以决定一个由主设备选择的从设备，其地址值在开始条件初始化后被放到总线上。第 8 位决定的是传输方向(读或写)。

在总线传输期间，该字节可以被无限制的发送或接收。数据发送总是先送 MSB，每个字节应该紧跟一个应答位(ACK)，时序图如图 6-2 所示。

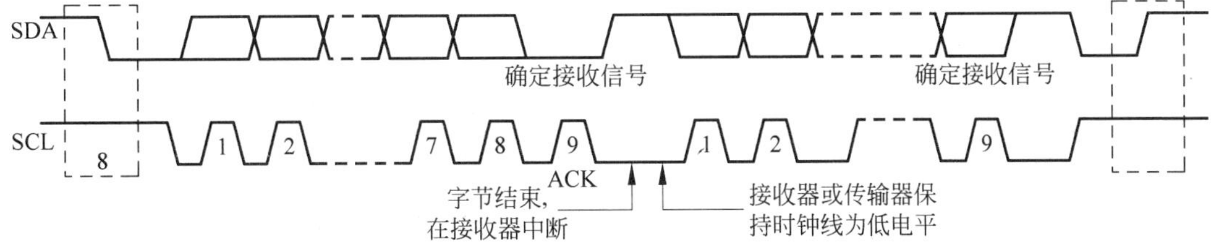

图 6-2　I²C 总线的数据传输时序

6.2.1　S3C2440A 的 I²C 接口

S3C2440A 的 I²C 总线接口有 4 个操作模式：主设备发送模式、主设备接收模式、从设备发送模式及从设备接收模式。这些操作模式间功能关系将在下面描述。

1. 起始和结束条件

当 I²C 总线接口休眠时，其通常是在从设备模式。换言之，接口在检测到 SDA 线上的起始条件之前一直处于从设备模式。当接口状态变为主设备模式，在 SDA 线上的数据传输被初始化且 SCL 信号生成。

起始条件可以通过SDA线传输一个字节串行数据，一个停止条件可以终止一个数据传输。停止条件是当SCL是高电平时，SDA线从低电平到高电平的跳变。起始和停止条件都是由主设备生成。当起始条件生成，I²C总线忙，停止条件将使I²C总线空闲，如图6-3所示。

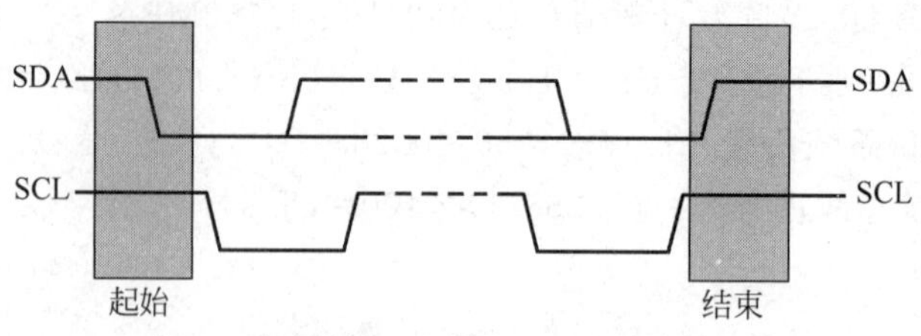

图6-3　起始信号和结束信号

当一个主设备初始化起始条件，它应该发送一个从地址来停止从设备。一个字节的地址域包含7位地址和一位传输方向指示(说明读写)。如果位8是0，说明是写操作。如果位8是1，说明是数据读请求。

主设备通过发送停止条件来完成一个传输操作。如果主设备想继续进行到总线的数据传输，则必须生成另一个起始条件和从地址。用这个方法，可以执行不同形式下的读写操作。

2. 数据传输格式

S3C2440A芯片的I²C总线数据传输格式如图6-4所示，在SDA线上每次传输的数据应该是8位。起始信号的第一个字节应该是地址域。当I²C在主设备模式下操作，地址区域应该由主设备传输。每个字节后面应该紧跟一个应答位(ACK)。串行数据的MSB位和地址总是先发送。

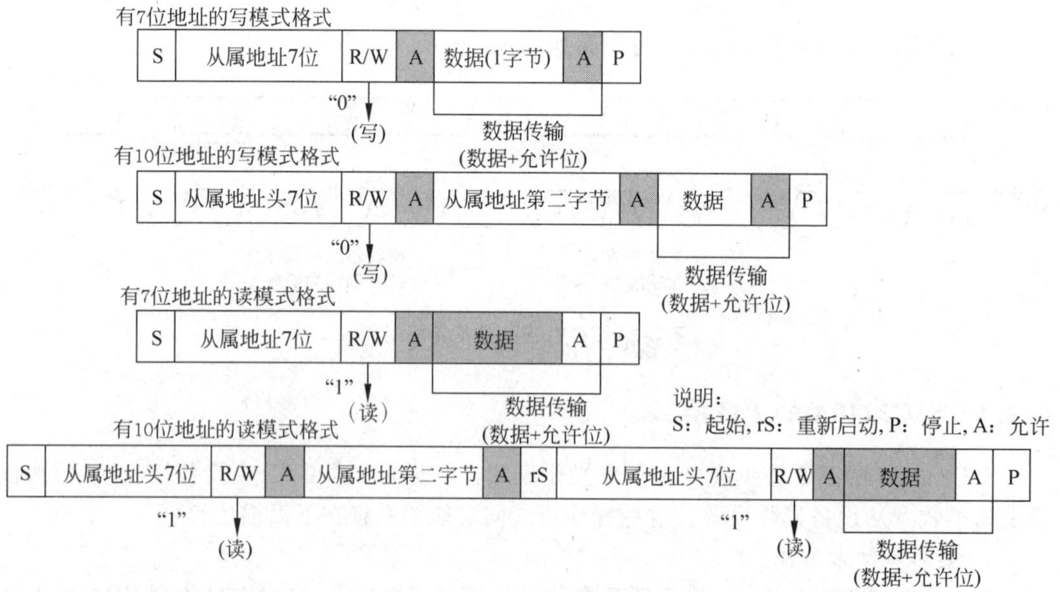

图6-4　I²C总线的数据传输格式

3. ACK 信号传输

在完成一个字节的传输操作后，接收器应该发送一个 ACK 位给发送器。ACK 位应该出现在 SCL 线的第 9 个时钟。当接收到第 9 个时钟周期时，发送器应该通过使 SDA 信号线变为高电平来释放 SDA 信号线，而此时接收方应使 SDA 信号线变为低电平，以便使 SDA 信号线保持在低电平，而发出 ACK 信号，如图 6-5 所示。

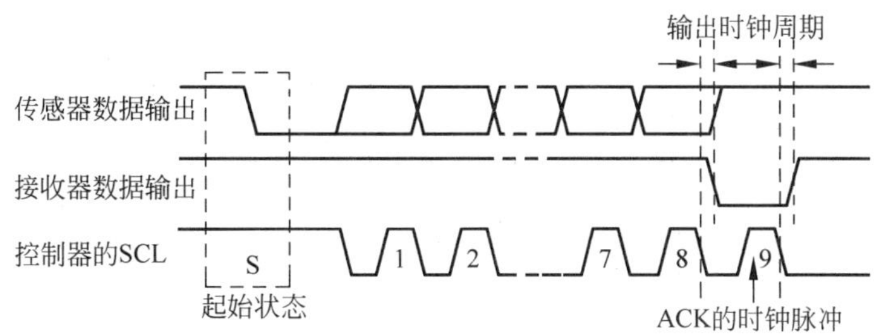

图 6-5　I^2C 总线上 ACK 信号

4. 读写操作

在发送模式下，如果数据传输后，I^2C 总线接口会等待直到 I^2C 总线数据移位寄存器(IICDS)收到一个新数据。在新数据写入寄存器之前，SCL 线将保持低电平，然后在数据写入后释放。S3C2440A 应该保持中断来识别当前数据发送是否完成。在 CPU 收到中断请求以后，它应该再写一个新数据到 IICDS 寄存器。

在接收模式下，当数据收到后，I^2C 总线接口应该等待直到 IICDS 寄存器被读取。在一个新数据被读出之前，SCL 线应该保持低电平，在数据被读出后再释放。S3C2440A 应该保持中断来识别当前数据接收是否完成。在 CPU 收到中断请求以后，它应该从 IICDS 寄存器读取数据。

5. 总线仲裁

当在 SDA 信号线上数据有冲突的时候，为了避免两个及多个控制器之间争夺总线，则发生总线仲裁。如果一个设置 SDA 线为高电平的主控制器发现了另一个设置 SDA 线为低电平的主控制器，那么就产生了冲突。这时第一个控制器将不再继续数据的传输，因为总线的当前条件不与它匹配，换句话说，低电平的优先级要高于高电平。

但是，当两个控制器同时拉低 SDA 时，每个主控制器应该估计是否判断权是分配给自己。判断的方法是检测其地址位。哪个控制器发送的地址位为低电平哪个就获得控制权，若都是低电平，则查询第二个地址位，以此类推，直到最后一个。

6. 配置 I^2C 总线

为了控制串行时钟(SCL)的频率，4 位的预定标器值可以通过 IICCON 寄存器来被编程。I^2C 总线接口地址是存储在 I^2C 总线地址寄存器(IICADD)中。默认情况下，I^2C 总线接口地址有一个未知值。

6.2.2　I^2C 总线接口特殊寄存器

1. 多主设备 I^2C 总线控制寄存器

I^2C 总线控制寄存器(IICCON)是可读/写状态，地址为 0x54000000，复位后的值为 0x0X。即高四位为 0，低四位为 1。IICCON 寄存器的具体格式如表 6-19 所示。

表 6-19 IICCON 寄存器的格式

引脚名称	位	描述	初始值
ACK	[7]	I^2C 总线应答使能位。0=不使能；1=使能 在发送模式下，IICSDA 在应答时间内是空闲； 在接收模式下，IICSDA 在应答时间内是低电平	0
Tx_sele	[6]	I^2C 总线传输时钟预定标器源时钟选择位 当该位为 0 时，IICCLK=fPCLK/16； 当该位为 1 时，IICCLK=fPCLK/512	0
Tx/Rx	[5]	I^2C 总线接收发送中断使能位。0=不使能；1=使能	0
Interrupt pending flag	[4]	I^2C 总线接收发送中断挂起标志。该位不能由用户写 1。当该位读出 1 时，IICSCL 为 L 且数据传输停止。为了恢复操作，清 0 位 当该位为 0 时，无中断挂起(读)或清除未决情况(写) 当该位为 1 时，中断挂起(读)或不允许(写)	0
Transmit clock value	[3:0]	I^2C 总线发送时钟预定标器 I^2C 总线发送时钟频率由该 4 位预定标器的值决定，根据以下公式：Tx 的时钟=IICCLK/(IICCON[3:0]+1)	0

2. 多主设备 I^2C 总线控制状态寄存器

多主设备 I^2C 总线控制状态寄存器(IICSTAT)是可读/写状态，地址为 0x54000004，复位后的值为 0x0。IICSTAT 寄存器的具体格式如表 6-20 所示。

表 6-20 IICSTAT 寄存器的格式

引脚名称	位	描述	初始值
Mode selection	[7:6]	I^2C 总线主从接收发送模式选择位 00=从接收模式；01=从发送模式； 10=主接收模式；11=主发送模式	0
Busy signal status/START STOP condition	[5]	I^2C 总线忙状态位 当该位为 0 时，不忙(读时)或停止信号产生(写入)； 当该位为 1 时，忙(读时)或起始信号产生(写入)在此信号之后，IICDS 中的数据自动被传输	0
Serial output	[4]	I^2C 总线数据输出使能位。0=不使能；1=使能	0
Arbitration status flag	[3]	I^2C 总线仲裁过程状态标志位 0：(1) 0=总线仲裁成功； 1=当串行输入输出时总线仲裁失败	0
Address-as-slave status flag	[2]	I^2C 总线 address-as-slave 状态标志位 0=当检测到起始或停止时，该位被清除； 1=接收到与 IICADD 中的地址值匹配的从设备地址	0
Address zero status flag	[1]	I^2C 总线地址状态标志位 0=当检测到起始或停止时，该位被清除； 1=接收到的从设备地址是 00000000b	0
Last-received bit status flag	[0]	I^2C 总线最后接收位状态标志位 0=最后接收到位为 0(ACK 被接受)； 1=最后接收到位为 1(ACK 不被接受)	0

3. 多主设备 I^2C 总线地址寄存器

多主设备 I^2C 总线地址寄存器(IICADD)是可读/写状态,地址为 0x54000008,复位后的初值不确定。IICADD 寄存器的具体格式如表 6-21 所示。

表 6-21　IICADD 寄存器的格式

引脚名称	位	描　　述	初始值
Slave address	[7:0]	I^2C 总线的 7 位从设备地址	—

4. 多主设备 I^2C 总线接收发送数据移位寄存器

多主设备 I^2C 总线接收发送数据移位寄存器(IICDS)是可读/写状态,地址为 0x5400000C,复位后的初值不确定。IICDS 寄存器的具体格式如表 6-22 所示。

表 6-22　IICDS 寄存器的格式

引脚名称	位	描　　述	初始值
Data shift	[7:0]	I^2C 总线发送接收操作的 8 位数据移位寄存器	—

5. 多主设备 I^2C 总线线路控制寄存器

多主设备 I^2C 总线线路控制寄存器(IICLC)是可读/写状态,地址为 0x54000010,复位后的值 0x00。IICLC 寄存器的具体格式如表 6-23 所示。

表 6-23　IICLC 寄存器的格式

引脚名称	位	描　　述	初始值
Filter Enable	[2]	I^2C 总线滤波器使能位 当 SDA 接口作为输入操作,该位应该是高电平。过滤器可以避免在连续个 PCLK 期间干扰时出现错误 0=滤波器不使能;1=滤波器使能	0
SDA output delay	[1:0]	I^2C 总线 SDA 线路延时长度选择位 00=0 时钟;01=5 时钟;10=10 时钟;11=15 时钟	00

6.2.3　I^2C 编程举例

I^2C 总线的编程除了需要对 I^2C 总线的专用特殊寄存器进行初始化编程外,还需要按照 I^2C 总线的时序要求编写传送程序和接收程序。

1. 初始化步骤

在任何 I^2C 接收发送操作之前,必须执行初始化程序。初始化编程的主要流程是:

(1) 配置 S3C2440A 芯片相关的 I/O 引脚为 I^2C 总线所需的功能引脚;

(2) 如果需要,在 IICADD 寄存器中写入本芯片的从属地址。

(3) 设置 IICCON 寄存器,使能中断,设定 SCL 周期。

(4) 设置 IICSTAT 寄存器来使能串行输出。

2. 传送及接收流程

(1) 传送流程

S3C2440A 芯片的 I^2C 总线传送有两种模式:主设备传送模式和从设备传送模式。其程序流程图分别如图 6-6 和图 6-7 所示。

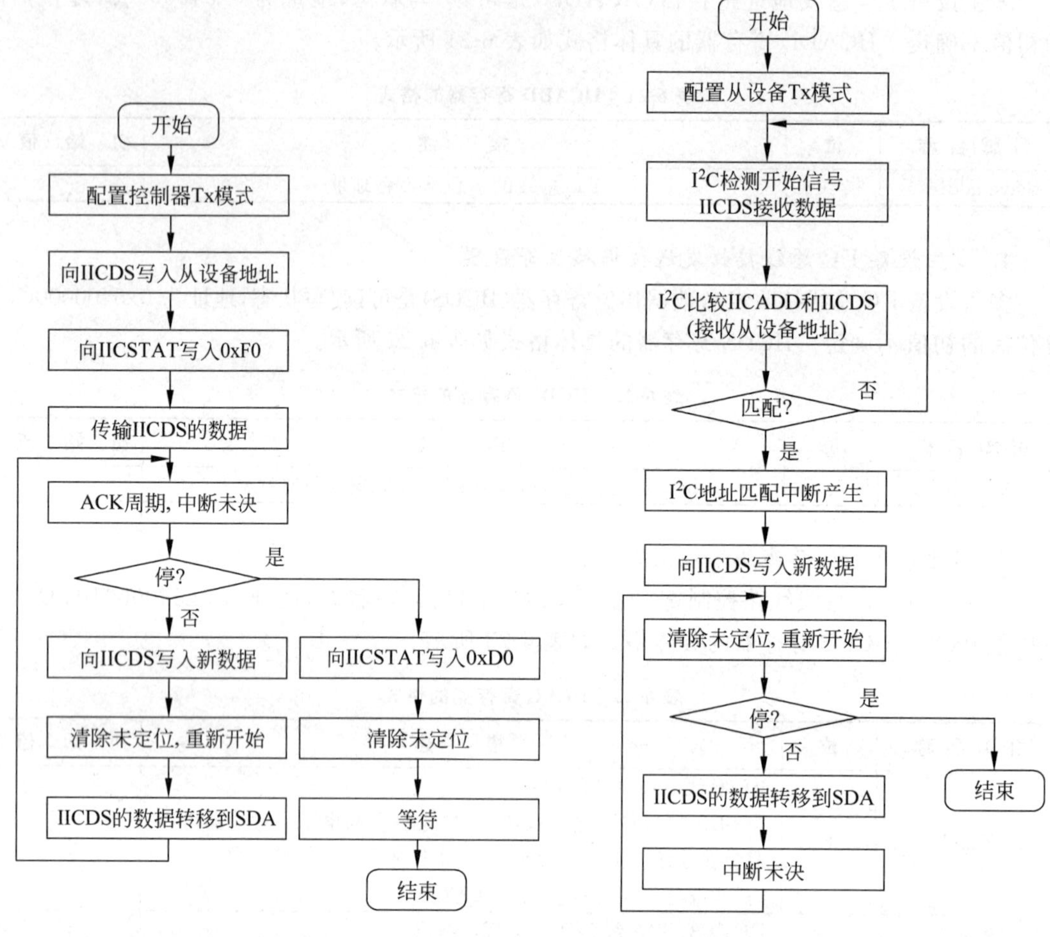

图 6-6 主设备传送模式的流程 **图 6-7 从设备传送模式的流程**

(2) 接收流程

S3C2440A 芯片的 I²C 总线接收有两种模式：主设备接收模式和从设备接收模式。其程序流程图如图 6-8 和图 6-9 所示。

3. 应用实例

例 6-5 如图 6-10 所示，编程实现利用 I²C 接口总线向具有 I²C 总线的 EEPROM (AT24C02)写数据。

程序如下：

```
void iicMain(void)
{
unsigned int i,j;
static U8 data[256];
//设置 GPE15->IICSDA 和 GPE14->IICSCL
rGPEUP |= 0xc000;                  //清除上拉
rGPECON &= ~0xf0000000;
rGPECON |= 0xa0000000;              //GPE15:IICSDA, GPE14:IICSCL
```

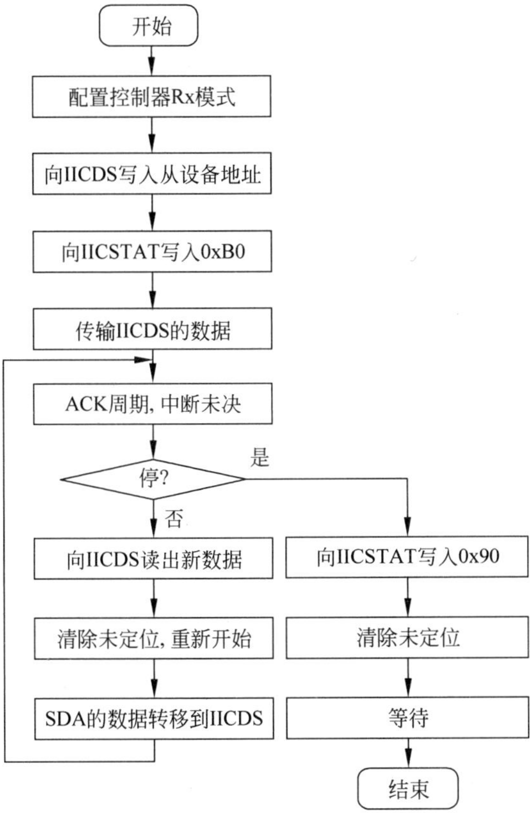

图 6-8　主设备接收模式的流程

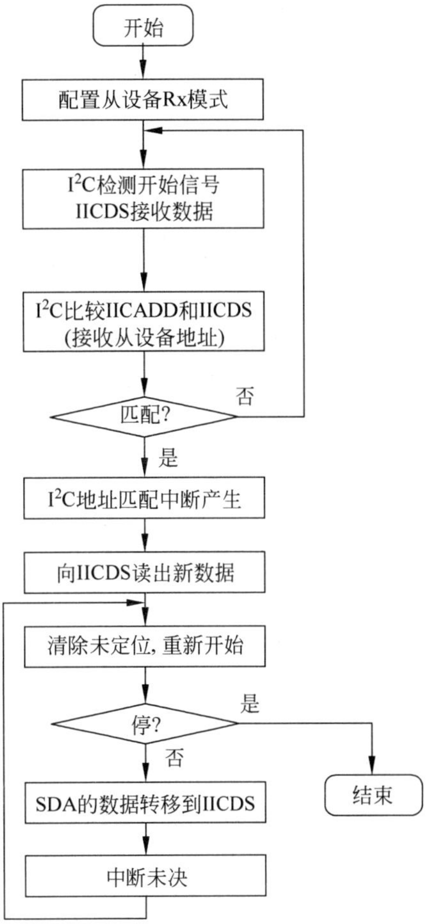

图 6-9　从设备接收模式的流程

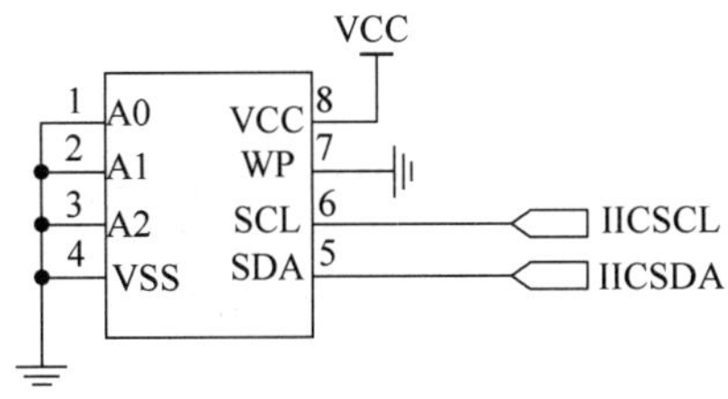

图 6-10　AT24C02 的读写原理图

```
//使能 ACK, 分频 IICCLK=PCLK/16, 使能中断,从 Tx 发送时钟
clock=IICCLK/16
rIICCON=(1<<7) | (0<<6) | (1<<5) | (0xf); //0xaf
rIICADD=0x10;                    //2440 存储地址= [7:1]
rIICSTAT=0x10;                   //I²C 总线数据输入输出使能(Rx/Tx)
//写入一个 page 的数据,page 的大小是 256B,
//page 的起始地址是 0xA0,写入的数据是: 0~255。0xA0 是 AT24C02 的页地址
//AT24C02 的页地址是 0x00/0x20/0x40/0x60/0x80/0xA0/0xC0/0xE0
for(i=0;i<256;i++)
```

```
Wr24C02(0xA0,(U8)i,i);            //写从属地址、数据
//初始化 data 数组的值为 0
for(i=0;i<256;i++)
data[i]=0;
//读 24C02 的 0xA0 地址中数据到 data 数组中
for(i=0;i<256;i++)
Rd24C02(0xA1,(U8)i,&(data[i]));
//输出 data 数组接收数据的值
for(i=0;i<16;i++)
{
for(j=0;j<16;j++)
Uart_Printf("%2x ",data[i*16+j]);
Uart_Printf("\n");
}
while(1);
}
//写 EEPROM 程序
void Wr24C02(U32 slvAddr,U32 addr,U8 data)
{
iicMode=WRDATA;
iicPt=0;
iicData[0]=(U8)addr;
iicData[1]=data;
iicDataCount=2;
//操作 8 位数据移位寄存器到 I2C 总线
rIICDS=slvAddr;                   //0xA0
rIICSTAT=0xf0;                    //主 Tx 模式,写启动, I2C 总线数据输出使能
while(iicDataCount!=-1)           //总线申请成功后, 地址从状态标志清除
Run_IicPoll();                    //地址零状态,最后接收的数据位为 0
iicMode=POLLACK;
while(1)
{
rIICDS=slvAddr;
iicStatus=0x100;                  //检查_iicStatus 是否改变
rIICSTAT=0xF0;                    //主 Tx, 启动, 输出使能, 成功, 清除,置 0
rIICCON=0xE0;                     //0xAf; 释放 I2C 操作
while(iicStatus==0x100)
{
    Run_IicPoll();
    if(!(iicStatus & 0x1))
    break;                        //当 ACK 应答时,跳出死循环
}
}
rIICSTAT=0xD0;                    //主 Tx 状态, 停止写, 输出使能
rIICCON=0xE0;                     //0xAf; 释放 I2C 操作
Delay(1);                         //延时等待操作生效
//写操作结束
}
```

6.3　I²S 总线

当前很多音频系统以 CD 的形式，数字音频带，数字音频处理器和数字 TV 音响，在市场上吸引消费者。S3C2440A 的 Inter-IC Sound (I^2S)总线接口作为一个编解码接口连接外部 8/16 位立体声音频解码 IC 用于迷你碟机和可携式应用。I^2S 总线接口支持 I^2S 总线数据格式和 MSB-justified 数据格式。该接口对 FIFO 的访问采用 DMA 模式取代了中断。它可以在同一时间接收和发送数据。

6.3.1　发送接收模式

1. 正常传输

I^2S 控制寄存器有一个 FIFO 准备标志位用于发送接收 FIFO。当 FIFO 准备发送数据时，如果 FIFO 非空，FIFO 准备标志位置 1；如果 FIFO 为空，FIFO 准备标志位置 0。当接收 FIFO 非满，将接收 FIFO 的 FIFO 准备标志位置 1，表示 FIFO 准备好接收数据；如果接收 FIFO 为满，FIFO 准备标志位置 0。这些标志位用于决定 CPU 读写 FIFO 的时间。用这种方法当 CPU 在访问发送接收 FIFO 时，串行数据能被发送和接收。

2. DMA 传输

在此模式下，发送或接收 FIFO 对 DMA 控制器是可访问的。在发送或接收模式下的 DMA 服务请求是由 FIFO 准备标志自动执行。

3. 发送和接收模式

在此模式下，I^2S 总线接口可以同时接收和发送数据。

6.3.2　音频串行接口格式

1. I^2S 总线格式

I^2S 总线有 4 线，即串行数据输入(IISDI)，串行数据输出(IISDO)，左右通道选择(IISLRCK)和串行位时钟(IISCLK)。总线格式如图 6-11 所示。

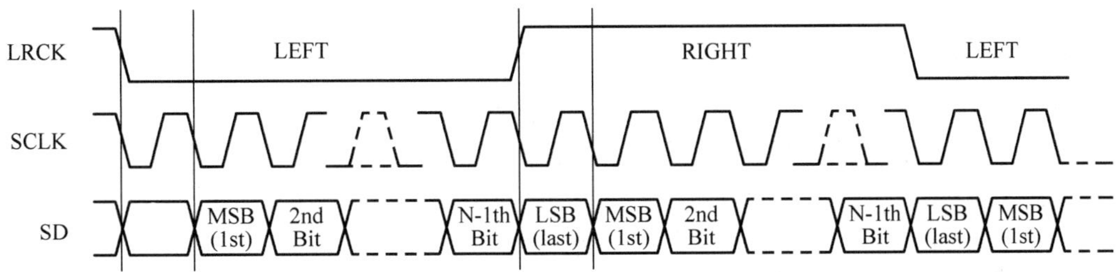

图 6-11　I^2S 总线格式(N=8 或 16)

串行数据以二进制的补码发送，MSB(Most Significant Bit，最高位)先发。因为发送器和接收器可能有不同的字长，MSB(最高位)先发。发送器不必知道接收器可以处理多少位，接收器也不必知道会收到多少位。

当系统字长大于发生器的字长，为了数据发送而将字截断(最低位被置 0)。如果接收器接收大于其字长的位,在LSB(最低位)后的位被忽略。另外,如果接收器接收到的位数小于其字长,缺少的位被置0。因此MSB有一个固定的位置,而LSB的位置取决于字长。只要IISLRCK发送改变,发送器在一个时钟周期内发送下一个字的MSB。

由发送器发送的串行数据可以和时钟信号的下降沿和上升沿同步。但是,串行数据必须在串行时钟信号的上升沿锁存到接收器,即当同步上升沿的数据发送时有一些限制。

2. MSB JUSTIFIED 格式

MSB JUSTIFIED 总线格式在结构上和 I^2S 总线格式大致相同。如图6-12所示。唯一和 I^2S 总线格式的区别是,MSB JUSTIFIED 格式实现了只要IISLRCK改变,发送器总是发送下一个字的MSB。

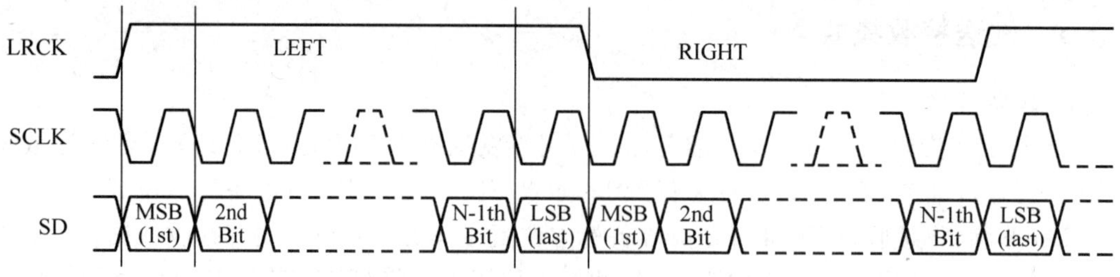

图6-12　MSB格式(N=8或16)

3. 采样频率和主设备时钟

主设备时钟频率(PCLK或MPLLin)可以在如表6-24所示的采样频率中选择。因为主设备时钟由 I^2S 预分频器(预定标器)产生,预分频器(预定标器)的值和主设备时钟类型(256或384fs,fs:抽样频率)应该合适确定。串行位时钟频率类型可以由每个通道的串行位和如表6-25所示的主设备时钟来选择。

表6-24　CODEC时钟(CODECLK=256或384fs)

IISLRCK (fs)	8.000 kHz	11.025 kHz	16.000 kHz	22.050 kHz	32.000 kHz	44.100 kHz	48.000 kHz	64.000 kHz	88.200 kHz	96.000 kHz
CODECLK (MHz)	256fs									
	2.0480	2.8224	4.0960	5.6448	8.1920	11.2896	12.2880	16.3840	22.5792	24.5760
	384fs									
	3.0720	4.2336	6.1440	8.4672	12.2880	16.9344	18.4320	24.5760	33.8688	36.8640

表6-25　可用串行位时钟频率(IISCLK=16或32或48fs)

每通道串行位	8位	16位
串行位时钟频率(IISCLK)		
@CODECLK=256fs	16fs,32fs	32fs
@CODECLK=384fs	16fs,32fs,48fs	32fs,48fs

6.3.3　I^2S 总线接口特殊寄存器

1. IIS控制寄存器

IIS控制寄存器(IISCON)是可读/写状态,小端模式下地址为0x55000000;大端模式下地址为 0x55000002，复位后的值为 0x100。IISCON 寄存器的具体格式如表 6-26 所示。

表 6-26　IISCON 寄存器的格式

引脚名称	位	描　　述	初始值
Left/Right channel index	[8]	0=左；1=右	1
Transmit FIFO ready flag(Read only)	[7]	0=空；1=非空	0
Receive FIFO ready flag(Read only)	[6]	0=满；1=非满	0
Transmit DMA service request	[5]	0=不使能；1=使能	0
Receive DMA service request	[4]	0=不使能；1=使能	0
Transmit channel idle command	[3]	在空闲模式下 IISLRCK 是否激活 0=非闲；1=闲	000
Receive channel idle command	[2]	0=非闲；1=闲	0
IIS prescaler	[1]	0=不使能；1=使能	0
IIS interface	[0]	0=不使能；1=使能	0

2. IIS 模式寄存器

IIS 模式寄存器(IISMOD)是可读/写状态，小端模式下地址为 0x55000004；大端模式下地址为 0x55000006，复位后的值为 0x0。IISMOD 寄存器的具体格式如表 6-27 所示。

表 6-27　IISMOD 寄存器的格式

引脚名称	位	描　　述	初始值
Master clock select	[9]	主设备时钟选择位。0=PCLK；1=MPLLin	0
Master/slave mode select	[8]	0=主设备模式(IISLRCK 和 IISCLK 是输出模式)； 1=从设备模式(IISLRCK 和 IISCLK 是输入模式)	0
Transmit/receive mode select	[7:6]	00=没有传输；01=接收模式； 10=传输模式；11=传输和接收模式	00
Active level of left/right channel	[5]	0=左声道低；1=左声道高	0
Serial interface format	[4]	0=IIS 格式；1=MSB-调整格式	0
Serial data bit per channel	[3]	0=8-b；1=16-b	0
Master clock frequency select	[2]	0=256fs；1=384fs	0
Serial bit clock frequency select	[1:0]	00=16fs；01=32fs；10=48fs；11=N/A	00

3. IIS 预定标器寄存器

IIS 预定标器寄存器(IISPSR)是可读/写状态，小端模式下地址为 0x55000008；大端模式下地址为 0x5500000A，复位后的值为 0x0。IISPSR 寄存器的具体格式如表 6-28 所示。

表 6-28　IISPSR 寄存器的格式

引脚名称	位	描　　述	初始值
Prescaler control A	[9:5]	数据值:0～31。注：预分频系数为 N+1	00000
Prescaler control B	[4:0]	数据值:0～31。注：预分频系数为 N+1	00000

4. IIS FIFO 控制寄存器

IIS FIFO 控制寄存器(IISFCON)是可读/写状态，小端模式下地址为 0x5500000C；大端模式下地址为 0x5500000E，复位后的值为 0x0。IISFCON 寄存器的具体格式如表 6-29 所示。

表 6-29 IISFCON 寄存器的格式

引脚名称	位	描 述	初始值
Transmit FIFO access mode select	[15]	0=正常；1=DMA	0
Receive FIFO access mode select	[14]	0=正常；1=DMA	0
Transmit FIFO	[13]	0=不使能；1=使能 0	0
Receive FIFO	[12]	0=不使能；1=使能 0	
Transmit FIFO data count (Read only)	[11:6]	数据数量值=0～32	000000
Receive FIFO data count (Read only)	[5:0]	数据数量值=0～32	000000

5. IIS FIFO 寄存器

I^2S 总线接口包含两个 64 字节的 FIFO 用于发送和接收模式。每个 FIFO 有 16 宽 32 长的表，其允许 FIFO 不管有效数据大小对每个半字单元操作数据。接收和发送 FIFO 访问通过 FIFO 入口进行，进入地址是 0x55000010。该寄存器在小端模式下地址为 0x5500000C；大端模式下地址为 0x5500000E，复位后的值为 0x0。IIS FIFO 寄存器的具体格式如表 6-30 所示。

表 6-30 IIS FIFO 寄存器的格式

引脚名称	位	描 述	初始值
FENTRY	[15:0]	对于 I^2S 的发送/接收数据	0

6.3.4 I^2S 编程实例

例 6-6 如图 6-13 所示，利用 S3C2440A 的 I^2S 接口与飞利浦公司的 UDA1341 音频解码器进行通信，编程实现 I^2S 通信控制音频的播放的初始化程序。

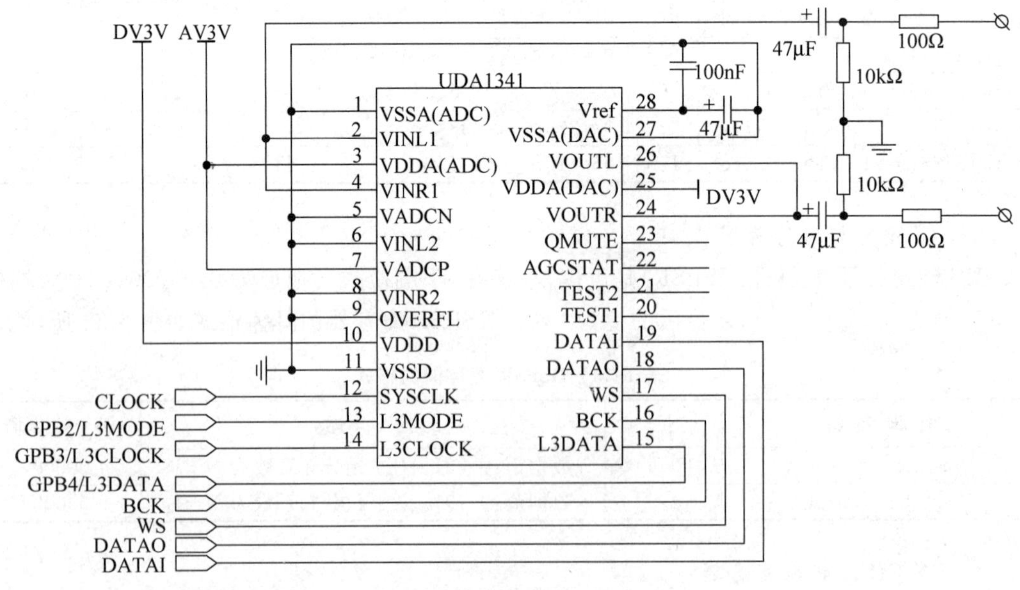

图 6-13 I^2S 接口原理图

```
#include "2440addr.h"
static void IIS_PortSetting(void)//I²S控制接口设置
{
//设置GPB4、GPB3、GPB2口为L3CLOCK、L3DATA、L3MODE
    rGPBUP=rGPBUP  & ~(0x7<<2) | (0x7<<2);
    rGPBCON=rGPBCON & ~(0x3f<<4) | (0x15<<4);
//设置GPE4、GPE3、GPE2、GPE1、GPE0口为IISDO、IISDI、CDCLK、IISCLK、IISLRCK
    rGPEUP=rGPEUP  & ~(0x1f)  | 0x1f;
    rGPECON=rGPECON & ~(0x3ff) | 0x2aa;
}
#define L3C (1<<4)                      //GPB4=L3CLOCK
#define L3D (1<<3)                      //GPB3=L3DATA
#define L3M (1<<2)                      //GPB2=L3MODE
static void _WrL3Addr(U8 data)
{
    S32 i,j;
    //L3D=L, L3M=L(in address mode), L3C=H
    rGPBDAT  =rGPBDAT & ~(L3D | L3M | L3C) | L3C;
    for(j=0;j<4;j++);                   //tsu(L3) > 190ns
    //GPB[4:2]=L3C:L3D:L3M
    for(i=0;i<8;i++)                    //先送最低位
    {
        if(data & 0x1)                  //如果数据的最低位为"1"
        {
            rGPBDAT &=~L3C;             //L3C=L
            rGPBDAT |=L3D;              //L3D=H
            for(j=0;j<4;j++);           //tcy(L3) > 500ns
            rGPBDAT |=L3C;              //L3C=H
            rGPBDAT |=L3D;              //L3D=H
            for(j=0;j<4;j++);           //tcy(L3) > 500ns
        }
        else                            //如果数据的最低位为"0"
        {
            rGPBDAT &=~L3C;             //L3C=L
            rGPBDAT &=~L3D;             //L3D=L
            for(j=0;j<4;j++);           //tcy(L3) > 500ns
            rGPBDAT |=L3C;              //L3C=H
            rGPBDAT &=~L3D;             //L3D=L
            for(j=0;j<4;j++);           //tcy(L3) > 500ns
        }
        data >>=1;
    }
    //L3M=H,L3C=H
    rGPBDAT=rGPBDAT & ~(L3D | L3M | L3C) | (L3C | L3M);
}

//======================================
static void _WrL3Data(U8 data,int halt)
{
    S32 i,j;
    if(halt)
```

```
    {
        //L3C=H
        rGPBDAT=rGPBDAT & ~(L3D | L3M | L3C) | L3C;
        for(j=0;j<4;j++);                       //tstp(L3) > 190ns
    }
    //L3M=H(in data transfer mode)
    rGPBDAT=rGPBDAT & ~(L3D | L3M | L3C) | (L3C | L3M);
    for(j=0;j<4;j++);                           //tsu(L3)D > 190ns
    //GPB[4:2]=L3C:L3D:L3M
    for(i=0;i<8;i++)
    {
        if(data & 0x1)                          //最低位为"1"
        {
            rGPBDAT &= ~L3C;                    //L3C=L
            rGPBDAT |= L3D;                     //L3D=H
            for(j=0;j<4;j++);                   //tcy(L3) > 500ns
            rGPBDAT |= (L3C | L3D);             //L3C=H,L3D=H
            for(j=0;j<4;j++);                   //tcy(L3) > 500ns
        }
        else                                    //最低位为"0"
        {
            rGPBDAT &= ~L3C;                    //L3C=L
            rGPBDAT &= ~L3D;                    //L3D=L
            for(j=0;j<4;j++);                   //tcy(L3) > 500ns
            rGPBDAT |= L3C;                     //L3C=H
            rGPBDAT &= ~L3D;                    //L3D=L
            for(j=0;j<4;j++);                   //tcy(L3) > 500ns
        }
        data >>= 1;                             //检测下一位
    }
    //L3M=H,L3C=H
    rGPBDAT=rGPBDAT & ~(L3D | L3M | L3C) | (L3C | L3M);
}
static void Init1341(char mode)
{
U16 FsIdx;
//初始化
//设置 GPB4、GPB3、GPB2 口为 L3CLOCK、L3DATA、L3MODE
//起始状态 : L3M=H, L3C=H
rGPBDAT = rGPBDAT & ~(L3M|L3C|L3D) |(L3M|L3C);
//清除上拉 GPB[4:2] 1 1100
rGPBUP  = rGPBUP  & ~(0x7<<2) |(0x7<<2);
//GPB[4:2]=Output(L3CLOCK):Output(L3DATA):Output(L3MODE)
rGPBCON = rGPBCON & ~(0x3f<<4) |(0x15<<4);
//L3 接口
_WrL3Addr(0x14 + 2);                            //STATUS (000101xx+10)
//0110 0000 : 状态 0,重启,256fs,I2S 总线,无 DC 滤波
```

```
_WrL3Data(0x60,0);
_WrL3Addr(0x14 + 2);                    //状态(000101xx+10)
FsIdx=mode? RecStatus.FsIdx:PlayStatus.FsIdx;
if(CodecPara[FsIdx].ofs)
//0001 0000 : 状态 0, 重启,384fs,I²S 总线, 无 DC 滤波
_WrL3Data(0x18,0);
else
//0010 0000 : 状态 0, 重启,256fs,I²S 总线, 无 DC 滤波
    _WrL3Data(0x28,0);
    _WrL3Addr(0x14 + 2);        //状态(000101xx+10)
    _WrL3Data(0xc1,0);          //1000 0001
//录音
    if(mode) {
        _WrL3Addr(0x14 + 2); //STATUS (000101xx+10)
        _WrL3Data(0xe3,0);      //1 1 1 0 0 0 11
//状态 1, DAC 增益 6dB, ADC 增益 6dB,ADC 不反相,DAC 不反相,
//打开使录音时可从耳机听到声音
        _WrL3Addr(0x14 + 0); //数据 0(000101xx+00)
        _WrL3Data(0x7b,0);      //0111 1011 : DATA0,低音 18~24dB, Treble 6dB
        _WrL3Data(0xc4,0);      //1100 0100  : 扩展地址(3 位), 100
_WrL3Data(0xf0,0);              //1111 0000  : DATA 0,使能 AGC,00,输入放大器 2 通道(2 位)
        _WrL3Data(0xc0,0);      //1100 0000  : 扩展地址(3 位),000
        _WrL3Data(0xe4,0);      //111 00000  : MA=0dB
        _WrL3Data(0xc1,0);      //1100 0001  : 扩展地址(3 位), 001
        _WrL3Data(0xe4,0);      //111 00000  : MB=0dB

        _WrL3Data(0xc2,0);      //1100 0 010   : Extended addr(3bits), 010
        _WrL3Data(0xf9,0);      //111 1 10 11 : DATA0, 麦克增益 27dB
    }
}
void Main(void)                 //主函数
{
    Port_Init();                //端口初始化
    IIS_PortSetting();          //初始化 I²S 端口
    Init1341(0);                //初始化 1341 芯片
}
```

6.4　AC97 控制器

S3C2440A 的 AC97 控制器单元支持 AC97 的 2.0 版本特点。AC97 控制器使用一个音频控制器连接(AC-link)来和 AC97 编解码器通信。功能模块图如图 6-14 所示,控制器发送立体声 PCM 数据给编解码器。编解码器中的外部数模转换器转换音频采样到模拟音频波形。控制器也从编解码器接收立体声 PCM 数据和单声道的 MIC 数据,然后将数据存储在内存中。切记:AC97 控制器和 IIS 控制器不能同时使用。

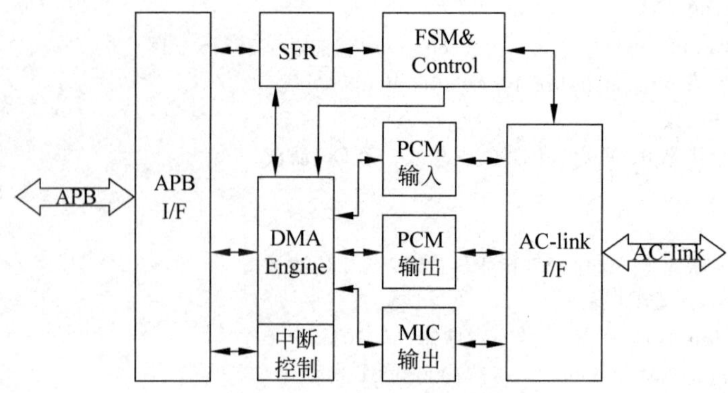

图 6-14 AC97 功能模块图

6.4.1 AC97 控制器操作

来自 AC-link 的 AC97 信号,其连接是支持全双向数据传输的点对点的同步串行互联。所有数字音频流和命令状态信息通过 AC-link 通信。

1. 内部数据通路

S3C2440A 的 AC97 控制器的内部数据通路如图 6-15 所示。其有立体声脉冲编码调制(PCM)输入,立体声 PCM 输出和单声道 MIC 输入缓存,其包含 16 位,16 个入口缓存。其有一个通过 AC-link 的 20 位 I/O 移位寄存器。

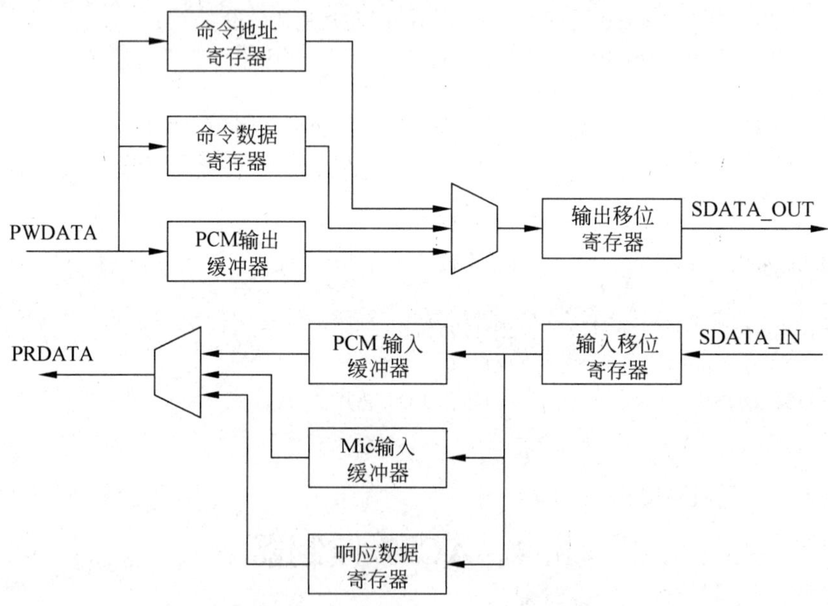

图 6-15 AC97 控制器的内部数据通路

2. 流程图操作

AC97 控制器操作流程如图 6-16 所示。

3. AC-link 数字接口协议

每个 AC97 编解码包含一个连接到 AC9 控制器的 5 个引脚的数字串行接口。AC-link

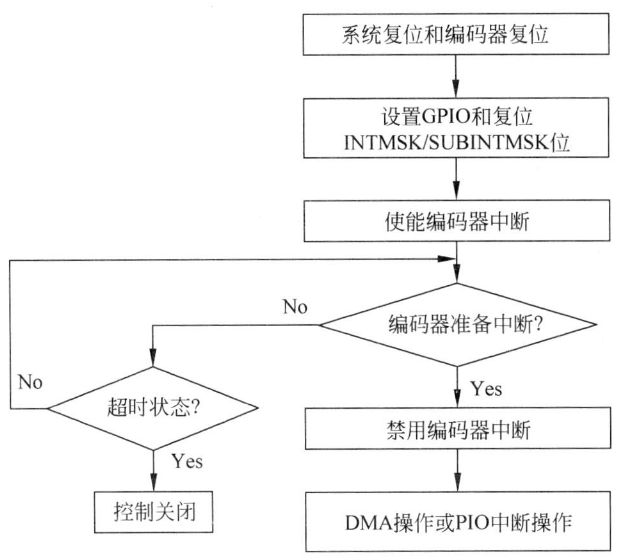

图 6-16　AC97 控制器操作流程

是一个全双工，固定时钟，PCM 数字流。其有一个时分多路器配置来操作控制寄存器访问和多路输入输出音频流。AC-link 架构将每个音频帧分成 12 个输出和 12 个输入数据流。每个流有一个 20 位的采样分辨率和需要最小分辨率为 16 位的一个 DAC 和一个 ADC。

一个数据处理由 256 位的信息组成，其信息分解成 13 组时间槽并称为帧。时间槽 0 叫标签段(tag phase)且有 16 位长。剩下的 12 个时间槽叫做数据段。标签段包含 1 位用于识别有效帧，另外 12 位用于识别数据段中的时间槽是否包含有效数据。数据段中的每个时间槽是 20 位长。一个帧开始由 SYNC 信号变高电平。SYNC 高电平时间就是相应的标签段所占时间。

AC97 帧以固定 48kHz 的时间间隔出现且同步于 12.288MHz 比特率时钟 BITCLK。控制器和编解码器使用 SYNC 和 BITCLK 来决定何时发送数据，何时采样和接收数据。发送器在每个 BITCLK 的上升沿发送串行数据流，接收器在每个 BITCLK 的下降沿采样串行数据流。发送器必须对串行数据流中的有效槽做标记。有效槽被标记在时间槽 0 中。AC-link 的数据是从 MSB 到 LSB。标签段的第一位是位 15，每个数据段的第一位是位 19。每个槽的最后一位是为 0。

4. AC97 掉电

(1) 掉电 AC-link

当 AC97 编解码器的掉电寄存器(0x26)的 PR4 位置 1 时，AC-link 信号进入低电源模式。然后主编解码器驱使 BITCLK 和 SDATA_IN 为逻辑低电压。

AC97 控制器通过 AC-link 发送写掉电寄存器(0x26)。当它写入数据 0x1000 到掉电寄存器的 PR4 位时，就不传送数据到槽 3～12，当它收到掉电请求后，就不需要编解码器去处理其他数据。当编解码器处理请求时，它同时会拉低 BITCLK 和 SDATA_IN。在对 AC_GLBCTRL 寄存器编程后，AC97 控制器也驱使 SYNC 和 SDATA_OUT 为低电平。

(2) 唤醒 AC-link——由 AC97 控制器触发的唤醒

AC-link 协议提供了一个 AC97 冷重启和一个 AC97 热重启。当前掉电状态最后指出了会使用哪个AC97重启。在所有的掉电模式期间所有的寄存器都应该停留在同一状态，除非执行一个AC97冷重启。在AC97冷重启中，AC97寄存器被初始化到默认值。在掉电后，在其通过重新使SYNC有效而重新激活之前，掉电出现的帧之后，AC-link必须等待最少4个音频帧时间。当AC-link上电，其通过编解码器准备位(输入槽0，位15)指示就绪。

① AC97冷重启

当通过AC_GLBCTRL寄存器使得nRESET引脚有效，冷启动产生。激活和使无效nRESET将激活BITCLK和SDATA_OUT。所有的AC97控制寄存器都被初始化到默认上电复位值。nRESET是一个同步AC97输入。

② AC97热重启

不改变当前的AC97寄存器值，AC97热重启重新激活AC-link。当没有BITCLK信号且SYNC拉高时，热启动产生。在通常的音频帧中，SYNC是一个同步AC97输入。当缺少BITCLK时，SYNC是作为一个用于产生AC97热重启的异步输入。AC97控制器必须不激活BITCLK直到其采样到SYNC再次为低电平。这样避免了误认为一个新音频帧。

6.4.2 AC97控制器特殊寄存器

1. AC97全局控制寄存器

AC97全局控制寄存器(AC_GLBCTRL)是可读/写状态，地址为0x5B000000，复位后的值为0x00000000。AC_GLBCTRL寄存器的具体格式如表6-31所示。

表6-31 AC_GLBCTRL寄存器的格式

引脚名称	位	描　述	初始值
Reserved	[31:23]	保留	0x00
Codec Ready Interrupt Enable	[22]	0=不使能；1=使能	0
PCM Out Channel Underrun Interrupt Enable	[21]	0=不使能；1=使能(FIFO空)	0
PCM In Channel Overrun Interrupt Enable	[20]	0=不使能；1=使能(FIFO满)	0
MIC In Channel Overrun Interrupt Enable	[19]	0=不使能；1=使能(FIFO满)	0
PCM Out Channel Threshold Interrupt Enable	[18]	0=不使能；1=使能(FIFO半空)	0
PCM In Channel Threshold Interrupt Enable	[17]	0=不使能；1=使能(FIFO半满)	0
MIC In Channel Threshold Interrupt Enable	[16]	0=不使能；1=使能(FIFO半满)	0
Reserved	[15:14]	保留	00
PCM Out Channel Transfer Mode	[13:12]	00=关闭；01=PIO；10=DMA；11=保留	00
PCM In Channel Transfer Mode	[11:10]	00=关闭；01=PIO；10=DMA；11=保留	00
MIC In Channel Transfer Mode	[9:8]	00=关闭；01=PIO；10=DMA；11=保留	00
Reserved	[7:4]	保留	0000
Transfer Data Enable Using AC-link	[3]	0=不使能；1=使能	0
AC-link On	[2]	0=关闭；1=传输SYNC到CODEC	0
Warm Reset	[1]	0=通常；1=从掉电唤醒CODEC	0
Cold Reset	[0]	0=通常；1=重启CODEC和控制逻辑	0

2. AC97全局状态寄存器

AC97全局状态寄存器(AC_GLBSTAT)是可读/写状态，地址为0x5B000004，复位后的值为0x00000000。AC_GLBSTAT寄存器的具体格式如表6-32所示。

表 6-32　AC_GLBSTAT 寄存器的格式

引脚名称	位	描　述	初始值
Reserved	[31:23]	保留	0x00
Codec Ready Interrupt	[22]	0=不请求；1=请求	0
PCM Out Channel Underrun Interrupt	[21]	0=不请求；1=请求	0
PCM In Channel Overrun Interrupt	[20]	0=不请求；1=请求	0
MIC In Channel Overrun Interrupt	[19]	0=不请求；1=请求	0
PCM Out Channel Threshold Interrupt	[18]	0=不请求；1=请求	0
PCM In Channel Threshold Interrupt	[17]	0=不请求；1=请求	0
MIC In Channel Threshold Interrupt	[16]	0=不请求；1=请求	0
Reserved	[15:3]	保留	0x000
Controller Main State	[2:0]	000=空闲；001=初始化；010=准备；011=激活；100=低功耗；101=警告	000

3. AC97 CODEC 命令寄存器

AC97 CODEC 命令寄存器(AC_CODEC_CMD)是可读/写状态，地址为 0x5B000008，复位后的值为 0x00000000。AC_CODEC_CMD 寄存器的具体格式如表 6-33 所示。

表 6-33　AC_CODEC_CMD 寄存器的格式

引脚名称	位	描　述	初始值
Reserved	[31:24]	保留	0x00
Read Enable	[23]	0=命令写；1=状态读	0
Address	[22:16]	CODEC 命令地址	0x00
Data	[15:0]	CODEC 命令数据	0x0000

如果想通过 AC_CODEC_STAT 寄存器从 AC97CODEC 读数据，应该依照以下步骤。

① 写命令地址和数据到 AC_CODEC_CMD 寄存器，其 23 位置 1。

② 延时。

③ 从 AC_CODEC_STAT 寄存器读命令地址和数据。

4. AC97 CODEC 状态寄存器

AC97 CODEC 状态寄存器(AC_CODEC_STAT)是可读/写状态，地址为 0x5B00000C，复位后的值为 0x00000000。AC_CODEC_STAT 寄存器的具体格式如表 6-34 所示。

表 6-34　AC_CODEC_STAT 寄存器的格式

引脚名称	位	描　述	初始值
Reserved	[31:23]	保留	0x00
Address	[22:16]	CODEC 状态地址	0x00
Data	[15:0]	CODEC 状态数据	0x0000

5. AC97 PCM 输入输出通道 FIFO 地址寄存器

AC97 PCM 输入输出通道 FIFO 地址寄存器(AC_PCMADDR)是可读/写状态，地址为 0x5B000014，复位后的值为 0x00000000。AC_PCMADDR 寄存器的具体格式如表 6-35 所示。

表 6-35　AC_PCMADDR 寄存器的格式

引脚名称	位	描　述	初始值
Reserved	[31:28]	保留	0000
Out Read Address	[27:24]	PCM 输出通道 FIFO 读地址	0000
Reserved	[23:20]	保留	0000
In Read Address	[19:16]	PCM 输入通道 FIFO 读地址	0000
Reserved	[15:12]	保留	0000
Out Write Address	[11:8]	MIC 输出通道 FIFO 读地址	0000
Reserved	[7:4]	保留	0000
In Write Address	[3:0]	MIC 输入通道 FIFO 写地址	0000

6. AC97 MIC 输入通道 FIFO 地址寄存器

AC97 MIC 输入通道 FIFO 地址寄存器(AC_MICADDR)是可读/写状态，地址为 0x5B000018，复位后的值为 0x00000000。AC_MICADDR 寄存器的具体格式如表 6-36 所示。

表 6-36　AC_MICADDR 寄存器的格式

引脚名称	位	描　述	初始值
Left Data	[31:16]	左声道 PCM 输出输入 FIFO 数据 读＝左声道中的 PCM；写＝左声道中的 PCM	0x0000
Right Data	[15:0]	右声道 PCM 输出输入 FIFO 数据 读＝右声道中的 PCM；写＝右声道中的 PCM	0x0000

7. AC97 MIC 输入通道 FIFO 数据寄存器

AC97 MIC 输入通道 FIFO 数据寄存器(AC_MICDATA)是可读/写状态，地址为 0x5B00001C，复位后的值为 0x00000000。AC_MICDATA 寄存器的具体格式如表 6-37 所示。

表 6-37　AC_MICDATA 寄存器的格式

引脚名称	位	描　述	初始值
Reserved	[31:16]	保留	0x0000
Mono Data	[15:0]	MIC 在单声道 FIFO 的数据	0x0000

6.4.3　AC97 应用实例

例 6-7　如图 6-17 所示，编程实现 AC97 音频播放。

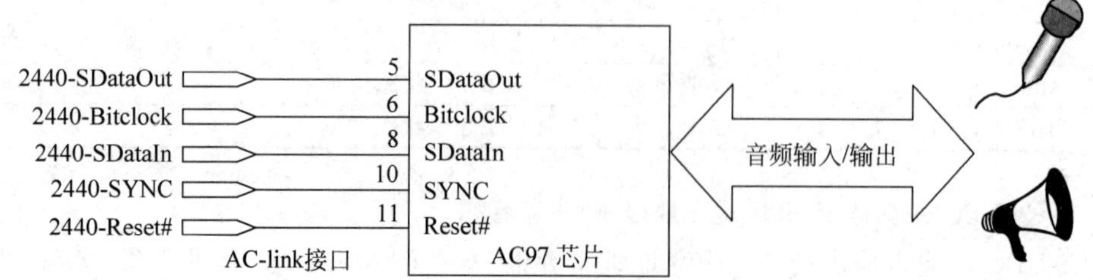

图 6-17　AC97 控制原理图

```
#include "710defs.h"
#include "AC97.h"
#include "HB_it.h"
//播放缓冲区的首地址
#define base_addres   0x100000
//播放数据
UINT8 PlayData[300000]={0};
UINT32 PCM_QUEUE_LEN=(512 * 1024);
UINT _uPlayVol=0x1f1f;
UINT16 sPlayVolume=0;
UINT16 sRecVolume=0;
BOOL PlayLastBlock, RecDmaToggle;
volatile UINT32 _uPcmQHead, _uPcmQTail;
//延时函数
static void Delay(int nCnt)
{
    volatile int  loop;
    for (loop=0; loop<nCnt; loop++);
}
//播放函数
INT Play_Callback(UINT8 * pucBuff, UINT32 uDataLen)
{
    UINT nLen;
    nLen=PCM_QUEUE_LEN - _uPcmQHead;

    //将数据从 PCM 队列中取出放到 DMA 缓存区
    if (nLen >= uDataLen)
    {
        memcpy(pucBuff, &PlayData[_uPcmQHead], uDataLen);
        _uPcmQHead=(_uPcmQHead + uDataLen) % PCM_QUEUE_LEN;
    }
    else
    {
        memcpy(pucBuff, &PlayData[_uPcmQHead], nLen);
        memcpy(&pucBuff[nLen], PlayData, uDataLen - nLen);
        _uPcmQHead=uDataLen - nLen;

    }
    return 0;
}

//读 AC97 寄存器
static UINT16 ac97_read_register(INT nIdx)
{
    UINT volatile nWait;

    //置起 R_WB 位并写入寄存器地址
    REG_ACTL_ACOS1=(0x80 | nIdx);

    //设置帧是否有效和有效的时隙
    REG_ACTL_ACOS0=0x11;
```

```
    Delay(100);
        //检查 AC_ACTL_ACCON 的 AC_R_FINISH 位是否被置高,若被置高,说明读数据缓存区
        //已经准备好给 CPU 读取
    for(nWait=0; nWait < 0x10000; nWait++)
    {
        if(REG_ACTL_ACCON & AC_R_FINISH)
            break;
    }
    REG_ACTL_ACOS0=0;
    Delay(100);
    return(REG_ACTL_ACIS2 & 0xFFFF);
}
//写 AC97 寄存器
static INT ac97_write_register(INT nIdx, UINT16 sValue)
{
    volatile UINT      nWait;
    //清 R_WB 位并写入寄存器地址
    REG_ACTL_ACOS1=nIdx;

    //写入 AC97 寄存器的值
    REG_ACTL_ACOS2=sValue;

    //设置帧的有效位和有效的时隙
    REG_ACTL_ACOS0=0x13;

    Delay(100);
    //检查 AC_ACTL_ACCON 的 AC_W_FINISH 位,若被清零,说明 AC-link 控制数据输出缓存已
    //经被 CPU 移到编解码器
    for(nWait=0; nWait < 0x10000; nWait++)
    {
        if(!(REG_ACTL_ACCON & AC_W_FINISH))
            break;
    }
   //若读回的值和写入的值相同,则说明写入成功
   if(ac97_read_register(nIdx)!= sValue)
   {while(1)
      ;
   }
    REG_ACTL_ACOS0=0;
    return 0;
}
//初始化 AC97
UINT8 Initac97()
{
     //使能音频控制器和 AC-link 接口
    REG_ACTL_CON=REG_ACTL_CON | IIS_AC_PIN_SEL | AUDIO_EN | ACLINK_EN |
PFIFO_EN | RFIFO_EN | T_DMA_IRQ | R_DMA_IRQ | DMA_EN;
    Delay(1000);
    //stereo 模式
    REG_ACTL_RESET=REG_ACTL_RESET | 0xf000;
    //重启音频控制器
```

```
    REG_ACTL_RESET=REG_ACTL_RESET | ACTL_RESET_BIT;
    Delay(1000);
    REG_ACTL_RESET=REG_ACTL_RESET & ~ACTL_RESET_BIT;
    Delay(1000);
    //重启 AC97 接口
    REG_ACTL_RESET=REG_ACTL_RESET | AC_RESET;
    Delay(1000);
    REG_ACTL_RESET=REG_ACTL_RESET & ~AC_RESET;
    Delay(1000);
    //冷启动 AC97
    REG_ACTL_ACCON=REG_ACTL_ACCON | AC_C_RES;
    Delay(1000);
    REG_ACTL_ACCON=REG_ACTL_ACCON & ~AC_C_RES;
    Delay(1000);
    //检查 AC97 的 ACTL_ACIS0 的 CODEC_READY 位,若置起则说明 AC97 准备好了
    if(!(REG_ACTL_ACIS0 & 0x10))
    {
        while(1);
    }
    Delay(100);
    //选择麦克 1; 3D 控制 关; looback 关
    ac97_write_register(AC97_GENERAL_PURPOSE, 0);
    return 0;
}
//开始播放函数
UINT8 StartPlay(INT nSamplingRate)
{

    //使能 VRA(variable rate audio)并设置播放采样率
    ac97_write_register(AC97_EXT_AUDIO_CTRL,
    ac97_read_register(AC97_EXT_AUDIO_CTRL)|0x1);
    ac97_write_register(AC97_FRONT_DAC_RATE, nSamplingRate);

     //设置 DMA 基地址和目的地址长度
    REG_ACTL_PDSTB=base_addres;
    REG_ACTL_PDST_LENGTH=0x1000;

    PlayLastBlock=0;
    //开始播放
    REG_ACTL_ACOS0=0x1c;                //设置数据传输时隙有效
    REG_ACTL_PSR=0x3;
    REG_ACTL_RESET=REG_ACTL_RESET | AC_PLAY;
    return 0;
}
int main(void)
{

PCM_QUEUE_LEN=sizeof (PlayData);

_uPcmQHead=0;
_uPcmQTail=0;
```

```
//设置 I/O 连接到音频
REG_GPIO_CFG0=0x155;
//GPIO4,1:输入        GPIO0,2,3:输出
REG_GPIO_DIR0=0xd;

//使能音频时钟
REG_CLKSEL=REG_CLKSEL|0x10000;

Initac97();
//使能 AC97 播放中断
REG_AIC_SCR6=0x41;
REG_AIC_MECR=0x40;

SetPlayVolume(30,30);
  StartPlay(12000);
//检查是否播放完成
while(1)
{
  if(_uPcmQHead >=(PCM_QUEUE_LEN-4096))
  break;
  }
StopPlay();
}
```

6.5 本章小结

本章详细介绍了 S3C2440A 芯片的 LCD 显示器接口及其控制器原理、I^2C 和 I^2S 的数据格式和时序,并介绍了 AC97 控制器的操作方式。

6.6 习题 6

1. S3C2440A 芯片的 I^2C 总线时序中,ACK 信号的作用是什么?结合相应的时序图加以说明。
2. S3C2440A 芯片的 I^2S 总线有几条信号线?分别是什么?
3. S3C2440A 中的音频串行接口格式是什么?
4. S3C2440A 芯片的 AC97 控制器操作流程什么?
5. 试编写 I^2C 的初始化程序。
6. 试编写 AC97 控制器初始化程序。

第 7 章　软件开发环境

这一章将介绍 ARM 开发软件 ADS(ARM developer suite)。通过学习如何在 CodeWarrior 集成开发环境下编写、编译一个工程的例子,使读者能够掌握在 ADS 软件平台下开发用户应用程序的方法。本章还描述了如何使用 AXD 调试工程,使读者对于调试工程有个初步的理解,为进一步的使用和掌握调试工具起到抛砖引玉的作用。

7.1　ADS1.2 集成开发环境

ADS1.2 全称是 ARM developer suite v1.2,它是由 ARM 公司提供的专门用于 ARM 相关应用开发和调试的综合性软件。ADS1.2 由命令行开发工具、ARM 实时库、GUI 开发环境(CodeWarrior 和 AXD)、实用程序和支持软件组成。

7.1.1　使用 ADS 创建工程

本节通过一个具体实例,介绍如何使用该集成开发环境,利用 CodeWarrior IDE 集成开发环境提供的建立工程的模板建立自己的工程,并学会如何进行编译链接,生成包含调试信息的映像文件和可以直接烧写到 Flash 中的.bin 格式的二进制可执行文件,使用户能够掌握在 ADS 软件平台下开发用户应用程序的基本流程。

1. 建立一个工程

工程将所有的源码文件组织在一起,并能够决定最终生成文件存放的路径、输出的格式等。在 CodeWarrior 中新建一个工程的方法有两种,可以在工具栏中单击 New 按钮,也可以在 File 菜单中选择 New 菜单。这样就会打开一个如图 7-1 所示的对话框。

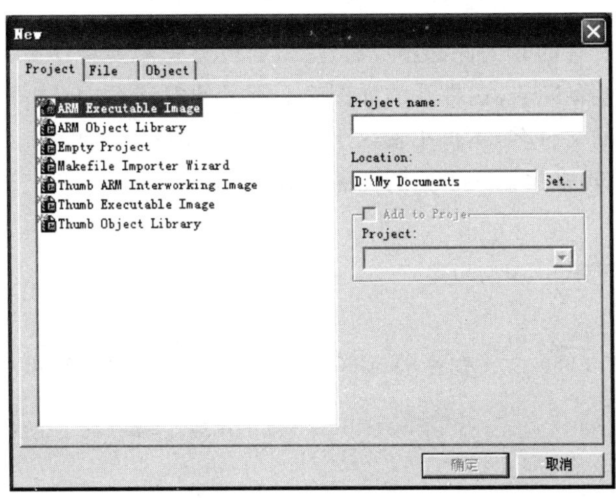

图 7-1　新建工程对话框

在这个对话框中为用户提供了 7 种可选择的工程类型。

- ARM Executable Image：用于由 ARM 指令的代码生成一个 ELF 格式的可执行映像文件；
- ARM Object Library：用于由 ARM 指令的代码生成一个 armar 格式的目标文件库；
- Empty Project：用于创建一个不包含任何库或源文件的工程；
- Makefile Importer Wizard：用于将 Visual C 的 nmake 或 GNU make 文件转入到 CodeWarrior IDE 工程文件；
- Thumb ARM Interworking Image：用于由 ARM 指令和 Thumb 指令的混合代码生成一个可执行的 ELF 格式的映像文件；
- Thumb Executable Image：用于由 Thumb 指令创建一个可执行的 ELF 格式的映像文件；
- Thumb Object Library：用于由 Thumb 指令的代码生成一个 armar 格式的目标文件库。

在这里选择 ARM Executable Image，在 Project name 中输入工程文件名，本例为 ledcircle，单击 Location 文本框的 Set 按钮，浏览选择想要将该工程保存的路径。将这些设置好后，单击"确定"按钮，即可建立一个新的名为 11 的工程。

这个时候会出现 11. mcp 的窗口，如图 7-2 所示，有三个标签页，分别为 Files、Link Order、Targets，默认的是显示第一个标签页 Files。通过在该标签页右击，选中 Add Files 可以把要用到的源程序添加到工程中。

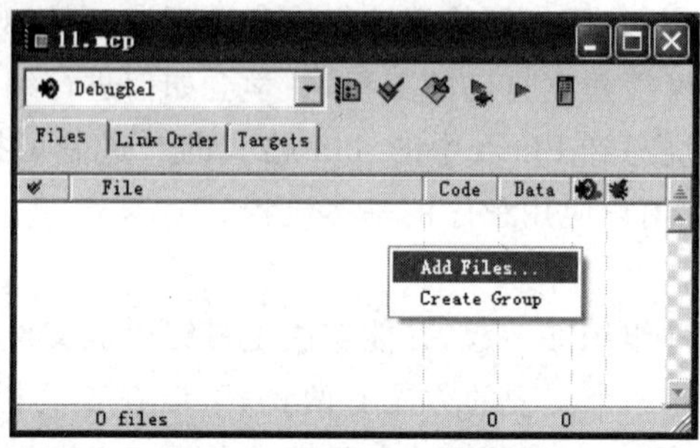

图 7-2 新建工程打开窗口

对于本例，由于所有的源文件都还没有建立，所以首先需要新建源文件。

在 File 菜单中选择 New，在打开的如图 7-1 所示的对话框中，选择标签页 File，在 File name 中输入要创建的文件名，本例中输入 Init. s，单击"确定"关闭窗口。

在打开的文件编辑框中输入下面的汇编代码：

```
IMPORT      Main
AREA      Init, CODE, READONLY
ENTRY
LDR R0, =0x3FF0000
LDR R1, =0xE7FFFF80        ; 配置 SYSCFG，片内 4KB cache，4KB SRAM
STR      R1, [R0]
LDR SP, =0x3FE1000         ; SP 指向 4KB SRAM 的尾地址，堆栈向下生成
BL      Main
B       .
END
```

在这段代码中，伪操作 IMPORT 告诉编译器符号 Main 不是在该文件中定义的，而是在其他源文件中定义的符号，但是本源文件中可能要用到该符号。接下来用伪指令 AREA 定义段名为 Init 的段为只读的代码段，伪指令 ENTRY 指出了程序的入口点。下面就是用汇编指令实现了配置 SYSCFG 特殊功能寄存器，将 S3C2440A 片内的 8KB 一体化的 SRAM 配置为 4KB cache，4KB SRAM，并将用户堆栈设置在片内的 SRAM 中。

4KB SRAM 的地址为 0x3FE，0000～(0x3FE，1000－1)，由于 S3C2440A 的堆栈由高地址向低地址生成，故将 SP 初始化为 0x3FE，1000。

完成上述操作后，程序跳转到 Main 函数执行。

保存 Init. s 汇编程序。

用同样的方法，再建立一个名为 main. c 的 C 源代码文件。具体代码内容如下。

```
#define   IOPMOD      (*(volatile unsigned  *)0x03FF5000)
#define   IOPDATA   (*(volatile unsigned  *)0x03FF5008)
void Delay(unsigned int);
int Main()
{
     unsigned long   LED;
      IOPMOD=0xFFFFFFFF;    //将 I/O 口设置为输出模式
      IOPDATA=0x01;
      for(;;){
            LED=IOPDATA;
            LED=(LED<<1);
            IOPDATA=LED;
            Delay(10);
            if(!(IOPDATA&0x0F))
                 IOPDATA=0x01;
            }
      return (0);
   }
   void Delay(unsigned int x)
   {
     unsigned int i,j,k;
      for(i=0;i<=x;i++)
            for(j=0;j<0xff;j++)
                 for(k=0;k<0xff;k++);
      }
```

该段代码首先将 I/O 模式寄存器设置为输出模式，为 I/O 数据寄存器赋初值 0x1，通过将 I/O 数据寄存器的数值进行周期性的左移，实现使接在 P0～P3 口的 LED 显示器轮流被点亮的功能。注意这里的 if 语句，是为了保证当 I/O 数据寄存器中的数在移位过程中，第 4 位为数字 1 时，通过和 0xFF 相与，使数字 1 又重新回到 I/O 数据寄存器的第 0 位，从而保证了数字 1 一直在 I/O 数据寄存器的低 4 位之间移位。

注意：在建立好一个工程时，默认的 Targets 是 DebugRel，还有另外两个可用的 Targets，分别为 Release 和 Debug，这三个 Targets 的含义分别如下。

- DebugRel：使用该目标，在生成目标的时候，会为每一个源文件生成调试信息；
- Debug：使用该目标为每一个源文件生成最完全的调试信息；

• Release：使用该目标不会生成任何调试信息。

在本例中，使用默认的 DebugRel 目标。

现在已经新建了两个源文件，要把这两个源文件添加到工程中去。

为工程添加源码常用的方法有两种，既可以使用如图 7-2 所示方法，也可以在 Project 菜单项中，选择 Add Files，这两种方法都会打开文件浏览框，用户可以把已经存在的文件添加到工程中来。当选中要添加的文件时，会出现一个对话框，如图 7-3 所示。

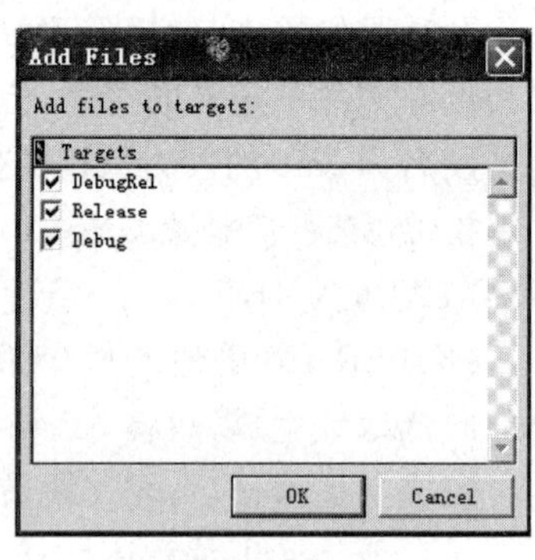

图 7-3　选择添加文件到指定目标

到目前为止，一个完整的工程已经建立。

2. 编译和链接工程

在进行编译和链接前，首先讲述一下如何进行生成目标的配置。

单击 Edit 菜单，选择 DebugRel Settings(注意，这个选项会因用户选择的不同目标而有所不同)，出现如图 7-4 所示的对话框。这个对话框中的设置很多，在这里只介绍一些最为常用的设置选项。

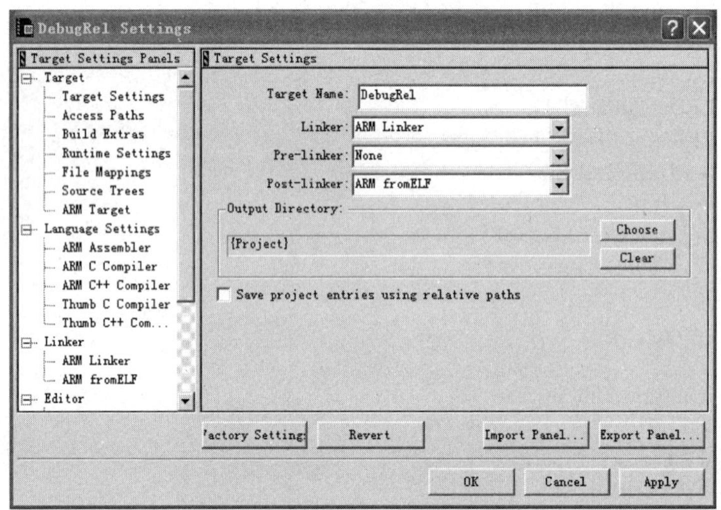

图 7-4　DebugRel 设置对话框

(1) Target 设置选项

• Target Name 文本框显示了当前的目标设置。
• Linker 选项供用户选择要使用的链接器。在这里默认选择的是 ARM Linker，表示将使用 armlink 链接编译器和汇编器生成与工程中文件相对应的目标文件。这个设置中还有两个可选项，None 表示不用任何链接器，如果使用它，则工程中的所有文件都不会被编译器或汇编器处理。ARM Librarian 表示将编译或汇编得到的目标文件转换为 ARM 库文件。对于本例，使用默认的链接器 ARM Linker。
• Pre-linker：目前 CodeWarrior IDE 不支持该选项。
• Post-linker：选择在链接完成后，还要对输出文件进行的操作。在本例中，希望生成可以烧写到 Flash 中去的二进制代码，所以在这里选择 ARM fromELF，表示在链接生成映像文件后，再调用 FromELF 命令将含有调试信息的 ELF 格式的映像文件转换成其他格式的文件。

(2) Language Settings

因为本例中包含有汇编源代码，所以要用到汇编器。首先看 ARM 汇编器。这个汇编器实际就是 armasm，默认的 ARM 体系结构是 ARM7TDMI，本例需要将体系结构改为 ARM9 TDMI，如图 7-5 所示。字节顺序默认就是小端模式，其他设置就用默认值即可。

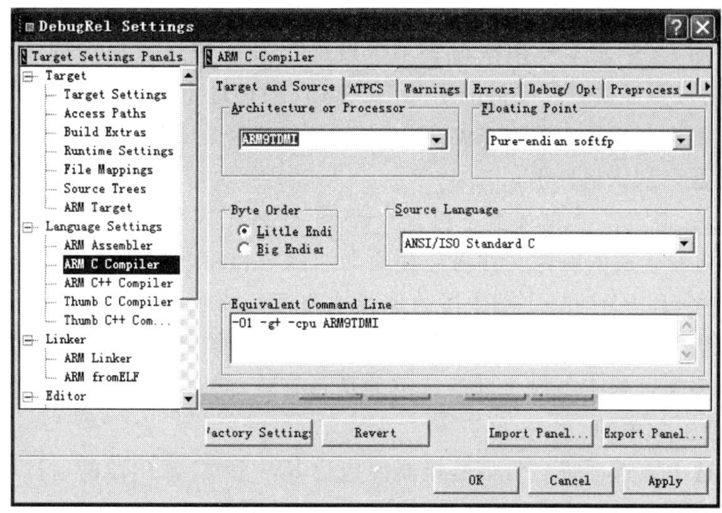

图 7-5　命令行工具选项设置

还有一个需要注意的就是 ARM C 编译器，它实际就是调用的命令行工具 armcc，使用默认的设置就可以了。

(3) Linker 设置

选中 ARM Linker，出现如图 7-6 所示对话框。这里详细介绍该对话框的主要的标签页选项，因为这些选项对最终生成的文件有着直接的影响。

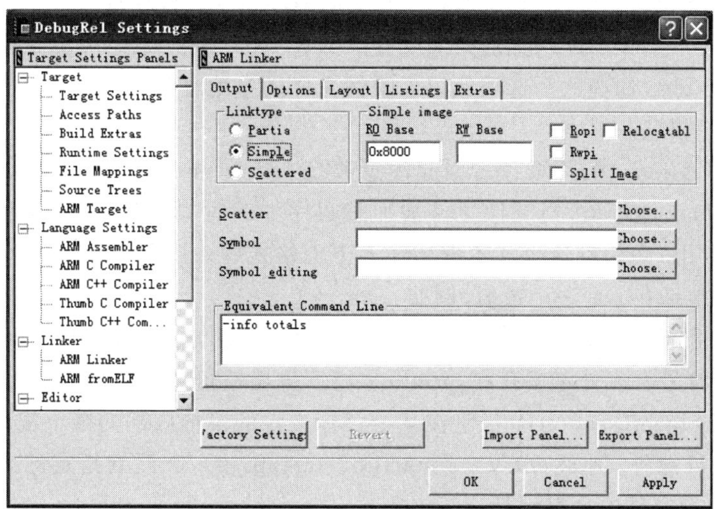

图 7-6　链接器设置

在标签页 Output 中,Linktype 提供了三种链接方式。Partia 方式表示链接器只进行部分链接,经过部分链接生成的目标文件,可以作为以后进一步链接时的输入文件。Simple 方式是默认的链接方式,也是最为频繁使用的链接方式,它链接生成简单的 ELF 格式的目标文件,使用的是链接器选项中指定的地址映射方式。Scattered 方式使得链接器要根据 scatter 格式文件中指定的地址映射,生成复杂的 ELF 格式的映像文件。

因为所举的例子比较简单,选择 Simple 方式即可。在选中 Simple 方式后,就会出现 Simple Image。

① RO Base:这个文本框用来设置 RO 段的加载域和运行域为同一个地址,默认是 0x8000。这里用户要根据自己硬件的实际 SDRAM 的地址空间来修改这个地址,保证在这里填写的地址,是程序运行时 SDRAM 地址空间所能覆盖的地址。针对本书所介绍的目标板,就可以使用这个默认地址值。

② RW Base:这个文本框设置了包含 RW 和 ZI 输出段的运行域地址。如果选中 Split Image 选项,链接器生成的映像文件将包含两个加载域和两个运行域,此时,在 RW Base 中所输入的地址为包含 RW 和 ZI 输出段的加载域和运行域地址。

③ Ropi:选中这个设置将告诉链接器使包含有 RO 输出段的运行域位置无关。使用这个选项,链接器将保证检查各段之间的重定址是否有效,同时确保任何由 armlink 自身生成的代码是只读位置无关的。

④ Rwpi:选中该选项将会告诉链接器使包含 RW 和 ZI 输出段的运行域位置无关。如果这个选项没有被选中,域就标识为绝对。每一个可写的输入段必须是读写位置无关的。如果这个选项被选中,链接器将进行下面的操作。

- 检查可读可写属性的运行域的输入段是否设置了位置无关属性;
- 检查在各段之间的重地址是否有效;
- 在 Region$ $Table 和 ZISection$ $Table 中添加基于静态存储器的选项。
- 该选项要求 RW Base 有值,如果没有给它指定数值的话,默认为 0。

⑤ Split Image:选择这个选项,链接器将把包含 RO 和 RW 的输出段的加载域分成两个加载域,一个是包含 RO 输出段的域,一个是包含 RW 输出段的域。

这个选项要求 RW Base 有值,如果没有给 RW Base 选项设值,则默认是 0。

⑥ Relocatable:选择这个选项保留了映像文件的重地址偏移量。这些偏移量为程序加载器提供了有用信息。

在标签页 Options 中,需要读者引起注意的是 Image entry point 文本框。它指定映像文件的初始入口点地址值,当映像文件被加载程序加载时,加载程序会跳转到该地址处执行。如果需要,用户可以在这个文本框中输入下面格式的入口点。

- 入口点地址:这是一个数值,例如:-entry 0x0。
- 符号:指定映像文件的入口点为该符号所代表的地址处,例如-entry int_handler。如果该符号有多处定义存在,armlink 将产生出错信息。
- offset+object(section):指定在某个目标文件的段的内部的某个偏移量处为映像文件的入口地址,例如-entry 8+startup(startupseg),在此处指定的入口点用于设置 ELF 映像文件的入口地址。

注意:这里不可以用符号 main 作为入口点地址符号,否则将会出现类似“Image does

not have an entry point(Not specified or not set due to multiple choice)"的错误信息。

在 Linker 下还有一个 ARM fromELF,通过设置其中的选项,可以将 ELF 格式的可执行映像文件转换成可以烧写到 ROM 的二进制格式文件;对输出文件进行反汇编,从而提取出有关目标文件的大小,符号和字符串表以及重地址等信息,如图 7-7 所示。

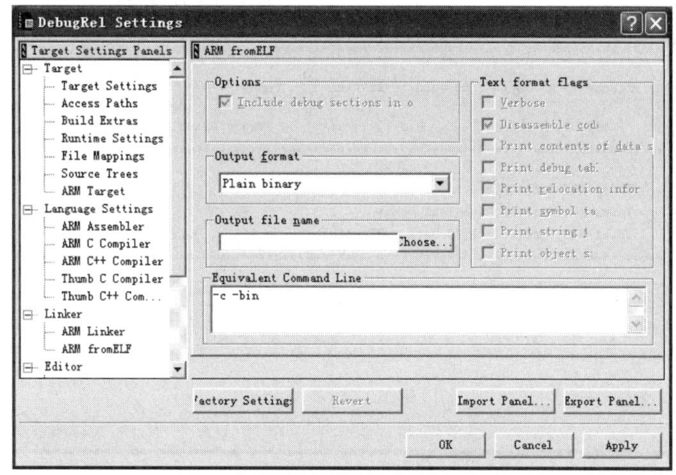

图 7-7 ARM fromELF 可选项

在 Output format 下拉框中,为用户提供了多种可以转换的目标格式,本例选择 Plain binary,这是一个二进制格式的可执行文件,可以被烧写到目标板的 Flash 中。

在 Output file name 文本框输入期望生成的输出文件存放的路径,或通过单击 Choose 按钮从文件对话框中选择输出文件。如果在这个文本框不输入路径名,则生成的二进制文件存放在工程所在的目录下。

进行好这些相关的设置后,以后再对工程进行 make 的时候,CodeWarrior IDE 就会在链接完成后调用 fromELF 来处理生成的映像文件。

对于本例的工程而言,到此就完成 make 之前的设置工作了。

单击 CodeWarrior IDE 的 Project 菜单下的 make 菜单,就可以对工程进行编译和链接了。整个编译链接过程如图 7-8 所示。

在工程 ledcircle 所在的目录下,会生成一个名为"工程名_data"目录,在本例中就是 ledcircle_data 目录,在这个目录下不同类别的目标对应不同的目录。在本例中由于使用的是 DebugRel 目标,所以生成的最终文件都应该在该目录下。

7.1.2 用 AXD 进行代码调试

AXD(ARM extended debugger)是 ADS 软件中独立于 CodeWarrior IDE 的图形软件,打开 AXD 软件,默认打开的目标是 ARMulator。

1. 在 AXD 中打开调试文件

在 File 菜单中选择 Load Image 选项,打开 Load Image 对话框,找到要装载的.axf 映像文件,单击"打开"按钮,就把映像文件装载到目标内存中了。

在所打开的映像文件中会有一个蓝色的箭头指示当前执行的位置。对于本例,打开映像文件后,如图 7-9 所示。

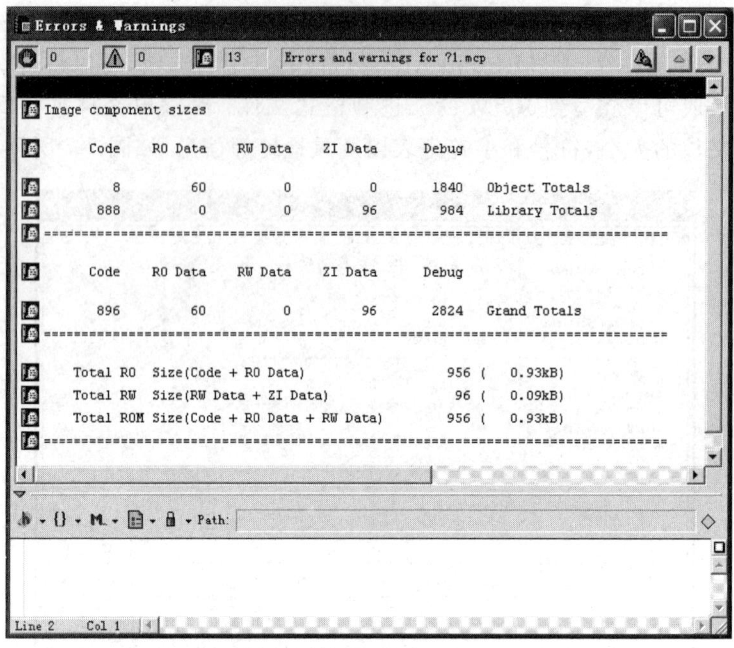

图 7-8　编译和链接过程

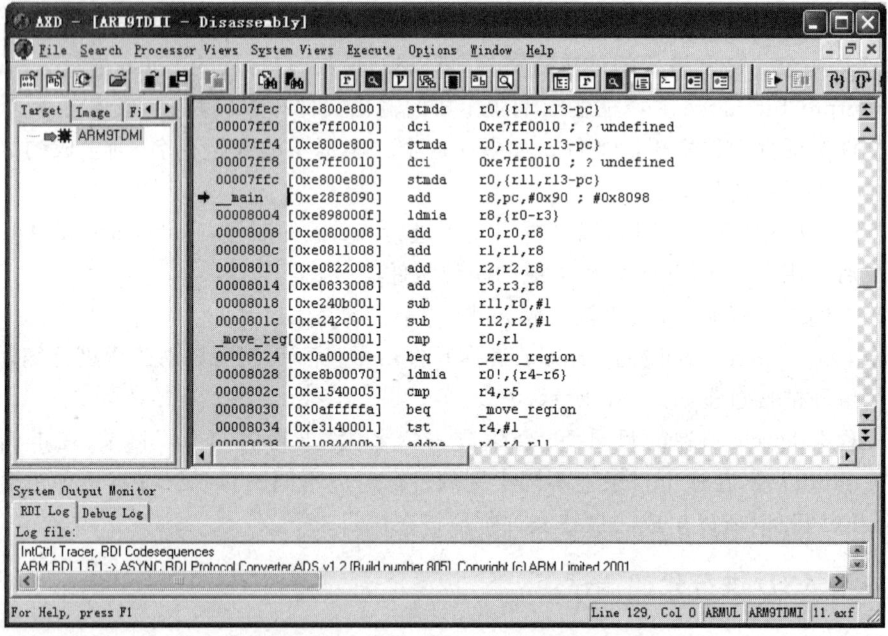

图 7-9　在 AXD 下打开映像文件

在 Execute 菜单中选择 Go，将全速运行代码。要想进行单步的代码调试，在 Execute 菜单中选择 Step 选项，或用 F10 即可以单步执行代码，窗口中蓝色箭头会发生相应的移动。

若用户希望程序在执行到某处时，查看一些所关心的变量值，此时可以通过断点设置达到此要求。将光标移动到要进行断点设置的代码处，在 Execute 菜单中，选择 Toggle Breakpoint 或按 F9，就会在光标所在位置出现一个实心圆点，表明该处为断点。

还可以在 AXD 中查看寄存器值、变量值、某个内存单元的数值等。

下面就结合本章中的例子，介绍在 AXD 中的调试过程。

2. 查看存储器内容

在程序运行前，可以先查看两个宏变量 IOPMOD 和 IOPDATA 的当前值。方法是：从 Processor Views 菜单中选择 Memory 选项，如图 7-10 所示。

ARM9TDMI - Memory　Start addre 0x0

Tab1 - Hex - No prefix | Tab2 - Hex - No prefix | Tab3 - Hex - No prefix | Tab4 - Hex - No prefix

Address	0	1	2	3	4	5	6	7	8	9	a	b	c	d	e	f	ASCII
0x00000000	10	00	FF	E7	00	E8	00	E8	10	00	FF	E7	00	E8	00	E8	....
0x00000010	10	00	FF	E7	00	E8	00	E8	10	00	FF	E7	00	E8	00	E8	....
0x00000020	10	00	FF	E7	00	E8	00	E8	10	00	FF	E7	00	E8	00	E8	....
0x00000030	10	00	FF	E7	00	E8	00	E8	10	00	FF	E7	00	E8	00	E8	....
0x00000040	10	00	FF	E7	00	E8	00	E8	10	00	FF	E7	00	E8	00	E8	....
0x00000050	10	00	FF	E7	00	E8	00	E8	10	00	FF	E7	00	E8	00	E8	....
0x00000060	10	00	FF	E7	00	E8	00	E8	10	00	FF	E7	00	E8	00	E8	....
0x00000070	10	00	FF	E7	00	E8	00	E8	10	00	FF	E7	00	E8	00	E8	....

图 7-10　查看存储器内容

在 Memory Start address 选择框中，用户可以根据要查看的存储器的地址输入起始地址，在下面的表格中会列出连续的 64 个地址。因为 I/O 模式控制寄存器和 I/O 数据控制寄存器都是 32 位的控制寄存器，所以从 0x3FF5000 开始的连续 4 个地址空间存放的是 I/O 模式控制寄存器的值，从图 7-10 可以读出该控制寄存器的值开始为 0xE7FF0010，I/O 数据控制寄存器的内容是从地址 0x3FF5008 开始的连续 4 个地址空间存放的内容。读数据的时候注意高地址中存放的是高字节，低地址中存放的是低字节。

现在对程序进行单步调试，当程序运行到 for 循环处时，可以再一次查看这两个寄存器中的内容，此时存储器的内容如图 7-11 所示。

ARM9TDMI - Memory　Start addre 0x3ff5000

Tab1 - Hex - No prefix | Tab2 - Hex - No prefix | Tab3 - Hex - No prefix | Tab4 - Hex - No prefix

Address	0	1	2	3	4	5	6	7	8	9	a	b	c	d	e	f	ASCII
0x03FF5000	10	00	FF	E7	00	E8	00	E8	01	00	00	00	00	E8	00	E8	....
0x03FF5010	10	00	FF	E7	00	E8	00	E8	10	00	FF	E7	00	E8	00	E8	....
0x03FF5020	10	00	FF	E7	00	E8	00	E8	10	00	FF	E7	00	E8	00	E8	....
0x03FF5030	10	00	FF	E7	00	E8	00	E8	10	00	FF	E7	00	E8	00	E8	....
0x03FF5040	10	00	FF	E7	00	E8	00	E8	10	00	FF	E7	00	E8	00	E8	....
0x03FF5050	10	00	FF	E7	00	E8	00	E8	10	00	FF	E7	00	E8	00	E8	....
0x03FF5060	10	00	FF	E7	00	E8	00	E8	10	00	FF	E7	00	E8	00	E8	....
0x03FF5070	10	00	FF	E7	00	E8	00	E8	10	00	FF	E7	00	E8	00	E8	....

图 7-11　单步运行后的存储器内容

图中可以看出运行完两个赋值语句后，两个寄存器的内容的确发生了变化，在地址 0x3FF5000 作为起始地址的连续 4 个存储单元中，可以读出 I/O 模式控制寄存器的内容为 0xFFFFFFFF，在地址 0x3FF5008 开始的连续的 4 个存储单元中，可以读出 I/O 数据控制寄存器的内容为 0x00000001。

3. 设置断点

可以在 for 循环体的"Delay(10);"语句处设置断点，将光标定位在该语句处。使用快捷键 F9 在此处设置断点，按 F5 键，程序将运行到断点处。如果读者想查看子函数 Delay 是如何运行的，可以在 Execute 菜单中选择 Step In 选项，或按下 F8 键，进入到子函数内部进行单步程序的调试，如图 7-12 所示。

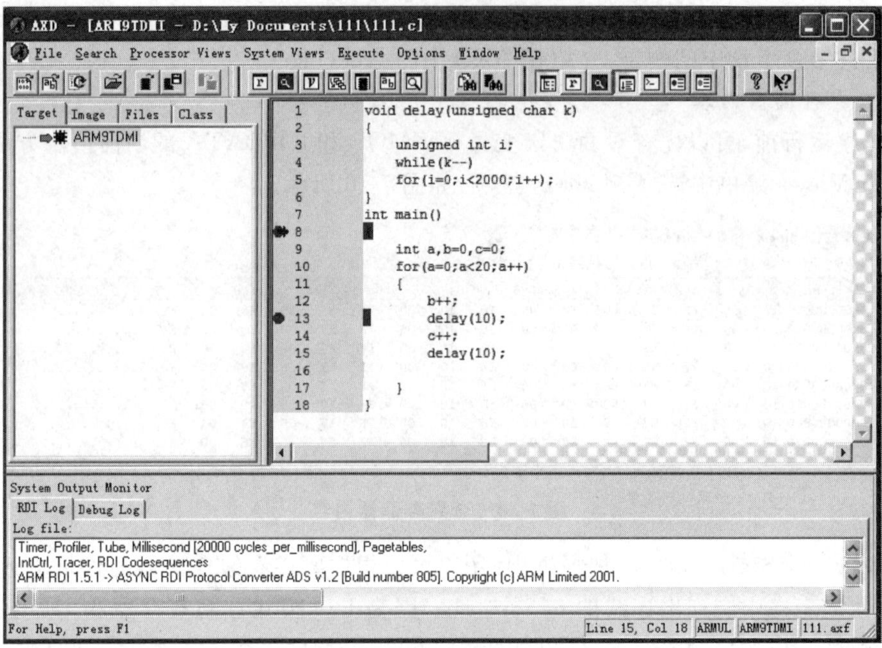

图 7-12 设置断点

4. 查看变量值

在 Delay 函数的内部,如果用户希望查看某个变量的值,比如查看变量 i 的值,可以在 Processor Views 菜单中选择 Watch,会出现如图 7-13 所示的 watch 窗口,然后用鼠标选中变量 i 右击,在快捷菜单中选中 Add to Watch,这样变量 i 就会添加到 Watch 窗口的 Tab1 中,如图 7-13 所示。

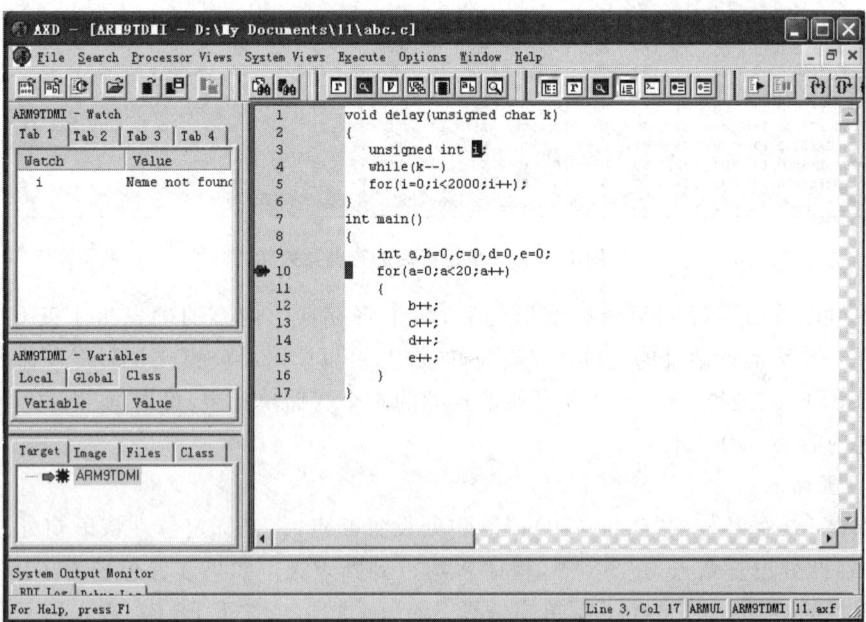

图 7-13 查看变量

程序运行过程中,用户可以看到变量 i 的值在不断地变化。默认显示变量数值是以十六进制格式显示的,如果用户对这种显示格式不习惯的话,可以在 Watch 窗口右击,在弹出的快捷菜单中选择 Format 选项,如图 7-14 所示,用户可以选择所查看的变量显示数据的格式。如果用户想从 Delay 函数中跳出到主函数中去,最简单的方法就是将光标定位到用户想跳转到的主函数处,在 Execute 菜单中选择 Run to Cursor 选项,则程序会从 Delay 函数中跳转到光标所在位置。

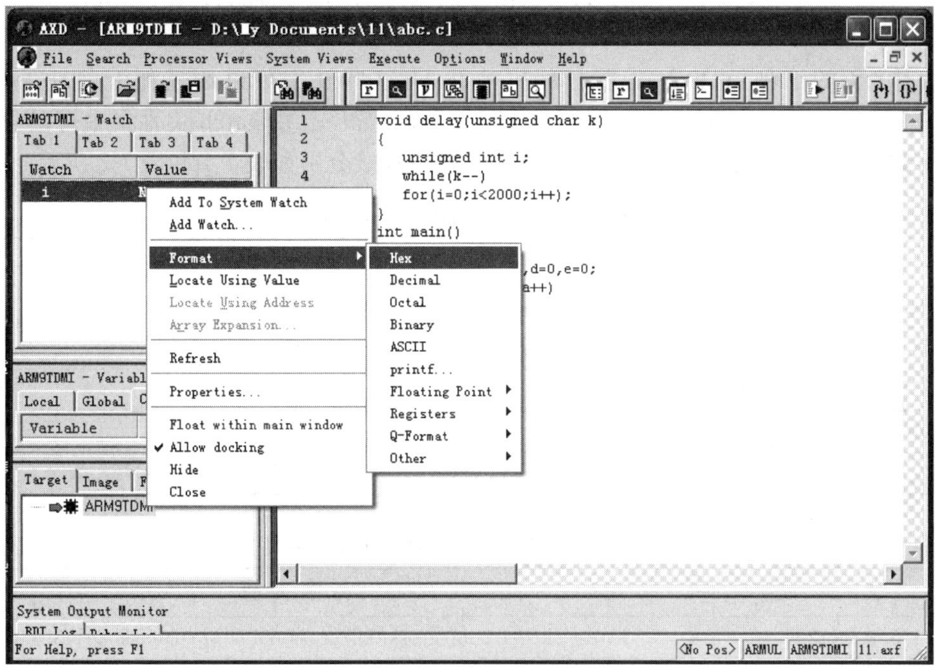

图 7-14　改变变量的格式

7.2　嵌入式 Linux 的交叉编译环境安装

交叉编译是嵌入式开发过程中的一项重要技术,其主要特征是某机器中执行的程序代码不是在本机编译生成,而是由另一台机器编译生成,一般把前者称为目标机,后者称为主机。

Linux 下的交叉编译环境主要包括以下几个部分。

- 针对目标系统的编译器 GCC;
- 针对目标系统的二进制工具 binutils;
- 目标系统的标准 C 库 glibc,有时出于减小 libc 库大小的考虑,也可以用别的 C 库来代替 glibc,例如 μClibc、newlib 等;
- 目标系统的 Linux 内核头文件。

1. 准备工作

主机环境为 cygwin,本文使用的 cygwin DLL 版本号为 1.5.21。

因为GCC、binutils、glibc以及Linux内核头文件均有各自的版本号,并不是任意组合都可以编译成功并最终建立一个交叉编译环境的。一些可以直接利用的组合方式,可以通过该网址查看: http://kegel.com/crosstool/crosstool-0.42/buildlogs/。当选择了某一种组合以后,仍然需要对源代码做相应的修改,才能最终编译成功。

本文使用的组合为gcc-3.4.5+glibc-2.2.5+binutils-2.15+linux-2.6.8(头文件),因为本文建立的交叉编译环境是用来编译Linux-2.6系列内核,以及运行在该系列内核上的程序,故选择了Linux-2.6.8内核的头文件,当然也可以选择其他合适的Linux 2.6版本的内核。

针对上面的这种组合,还需要打相应的补丁,这些补丁可以通过如下网址下载到: http://kegel.com/crosstool/crosstool-0.42.tar.gz。解压后在patch文件夹中可以找到相应的补丁。关于Linux-2.6内核文件及补丁下载的链接分别如表7-1和表7-2所示。

表7-1　Linux 2.6内核文件下载网址

文 件 包	网 址
gcc-3.4.5.tar.bz2	http://ftp.gnu.org/gnu/gcc
binutils-2.15.tar.bz2	http://ftp.gnu.org/gnu/binutils
glibc-2.2.5.tar.gz	http://ftp.gnu.org/gnu/glibc
glibc-linuxthreads-2.2.5.tar.gz	
linux-2.6.8.tar.bz2	http://www.kernel.org/pub/linux/kernel/v2.6/

表7-2　Linux 2.6内核文件补丁下载网址

文 件 包	补 丁 网 址
gcc-3.4.5.tar.bz2	http://kegel.com/crosstool/crosstool-0.42/patches/gcc-3.4.5/
binutils-2.15.tar.bz2	http://kegel.com/crosstool/crosstool-0.42/patches/binutils-2.15/
glibc-2.2.5.tar.gz	http://kegel.com/crosstool/crosstool-0.42/patches/glibc-2.2.5
glibc-linuxthreads-2.2.5.tar.gz	
linux-2.6.8.tar.bz2	http://kegel.com/crosstool/crosstool-0.42/patches/linux-2.6.8/

2. 交叉编译环境的建立过程

为了更清晰地描述交叉环境的建立过程,在此对各个源码包的作用进行说明。

binutils-2.15.tar.bz2: 这个压缩包包含有ld、ar、as等一些产生或者处理二进制文件的工具。其主要目的是为GNU系统提供汇编和链接工具等。

gcc-3.4.5.tar.bz2: 这个压缩包主要是为GNU系统提供C编译器。现在支持多种语言,包括C/C++、Fortran、Java、Objective-C、Ada等。

glibc-2.2.5.tar.gz: libc是很多用户层应用都要用到的库,用于定义系统调用和其他一些基本的函数调用。

glibc-linuxthreads-2.2.5.tar.gz: 这是libc用于支持Posix线程而单独发布的一个压缩包。

linux-2.6.8.tar.bz2: 这个压缩包就是Linux的内核,在编译glibc时,要用到Linux内核中的include目录的内核头文件。

交叉编译环境建立过程如图 7-15 所示，具体过程如下。

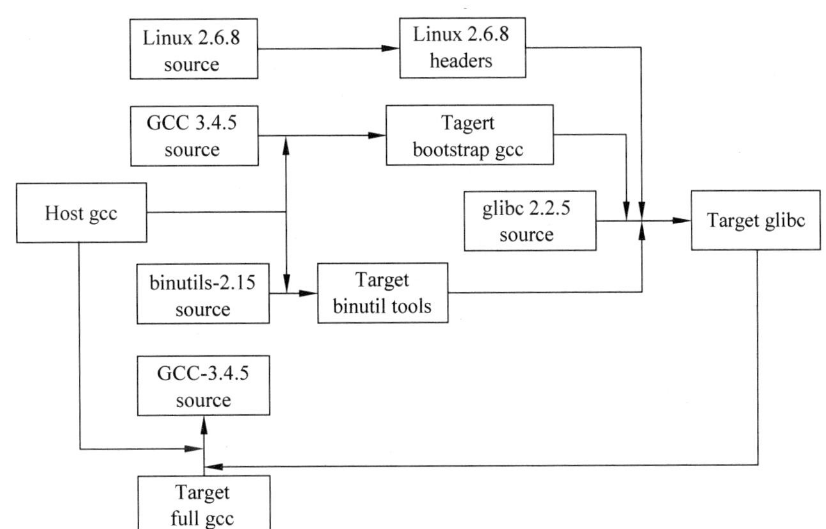

图 7-15　交叉编译环境建立过程

(1) 创建编译环境。在这个过程中，将设置一些环境变量，创建安装目录，安装内核源代码和头文件等。

(2) 建立内核头文件，主要是生成 include/linux/version. h 和 include/linux/autoconf. h 文件，这是编译 glibc 时要用到的。version. h 和 autoconf. h 文件的存在，也说明生成了正确的头文件。

(3) 创建 binutils。这个过程结束后，会创建类似 arm-linux-ld 等工具。binutils 是一组开发工具，包括链接器、汇编器以及其他用于目标文件和档案的工具。首先安装软件包 binutils 是非常重要的，因为 glibc 和 GCC 会针对可用的链接器和汇编器进行多种测试，以决定打开某些特性。

(4) 创建一个交叉编译版本的 GCC(称为 bootstrap gcc)。注意：在这个过程中只能编译 C 程序，而不能编译 C++程序。创建一个完整的交叉编译版本 GCC，需要交叉编译版本的 glibc 及其头文件，而交叉编译版本的 glibc 是通过交叉编译版本的 GCC 创建的。面对这个先有鸡还是先有蛋的问题，解决办法是先编译仅支持 C 语言的 bootstrap gcc 编译器，并禁止支持线程。

(5) 创建一个交叉编译版本的 glibc。这里最容易出现问题。glibc 是一个提供系统调用和基本函数的 C 语言库，比如 open，malloc 和 printf 等，所有动态链接的程序都要用到它。创建 glibc 需要的时间很长。

(6) 重新创建 GCC(称为 full gcc)。因为前面创建 GCC 的过程没有编译 C++编译器，现在 glibc 已经准备好了，所以这个步骤将产生一个更完整的 full gcc 编译器。

3. 交叉环境的建立

(1) 工作目录及环境变量的设置

因为项目空间中目录众多，读者可以通过 export 命令设置一些环境变量，如表 7-3 所示。目录结构如图 7-16 所示。

表 7-3　环境变量设置

环境变量	备　注
TARGET=arm-linux	GNU 目标系统标识符
GCC_HOST=i686-pc-cygwin	主机系统标识符
BUILD=i686-pc-cygwin	构建系统标识符
SRC_DIR=/coretek/src_dir	源代码所放目录
BINUTILS_DIR= $SRC_DIR/glibc-2.2.5	binutils 源代码目录名
GCC_DIR= $SRC_DIR/gcc-3.4.5	GCC 源代码目录名
GLIBC_DIR= $SRC_DIR/glibc-2.2.5	glibc 源代码目录名
LINUX_DIR= $SRC_DIR/linux-2.6.8	Linux 源代码目录名
PREFIX=/coretek/armtools	交叉工具安装目录
BUILD_DIR=/coretek/build_dir	交叉工具编译目录
CORE_PREFIX= $BUILD_DIR/gcc-core-prefix	bootstrap gcc 安装目录,不安装在 $PREFIX 中,以免影响 full gcc 的编译
SYSROOT= $PREFIX/STARGET	交叉工具链的系统根目录
HEADERDIR= $SYSROOT/include	交叉工具链编译时头文件所在目录

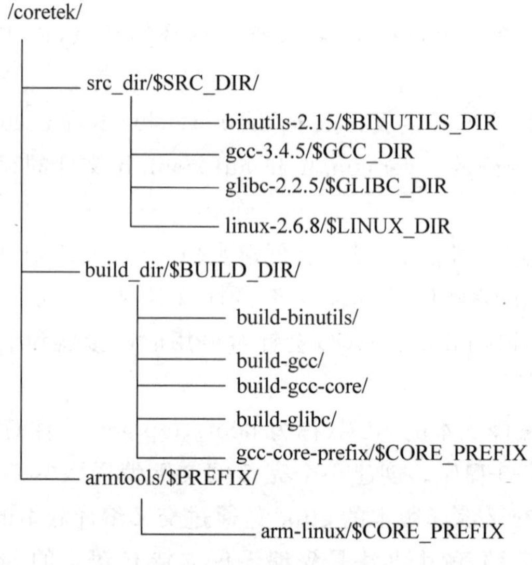

图 7-16　目录结构图

(2) 建立内核头文件

因为交叉工具链是针对特定的处理器和操作系统的,因此在编译之前就需要对 Linux 内核进行配置。可以通过“make config”或“make menuconfig”命令对内核进行配置,配置完成后,在 Linux 源文件的目录下就会生成一个.config 文件,这就是所需要的文件。如果有现成的配置文件,可以在“make menuconfig”中加载进来,或者使用 cp 命令把配置文件复制到 Linux 源文件目录下并改名为.config。

此时的.config 还不是完整的,因为有些信息在配置文件中没有给出,需要用户通过控制台输入。可以使用 make ARCH=arm oldconfig 命令,该命令可以使内核设置进程读取用户已有的设置信息,从而提示用户输入某一内核设置变量的值,这一变量在已有的内核设置文件中是找不到的，此处 ARCH=arm 就是输入的值。

接下来执行如下命令产生相关文件和链接：

```
make ARCH= $ ARCH include/asm include/linux/version.h include/asm- $ ARCH/.arch
```

执行完后，在 Linux 2.6.8/include 目录下生成 version.h 和 autoconfig.h 两个文件，在编译 glibc 时会用到它们。至此，Linux 的头文件已经生成完毕，现在通过如下命令，将编译交叉工具链时用到的头文件复制到 $ HEADERDIR 目录下。目录结构图如图 7-17 所示。

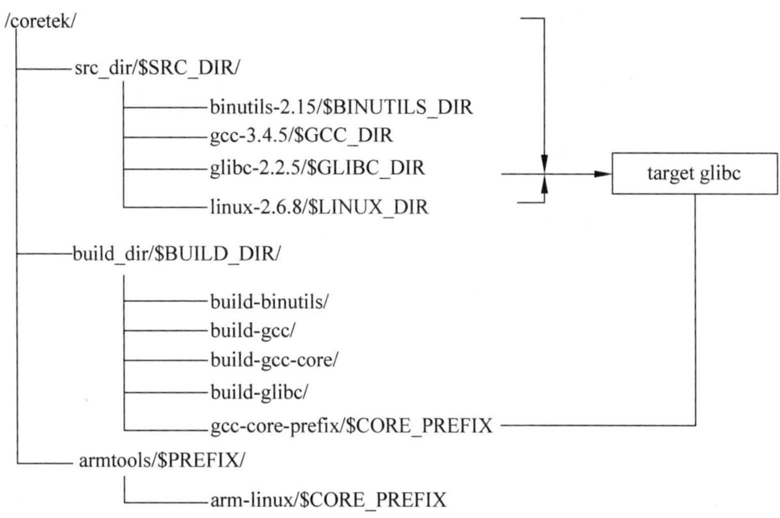

图 7-17　Linux 内核头文件目录结构

(3) 建立二进制工具(binutils)

首先安装二进制工具链，使用主机的 GCC 进行编译。生成的交叉二进制工具 arm-linux-ar，arm-linux-as，arm-linux-ld 等是编译其他交叉程序的基础，所以必须放到第一步进行。编译过程如下。

```
cd $ BUILD_DIR
mkdir -p build-binutils;
cd build-binutils
$ {BINUTILS_DIR}/configure --target= $ TARGET --host= $ GCC_HOST --prefix= $ PREFIX --
disable-nls --with-sysroot= $ SYSROOT
make all
make install
export PATH=" $ PREFIX/bin: $ PATH"
```

binutils 工具生成以后，要将其路径加入环境变量 PATH 中，以便在后续编译过程中能够找到它们。生成的工具如图 7-18 所示。

(4) 建立初始编译器(bootstrap gcc)

为了生成交叉编译版的 glibc，就必须创建一个交叉编译版本的 GCC。但是在资源有限的条件下，不可能拥有一个完整的交叉编译版的 GCC(因为编译完整的 GCC 是需要交叉编译版的 glibc 及其头文件，而现在还没有)。现在只能够先利用主机的 GCC 编译出一个简单的交叉编译版 GCC，即 arm-linux-gcc 及相关工具。arm-linux-gcc 只能编译 C 程序，而不能

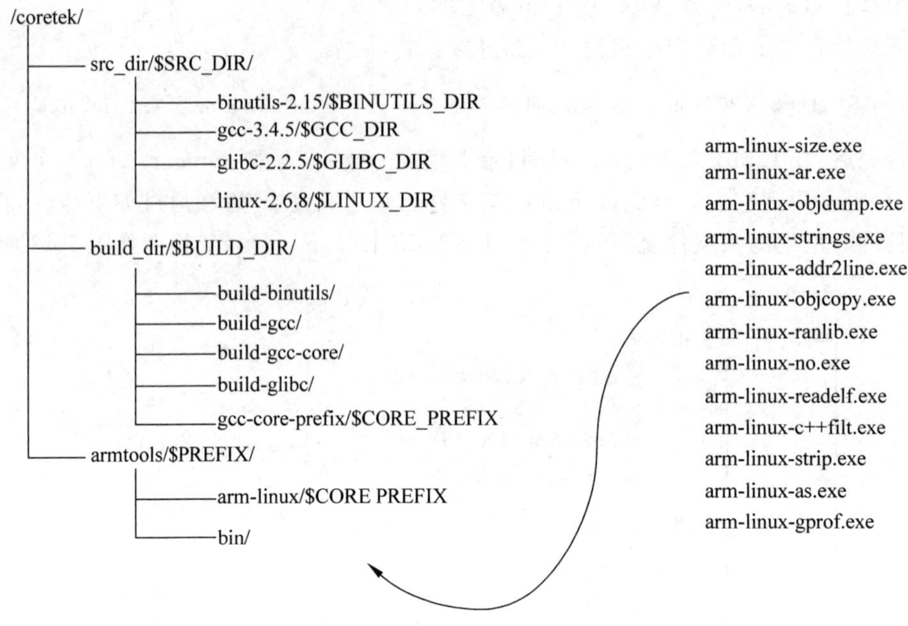

图 7-18　生成的 binutils 工具

编译 C++程序。编译过程如下所示。

```
 ${GCC_CORE_DIR}/configure --target=$TARGET --host=$GCC_HOST \
--prefix=$CORE_PREFIX \
        --with-local-prefix=$SYSROOT \
        --disable-multilib \
        --with-newlib \
        --disable-nls \
        --enable-threads=no \
        --enable-symvers=gnu \
        --enable-__cxa_atexit \
        --enable-languages=c \
        --disable-shared
make all-gcc
make install-gcc
export PATH="$CORE_PREFIX/bin:${PATH}"
```

bootstrap gcc 生成以后,要将其路径加入环境变量 PATH 中,以便在后续编译过程中能够找到它们。生成的工具如图 7-19 所示。

(5) 建立 C 库(glibc)

glibc 是一个提供系统调用和基本函数的 C 语言库,比如 open,malloc 和 printf 等,所有动态链接的程序都要用到它,这里最容易出现问题,并且创建 glibc 需要的时间很长。这时候编译器将会使用上一步生成的 arm-linux-gcc,同时会用到一开始准备的 Linux 内核头文件。编译 glibc 的命令如下所示。

```
BUILD_CC=gcc CFLAGS="-O -fno-unit-at-a-time" CC="${TARGET}-gcc
     AR=${TARGET}-ar RANLIB=${TARGET}-ranlib \
      ${GLIBC_DIR}/configure --prefix=/usr \
```

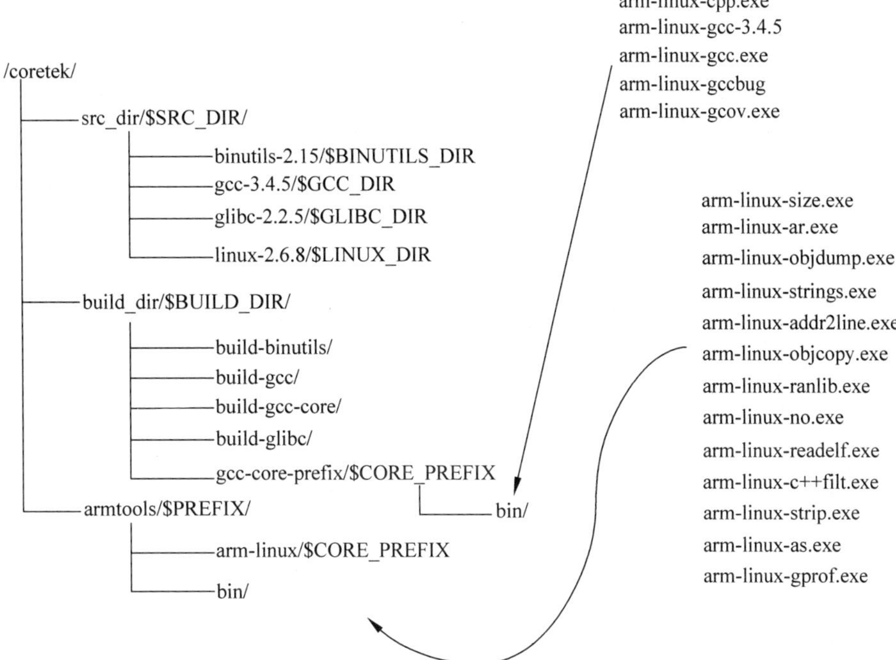

图 7-19　生成 bootstrap gcc 后的目录结构图

```
    --build=$BUILD --host=$TARGET \
    --without-cvs --disable-profile --disable-debug --without-gd \
    --enable-shared \
    --enable-add-ons=linuxthreads --with-headers=$HEADERDIR
make LD=${TARGET}-ld RANLIB=${TARGET}-ranlib all
make install_root=${SYSROOT} install
```

(6) 建立全套编译器(full gcc)

因为前面创建 GCC 的过程没有编译 C++编译器，现在 glibc 已经准备好了，所以这个步骤将产生一个更完整的 full gcc 编译器，命令如下所示。

```
${GCC_DIR}/configure --target=$TARGET --host=$GCC_HOST --prefix=$PREFIX \
    --with-local-prefix=${SYSROOT} \
    --disable-nls \
    --enable-threads=posix \
    --enable-symvers=gnu \
    --enable-__cxa_atexit \
    --enable-languages= c,c++ \
    --enable-shared \
    --enable-c99 \
    --enable-long-long
make all
make install
```

至此，已经生成一个完整的交叉编译版 GCC，完整的交叉编译版的 GCC 被添加至 $PREFIX/bin 目录，其结构如图 7-20 所示。

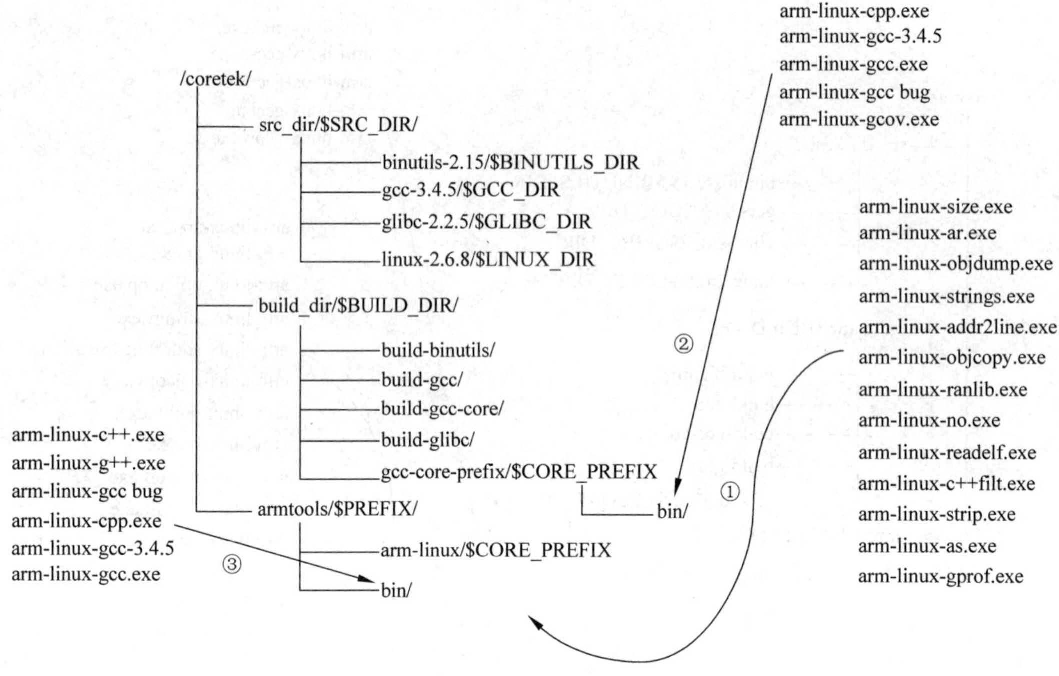

图 7-20 生成 full gcc 后的目录结构图

7.3 本章小结

本章主要介绍了 ADS 软件。首先介绍了 ADS 软件的基本组成部分,然后结合一个具体的应用实例,介绍如何在 CodeWarrior IDE 环境下建立自己的新工程,如何编译和链接工程生成可以调试的映像文件和二进制文件,又介绍了如何使用 ADS 的调试软件 AXD 调试应用程序。

7.4 习题 7

1. CodeWarrior IDE 包括什么功能?
2. 从各方面比较嵌入式系统与通用计算机的区别。
3. 什么是交叉编译?为什么要进行交叉编译?
4. Linux 下的交叉编译环境主要包括几个部分?
5. 在 ADS1.2 环境下开发一个应用项目,需要几个过程?
6. 在 ADS1.2 环境下创建一个工程项目,然后编写一个源程序并进行编译,使用 AXD 进行编译,写出详细操作步骤。
7. 简述交叉编译环境的建立过程。
8. 在交叉编译环境搭建时需要用 export 命令设置哪些环境变量?
9. 简述建立内核头文件过程。

第 8 章　嵌入式系统 Boot Loader 技术

本章将从 Boot Loader 的概念、主要任务、框架结构以及安装等 4 个方面来讨论嵌入式系统的 Boot Loader。

8.1　Boot Loader 的基本概念

简单地说，Boot Loader 就是在操作系统内核运行之前运行的一段小程序。通过这段小程序，可以初始化硬件设备、建立内存空间的映射图，从而将系统的软硬件环境带到一个合适的状态，以便为最终调用操作系统内核准备好正确的环境。

8.1.1　Boot Loader 的相关设备和机制

通常，Boot Loader 是严重地依赖于硬件而实现的，特别是在嵌入式世界。因此，在嵌入式世界里建立一个通用的 Boot Loader 几乎是不可能的。尽管如此，仍然可以对 Boot Loader 归纳出一些通用的概念来，以指导用户特定的 Boot Loader 设计与实现。

1. Boot Loader 所支持的 CPU 和嵌入式板

每种不同的 CPU 体系结构都有不同的 Boot Loader。有些 Boot Loader 也支持多种体系结构的 CPU，比如 U-Boot 就同时支持 ARM 体系结构和 MIPS 体系结构。除了依赖于 CPU 的体系结构外，Boot Loader 实际上也依赖于具体的嵌入式板级设备的配置。这也就是说，对于两块不同的嵌入式板而言，即使它们是基于同一种 CPU 而构建的，要想让运行在一块板子上的 Boot Loader 程序也能运行在另一块板子上，通常也都需要修改 Boot Loader 的源程序。

2. Boot Loader 的安装媒介(installation medium)

系统加电或复位后，所有的 CPU 通常都从某个由 CPU 制造商预先安排的地址上取指令。

3. 用来控制 Boot Loader 的设备或机制

主机和目标机之间一般通过串口建立连接，Boot Loader 软件在执行时通常会通过串口来进行 I/O，例如：输出打印信息到串口，从串口读取用户控制字符等。

4. Boot Loader 的启动过程是单阶段(single stage)还是多阶段(multi-stage)

通常多阶段的 Boot Loader 能提供更为复杂的功能，以及更好的可移植性。从固态存储设备上启动的 Boot Loader 大多都是 2 阶段的启动过程，也即启动过程可以分为阶段 1 和阶段 2 两部分。而至于在阶段 1 和阶段 2 具体完成哪些任务将在下面讨论。

5. Boot Loader 的操作模式(operation mode)

大多数 Boot Loader 都包含两种不同的操作模式：启动加载模式和下载模式，这种区别仅对于开发人员才有意义。但从最终用户的角度看，Boot Loader 的作用就是用来加载操作系统,而并不存在所谓的启动加载模式与下载工作模式的区别。

6. Boot Loader 与主机之间进行文件传输所用的通信设备及协议

最常见的情况就是,目标机上的 Boot Loader 通过串口与主机之间进行文件传输,传输协议通常是 xmodem、ymodem、zmodem 协议中的一种。但是,串口传输的速度是有限的,因此通过以太网连接并借助 TFTP 协议来下载文件是个更好的选择。

在讨论了 Boot Loader 的上述概念后,下面来具体看看 Boot Loader 应该完成哪些任务。

8.1.2 Boot Loader 的启动过程

在专用的嵌入式板子运行 GNU/Linux 系统已经变得越来越流行。一个嵌入式 Linux 系统从软件的角度看通常可以分为 4 个层次。

(1) 引导加载程序。包括固化在固件(firmware)中的 boot 代码(可选)和 Boot Loader 两大部分。

(2) Linux 内核。特定于嵌入式板子的定制内核以及内核的启动参数。

(3) 文件系统。包括根文件系统和建立于 Flash 内存设备之上的文件系统。

(4) 用户应用程序。特定于用户的应用程序。有时在用户应用程序和内核层之间可能还会包括一个嵌入式图形用户界面。常用的嵌入式 GUI 有 MicroWindows 和 MiniGUI 等。

如图 8-1 所示就是一个同时装有 Boot Loader、内核的启动参数、内核映像和根文件系统映像的固态存储设备的典型空间分配结构图。

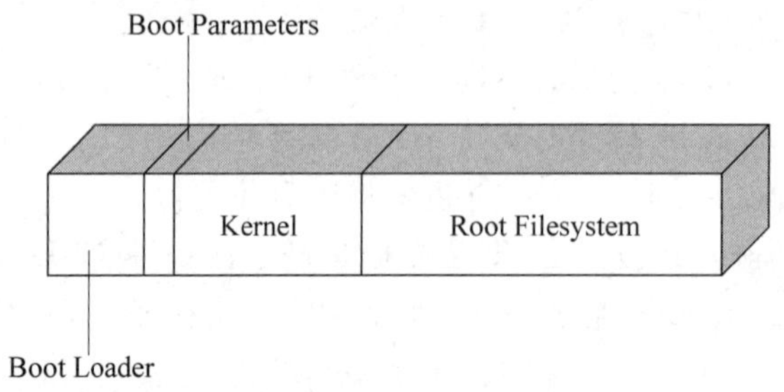

图 8-1 Boot Loader 典型空间分配结构图

8.1.3 Boot Loader 的操作模式

大多数 Boot Loader 都包含两种不同的操作模式:"启动加载"模式和"下载"模式。

- 启动加载(boot loading)模式:这种模式也称为自主(autonomous)模式。也即 Boot Loader 从目标机上的某个固态存储设备上将操作系统加载到 RAM 中运行,整个过程并没有用户的介入。这种模式是 Boot Loader 的正常工作模式,因此在嵌入式产品发布的时候,Boot Loader 显然必须工作在这种模式下。
- 下载(down loading)模式:在这种模式下,目标机上的 Boot Loader 将通过串口连接或网络连接等通信手段从主机(Host)下载文件,比如:下载内核映像和根文件系统映像等。从主机下载的文件通常首先被 Boot Loader 保存到目标机的 RAM 中,然后再被 Boot Loader 写到目标机上的 Flash 类固态存储设备中。Boot Loader 的这种模式通常在第一次安装内核与根文件系统时被使用；此外，以后的系统更新也会使用 Boot Loader 的这种工作模式。

像 Blob 或 U-Boot 等这样功能强大的 Boot Loader 通常同时支持这两种工作模式，而且允许用户在这两种工作模式之间进行切换。比如，Blob 在启动时处于正常的启动加载模式，但是它会延时 10 秒等待终端用户按下任意键而将 Blob 切换到下载模式。如果在 10 秒内没有用户按键，则 Blob 继续启动 Linux 内核。

8.1.4　Boot Loader 的总体设计

从操作系统的角度看，Boot Loader 的总目标就是正确地调用内核来执行。

Boot Loader 的阶段 1 通常包括以下步骤(以执行的先后顺序)。

① 硬件设备初始化。

② 为加载 Boot Loader 的阶段 2 准备 RAM 空间。

③ 复制 Boot Loader 的阶段 2 到 RAM 空间中。

④ 设置好堆栈。

⑤ 跳转到阶段 2 的 C 入口点。

Boot Loader 的阶段 2 通常包括以下步骤(以执行的先后顺序)。

① 初始化本阶段要使用到的硬件设备。

② 检测系统内存映射(memory map)。

③ 将 kernel 映像和根文件系统映像从 Flash 上读到 RAM 空间中。

④ 为内核设置启动参数。

⑤ 调用内核。

1. 阶段 1

(1) 基本的硬件初始化

这是 Boot Loader 一开始就执行的操作，其目的是为阶段 2 的执行以及随后的 kernel 的执行准备好一些基本的硬件环境。它通常包括以下步骤(以执行的先后顺序)。

① 屏蔽所有的中断。为中断提供服务通常是 OS 设备驱动程序的责任，因此在 Boot Loader 的执行全过程中可以不必响应任何中断。中断屏蔽可以通过写 CPU 的中断屏蔽寄存器或状态寄存器(比如 ARM 的 CPSR 寄存器)来完成。

② 设置 CPU 的速度和时钟频率。

③ RAM 初始化。包括正确地设置系统的内存控制器的功能寄存器以及各内存库控制寄存器等。

④ 初始化 LED。典型地，通过 GPIO 来驱动 LED，其目的是表明系统的状态是 OK 还是 Error。如果板子上没有 LED，那么也可以通过初始化 UART 向串口打印 Boot Loader 的 Logo 字符信息来完成这一点。

⑤ 关闭 CPU 内部指令和数据 cache。

(2) 为加载阶段 2 准备 RAM 空间

为了获得更快的执行速度，通常把阶段 2 加载到 RAM 空间中来执行，因此必须为加载 Boot Loader 的阶段 2 准备好一段可用的 RAM 空间范围。

由于阶段 2 通常是 C 语言执行代码，因此在考虑空间大小时，除了阶段 2 可执行映像的大小外,还必须把堆栈空间也考虑进来。此外,空间大小最好是 memory page 大小(通常是 4KB)的倍数。一般而言,1MB 的 RAM 空间已经足够了。具体的地址范围可以任意安排,比如 Blob 就将它的阶段 2 可执行映像安排到从系统 RAM 起始地址 0xC0200000 开始的 1MB 空间内执行。但是,将阶段 2 安排到整个 RAM 空间的最顶 1MB 是一种值得推荐的方法。

为了后面的叙述方便,这里把所安排的 RAM 空间范围的大小记为 stage2_size(字节),把起始地址和终止地址分别记为 stage2_start 和 stage2_end(这两个地址均以 4 字节边界对齐)。因此:stage2_end=stage2_start+stage2_size。

另外,还必须确保所安排的地址范围是可读可写的 RAM 空间,因此,必须对所安排的地址范围进行测试。具体的测试方法可以采用类似于 Blob 的方法,也即以 memory page 为被测试单位,测试每个 memory page 开始的两个字是否是可读写的。为了后面叙述的方便,记这个检测算法为:test_mempage,其具体步骤如下:

① 先保存 memory page 一开始两个字的内容。向这两个字中写入任意的数字。比如,向第一个字写入 0x55,第二个字写入 0xAA。

② 立即将这两个字的内容读回。显然,读到的内容应该分别是 0x55 和 0xAA。如果不是,则说明这个 memory page 所占据的地址范围不是一段有效的 RAM 空间。

③ 再向这两个字中写入任意的数字。比如,向第一个字写入 0xAA,第二个字中写入 0x55。

④ 立即将这两个字的内容读回。显然,读到的内容应该分别是 0xAA 和 0x55。如果不是,则说明这个 memory page 所占据的地址范围不是一段有效的 RAM 空间。

⑤ 恢复这两个字的原始内容。测试完毕。

为了得到一段干净的 RAM 空间范围,也可以将所安排的 RAM 空间范围进行清零操作。

(3) 复制阶段 2 到 RAM 中

复制时要确定两点:阶段 2 的可执行映像在固态存储设备的存放起始地址和终止地址;RAM 空间的起始地址。

(4) 设置堆栈指针 sp

通常可以把 sp 的值设置为 stage2_end-4。此外,在设置堆栈指针 sp 之前,也可以关闭 LED 灯,以提示用户准备跳转到阶段 2。

经过上述这些执行步骤后,系统的物理内存布局应该如图 8-2 所示。

(5) 跳转到阶段 2 的 C 入口点

在上述一切都就绪后,就可以跳转到 Boot Loader 的阶段 2 去执行了。比如,在 ARM 系统中,这可以通过修改 PC 寄存器为合适的地址来实现。

正如前面所说,阶段 2 的代码通常用 C 语言来实现,以便于实现更复杂的功能和取得更好的代码可读性和可移植性。但是与普通 C 语言应用程序不同的是,在编译和链接 Boot loader 这样的程序时,不能使用 glibc 库中的任何支持函数。即可用汇编语言写一段 trampoline 小程序,并将这段 trampoline 小程序来作为阶段 2 可执行映像的执行入口点。然后可以在 trampoline 汇编小程序中用 CPU 跳转指令跳入 main()函数中去执行;而当 main()函数返回时,CPU 执行路径显然再次回到 trampoline 程序。简而言之,这种方法的

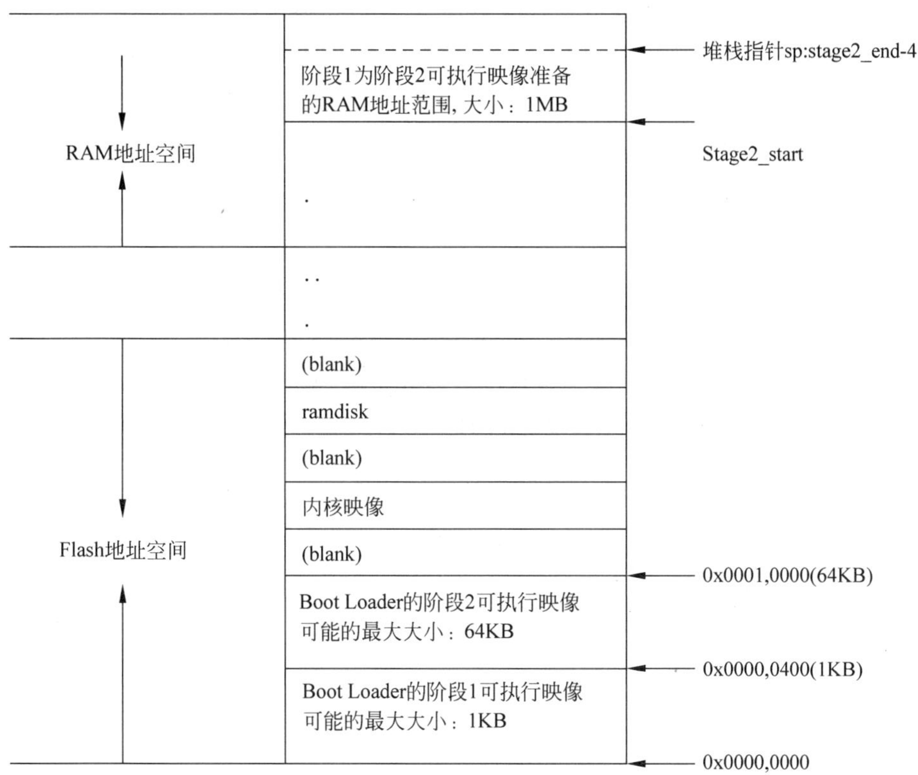

图 8-2　系统的物理内存布局

思想就是：用这段 trampoline 小程序来作为 main() 函数的外部包裹(external wrapper)。

下面给出一个简单的 trampoline 程序示例(来自 Blob)：

```
.text
.globl _trampoline
_trampoline:
bl      main
b       _trampoline
```

可以看出，当 main()函数返回后，又用一条跳转指令重新执行 trampoline 程序——当然也就重新执行 main()函数。

2. 阶段 2

(1) 初始化本阶段要使用到的硬件设备

这通常包括：初始化至少一个串口，以便和终端用户进行 I/O 输出信息；初始化计时器等。在初始化这些设备之前，也可以重新把 LED 灯点亮，以表明已经进入 main()函数执行。设备初始化完成后，可以输出一些打印信息，程序名字字符串、版本号等。

(2) 检测系统的内存映射

所谓内存映射就是指在整个 4GB 物理地址空间中有哪些地址范围被分配用来寻址系统的 RAM 单元。也就是说，具体的嵌入式系统往往只把 CPU 预留的全部 RAM 地址空间中的一部分映射到 RAM 单元上，而让剩下的那部分预留 RAM 地址空间处于未使用状态。因此 Boot Loader 的阶段 2 必须在它想干点什么（比如，将存储在 Flash 上的内核映像读到

RAM 空间中)之前检测整个系统的内存映射情况,也即它必须知道 CPU 预留的全部 RAM 地址空间中的哪些被真正映射到 RAM 地址单元,哪些是处于 unused 状态的。

① 内存映射的描述

可以用如下数据结构来描述 RAM 地址空间中的一段连续(continuous)的地址范围。

```
typedef struct memory_area_struct {
    u32 start;
    u32 size;
    int used;
} memory_area_t;
```

这段 RAM 地址空间中的连续地址范围可以处于两种状态之一,若 used=1,这段连续的地址范围已被实现,也即真正地被映射到 RAM 单元上;若 used=0,这段连续的地址范围并未被系统所实现,而是处于未使用状态。

基于上述 memory_area_t 数据结构,整个 CPU 预留的 RAM 地址空间可以用一个 memory_area_t 类型的数组来表示,如下所示。

```
memory_area_t memory_map[NUM_MEM_AREAS] = {
    [0 … (NUM_MEM_AREAS - 1)] = {
        .start=0,
        .size=0,
        .used=0,
    }
};
```

② 内存映射的检测

下面给出一个可用来检测整个 RAM 地址空间内存映射情况的简单而有效的算法。

```
    //数组初始化
    for(i=0; i < NUM_MEM_AREAS; i++)
        memory_map[i].used=0;
    for(addr=MEM_START; addr < MEM_END; addr += PAGE_SIZE)
        * (u32 *)addr=0;
    for(i=0, addr=MEM_START; addr < MEM_END; addr += PAGE_SIZE) {
      //检测从基地址 MEM_START+i*PAGE_SIZE 开始,大小为
    ; PAGE_SIZE 的地址空间是否是有效的 RAM 地址空间
        if(current memory page isnot a valid ram page) {
        if(memory_map[i].used)
            i++;
        continue;
    }
    //当前页已经是一个被映射到 RAM 的有效地址范围
    //但是还要看看当前页是否只是 4GB 地址空间中某个地址页的别名
    if( * (u32 *)addr != 0){  //这个内存页是 4GB 地址空间中某个地址页的别名
        if(memory_map[i].used)
            i++;
        continue;
    }
```

```
    //当前页已经是一个被映射到 RAM 的有效地址范围
    //而且它也不是 4GB 地址空间中某个地址页的别名
    if(memory_map[i].used==0) {
        memory_map[i].start=addr;
        memory_map[i].size=PAGE_SIZE;
        memory_map[i].used=1;
    } else {
        memory_map[i].size+=PAGE_SIZE;
    }
}
```

在用上述算法检测完系统的内存映射情况后，Boot Loader 也可以将内存映射的详细信息打印到串口。

3. 加载内核映像和根文件系统映像

(1) 规划内存占用的布局

这里包括内核映像所占用的内存范围和根文件系统所占用的内存范围两个方面。在规划内存占用的布局时，主要考虑基地址和映像的大小两个方面。

(2) 从 Flash 上复制

由于像 ARM 这样的嵌入式 CPU 通常都是在统一的内存地址空间中寻址 Flash 等固态存储设备的，因此从 Flash 上读取数据与从 RAM 单元中读取数据并没有什么不同。用一个简单的循环就可以完成从 Flash 设备上复制映像的工作。

```
while(count) {
    *dest++ = *src++;  //they are all aligned with word boundary
    count -= 4;        //byte number
};
```

4. 设置内核的启动参数

在调用内核之前，应该做一步准备工作，即设置 Linux 内核的启动参数。Linux 2.4.x 以后的内核都期望以标记列表(tagged list)的形式来传递启动参数。启动参数标记列表以标记 ATAG_CORE 开始，以标记 ATAG_NONE 结束。每个标记由标识被传递参数的 tag_header 结构以及随后的参数值数据结构来组成。数据结构 tag 和 tag_header 定义在 Linux 内核源码的 include/asm/setup.h 头文件中。

```
#define ATAG_NONE      0x00000000
struct tag_header {
    u32 size;              //注意，这里 size 是字数为单位的
    u32 tag;
};
...
struct tag {
    struct tag_header hdr;
    union {
        struct tag_core        core;
        struct tag_mem32       mem;
        struct tag_videotext   videotext;
        struct tag_ramdisk     ramdisk;
```

```
        struct tag_initrd       initrd;
        struct tag_serialnr     serialnr;
        struct tag_revision     revision;
        struct tag_videolfb     videolfb;
        struct tag_cmdline      cmdline;
        struct tag_acorn        acorn;
        struct tag_memclk       memclk;
    } u;
};
```

在嵌入式 Linux 系统中,通常需要由 Boot Loader 设置的常见启动参数有:ATAG_CORE、ATAG_MEM、ATAG_CMDLINE、ATAG_RAMDISK、ATAG_INITRD 等。

比如,设置 ATAG_CORE 的代码如下。

```
params=(struct tag *)BOOT_PARAMS;
params->hdr.tag=ATAG_CORE;
params->hdr.size=tag_size(tag_core);
params->u.core.flags=0;
params->u.core.pagesize=0;
params->u.core.rootdev=0;
params=tag_next(params);
```

其中,BOOT_PARAMS 表示内核启动参数在内存中的起始基地址,指针 params 是一个 struct_tag 类型的指针。宏 tag_next()将以指向当前标记的指针为参数,计算紧临当前标记的下一个标记的起始地址。注意,内核的根文件系统所在的设备 ID 就是在这里设置的。

下面是设置内存映射情况的示例代码。

```
for(i=0; i < NUM_MEM_AREAS; i++) {
    if(memory_map[i].used) {
        params->hdr.tag=ATAG_MEM;
        params->hdr.size=tag_size(tag_mem32);
        params->u.mem.start=memory_map[i].start;
        params->u.mem.size=memory_map[i].size;
        params=tag_next(params);
    }
}
```

可以看出,在 memory_map[]数组中,每一个有效的内存段都对应一个 ATAG_MEM 参数标记。

Linux 内核在启动时可以以命令行参数的形式来接收信息,利用这一点可以向内核提供那些内核不能自己检测的硬件参数信息,或者重载内核自己检测到的信息。比如,用这样一个命令行参数字符串"console=ttyS0,115200n8"来通知内核以 ttyS0 作为控制台,且串口采用 "115200bps、无奇偶校验、8 位数据位"这样的设置。下面是一段设置调用内核命令行参数字符串的示例代码。

```
char *p;
for(p=commandline; *p == ' '; p++);
if(*p == '\0')
```

```
    return;
params->hdr.tag=ATAG_CMDLINE;
params->hdr.size=(sizeof(struct tag_header) + strlen(p) + 1 + 4) >> 2;
strcpy(params->u.cmdline.cmdline, p);
params=tag_next(params);
```

请注意在上述代码中，设置 tag_header 的大小时，必须包括字符串的终止符'\0'，此外还要将字节数向上调整 4 个字节，因为 tag_header 结构中的 size 成员表示的是字数。

下面是设置 ATAG_INITRD 的示例代码，告诉内核在 RAM 中的什么地方可以找到 initrd 映像（压缩格式）以及它的大小。

```
params->hdr.tag=ATAG_INITRD2;
params->hdr.size=tag_size(tag_initrd);
params->u.initrd.start=RAMDISK_RAM_BASE;
params->u.initrd.size=INITRD_LEN;
params=tag_next(params);
```

下面是设置 ATAG_RAMDISK 的示例代码，告诉内核解压后的 Ramdisk 有多大（单位是 KB）。

```
params->hdr.tag=ATAG_RAMDISK;
params->hdr.size=tag_size(tag_ramdisk);
params->u.ramdisk.start=0;
params->u.ramdisk.size=RAMDISK_SIZE; //请注意，单位是 KB
params->u.ramdisk.flags=1;
params=tag_next(params);
```

最后，设置 ATAG_NONE 标记，结束整个启动参数列表。

```
static void setup_end_tag(void)
{
    params->hdr.tag=ATAG_NONE;
    params->hdr.size=0;
}
```

5. 调用内核

Boot Loader 调用 Linux 内核的方法是直接跳转到内核的第一条指令处，也即直接跳转到 MEM_START+0x8000 地址处。在跳转时，下列条件要满足。

(1) CPU 寄存器的设置

R0=0;

R1=机器类型 ID;

关于 Machine Type Number，可以参见 linux/arch/arm/tools/mach-types。

R2=启动参数标记列表在 RAM 中起始基地址。

(2) CPU 模式

必须禁止中断(IRQs 和 FIQs);

CPU 必须使用 SVC 模式;

(3) cache 和 MMU 的设置

MMU 必须关闭;

指令 cache 可以打开也可以关闭;

数据 cache 必须关闭;

如果用 C 语言,可以像下列示例代码这样来调用内核。

```
void ( * theKernel)(int zero, int arch, u32 params_addr)=(void ( * )(int, int,
    u32))KERNEL_RAM_BASE;
...
theKernel(0, ARCH_NUMBER, (u32) kernel_params_start);
```

注意:theKernel()函数调用是不返回的。如果这个调用返回,则说明出错。

用户经常会碰到串口终端显示乱码或根本没有显示的问题。造成这个问题主要有两种原因,一是 Boot Loader 对串口的初始化设置不正确;二是运行在 host 端的终端仿真程序对串口的设置不正确,这包括波特率、奇偶校验、数据位和停止位等方面的设置。

此外,有时也会碰到这样的问题,那就是,在 Boot Loader 的运行过程中可以正确地向串口终端输出信息,但当 Boot Loader 启动内核后却无法看到内核的启动输出信息。对这一问题的原因可以从以下几个方面来考虑。

① 首先请确认内核在编译时配置了对串口终端的支持,并配置了正确的串口驱动程序。

② Boot Loader 对串口的初始化设置可能会和内核对串口的初始化设置不一致。此外,对于诸如 S3C2440A 这样的 CPU,CPU 时钟频率的设置也会影响串口,因此如果 Boot Loader 和内核对其 CPU 时钟频率的设置不一致,也会使串口终端无法正确显示信息。

③ 最后,确认 Boot Loader 所用的内核基地址必须和内核映像在编译时所用的运行基地址一致,尤其是对于 Linux 而言。假设内核映像在编译时用的基地址是 0xC0006000,但 Boot Loader 却将它加载到 0xC0020000 处去执行,则内核映像不能正确地执行。

8.2 Boot Loader(vivi)的代码分析

Boot Loader 有很多种,如本文将要阅读的 vivi,除此之外还有 uboot、redboot、lilo 等等。vivi 是韩国 MIZI 公司专门为三星 S3C2440A 芯片设计的 Boot Loader。

vivi 的源码树如下。

```
vivi-+-arch-+-s3c2440
|-Documentation
|-drivers-+-serial
|          '-mtd-+-maps
|                |-nor
|                '-nand
|-include-+-platform
|          |-mtd
|          '-proc
|-init
|-lib-+-priv_data
|-scripts-+-lxdialog
|-test
|-util
```

前面提到的文件已经系统地分析了 Boot Loader，这里就按源代码来具体说明。vivi 也可以分为两个阶段，阶段 1 的代码在 arch/s3c2440/head. S 中，阶段 2 的代码从 init/main. c 的 main 函数开始。

1. 阶段 1

阶段 1 从程序 arch/s3c2440/head. S 开始，按照 head. S 的代码执行顺序，一次完成了下面几个任务。

(1) 关 WATCH DOG(disable watch dog timer)

上电后，WATCH DOG 默认是开着的。

(2) 禁止所有中断(disable all interrupts)

vivi 中不会用到中断，中断是系统的事，Boot Loader 可不能去干这事的（不过这段代码实在多余，上电后中断默认是关闭的）。

(3) 初始化系统时钟(initialize system clocks)

启动 MPLL，FCLK＝200MHz，HCLK＝100MHz，PCLK＝50MHz，“CPU bus mode”改为“Asynchronous bus mode”。

(4) 初始化内存控制寄存器(memsetup)

S3C2440A 共有 15 个寄存器，在此开始初始化 13 个寄存器。

(5) 检查是否从掉电模式唤醒(Check if this is a wake-up from sleep)

检查若是，则调用 WakeupStart 函数进行处理。

(6) 点亮所有 LED(All LED on)

点一下灯，通知外面，告诉有情况发生。

(7) 初始化 UART0(set GPIO for UART & InitUART)

① 设置 GPIO，选择 UART0 使用的引脚。

② 初始化 UART0，设置工作方式（使用 FIFO）、波特率 115200 8N1、无流控等。这是使用串口与 S3C2440A 通信的条件，在终端也要如此设置。

(8) 跳到内存测试函数(simple memory test to find some DRAM faults)

要定义了 CONFIG_BOOTUP_MEMTEST 这个参数才会跳到内存测试。

(9) 如果定义了以 NAND Flash 方式启动（#ifdef CONFIG_S3C2440_NAND_BOOT），则此时要将 vivi 所有代码（包括阶段 1 和阶段 2）从 NAND Flash 复制到 SDRAM 中。

① 设置 NAND Flash 控制寄存器。

② 设置堆栈指针。

③ 设置即将调用的函数 nand_read_ll 的参数：r0＝目的地址（SDRAM 的地址），r1＝源地址（NAND Flash 的地址），r2＝复制的长度（以字节为单位）。

④ 调用 nand_read_ll 进行复制。

(10) 跳到 Boot Loader 的阶段 2 运行，即调用 init/main. c 中的 main 函数(get read to call C functions)。

① 重新设置堆栈。

② 设置 main 函数的参数。

③ 调用 main 函数。

2. 阶段2

从init/main.c中的main函数开始,终于步入C语言的世界了。main函数总共有8步(8 steps),源代码如下。

```
int main(int argc, char * argv[])
{
int ret;
putstr("\r\n");
putstr(vivi_banner);
    reset_handler();
        ret=board_init();
        if(ret) {
            putstr("Failed a board_init() procedure\r\n");
            error();
        }
        mem_map_init();
        mmu_init();
        putstr("Succeed memory mapping.\r\n");
        ret=heap_init();
        if(ret) {
            putstr("Failed initializing heap region\r\n");
            error();
        }
        ret=mtd_dev_init();
        init_priv_data();
        misc();
        init_builtin_cmds();
        boot_or_vivi();
        return 0;
}
```

下面按照上面的步骤逐步来分析一下。

(1) 步骤1:reset_handler()

reset_handler用于将内存清零,代码在lib/reset_handle.c中。

```
    void reset_handler(void)
{
        int pressed;
        pressed=is_pressed_pw_btn();              //判断是硬件复位还是软件复位
        if(pressed==PWBT_PRESS_LEVEL) {
            DPRINTK("HARD RESET\r\n");
            hard_reset_handle();                  //调用clear_mem对SDRAM清零
        } else {
           DPRINTK("SOFT RESET\r\n");
           soft_reset_handle();                   //此函数为空
      }
   }
```

在上电后,reset_handler调用第7行的hard_reset_handle(),此函数在lib/reset_handle.c中。

```
[main(int argc, char * argv[]) -> reset_handler() -> hard_reset_handle()]
  static void  hard_reset_handle(void)
{
  #if  0
     clear_mem((unsigned long)(DRAM_BASE+VIVI_RAM_ABS_POS), (unsigned long)(DRAM
_SIZE - VIVI_RAM_ABS_POS));
  #endif
//lib/memory.c,将起始地址为 USER_RAM_BASE,长度为 USER_RAM_SIZE 的内存清零
   clear_mem((unsigned long)USER_RAM_BASE, (unsigned long) USER_RAM_SIZE);
  }
```

(2) 步骤 2：board_init()

board_init 调用两个函数用于初始化定时器和设置各 GPIO 引脚功能，代码在 arch/s3c2440/smdk.c 中。

```
[main(int argc, char * argv[]) > board_init()]
  int board_init(void)
  {
      init_time();                          //arch/s3c2440/proc.c
      set_gpios();                          //arch/s3c2440/smdk.c
      return 0;
  }
```

init_time() 这个函数对寄存器进行了简单的操作。

```
void init_time(void)
{
        TCFG0=(TCFG0_DZONE(0) | TCFG0_PRE1(15) | TCFG0_PRE0(0));
}
```

寄存器 TCFG0 由四部分组成，prescaler0、prescaler1、deadzone 和 reserve，前三部分分别对应 TCFG0_PRE0、TCFG0_PRE1、TCFG0_DZONE，TCFG0_PRE0(0)实际值为 0x00，TCFG0_PRE1(15)实际值为 0x0F00，而 TCFG0_DZONE(0)实际值为 0x000000。实际中，vivi 并未使用定时器，这个函数就可以忽略。set_gpios()用于选择 GPA 至 GPH 端口各引脚的功能及是否使用各引脚的内部上拉电阻，并设置外部中断源寄存器 EXTINT0-2(vivi 中未使用外部中断)。

```
void set_gpios(void)
{
     GPACON    = vGPACON;
     GPBCON    = vGPBCON;
     GPBUP    = vGPBUP;
     GPCCON    = vGPCCON;
     GPCUP    = vGPCUP;
     GPDCON    = vGPDCON;
     GPDUP    = vGPDUP;
     GPECON    = vGPECON;
     GPEUP    = vGPEUP;
     GPFCON    = vGPFCON;
     GPFUP    = vGPFUP;
```

```
    GPGCON   = vGPGCON;
    GPGUP    = vGPGUP;
    GPHCON   = vGPHCON;
    GPHUP    = vGPHUP;
    EXTINT0 = vEXTINT0;
    EXTINT1 = vEXTINT1;
    EXTINT2 = vEXTINT2;
}
```

以第三行为例,vGPACON 的值为 0x007FFFFF,查找 S3C2440 用户手册可知,该参数将 GPACON 的 23 位全部置 1。各位功能须查看 S3C2440 用户手册。

(3) 步骤 3:建立页表和启动 MMU

```
mem_map_init();
mmu_init();
```

mem_map_init 函数用于建立页表,vivi 使用段式页表,只需要一级页表。它调用三个函数,代码在 arch/s3c2440/mmu.c 中。

```
[main(int argc, char * argv[]) > mem_map_init(void)]
void mem_map_init(void)
{
#ifdef CONFIG_S3C2440_NAND_BOOT
//CONFIG_S3C2440_NAND_BOOT = y,在文件 include/autoconf.h 中定义
      mem_map_nand_boot();
//最终调用 mem_mepping_linear, 建立页表
#else
      mem_map_nor();
#endif
cache_clean_invalidate();                      //清空 cache,使无效 cache
tlb_invalidate();                              //使无效快表 TLB
}
```

第 8、9 行的两个函数可以不用管它,它们做的事情在下面的 mmu_init 函数里又重复了一遍。对于本开发板,在.config 中定义了 CONFIG_S3C2440_NAND_BOOT。

mem_map_nand_boot()函数调用 mem_mapping_linear()函数来最终完成建立页表的工作。页表存放在 SDRAM 物理地址 0x33DFC000 开始处,共 16KB:一个页表项 4 字节,共有 4096 个页表项;每个页表项对应 1MB 地址空间,共 4GB。mem_map_init 先将 4GB 虚拟地址映射到相同的物理地址上,NCNB(不使用 cache,不使用 write buffer),对寄存器的操作跟未启动 MMU 时是一样的;再将 SDRAM 对应的 64MB 空间的页表项修改为使用 cache。

mem_mapping_linear 函数的代码在 arch/s3c2440/mmu.c 中。

```
[main(int argc, char * argv[]) > mem_map_init(void) > mem_map_nand_boot( ) > mem_mapping_linear(void)]
  static inline void mem_mapping_linear(void)
  {
    unsigned long pageoffset, sectionNumber;
    putstr_hex("MMU table base address = 0x", (unsigned long)mmu_tlb_base);
        //4GB 虚拟地址映射到相同的物理地址,not cacacheable, not bufferable
        //mmu_tlb_base = 0x33DFC000
```

```
    for (sectionNumber = 0; sectionNumber < 4096; sectionNumber++) {
        pageoffset = (sectionNumber << 20);
      *(mmu_tlb_base + (pageoffset >> 20)) = pageoffset|MMU_SECDESC;
  }
      //SDRAM 物理地址 0x3000000-0x33FFFFFF
        ;DRAM_BASE=0x30000000,DRAM_SIZE=64MB
  for (pageoffset = DRAM_BASE; pageoffset<(DRAM_BASE+DRAM_SIZE); pageoffset +=
SZ_1M) {
  *(mmu_tlb_base + (pageoffset >> 20))
  = pageoffset|MMU_SECDESC|MMU_CACHEABLE;
      }
  }
```

mmu_init()函数用于启动 MMU,它直接调用 arm920_setup()函数。arm920_setup()的代码在 arch/s3c2440/mmu.c 中。

```
[main(int argc, char *argv[]) > mmu_init( ) > arm920_setup( )]
  static inline void arm920_setup(void)
  {
    unsigned long ttb = MMU_TABLE_BASE;
      __asm__(
          "mov    r0, #0\n"
          "mcr    p15, 0, r0, c7, c7, 0\n"
          "mcr    p15, 0, r0, c7, c10, 4\n"
          "mcr    p15, 0, r0, c8, c7, 0\n"
          "mov    r4, %0\n"
          "mcr    p15, 0, r4, c2, c0, 0\n"
          "mvn    r0, #0\n"
          "mcr    p15, 0, r0, c3, c0, 0\n"
          "mrc    p15, 0, r0, c1, c0, 0\n"
          "bic r0, r0, #0x3000\n"
          "bic r0, r0, #0x0300\n"
          "bic r0, r0, #0x0087\n"
          "orr r0, r0, #0x0002\n"
    #ifdef CONFIG_CPU_D_CACHE_ON
          "orr    r0, r0, #0x0004\n"
    #endif
    #ifdef CONFIG_CPU_I_CACHE_ON
          "orr    r0, r0, #0x1000\n"
    #endif
          "orr    r0, r0, #0x0001\n"
          "mcr    p15, 0, r0, c1, c0, 0\n": "r" (ttb) );
    }
```

(4) 步骤 4：heap_init()

第 4 步调用了 heap_init(void)函数,并返回值。该值是函数 heap_init()调用的 mmalloc_init()函数的返回值。其实,这步就是申请一块内存区域。

```
[lib/heap.c->heap_init(void)]
      int heap_init(void)
      {
```

```
    return mmalloc_init((unsigned char *)(HEAP_BASE), HEAP_SIZE);
}
```

内存动态分配函数 mmalloc 就是从 heap(堆)中划出一块空闲内存。相应的 mfree 函数则将动态分配的某块内存释放回 heap 中。

heap_init 函数在 SDRAM 中指定了一块 1MB 大小的内存作为 heap(起始地址 HEAP_BASE = 0x33E00000),并在 heap 的开头定义了一个数据结构 blockhead。事实上,heap 就是使用一系列的 blockhead 数据结构来描述和操作的。每个 blockhead 数据结构对应着一块 heap 内存,假设一个 blockhead 数据结构的存放位置为 A,则它对应的可分配内存地址为"A+sizeof(blockhead)"到"A+sizeof(blockhead)+size−1"。blockhead 数据结构在 lib/heap.c 中定义。

```
typedef struct blockhead_t {
    int32 signature;                     //固定为 BLOCKHEAD_SIGNATURE
    bool allocated;                      //此区域是否已经分配出去: 0-No,1-Yes
    unsigned long size;                  //此区域大小
    struct blockhead_t * next;           //链表指针
    struct blockhead_t * prev;           //链表指针
} blockhead;
```

vivi 对 heap 的操作比较简单,vivi 中有一个全局变量 static blockhead * gHeapBase,它是 heap 的链表头指针,通过它可以遍历所有 blockhead 数据结构。假设需要动态申请一块 sizeA 大小的内存,则 mmalloc 函数从 gHeapBase 开始搜索 blockhead 数据结构,如果发现某个 blockhead 满足:

- allocated = 0 //表示未分配。
- size > sizeA,则找到了合适的 blockhead。

满足上述条件后,进行如下操作:

- allocated 设为 1。
- 如果 size-sizeA>sizeof(blockhead),则将剩下的内存组织成一个新的 blockhead,放入链表中。
- 返回分配的内存的首地址释放内存的操作更简单,直接将要释放的内存对应的 blockhead 数据结构的 allocated 设为 0 即可。

heap_init 函数直接调用 mmalloc_init 函数进行初始化,此函数代码在 lib/heap.c 中,比较简单,初始化 gHeapBase 即。

```
[main(int argc, char * argv[]) > heap_init(void) > mmalloc_init(unsigned char * heap, unsigned
long size)]
    static inline int mmalloc_init(unsigned char * heap, unsigned long size)
    {
          if (gHeapBase != NULL) return -1;
    DPRINTK("malloc_init(): initialize heap area at 0x%08lx, size = 0x%08lx\n", heap, size);
    gHeapBase = (blockhead *)(heap);
    gHeapBase->allocated=FALSE;
    gHeapBase->signature=BLOCKHEAD_SIGNATURE;
    gHeapBase->next=NULL;
    gHeapBase->prev=NULL;
```

```
gHeapBase->size = size - sizeof(blockhead);
return 0;
}
static blockhead * gHeapBase = NULL;
```

(5) 步骤 5：mtd_dev_init()

该函数实现所谓 MTD(memory technology device)相关的技术，在 Linux 系统中，通常会用到不同的存储设备，特别是 Flash 设备。为了在使用新的存储设备时，能更简便地提供它的驱动程序，在上层应用和硬件驱动的中间，抽象出 MTD 设备层。设备驱动(此处指存储设备)和上层应用之间还存在着一层，共三层，这个中间层就是 MTD 技术的产物。通常可以将它视为驱动的一部分，叫做上层驱动，而那些实现设备的读、写操作的驱动称为下层驱动，上层驱动将下层驱动封装，并且留给其上层应用一些更加容易简单的接口。

在即将看到的代码中，使用 mtd_info 数据结构表示一个 MTD 设备，使用 nand_chip 数据结构表示一个 NAND Flash 芯片。在 mtd_info 结构中，对 nand_flash 结构作了封装，向上层提供统一的接口。比如，它根据 nand_flash 提供的 read_data(读一个字节)、read_addr(发送要读的扇区的地址)等函数，构造了一个通用的读函数 read，将此函数的指针作为自己的一个成员。而上层要读写 Flash 时，执行 mtd_info 中的 read、write 函数即可。

mtd_dev_init()用来扫描所使用的 NAND Flash 的型号，构造 MTD 设备，即构造一个 mtd_info 的数据结构。对于 S3C2440A 来说，它直接调用 mtd_init()，mtd_init 又调用 smc_init()，此函数在 drivers/mtd/maps/s3c2440_flash.c 中。

```
[main(int argc,char * argv[])>mtd_dev_init()>mtd_init()]
      int mtd_init(void)
{
int ret;
#ifdef CONFIG_MTD_CFI
ret = cfi_init();
   #endif
   #ifdef CONFIG_MTD_SMC9
         ret = smc_init();
   #endif
   #ifdef CONFIG_S3C2440_AMD_BOOT
         ret = amd_init();
   #endif
   if(ret) {
         mymtd=NULL;
         return ret;
          }
   return 0;
   }
```

显而易见，该函数应取第二项，这项在 autoconf.h 中定义了。

```
[main(int argc, char * argv[]) > mtd_dev_init() > mtd_init() > smc_init()]
static int smc_init(void)
{
   struct nand_chip * this;
```

```
    u_int16_t nfconf;
    mymtd=mmalloc(sizeof(struct mtd_info) + sizeof(struct nand_chip));
     if(!mymtd) {
        printk("Unable to allocate S3C2440 NAND MTD device structure.\n");
        return -ENOMEM;
     }
     this = (struct nand_chip *)(&mymtd[1]);
     memset((char *)mymtd, 0, sizeof(struct mtd_info));
     memset((char *)this, 0, sizeof(struct nand_chip));
     mymtd->priv = this;
     nfconf=NFCONF;
     nfconf |= NFCONF_FCTRL_EN;
     nfconf &= ~NFCONF_TWRPH1;
     nfconf |= NFCONF_TWRPH0_3;
     nfconf &= ~NFCONF_TACLS; //0x0
     NFCONF = nfconf;
     this->hwcontrol = smc_hwcontrol;
     this->write_cmd = write_cmd;
     this->write_addr = write_addr;
     this->read_data = read_data;
     this->write_data = write_data;
     this->wait_for_ready = wait_for_ready;
     this->hwcontrol(NAND_CTL_SETNCE);
     this->write_cmd(NAND_CMD_RESET);
     this->wait_for_ready();
     this->hwcontrol(NAND_CTL_CLRNCE);
     smc_insert(this);
     return 0;
}
```

6～14行构造了一个mtd_info结构和nand_flash结构,前者对应MTD设备,后者对应NAND Flash芯片(如果用户用的是其他类型的存储器件,比如nor flash,这里的nand_flash结构应该换为其他类型的数据结构)。MTD设备是具体存储器件的抽象,那么在这些代码中这种关系如何体现呢——第14行的代码把两者连接在一起了。

15～20行是初始化S3C2440A上的NAND Flash控制器。前面分配的nand_flash结构还是空的,现在当然就是填满它的各类成员了,这正是21～26行做的事情。27～30行对这块NAND Flash做了一下复位操作。最后,也是最复杂的部分,根据刚才填充的nand_flash结构,构造mtd_info结构,这由31行的smc_insert函数调用smc_scan完成。

8.3 本章小结

本章详细地介绍了基于嵌入式系统中的OS启动加载程序——Boot Loader的概念、软件设计的主要任务以及结构框架等内容。简单地说,Boot Loader就是在操作系统内核运行之前运行的一段小程序。通过这段小程序,可以初始化硬件设备、建立内存空间的映射图,从而将系统的软硬件环境带到一个合适的状态,以便为最终调用操作系统内核准备好正确的环境。

同时又对 vivi 的代码作了详细的介绍，vivi 是韩国 MIZI 公司开发的 Boot Loader，适用于 ARM9 处理器。vivi 有两种工作模式，启动加载模式和下载模式。启动加载模式可以在一段时间后自行启动 Linux 内核，这是 vivi 的默认模式。在下载模式下，vivi 为用户提供一个命令行接口，通过接口可以使用 vivi 提供的一些命令。

8.4 习　题　8

1. 什么是 Boot Loader?
2. 简述 Boot Loader 的启动过程。
3. vivi 的运行可以分为几个阶段，各阶段的主要工作是什么?
4. 简述 ARM Linux 内核启动三个阶段的功能。
5. ARM 系统中 Boot Loader 的主要作用是什么?
6. Boot Loader 的阶段 1 和阶段 2 的作用分别是什么?
7. Boot Loader 两种不同的操作模式是什么?
8. Boot Loader 通过串口与 PC 进行传输，传输协议通常有什么?
9. Boot Loader 目标代码是什么格式的文件?
10. vivi 是什么?

第9章 嵌入式Linux操作系统移植

9.1 嵌入式Linux基本概念

最新的Linux内核版本可以从官方站点http://www.kernel.org获取。

因为嵌入式Linux系统在开发过程中需要对Linux内核进行重新定制,所以熟悉内核配置、编译和移植是非常重要的。在动手进行Linux内核移植之前,非常有必要对Linux内核进行一定的了解,下面从Linux内核的版本、分类说起。

1. Linux内核的版本

Linux内核的版本号分为主版本号、次版本号和扩展版本号等。根据稳定版本、测试版本和开发版本定义不同版本序列。

2. Linux系统的分类

(1) 以功能差异和发行组织分类

- 标准Linux。
- μClinux。无MMU支持的Linux系统,运行在无MMU的CPU上。
- Linux-RT。是最早在Linux上实现硬实时支持的Linux发行版本。
- Linux/RTAI。支持硬实时的Linux,于RT-linux最大的不同之处在于RTAI定义了RTHAL,它将RTAI需要在Linux中修改的部分定义成一组API接口,RTAI只使用API接口与Linux交互。
- Embedix。由Lineo公司开发,基于PowerPC和x86平台开发的。
- Red Hat Linux。
- 红旗Linux等。

(2) 以应用的嵌入式平台分类

在嵌入式Linux系统开发过程中,内核移植是使系统适合于自己特定的硬件平台系统的重要步骤,只有引导内核完毕,才能运行用户应用程序。那么要进行内核移植,首先需要对Linux内核的结构有一定的了解。Linux内核提供了对以下嵌入式平台的支持:x86、ARM、PowerPC、MIPS、SuperH、M68K、non-MMU CPU。

3. Linux内核组成

Linux内核由进程管理、内存管理、虚拟文件系统、网络接口和进程间通信5大子系统组成,各个子系统之间的依赖关系如图9-1所示。

(1) 进程调度。Linux属于多进程的操作系统,该模块用来控制进程对CPU资源的使用。

(2) 内存管理。Linux内存管理模块支持虚拟内存,能够允许多个进程安全地共享内存空间。这种功能支持虚拟内存,即在计算机中运行的程序,其代码、数据、堆栈的总量可以超过实际内存的大小,操作系统只是把当前使用的程序块保留在内存中,其余的程序块则保留在磁盘中。

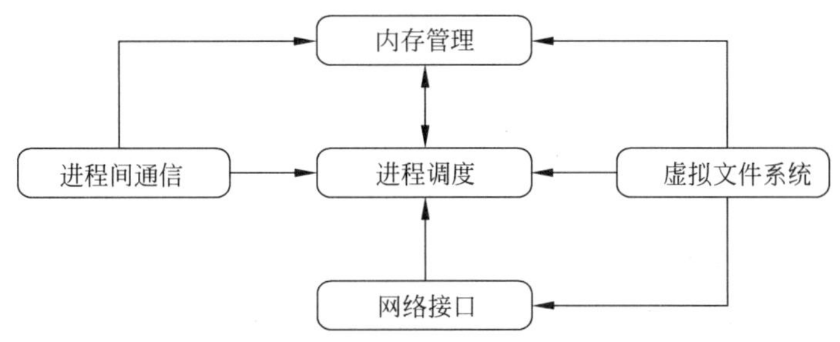

图 9-1　Linux 内核子系统间依赖关系

(3) 虚拟文件系统。虚拟文件系统(VFS)用于支持外部设备的驱动和存储,这个功能屏蔽了各种硬件的具体细节,为所有的设备提供了统一的接口。VFS 提供了多达数十种不同的文件系统,它可以分为逻辑文件系统和设备驱动程序。

(4) 网络接口。网络接口提供了对各种网络标准的存取和网络硬件的支持。Linux 网络接口模块分为网络设备接口、网络接口核心、网络协议族及网络接口 socket 层,如图 9-2 所示。

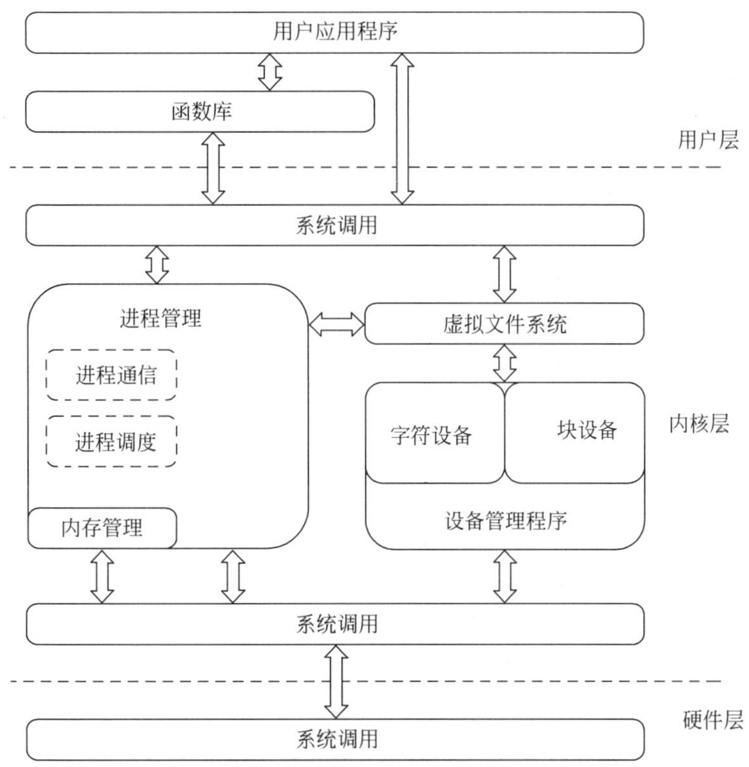

图 9-2　Linux 内核结构层次图

(5) 进程通信。进程间通信(IPC)用于支持多进程间的信息交换。

结合图 9-2,可以发现 Linux 内核中各个系统之间有如下关系。

(1) 进程调度处于中间。所有系统都需要依赖于进程调度进行挂起、恢复某一进程。

(2) 进程调度与内存管理的依赖关系：在多进程环境下,每一个进程的创建使用进程调度调用内存管理功能虚拟一个完整的内存空间用来存储程序和数据；多个进程在运行过程中需要按照某种机制进行切换,这一过程中需要对进程上下文进行切换,同时需要内存管理的支持。

(3) 进程间通信依赖于内存管理。在共享内存通信机制中,进程除了拥有自己的私有空间外,还可以存取共同的内存区域。

(4) 虚拟文件系统与网络接口之间的关系。Linux系统支持网络文件系统(NFS),虚拟文件系统利用网络接口实现NFS。

(5) 内存管理与虚拟文件系统之间的关系。内存管理中的虚拟内存功能需要文件系统支持来进行交换。另外,交换进程定期由调度程序调度,这是内存管理依赖于进程调度的唯一原因。

为了能更好地理解各个子系统之间的关系,同时了解子系统在Linux系统中的层次结构,请参见图9-2。在这个层次结构中,内核中的所有子系统除了互相依赖外,还要依赖于一些共同的资源。这些资源包括所有子系统都用到的功能。例如,分配和释放内存空间的功能、系统调用功能、打印警告或错误信息的功能等。

4. Linux内核源码结构

Linux内核源码非常庞大,采用C语言和少量汇编实现,并且随着版本的发展不断增加。源码的工程管理采用目录树结构,并使用Makefile组织配置编译。了解源码结构有利于理解Linux如何组织各项功能的实现以及掌握内核移植的方法和步骤。

获得新的Linux 2.6内核源码之后,一般首先仔细阅读顶层目录的README文件,了解对内核的概述和编译命令说明。README文件的说明主要针对x86等通用平台,对于某些其他体系结构可能会有特殊说明的地方。

顶层目录中另一个比较重要的文件是Makefile,它是整个内核配置编译的核心文件,负责组织目录树中的子目录的配置编译管理,还决定了体系结构和内核版本号等。

内核源码的顶层目录中有许多子目录,分别组织存放各种内核子系统或者文件。部分主要目录结构如表9-1所示(注:表中带“/”的名称为目录,反之为文件)。

表9-1　Linux 2.6内核源码目录结构(部分)

一级目录	二级目录	说明
kernel/	内核核心代码,包括进程调度、定时器等,实现了大多数Linux系统的内核函数,其中sched.c最为重要。该目录中的文件和arch/*/kernel中存放的与体系结构相关的代码共同构成了内核的核心	
arch/	alpha	康柏的Alpha体系结构
	arm	基于ARM处理器的体系结构
	avr32	ATMEL公司32位体系结构
	frv	Fujitsu公司的FR-V体系结构
	ia64	Intel 64位体系结构
	m68k	Motorola的基于MC680x0的体系结构
	mips	SGI公司的MIPS体系结构
	powerpc	IBM公司的PowerPC体系结构
	s390	IBM公司的system/390体系结构
	sparc	Sun的SPARC体系结构
	x86	IBM的PC体系结构

续表

一 级 目 录	二级目录	说　明
drivers/	acpi	高级配置和电源管理接口驱动程序
	block	块设备驱动支持
	char	字符设备驱动程序
	cdrom	专用 CD-ROM 设备驱动程序
	pci	PCI 总线的支持
	pnp	即插即用驱动支持
	scsi	SCSI 设备驱动支持
	sound	声卡设备驱动支持
	joystick	游戏操纵杆驱动支持
	vedio	显示设备驱动支持
	usb	通用串行总线设备驱动支持
	gpio	通用并行 I/O 驱动支持
	i2c	I^2C 设备驱动支持
	dma	DMA 控制器驱动支持
	net	网卡设备驱动支持
	misc	杂项设备驱动程序
fs/	fat	基于 FAT 的文件系统的通用代码
	ext2	Linux 本地的 Ext2 文件系统实现代码
	minix	MINIX 文件系统
	msdos	微软的 MS-DOS 文件系统
	nfs	网络文件系统
	ntfs	微软的 Windows NT 文件系统
	romfs	只读小文件系统
	cramfs	专门针对闪存的只读压缩的文件系统
	jffs2	闪存日志型文件系统第 2 版
Documentation/		关于内核各主要部分的通用解释和说明文档
include/		编译内核所需要的大部分头文件。与平台无关的头文件存放在该目录中的 linux/目录中，与平台有关的头文件存放在该目录的其他目录中
init/		核心的初始化代码，用于系统引导后的初始化
ipc/		进程间通信核心代码
lib/		核心库源代码
mm/		与 CPU 无关的内存管理代码；与内核有关的内存管理代码存放于 arch/ * /mm/中
net/		网络相关代码，实现了各种网络协议
cypto/		常用加密和压缩算法源代码
scripts/		配置内核所需的描述文件和脚本文件
COPYING		GPL 版权声明
CREDITS		荣誉榜，记录对 Linux 内核发展有贡献的人
Kbuild		编译内核的软件环境
MAINTAINERS		内核维护列表
Makefile		第一个 Makefile 文件，用于内核工程管理，组织内核各模块，记录了各模块相互之间的联系和依赖关系，编译时使用
README		内核简要介绍及编译说明
REPORTING-BUGS		Bugs 列表

(1) arch 目录中包含和硬件体系结构相关的代码,每种平台占一个相应的子目录。这样的子目录中比较重要的内容包括:存放平台相关内核核心代码的 kernel 目录,平台相关内存管理的 mm 目录,硬件相关工具函数的 lib 目录,引导程序的 boot 目录,针对各开发板的移植代码目录等。

(2) drivers 目录存放系统的设备驱动,每一种驱动程序各占一个子目录。

(3) fs 目录中包含了文件系统源代码和各种文件的操作代码。

(4) 其他目录和文件的说明见表格中描述。

9.2　嵌入式 Linux 内核移植

Linux 内核移植就是将内核从一种硬件平台转移到另外一种硬件平台上运行。嵌入式 Linux 系统能够支持较多体系结构的处理器和硬件平台,但还是需要用户根据需求自己定制硬件板,根据硬件平台的变化,进行移植工作。

内核的移植涉及如下工作。

- 编写针对特定处理器的代码。内核中关于任务调度、中断处理等的代码要根据不同的处理器类型重新编写。
- 编写针对特定硬件平台的引导和初始化代码。基于同样的处理器,由于硬件系统设计上的不同,或者操作系统装载器的不同,需要实现有针对性的引导和初始化代码。
- 编写针对特定外设的设备驱动程序代码。

上述工作,技术难度从高到低排列(前两份工作要求开发者熟悉处理器的架构及汇编语言),工作量从低到高排列。所幸的是,基于嵌入式 Linux 的内核移植,通常会由自由软件社区完成前两项工作(用户只需要完成少量的修改和配置),留给用户的工作通常只有第三项工作。

内核移植工作主要是修改跟硬件平台相关的代码,一般不涉及 Linux 内核通用的程序。Linux 内核源码庞大,那么针对一个新的平台来说,移植工作繁琐复杂,幸运的是,在处理器厂商推出一个新的处理器型号后很快就会提供相应的演示开发板,并同时发布该平台基于 Linux 系统的 BSP(板级支持包)。这样一来,对于一般开发人员来说,如果需要将 Linux 系统运行到新的开发板上只需要按照厂商提供的 BSP 进行修改即可,大大简化了移植 Linux 系统的难度和工作量。

本文将以 Linux 2.6.32.4 版本内核为例,介绍将其移植到 Samsung 公司出产的 ARM 内核 S3C2440A 处理器的过程。

9.2.1　内核修改

1. 解压内核源码

使用如下命令进行加压:

```
tar jxvf linux-2.6.32.4.tar.bz2
```

该命令中参数 jxvf 的作用是:-j 表示操作对象为 bzip2 压缩工具创建的包,以.bz2 为扩展名;-x 表示解压;-v 表示显示解压过程中文件信息;-f 表示指定要处理的文件包。

2. 修改 Makefile

整个 Linux 内核工程是以 Makefile 为核心完成编译和链接的。由于目标系统是基于

ARM 平台的嵌入式系统，对于内核和应用程序的编译需要采用交叉编译的方式，因此需要修改顶层 Makefile 文件以关联交叉编译工具链。

进入内核源码目录，使用编辑工具打开一级目录下的 Makefile 文件，找到相关变量进行修改。

```
ARCH            ?=arm
CROSS_COMPILE       ?=arm-linux-
```

其中 ARCH 代表此次编译将要选择的平台类型，通过语句/arch/$(ARCH)/对应着源码目录结构中/arch/arm/；其中 CROSS_COMPILE 为选定的编译器，由于目标系统和宿主 PC 属于不同的处理器平台，所以编译时要为目标系统选择专有编译器，因此这种开发方式叫做交叉编译。在使用此选项前，arm-linux 交叉编译环境一定已经配置完毕，并且能够通过宿主机环境变量访问到。

此项并非一定要进行修改，但是如果没有进行修改，一定要在配置和编译的命令行中向编译系统传递参数，如：

```
make ARCH=arm CROSS_COMPILER=arm-linux-
```

3. 修改目标板输入时钟

使用编辑工具打开内核源码目录中的 arch/arm/mach-s3c2440/mach-smdk2440. c 文件，找到函数 mini2440_map_io(void)的实现代码，如下：

```
...
s3c24xx_init_clocks(12000000);
...
```

以上代码需要修改的内容为 s3c24xx_init_clocks 函数调用的实参，其含义为目标板中处理器晶振的频率，单位为 Hz。依照目标板实际晶体振荡器的大小进行修改，本文以 12MHz 晶振为例。

4. 修改 MTD 分区

Linux 下的 MTD 驱动程序接口被划分为两类模块：用户模块和硬件模块。

为了访问特定的闪存设备并将文件系统置于其上，需要将 MTD 子系统编译到内核中。这包括选择适当的 MTD 硬件和用户模块。当前，MTD 子系统支持为数众多的闪存设备，并且有越来越多的驱动程序正被添加进来以用于不同的闪存芯片。有两个流行的用户模块可启用对闪存的访问：MTD_CHAR 和 MTD_BLOCK。MTD_CHAR 提供对闪存的原始字符访问，而 MTD_BLOCK 将闪存设计为可以在上面创建文件系统的常规块设备(像 IDE 磁盘)。与 MTD_CHAR 关联的设备是/dev/mtd0、mtd1、mtd2 等等，而与 MTD_BLOCK 关联的设备是/dev/mtdblock0、mtdblock1 等等。由于 MTD_BLOCK 设备提供像块设备那样的模拟，通常更可取的是在这个模拟基础上创建像 FTL 和 JFFS2 那样的文件系统。Linux 中 MTD 子系统的主要目标是在系统的硬件驱动程序和上层，或用户模块之间提供通用接口。硬件驱动程序不需要知道像 JFFS2 和 FTL 那样的用户模块使用的方法。所有它们真正需要提供的就是一组对底层闪存系统进行 read、write 和 erase 操作的简单例程。

在此需要对 MTD 分区进行修改。分区指的是给引导程序、内核映像、文件系统等在 NAND Flash 上分配空间及起始地址。编辑 arch/arm/plat-s3c24xx/common-smdk. c 文件，进行如下修改。

找到内核的分区信息，将它修改为和Boot Loader的分区一致。

```
static struct mtd_partition smdk_default_nand_part[]={
    [0]={
            .name       ="Boot",
            .size       =0x00100000,
            .offset     =0,
    },
     [1]={
            .name="Kernel",
            .size   =0x00300000,
            .offset=0x00500000,
     },
     [2]={
            .name="fs_yaffs",
            .size   =0x03c00000,
            .offset=0x00800000,
     },
};
```

按照上面的示例代码改写自己目标系统的MTD分区。这个结构体定义了分区的基本信息，结构体数组中的每一个元素代表一个分区(本例中共有三个分区)。分区信息中".name"成员表示分区的名称；".size"成员表示该分区的大小，单位为字节；".offset"表示该分区在存储空间中的起始地址。可以按照目标板和系统需要进行合理的分配(填充结构体)。

内核MTD分区必须与Boot Loader分区相一致。因为，Boot Loader分区中的地址是引导程序、内核映像及文件系统下载到NAND Flash的真正地址，而内核启动时，内核并不是去读Boot Loader分区中的地址，而是去读内核MTD分区设定的地址，所以，如果内核MTD分区与Boot Loader分区不相同，很可能导致不能正常启动内核及读取文件系统。

最后去掉ECC校验：将driver/mtd/nand/s3c2410.c文件中的"NAND_ECC_SOFT，"语句将其改为"NAND_ECC_NONE；"。意为在没有提供硬件校验和软件校验的前提下避免出现运行错误。

5. 配置YAFFS2文件系统的补丁

YAFFS意义为yet another flash file system，也是一个开源的文件系统。YAFFS文件系统则是专门针对NAND Flash的，源代码可以到http://www.aleph1.co.uk/yaffs/index.html上下载。

使用如下命令解压补丁包。

```
tar -zxvf root.tar.gz
```

进入补丁所在目录，使用如下命令打补丁。

```
./patch-ker.sh c <Linux 2.6 path>
```

其中<Linux 2.6 path>为Linux内核源码所在目录。

上面命令执行过程中相当于完成以下三项操作。

(1) 修改内核fs/Kconfig：

增加了一行：

```
source "fs/yaffs2/Kconfig"
```

(2) 修改内核 fs/Kconfig

增加一行：

```
ojb-$(CONFIG_YAFFS_FS) +=yaffs2/
```

(3) 在内核 fs/目录下创建 YAFFS2 目录

将 YAFFS2 源码目录下面的 Makefile.kernel 文件复制为内核 fs/yaffs2/Makefile；将 YAFFS2 源码目录的 Kconfig 文件复制到内核 fs/yaffs2 目录下；将 YAFFS2 源码目录下的 *.c、*.h 文件复制到内核 fs/yaffs2 目录下。

在移植的过程中，内核源代码的修改步骤简单，但要求修改后的参数一定要符合目标系统的要求。

9.2.2 内核配置

Linux 内核版本不断更新，新的内核修订了旧内核的 Bug，并增加了许多新的特性。如果用户想要使用这些新特性，或想根据自己的系统度身定制一个更高效、更稳定的内核，就需要重新编译内核。在针对一个新的开发板对内核进行重新编译之前，要对内核源码进行配置，这个配置步骤也是嵌入式 Linux 裁剪的过程。通常，新的内核会支持更多的硬件，具备更好的进程管理能力，运行速度更快、更稳定，并且一般会修复老版本中发现的许多漏洞等，经常性地选择升级更新的系统内核是 Linux 使用者的必要操作内容。为了正确、合理、有选择地使用内核提供的模块，设置内核编译配置选项，一般主要有下面几个考虑。

- 节省存储空间。
- 节省运行空间。
- 减少漏洞。

针对于一个新的目标系统按照 9.2.1 节进行了内核的修改之后，就可以对内核进行进一步的配置工作。

Linux 系统内核的配置选项非常复杂，因此要了解 Linux 内核的配置管理工具(Kbuild 配置系统)的工作原理，从而掌握优质内核的配置方法。接下来对内核的管理工具 Kbuild 系统进行简要分析。

首先，Linux 内核配置方式命令说明如表 9-2 所示。

表 9-2 内核配置方式及命令说明

配置命令相关目标	说 明	配置命令相关目标	说 明
config	通过命令行程序更新当前配置	randconfig	对所有的选项随机配置
menuconfig	通过菜单程序更新当前配置	defconfig	对所有选项使用默认配置
xconfig	通过 QT 图形界面更新当前配置	allmodconfig	对所有选项尽可能选择“m”
gconfig	通过 GTK 图形界面更新当前配置	allyesconfig	对所有选项尽可能选择“y”
oldconfig	通过已经提供的.config 文件更新当前配置	allnoconfig	对所有选项尽可能选择“n”的最小配置

其中 make config(字符界面)、make menuconfig(光标菜单界面)和 make xconfig(图形界面)是较为常用的命令。字符界面配置方式需要回答每一个选项提示(即是否为目标系统选择该模块),这种配置方式相对后两种来说不直观,且比较繁琐。光标菜单和图形窗口的配置界面友好,方便实用。例如执行 make xconfig,图形配置界面如图 9-3 所示。

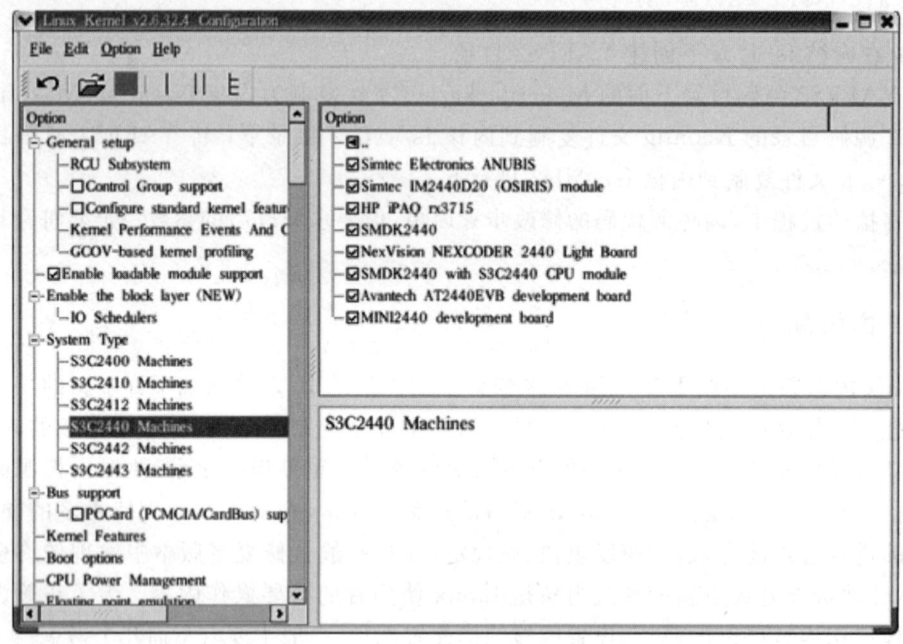

图 9-3　Linux 内核 make xconfig 配置界面

配置工具主要包含 Makefile、Kconfig 和配置界面生成工具,这些项目可以由 Kbuild 系统调用,生成配置界面。配置界面是通过工具来生成的,工具通过 Makefile 编译执行,选项则是通过各级目录的 Kconfig 文件定义。

Makefile 是用于自动编译和链接工程源码的脚本文件。make 是执行 Makefile 脚本文件的命令。一个工程由很多文件组成,每一个文件的改变都会导致工程的重新链接,但是不是所有的文件都需要重新编译,make 能够根据文件的时间戳信息,决定在链接的时候需要重新编译哪些文件。Linux 内核顶层目录的 Makefile 是整个内核配置和编译的入口。Makefile 文件是编译配置目标、依赖关系及命令操作的集合。

从 Linux 2.6 内核开始,内核的编译采用 Kbuild 系统,Kbuild 系统管理上述的工具和脚本文件,这同过去的编译系统有很大的不同,尤其对于 Linux 内核模块的编译。在新的系统下,Linux 编译系统会两次扫描 Linux 的 Makefile:首先编译系统会读取 Linux 内核顶层的 Makefile,然后根据读到的内容第二次读取 Kbuild 的 Makefile 来编译 Linux 内核。Linux 2.6 内核中 Makefile 分类。

- Kernel Makefile——顶层目录下的 Makefile 文件。
- .config——内核配置文件。
- arch/$(ARCH)/Makefile——对应不同平台体系结构的 Makefile。
- scripts/Makefile.*——所有 Kbuild Makefiles 的通用规则等定义。
- kbuild Makefiles——内核编译各级目录下的 Makefile 文件。

Kbuild 大体上按照下列步骤执行编译过程。

- 内核配置，生成. config 文件。
- 保存内核版本信息到 include/linux/version. h。
- 创建链接符号 include/asm，链接 include/asm-$(ARCH)源目录。
- 升级所有依赖的前提文件，在 arch/$(ARCH)/Makefile 中指定附加依赖条件。
- 递归地遍历各级子目录并且编译所有的目标。init-*、core*、drivers-*、net-*、libs-*的目录变量值在 arch/$(ARCH)/Makefile 文件中有些扩展。
- 链接所有的目标文件，生成顶层目录的 vmlinux。链接的第一个目标文件在 head-y 列表中，是在 arch/$(ARCH)/Makefile 中定义的。
- 最后，体系结构相关的部分作必须的后期处理，编译生成最终的引导映像。这可以包括编译引导记录、准备 initrd 映像等类似工作。

(1) 配置入口

Kernel Makefile 位于 Linux 内核源代码的顶层目录，也叫 Top Makefile（顶层 Makefile）。在第一步里，. config 文件是使用 make 命令建立交互界面，并通过用户配置产生的。顶层目录的 Makefile 读取. config 文件，根据. config 文件中的配置选项编译内核。这个. config 文件是内核配置过程生成的。它主要用于指定编译 Linux Kernel 目标文件 vmlinux（常驻内存的内核映像）和模块 module（任何模块文件）。它递归地遍历内核源码树中所有子目录，编译所有的目标文件。编译访问的子目录列表依赖于内核配置。

在顶层的 Makefile 中，可以查找到如下几行定义的规则。

```
config %config: scripts_basic outputmakefile FORCE
        $(Q)mkdir -p include/linux
        $(Q)$(MAKE) $(build)=scripts/kconfig $@
```

这就是生成内核配置界面的命令规则，它也定义了执行的目标和依赖的前提条件，还有要执行的命令。

这条规则定义的目标为 config %config，通配符%意味着可以包括 config、xconfig、gconfig、menuconfig 和 oldconfig 等。依赖的前提条件是 scripts_basic outputmakefile，这些在 Makefile 也是规则定义，主要用来编译生成配置工具。

那么这条规则执行的命令就是执行 scripts/kconfig/Makefile 指定的规则。相当于：

```
make -C scripts/kconfig/   config
```

或者

```
make -C scripts/kconfig/   %config
```

这两行命令是使用配置工具解析 arch/$(ARCH)/Kconfig 文件，生成内核配置菜单。

$(ARCH)变量是 Linux 体系结构定义，对应 arch 目录下子目录的名称。Kconfig 包含了内核配置菜单的内容，那么 arch/$(ARCH)/Kconfig 是配置主菜单的文件，调用管理其他各级 Kconfig。

顶层目录的 Makefile 原原本本的包含了一个 arch Makefile，就是 arch/$(ARCH)/Makefile。这个 arch Makefile 给顶层目录提供了体系结构相关的信息。每个子目录都有一个 Kbuild Makefile(内核编译过程调用),这些 Makefile 执行从上层传递下来的命令。这些 Makefile 使用.config 文件中的信息,构建各种文件列表,由 Kbuild 编译静态链接或者模块化的目标程序。scripts/Makefile.* 几个文件包含了 Kbuild Makefile 所有的定义和规则等,用于编译内核。参考内核源码中的 Documentation/kbuild/makefiles.txt 文件,可以得到内核使用 Makefile 的详细信息。

这些内核配置方式是在 scripts/kconfig/Makefile 中通过规则定义的。从这个 Makefile 中,可以找到下面一些规则定义。如果把变量或者通配符带进去,就可以明白要执行的操作。这里的 ARCH 以 arm 为例来说明。

```
xconfig: $(obj)/qconf
        $< arch/$(ARCH)/Kconfig
```

执行命令:scripts/kconfig/qconf   arch/arm/Kconfig

使用 QT 图形库,生成内核配置界面。arch/arm/Kconfig 是菜单的主配置文件,每种配置方式都需要。

不同的内核配置方式,分别通过不同的配置工具来完成。scripts 目录下提供了各种内核配置界面生成工具,表 9-3 是这些工具的说明。理解这些工具的使用,可以更加方便地配置内核。至于这些工具的源代码实现,一般没有必要去详细分析。

表 9-3 内核配置界面生成工具

配置工具	Makefile 相关目标	依赖的程序和软件
Conf	defconfig oldconfig…	conf.c zconf.tab.c
Mconf	Menuconfig	mconf.c zconf.tab.c 调用 scripts/lxdialog/lxdialog
Qconf	Xconfig	qconf.c kconfig_load.c zconf.tab.c 基于 QT 软件包实现图形界面
Gconf	Gconfig	gconf.c kconfig_load.c zconf.tab.c 基于 GTK 软件包实现图形界面

(2) Kconfig

Kconfig 文件是 Linux 2.6 内核引入的配置文件,是内核配置选项的源文件。内核源码目录树下都有两个文档,Kconfig(2.4 版本是 Config.in)和 Makefile。分布到各目录的 Kconfig 构成了一个分布式的内核配置数据库,每个 Kconfig 分别描述了所属目录源文档相关的内核配置菜单。在内核配置 make menuconfig(或 xconfig 等)时,从 Kconfig 中读出菜单,用户选择后保存到.config 的内核配置文档中。在内核编译时,主 Makefile 调用这个.config,就知道了用户的选择。上面的内容说明了,Kconfig 就是对应着内核的配置菜单。内核源码中的 Documentation/kbuild/kconfig-language.txt 文档有详细说明。

前面已经提到了 arch/$(ARCH)/Kconfig 文件,这是主 Kconfig 文件,跟体系结构有关系。主 Kconfig 文件调用其他目录的 Kconfig 文件,其他的 Kconfig 文件又调用各级子目录的配置文件,成树状关系。菜单按照树状结构组织,主菜单下有子菜单,子菜单下还有子菜单或者配置选项。每个选项可以有依赖关系,这些依赖关系用于确定它是否显示。只有被依赖项父项已经选中,子项才会显示。下面解释一下 Kconfig 的特点和语法。

① 菜单项

多数选项定义一个配置选项,其他选项起辅助组织作用。举例说明单个的配置选项的定义。

```
config MODVERSIONS
        bool "Set version information on all module symbols"
        depends MODULES
        help
        Usually, modules have to be recompiled whenever you switch to a new
            kernel. ...
```

每一行开头用关键字 config，后面可以跟多行。后面的几行定义这个配置选项的属性。属性包括配置选项的类型、选择提示、依赖关系、帮助文档和默认值。同名的选项可以重复定义多次，但是每次定义只有一个选择提示并且类型不冲突。

② 菜单属性

一个菜单选项可以有多种属性，不过这些属性也不是任意用的，受到语法的限制。每个配置选项必须有类型定义。类型定义包括 bool、tristate、string、hex、int 共 5 种。其中有两种基本的类型：tristate 和 string，每种类型定义可以有一个选择提示。

- 选择提示

```
"prompt" <prompt> ["if" <expr>]
```

每个菜单选项最多有一条提示，可以显示在菜单上。某选择提示可选的依赖关系可以通过 if 语句添加。

- 默认值

```
"default" <expr> ["if" <expr>]
```

配置选项可以有几个默认值。如果有多个默认值可选，只使用第一个默认值。某选项默认值还可以在其他地方定义，并且被前面定义的默认值覆盖。如果用户没有设置其他值，默认值就是配置符号的唯一值。如果有选择提示出现，就可以显示默认值并且可以配置修改。某默认值可选的依赖关系可以通过 if 语句添加。

- 依赖关系

```
"depends on"/"requires" <expr>
```

这个定义了菜单选项的依赖关系。如果定义多个依赖关系，那么要用 && 符号连接。依赖关系对于本菜单项中其他所有选项有效(也可以用 if 语句)。

- 反向依赖

```
"select" <symbol>  ["if" <expr>]
```

普通的依赖关系是缩小符号的上限，反向依赖关系则是符号的下限。当前菜单符号的值用作符号可以设置的最小值。如果符号值被选择了多次，这个限制将被设成最大选择值。反向依赖只能用于布尔或者三态符号。

- 数字范围

```
"range" <symbol>  <symbol> ["if" <expr>]
```

这允许对 int 和 hex 类型符号的输入值限制在一定范围内。用户输入的值必须大于等于第一个符号值或者小于等于第二个符号值。

• 帮助文档

```
"help"  或者 "---help---"
```

这可以定义帮助文档。帮助文档的结束是通过缩进层次判断的。当遇到一行缩进比帮助文档第一行小的时候,就认为帮助文档已经结束。"---help---"和"help"功能没有区别,主要给开发者提供不同于"help"的帮助。

③ 菜单依赖关系

依赖关系定义了菜单选项的显示,也能减少三态符号的选择范围。表达式的三态逻辑比布尔逻辑多一个状态,用来表示模块状态。

- 表达式<expr> ::= <symbol>:把符号转换成表达式,布尔和三态符号可以转换成对应的表达式值。其他类型符号的结果都是"n"。
- 表达式<symbol> '=' <symbol>:如果两个符号的值相等,返回"y",否则返回"n"。
- 表达式<symbol> '!=' <symbol>:如果两个符号的值相等,返回"n",否则返回"y"。
- 表达式'(' <expr> ')':返回表达式的值,括号内表达式优先计算。
- 表达式'!' <expr>:返回(2-/expr/)的计算结果。
- 表达式<expr> '&&' <expr>:返回 min(/expr/, /expr/)的计算结果。
- 表达式<expr> '||' <expr>:返回 max(/expr/, /expr/)的计算结果。

一个表达式的值是"n"、"m"或者"y"(或者对应数值的 0、1、2)。当表达式的值为"m"或者"y"时,菜单选项变为显示状态。

符号类型分为两种:常量和非常量符号。

非常量符号最常见,可以通过 config 语句来定义。非常量符号完全由数字符号或者下划线组成。

常量符号只是表达式的一部分。常量符号总是包含在引号范围内的。在引号中,可以使用其他字符,引号要通过"\"号转义。

④ 菜单组织结构

菜单选项的树状结构有两种组织方式。

第一种是显式的声明为菜单。

```
menu "Network device support"
        depends NET
config NETDEVICES
        ...
endmenu
```

menu 与 endmenu 之间的部分成为 Network device support 的子菜单。所有子选项继承这菜单的依赖关系,例如,依赖关系 NET 就被添加到 NETDEVICES 配置选项的依赖关系列表中。

第二种是通过依赖关系确定菜单的结构。

如果一个菜单选项依赖于前一个选项,它就是一个子菜单。这要求前一个选项和子选项同步地显示或者不显示。

```
config MODULES
        bool "Enable loadable module support"
config MODVERSIONS
```

```
        bool "Set version information on all module symbols"
        depends MODULES
comment "module support disabled"
        depends !MODULES
```

MODVERSIONS 依赖于 MODULES，这样只有 MODULES 不是“n”的时候，才显示。反之，MODULES 是“n”的时候，总是显示注释“module support disabled”。

⑤ Kconfig 语法

Kconfig 配置文件描述了一系列的菜单选项。每一行都用一个关键字开头（help 文字例外）。

其中菜单开头的关键字有：config、menuconfig、choice/endchoice、comment、menu/endmenu。它们也可以结束一个菜单选项，另外还有 if/endif、source 也可以结束菜单选项。

- 关键字 config

语法：

```
config <symbol>
    <config options>
```

这可以定义一个配置符号<symbol>，并且可以配置选项属性。

- 关键字 menuconfig

语法：

```
menuconfig <symbol>
    <config options>
```

这类似于简单的配置选项，但是它暗示，所有的子选项应该作为独立的选项列表显示。

- 关键字 choice

语法：

```
choice
    <choice options>
    <choice block>
endchoice
```

这定义了一个选择组，并且可以配置选项属性。每个选择项只能是布尔或者三态类型。布尔类型只允许选择单个配置选项，三态类型可以允许把任意多个选项配置成“m”。如果一个硬件设备有多个驱动程序，内核一次只能静态链接或者加载一个驱动，但是所有的驱动程序都可以编译为模块。选择项还可以接受另外一个选项 optional，可以把选择项设置成“n”，并且不需要选择什么选项。

- 关键字 comment

语法：

```
comment <prompt>
    <comment options>
```

这定义了一个注释，在配置过程中显示在菜单上，也可以回显到输出文件中。唯一可能的选项是依赖关系。

• 关键字 menu

语法：

```
menu <prompt>
    <menu options>
    <menu block>
endmenu
```

这定义了一个菜单项，在菜单组织结构中有些描述。唯一可能的选项是依赖关系。

• 关键字 if

```
if <expr>
    <if block>
endif
```

这定义了一个 if 语句块。依赖关系表达式<expr>附加给所有封装好的菜单选项。

• 关键字 source

语法：

```
source <prompt>
```

读取指定的配置文件。读取的文件也会解析生成菜单。

(3) 内核编译方式

Kbuild 系统使用 Kbuild Makefile 来编译内核或模块。当 Kernel Makefile 被解析完成后，Kbuild 会读取相关的 Kbuild Makefile 进行内核或模块的编译。Kbuild Makefile 有特定的语法指定哪些编译进内核中、哪些编译为模块及对应的源文件是什么等。内核及驱动开发人员需要编写这个 Kbuild Makefile 文件。

Kbuild Makefile 的文件名不一定是 Makefile，尽管推荐使用 Makefile 这个名字。大多的 Kbuild 文件的名字都是 Makefile。为了与其他 Makefile 文件相区别，用户也可以指定 Kbuild Makefile 的名字为 Kbuild。而且如果 Makefile 和 Kbuild 文件同时存在，则 Kbuild 系统会使用 Kbuild 文件。

Kbuild Makefile 的一个最主要功能就是指定编译什么，这个功能是通过两个对象指定的 obj-? 和 xxx-objs。

obj-? 语法：obj-?=$(target).o

target 为编译对象的名字。如果没有指定 xxx-objs，编译这个对象需要的源文件就是 $(target).c 或 $(target).s。如果指定了 $(target)-objs，则编译这个对象需要的源文件由 $(target)-objs 指定，并且不能有 $(target).c 或 $(target).s 文件。

xxx-objs 指定了编译对象需要的文件，一般只有在源文件是多个时才需要它。

只要包含了这两行，Kbuild Makefile 就应该可以工作了。若一个对象可能嵌入到另一个对象的目录下，只要指定 obj_? 的对象为子目录的名字即可，语法为：obj-?=$(sub_target)/。

其中"?"可以是"y"(编译进内核静态加载)或"m"(编译成模块用于动态加载)，$(sub_target)是子目录名字。这样就可以实现层级目录的嵌套编译。

有时候用户需要在内核源代码的外面编译内核模块，编译的基本命令是：

```
make -C $(KERNEL_DIR) M='pwd' modules
```

(4) 配置选项

在进行配置之前，在内核目录下执行下列操作，生成平台默认配置文件.config：

```
make s3c2410_defconfig
```

执行完后会出现：# configuration written to .config。

同样，这里也可以用另外两种方法来完成，一是用 cp 命令复制 s3c2410_defconfig 这个文件到根目录下覆盖.config 文件，一个就是执行 make menuconfig 后，用里面的 load 选项装载这个配置文件，然后保存就可。

由于本书使用的是 S3C2440A 平台目标系统，所以配置时选择 Makefile 的 s3c2410_defconfig 目标，2440 平台与 2410 差别不是很大，并且这是目前最接近 2440 的一个默认配置文件了。

接下来可以进入如交互配置界面，进行其他选项的配置。首选命令：

```
make xconfig
```

执行 X Windows 下的配置界面，如图 9-3 所示。第一次接触 Linux 内核的开发者往往对如何选取这些选项感到困惑。在此建议将大部分选项保持默认值即可，只有小部分按需要和配置原则选择。不经常使用的部分功能代码编译成为可加载模块(M)，有利于减小内核的长度，减小内核消耗的内存，简化该功能相应的环境改变时对内核的影响；不需要的功能就不要选(N)；与内核关系紧密而且经常使用的部分功能代码直接编译到内核中(Y)。这三种配置方式可以通过单击选项前的控件或双击选项条目来改变；还有一些需要输入数值和文本的选项，可以先双击(在窗口中间位置会出现编辑框控件)，然后进行编辑修改。

下面就配置界面中的主要选项进行介绍。

① 常规设置选项 general setup

- Local version - append to kernel release 在内核后面加上一串字符来表示版本。这些字符在系统运行时使用 uname -a 命令时会显示出来。字符最多不能超过 64 位。
- Automatically append version information to the version string (LOCALVERSION_AUTO)自动生成版本信息。这个选项会自动探测内核并且生成相应的版本，使之不会和原先的重复。这需要 Perl 的支持。要看宿主 Linux PC 是否安装了 Perl 支持，否则选 N。
- Support for paging of anonymous memory (swap)这个选项将使内核支持交换分区(SWAP 分区)，也就是让计算机好像拥有比实际内存更多的内存空间用来执行很大的程序，即虚拟内存。
- System V IPC (IPC:Inter Process Communication)中间过程链接是一组功能和系统调用，使得进程能够同步和交换信息。有一些程序只有选择了 Y 才能运行。
- POSIX Message Queues 可移植操作系统接口信息队列。可移植操作系统接口信息队列是 IPC 的一部分，在通信队列中有较高的优先权来保持通信畅通。如果想要编译和运行在 Solaris 操作系统上写的 POSIX 信息队列程序，选 Y，同时还需要 mqueue 库来支持这些特性。它是作为一个文件系统存在(mqueue)，可以挂载它。为保证以后不同程序的协同稳定，如果不清楚，可以选 Y。

- BSD Process Accounting BSD 进程统计。如果选 Y,用户级别的程序就可以通过特殊的系统调用方式来通知内核把进程统计信息记录到一个文件,当这个进程存在的时候,信息就会被内核记录进文件。信息通常包括建立时间、所有者、命令名称、内存使用、控制终端等。
- Export task/process statistics through netlink (EXPERIMENTAL)处于实验阶段的功能。通过通用的网络输出工作/进程的相应数据,和 BSD 不同的是,这些数据在进程运行的时候就可以通过相关命令访问。和 BSD 类似,数据将在进程结束时送入用户空间。
- Auditing support 审计支持(AUDIT)。允许审计的下层能够被其他内核子系统使用,比如 SE－Linux,它需要这个来进行登录时的声音和视频输出。没有 CONFIG_AUDITSYSCALL 时(即下一个选项)无法进行系统调用。
- Kernel .config support。这个选项允许.config 文件(即编译 Linux 时的配置文件)保存在内核当中。它提供正在运行中的或者还在硬盘中的内核的相关配置选项。可以通过内核镜像文件 kernel image file 用命令 script scripts/extract-ikconfig 来提取出来,作为当前内核重编译或者另一个内核编译的参考。如果内核在运行中,可以通过/proc/config.gz 文件来读取。可选为模块加载方式。
- Enable access to .config through /proc/config.gz 上一项的子项,可以通过/proc/config.gz 访问当前内核的.config。
- Kernel->user space relay support (formerly relayfs)内核系统区和用户区进行传递通信的支持。这个选项在特定的文件系统中提供数据传递接口支持,它可以提供从内核空间到用户空间的大批量的数据传递工具和设施。
- Namespaces support 支持命名空间。命名空间的作用是区别同名的符号。这个选项下面有几个子项,为不同的服务提供命名空间支持。
- Optimize for size 这个选项将在 GCC 命令后用“-Os” 代替“-O2”参数,这样可以得到更小的内核。警告:某些 GCC 版本会导致错误。如果有错,请升级 GCC。

② 引导模块支持 loadable module support

- Enable loadable module support 内核支持动态加载模块。模块是一小段代码,编译后可在系统内核运行时动态的加入内核,从而为内核增加一些特性或是对某种硬件进行支持。一般一些不常用到的驱动或特性可以编译为模块以减少内核的体积。在运行时可以使用 modprobe 命令来加载它到内核中去。如果选了这项,可能需要运行 make modules_install 命令来把模块添加到/lib/modules/目录下,以便 modprobe 可以找到它们。
  - ★ Module unloading 这个选项允许卸载不再使用的模块,如果不选的话将不能卸载任何模块(有些模块一旦加载就不能卸载,不受此项控制)。其子项 Forced module unloading 允许强行卸除模块,即使内核认为这不安全。内核将会立即移除模块,而不管是否有人在使用它(用 rmmod -f 命令)。
  - ★ Module versioning support (MODVERSIONS)为编译模块添加版本信息,给编译的模块提供独立的特性,以使不同的内核在使用同一模块时区别于它原有的模块。

★ Source checksum for all modules 这个功能是为了防止在编译模块时不小心更改了内核模块的源代码但忘记更改版本号而造成版本冲突。

③ 块设备 enable the block layer

- Support for Large Block Devices (LBD)支持大于 2TB 的块设备。
- IO Schedulers 磁盘 I/O 调度器。是输入输出带宽控制，主要针对硬盘提供了三个 I/O 调度器。Anticipatory I/O scheduler 抢先式 I/O 调度方式是默认的磁盘调度方式。它对于大多数环境通常是比较好的选择。但是它和 Deadline I/O 调度器相比更复杂，它有时在数据调入时会比较慢。Deadline I/O scheduler 简单而又紧密，在性能上和抢先式调度器不相上下，在一些数据调入时工作得更好。至于在单进程I/O 磁盘调度上，它的工作方式几乎和抢先式调度器相同。CFQ I/O scheduler 尝试为所有进程提供相同的带宽。它将提供平等的工作环境，对于桌面系统很合适。
- Default I/O scheduler 选择默认的 I/O 调度器。

④ 处理器类型及特性 processor type and features

此项为 Linux 2.6 内核默认的 CPU 平台选项，适用于桌面系统，在此不多做说明。

⑤ 电源管理选项 power management options (ACPI, APM)

- Power Management support 电源管理支持。
  ★ Power Management Debug Support 电源管理调试支持。这个选项提供详细的电源管理调试信息。

⑥ 总线选项 bus options

在此设置对总线(PCI, PCMCIA, EISA, MCA, ISA 等)的支持。

⑦ 用户可执行文件格式 executable file formats

- Kernel support for ELF binaries 支持 ELF。ELF(可执行和可链接格式)是一种用来链接不同架构和操作系统的可执行文件、库函数格式。选 Y，内核可以运行 ELF 二进制文件。
- Kernel support for a. out and ECOFF binaries 对 a. out 和 ECOFF 二进制文件的支持。A. out(assembler. OUTput)是一种二进制文件格式，它用在最早的 UNIX 版本中。Linux 在 QMAGIC 和 ZMAGIC 两个镜像中使用 A. out，直到它最近被 ELF 取代。如果有可能会用到这个格式，选 M 编译成模块。模块名为 binfmt_aout。如果系统的关键部件(比如/sbin/init 或者 /lib/ld. so)是 A. out 格式的，要在这选 Y。
- Kernel support for MISC binaries 内核对 MISC 二进制文件的支持。如果在这选 Y，它可以将 wrapper-driven 二进制格式嵌入内核。当使用一些程序的解释器时，比如 Java, Python, .NET 或者 Emacs-Lisp，或者经常通过 DOS 仿真器运行 DOS 程序时，它将非常有用。在这个选项选 Y，可以简单地通过在 shell 打相应命令运行以上的程序，Linux 可以自动匹配正确的格式。

⑧ 驱动程序配置选项 Driver

- Generic Driver Options 菜单对应 drivers/base 目录的配置选项，包含 Linux 驱动程序基本和通用的一些配置选项。
- Memory Technology Devices (MTD)菜单对应 drivers/mtd 目录的配置选项，包含 MTD 设备驱动程序的配置选项。

- Parallel port support 菜单对应 drivers/parport 目录的配置选项,包含并口设备驱动程序。
- Plug and Play support 菜单对应 drivers/pnp 目录的配置选项,包含计算机外围设备的热拔插功能。
- Block devices 菜单对应 drivers/block 目录的配置选项,包含软驱、RAMDISK 等驱动程序。
- ATA/ATAPI/MFM/RLL support 菜单对应 drivers/ide 目录的配置选项,包含各类 ATA/ATAPI 接口设备驱动。SCSI device support 菜单对应 drivers/scsi 目录的配置选项,包含各类 SCSI 接口的设备驱动。
- Network device support 菜单对应 drivers/net 目录的配置选项,包含各类网络设备驱动程序。Input device support 菜单对应 drivers/input 目录的配置选项,包含 USB 键盘鼠标等输入设备通用接口驱动。
- Character devices 菜单对应 drivers/char 目录的配置选项,包含各种字符设备驱动程序。这个目录下的驱动程序很多。串口的配置选项也是从这个子菜单调用的,但是串口驱动所在的目录是 drivers/serial。
- I2C support 菜单对应 drivers/i2c 目录的配置选项,包含 I^2C 总线的驱动。
- Multimedia devices 菜单对应 drivers/media 目录的配置选项,包含视频、音频接收和摄像头的驱动程序。
- Graphics support 菜单对应 drivers/video 目录的配置选项,包含 Framebuffer 驱动程序。
- Sound 菜单对应 sound 目录的配置选项,包含各种音频处理芯片 OSS 和 ALSA 驱动程序。
- USB support 菜单对应 drivers/usb 目录的配置选项,包含 USB Host 和 Device 的驱动程序。
- MMC/SD Card support 菜单对应 drivers/mmc 目录的配置选项,包含 MMC/SD 卡的驱动程序。

对于特定的目标板,可以根据外围设备选择对应的驱动程序选项,然后才能在 Linux 系统下使用相应的设备。

还有一些选项是在 Linux 内核增加了针对目标平台的补丁,或执行 make s3c2410_defconfig 命令之后产生的,这些选项是对系统移植至关重要的内容。对于本书中示例所需要设置的选项如下。

执行命令:

```
make s3c2410_defconfig
make xconfig
```

在图形配置界面中进行以下选择:

- System Type --> ARM system type (Samsung S3C2410, S3C2412, S3C2413, S3C2440, S3C2442, S3C2443)。
- System Type 下面只保留 S3C2410 Machines 的 SMDK2410/A9M2410 和 S3C2440 Machines 的 SMDK2440、SMDK2440 with S3C2440 CPU module 两项,并且其他选项一定要取消掉。

- 修改启动选项：Boot options-->Default kernel command string：[root=/dev/mtdblock2 init=/linuxrc console=ttySAC0,115200]。其中/dev/mtdblock2：表示 MTD 分区的第二个分区存储根文件系统；init=/linuxrc：启动的首个脚本即根目录下的 linuxrc；console=ttySAC1,115200：使用串口 0 作为串口调试，波特率设置为 115 200bps。
- 增加文件系统支持：Device Drivers-->Memory Technology Device(MTD)下面的 MTD partitioning support 和 NAND Device Support 两项要选中；File system-->Miscellaneous filesystems--> YAFFS2 file system support 项要选为静态编译；NAND Device Support -->NAND Flash support for S3C2410/S3C2440 SoC 选中。这一步骤的文件系统支持不一定选 YAFFS2，读者可根据自己的目标系统进行配置。
- 其他配置选项用户可以酌情配置。

9.2.3　内核编译

对于内核的编译采用前面章节已经建立好的交叉编译环境。对于 Linux 开发，有很多的开源资源可以利用，但并不是所有的开源程序包都使用相同的编译环境。如何选择适合的编译环境，一般可以通过源码包提供的帮助文档进行了解。

结合本章前面介绍的内核修改、内核配置这些内容，进行内核编译的过程就变得相对简单。编译的步骤就是执行一些相对固定的命令目标序列(有一些是上文讲述的命令，是为内核编译做准备工作，在此一并列出)，如表 9-4 所示。

表 9-4　内核编译步骤

序　号	命令及目标	说　明
1	make s3c2410_defconfig	生成平台默认内核配置文件
2	make xconfig	启动图形配置界面，进一步修改内核配置选项
3	make zImage	开始编译，构建目标映像文件

除了上述能够正常执行编译的命令外，Kbuild 还提供了许多可选的配置编译目标和规则。可以使用 make help 命令把所有的配置编译目标和说明信息打印到屏幕。

其中常用的配置编译目标如下(其执行格式为：make <下列目标名之一>)。

(1) 清理目标(clean targets)

clean——清除大多数生成的文件，但是保留.config 和扩展模块。

mrproper——清除所有生成的文件，包括.config 和各种备份文件。

distclean——相当于执行 make mrproper 并且清除编辑备份文件和补丁文件。这是恢复源码到最原始状态的命令。

(2) 内核配置的目标(configuration targets)

该目标分类的内容请参见表 9-2，在此不再赘述。

(3) 其他通用目标(other generic targets)

all——编译所有标记星号的目标。

* vmlinux——编译最基本的内核映像，也被称为顶层的 vmlinux。

* modules——编译所有的模块。

modules_install——安装所有的模块。

dir/——编译 dir 目录及其子目录的所有文件,当然 dir 代表具体的一个目录名。

dir/file.[ois]——仅编译 dir 目录下指定的目标。

dir/file.ko——编译并且链接指定目录的模块。

rpm——以 RPM 包方式编译内核。

tags/TAGS——编辑器生成 tag 文件,方便编辑器识别关键词。

cscope——生成 cscope 索引,方便代码浏览。

kernelrelease——输出内核版本的字符串。

(4) 静态解析器目标(static analysers)

buildcheck——列出对 vmlinux 废弃段的虚引用和从非 init 段引用 init 段的虚引用。

checkstack——生成栈空间耗费者的列表。

namespacecheck——对编译好的内核做命名域分析。

(5) 内核打包目标(kernel packaging)

rpm-pkg——以一个 RPM 包的方式编译内核。

binrpm-pkg——编译一个包含已经编译好的内核和模块的 rpm 包。

deb-pkg——以一个 deb 包的方式编译内核。

tar-pkg——以一个不压缩的 tar 包方式编译内核。

targz-pkg——以一个 gzip 压缩包的方式编译内核。

tarbz2-pkg——以一个 bzip2 压缩包的方式编译内核。

(6) 文档目标(documentation targets)

xmldocs (XML DocBook), psdocs (Postscript), pdfdocs (PDF)

htmldocs (HTML), mandocs (man pages, use installmandocs to install)

用于产生内核中各种文件格式的描述文档。

(7) ARM 体系结构相关的目标(architecture specific targets (arm))

* zImage——编译生成压缩的内核映像存于 arch/arm/boot/zImage 目录。

Image——编译生成非压缩的内核映像存于 arch/arm/boot/Image 目录。

* xipImage——编译生成 XIP 的内核映像存于 arch/arm/boot/xipImage 目录,前提是内核配置成 XIP。

bootpImage——编译包含 zImage 和 initrd 的映像(可以通过 make 变量 INITRD=<path>提供 initrd 映像)。

s3c2410_defconfig——准备构建 S3C2410 平台的配置文件。类似这样的目标有很多,每种支持的目标板都会保存一个默认的内核配置文件。

make V=0|1 [目标名]——V=0 表示不显示编译信息(默认),V=1 表示显示编译信息。

make O=dir [目标名]——用来指定所有输出文件的目录,包括.config 文件,都将放到 dir 目录下。

make C=1 [目标名]——表示检查所有 $CHECK 的 C 程序。

make C=2 [目标名]——表示强制检查所有 $CHECK 的 C 程序。

(8) 默认目标

执行 make 将自动编译所有带星号标志的目标,功能与 make all 相同。其中,vmlinux、

modules、zImage 是 Makefile 默认的目标。

内核编译的步骤看似简单却蕴含着复杂的过程，如果沿着 Kbuild 工程文件(Makefile)的语句一条一条跟踪，来弄清楚整个内核编译和链接的原理及详细过程那将是一个庞大的、很难完成的工程。那么，在此将以内核编译产生了哪些目标、链接形成了哪些映像、这些映像是如何组成的、又处于 Linux 内核启动运行的哪个阶段为核心进行阐述。

1. vmlinux 映像

在执行 make zImage 编译过程中，会产生 vmlinux 映像，有时被称为顶层内核(因为该映像文件被输出到源码的顶层目录中)。把它叫做“狭义内核(kernel proper)”，因为在 Linux 中，内核(kernel)通常包含狭义内核和动态加载的模块程序。vmlinux 不具备引导的能力，需要借助其他 Boot Loader 引导启动。

要了解嵌入式 Linux 系统的构成理念，首先要了解这个映像(vmlinux image)的构成。

通过图 9-4 可以了解 vmlinux 的具体结构，如果目标系统选择的是非压缩方式引导内核，就可以通过系统的引导加载程序(Boot Loader)引导 vmlinux。

图 9-4　vmlinux 组成结构图

2. zImage 映像

嵌入式 Linux 系统的引导方式有两种，一种是上文所说的非压缩方式；另外一种是压缩方式。采用压缩方式时，目标系统的 Linux 内核映像是以压缩后的形式存储在非易失存储器当中。当系统上电后进入引导 Linux 内核阶段时，先将压缩的映像进行解压，然后再载入内存运行内核。

采用压缩方式引导系统时，通常使用 make zImage 产生压缩映像 zImage。zImage 是可引导、压缩的内核映像。它是 vmlinux 的压缩映像，是可执行的 Linux 内核映像。zImage 的生成跟体系结构很有关系，不同体系结构的内核一般有不同的格式。大多数 zImage 包含两部分：压缩的 vmlinux 和自引导程序。zImage 通过自引导程序初始化系统，并且解压启动 vmlinux。其采用 gzip 压缩格式，因此包含了 gzip 的解压缩函数。下面是编译输出信息的一部分，描述了 zImage 产生的过程。

```
$ make zImage
...
LD          vmlinux                                    ①
SYSMAP   System.map
SYSMAP   .tmp_System.map
OBJCOPY arch/arm/boot/Image                            ②
Kernel: arch/arm/boot/Image is ready
AS          arch/arm/boot/compressed/head.o            ③
GZIP      arch/arm/boot/compressed/piggy.gz            ④
AS          arch/arm/boot/compressed/piggy.o           ⑤
CC          arch/arm/boot/compressed/misc.o            ⑥
LD          arch/arm/boot/compressed/vmlinux           ⑦
OBJCOPY       arch/arm/boot/zImage                     ⑧
Kernel: arch/arm/boot/zImage is ready
```

从上面的列表可以看出，步骤①链接产生了 vmlinux；步骤②将 vmlinux 中的二进制指令信息提取出生成 Image 映像(vmlinux 是 ELF 格式的目标文件，内部不仅包含二进制可执行指令信息，还包含了程序的符号信息，可以说是 Image 加 system.map，system.map 文件将在下文讲述)；步骤③编译产生了 ARM 处理器通用的启动代码，这个部分是目标系统 Boot Loader 和 Linux 内核的中间环节，即目标板的 Boot Loader 将控制权传递给 head.o 程序，head.o 再启动 Linux 内核，它将是 zImage 的入口；步骤④是将去掉了附加信息的内核映像 Image 进行压缩，产生 piggy.gz；步骤⑤是将压缩完毕的 piggy.gz 引入到映像中；步骤⑥编译解压函数，为压缩内核引导服务；步骤⑦是将压缩后的内核映像和一些引导用的外壳文件链接成新的可引导的压缩映像，不过这个映像内部还包含了一些符号信息；需要经过步骤⑧去掉符号信息，形成能够引导、能够下载到目标板的映像文件。下面再通过图 9-5 来说明 zImage 的产生过程。

图 9-5 中的 objcopy、gzip、asm 都是在进行内核编译链接时所需要调用的命令工具。

3. System.map

System.map 是一个特定内核的内核符号表，它包含内核全局变量和函数的地址信息。System.map 是内核编译生成文件之一。当 vmlinux 编译完成时，再通过 $(NM)命令解析 vmlinux 映像生成。可以直接通过 nm 命令来查看任何一个可执行文件的信息。

```
$ nm vmlinux > System.map
```

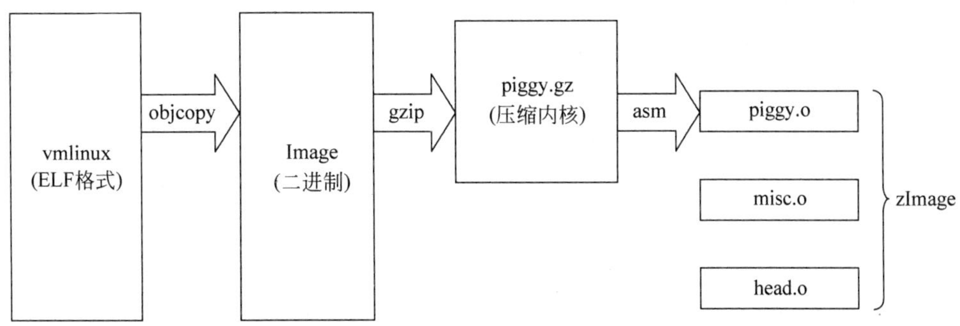

图 9-5 zImage 的组成及产生过程

不过,内核源码还要对 nm 生成的信息加以过滤排序,才能得到 System.map。

```
$ nm vmlinux|grep -v '\(compiled\)\|\(\.o$$\)\|\([aUw]\)\|\(\.\.ng$$\)\|\(LASH
[RL]DI\)'|sort>System.map
```

Linux 内核是一个很复杂的代码块,有许许多多的全局符号。它不使用符号名,而是通过变量或函数的地址来识别变量或函数名。比如,不使用 size_t BytesRead 这样的符号,而使用地址 C0343F20 引用这个变量。

内核主要是用 C 语言写的,编译成目标代码或者映像就可以直接使用地址了。如果需要知道符号的地址,或者需要知道地址对应的符号,就需要由符号表来完成。符号表是所有符号连同它们的地址的列表。System.map 是在内核编译过程中生成的,每一个内核映像对应自己的 System.map。它是保存在文件系统上的文件。当编译一个新内核时,各个符号名的地址要发生变化,就应当用新的 System.map 来取代旧的 System.map。它可以提供给 klogd、lsof 和 ps 等程序使用。Linux 内核还有另外一种符号表使用方式:/proc/ksyms。它是一个 proc 接口,是在内核映像引导时创建的/proc/ksyms 条目。用户空间的程序可以通过/proc/ksyms 接口读取内核符号表。这需要预先配置 CONFIG_ALLKSYMS 选项,内核映像将包含符号表。

9.3 建立 Linux 根文件系统

在前一节讲到的 Linux 内核是支持嵌入式系统运行的基础,系统完成的实际任务需要由应用程序实现,那么应用程序并未包含到内核中去。Linux 系统需要执行文件系统中的应用程序文件来完成工作,同时文件系统也是支持 Linux 系统运行的重要部分。

1. 文件系统介绍

操作系统中负责管理和存储文件信息的软件机构称为文件管理系统,简称文件系统,是操作系统用于明确磁盘或分区上的文件的方法和数据结构,即在磁盘上组织文件的方法。

一个分区或磁盘能作为文件系统使用前,需要初始化,并将记录数据结构写到磁盘上。这个过程就叫建立文件系统。

2. Linux 文件系统

Linux 内核启动期间进行的最后操作之一就是安装(挂载)根文件系统,这一操作完成,

Linux下的程序就可以访问基于文件系统的数据文件或驱动程序了。Linux的根文件系统具有非常独特的特点,就其基本组成来说,Linux的根文件系统应该包括支持Linux系统正常运行的基本内容,包含着系统使用的软件和库,以及所有用来为用户提供支持架构和用户使用的应用软件。因此,至少应包括以下几项内容。

(1) 基本的文件系统结构,包含一些必需的目录,比如:/dev,/proc,/bin,/etc,/lib,/usr,/tmp等。

(2) 基本程序运行所需的库函数,如Glibc/μC-libc。

(3) 基本的系统配置文件,比如rc,inittab等脚本文件。

(4) 必要的设备文件支持:/dev/hd*,/dev/tty*,/dev/fd0。

(5) 基本的应用程序,如sh、ls、cp、mv等。

接下来介绍如何制作Linux根文件系统,目的是使读者能够较快地理解如何在一个目标系统(target)建立起操作系统的根文件系统,进而加快开发流程。

3. 根文件系统的结构

Linux的文件系统组织和Windows操作系统不同,它的文件系统是一个整体,所有的文件系统结合成一个完整的统一体,组织到一个树型目录结构之中,目录是树的枝干,这些目录可能会包含其他目录,或是其他目录的"父目录",目录树的顶端是一个单独的根目录,用/表示。Linux文件系统目录的组成符合FHS(filesystem hierarchy standard,文件系统科学分类标准),在Linux下可以看到系统的根目录组成内容如下。

(1) /dev。设备文件。在/dev目录下是一些称为设备文件的特殊文件,用于访问系统资源或设备,如软盘、硬盘、系统内存等。设备文件的概念是Linux特有的,所有设备都被抽象成了文件,有了这些文件,用户可以像访问普通文件一样方便地访问系统中的物理设备。在/dev目录下,每个文件都可以用mknod命令建立,各种设备所对应的特殊文件以一定规则来命名。

(2) /root。root用户主目录。/root目录中的内容包括:引导系统的必备文件、文件系统的挂装信息、设备特殊文件以及系统修复工具和备份工具等。由于是系统管理员的主目录,普通用户没有访问权限。

(3) /usr。这是个最庞大的目录,该目录中包含了一般不需要修改的命令程序文件、程序库、手册和其他文档等。在桌面系统上,Linux内核的源代码就放在/usr/src/linux里。

(4) /var。该目录中包含经常变化的文件,例如打印机、邮件、新闻等的脱机目录、日志文件以及临时文件等。

(5) /home。用户主目录的默认位置。例如,一个名为hdjsj的用户主目录将是/home/hdjsj,系统的所有用户的数据保存在其主目录下。

(6) /proc。/prco文件系统并不保存在系统的外部存储器(如硬盘)中,操作系统在内存中创建这一文件系统目录,是虚拟的目录,即系统内存的映射,其中包含一些和系统相关的信息,例如CPU的信息等。

(7) /bin。该目录包含二进制(binary)文件的可执行程序,这里的bin本身就是binary的缩写,许多Linux命令就是放在该目录下的可执行程序,例如ls、mkdir、tar等命令。

(8) /sbin。与bin目录类似,存放系统编译后的可执行文件、命令,如常用到的fsck、lsusb等指令,通常只有root用户才有运行的权限。

(9) /etc。它在 Linux 文件系统中是一个很重要的目录，Linux 的很多系统(全局)配置文件就在该目录下，例如系统初始化文件/etc/rc 等。Linux 正是靠这些文件才得以正常地运行，用户可以根据实际需要来配置相应的配置文件。

(10) /boot。该目录存放系统启动时所需的各种文件，如内核的镜像文件，引导加载器(bootstrap loader)使用的文件 LILO 和 GRUB。

(11) /lib。标准程序设计库，又叫动态链接共享库，作用类似于 Windows 里的. dll 文件。

(12) /mnt。该目录用来为其他文件系统提供安装点。

(13) /tmp。公用的临时文件存储点。

(14) /initrd。用来在计算机启动时挂载 initrd. img 映像文件以及载入所需设备模块的目录，需要注意的是，不要随便删除/initrd/目录，如果删除了该目录，将无法重新引导系统。

4. 制作根文件系统

通过上面对文件系统目录结构的分析，就可以大致按照这个结构在宿主 Linux PC 上面为嵌入式 Linux 目标系统建立一个可用的根文件系统了。接下来的工作就是按照目标系统的需要填充这个目录结构，最后制作成映像文件，以供内核安装使用。整个根文件系统中需要填充的内容有系统启动时的配置文件、系统应用程序、共享库、动态内核模块、设备文件等等。如果全部手动添加这些内容是很繁琐的，为了减少工作量，可以选择使用工具包，例如 busybox。

(1) 建立目录结构

首先，Linux PC 上建立一个用于存放目标板根文件系统的目录结构。在该目录中使用 mkdir 建立上一节所讲的 FHS 目录结构，也可以参照 Linux PC 实际的目录结构来建立。接下来的任务需要在这个目录下进行操作。

(2) 编译 busybox

下载 busybox 源码，将其解压，设置交叉编译方式，配置和编译的过程类似 Linux 内核的配置编译方式(请参考第 9 章)。编译后执行 make install 会在_install 目录下产生制作根文件系统需要的部分文件。然后使用命令修改文件属性(防止使用时出现权限问题)。

```
chmod 4755 ./_install/bin/busybox
```

然后将_install 中的文件复制到目标根目录中。

(3) 创建设备节点

以 root 身份建立节点文件. /dev/console,. /dev/null

```
[dev]#   mknod -m 600 dev/console c 5 1
[dev]#   mknod -m 666 dev/null c 1 3
```

(4) 建立配置文件(etc/profile、etc/init. d/rcS、etc/fstab、/usr/etc/init)

```
[etc]# more profile
#!/bin/sh
#/etc/profile:system-wide .profile file for the Bourne shells
echo
echo -n "Processing /etc/profile..."
```

```
# Set search library path
export LD_LIBRARY_PATH=/lib:/usr/lib
# set user path
export PATH=/bin:/sbin:/usr/bin:/usr/sbin
#Set PS1
USER = "'id -un'"
LOGNAME= $USER
PS1='[\u@\h\W]\$'
PATH= $PATH
echo "Done!"

[etc]# more init.d/rcS
#!/bin/sh
# set hostname, needed host file in /etc directory
#./etc/host
#hostname 'cat /etc/host'
# mount all filesystem defined in "fstab"
echo "#mount all…"
#/bin/mount -a
#/bin/chmod 0666 /dev/null
echo "# starting mdev…"
#/bin/echo /sbin/mdev > /proc/sys/kernel/hotplug
mdev -s
/bin/sh
[etc]# more fstab
proc    /proc   proc defaults 0 0
none    /tmp    ramfs   defaults 0 0
none    /var    ramfs   defaults 0 0
mdev    /dev    ramfs   defaults 0 0
sysfs   /sys    sysfs   defaults 0 0
[etc]# more inittab
::sysinit:/etc/init.d/rcS
::respawn:-/bin/sh
::ctrlaltdel:/bin/umount -a -r
::shutdown:/bin umount -a -r
::shutdown:/sbin/swapoff -a
[etc]# more ../usr/etc/init
#!/bin/sh
ifconfig eth0 192.168.1.111 up
ifconfig lo 127.0.0.1
```

(5) 添加共享链接库

先使用命令 arm-linux-gnu-readelf -d busybox 查看 busybox 运行所需要的库文件，然后将库文件复制到目标根目录的 lib 目录中。可以使用如下指令。

```
[lib]# cp /<交叉编译器所在目录>/arm-linux/lib/ld*
[lib]# cp /<交叉编译器所在目录>/arm-linux/lib/libc-2.3.2.so
[lib]# cp /<交叉编译器所在目录>/arm-linux/lib/libc.so.6
[lib]# cp /<交叉编译器所在目录>/arm-linux/lib/libm*
[lib]# cp /<交叉编译器所在目录>/arm-linux/lib/libcrypt*
```

(6) 制作映像

在此可根据目标系统的文件系统类型选择不同的制作工具。本例为制作一个基于 YAFFS2 的根文件系统，所以选择 YAFFS2 补丁源码包中的 mkyaffs2image 工具(需要先编译)进行制作，命令为：

```
mkyaffs2image <根文件系统目录> <映像名>
```

9.4　下载目标文件

一个完整的目标系统软件需要有 Boot Loader、Linux 内核、根文件系统，所以需要在此将这三部分内容安装到目标板上。由于嵌入式系统多数采用 Flash 存储器，所以安装的过程也被称为下载映像文件。

首先要通过目标板的 JTAG 接口将 Boot Loader 映像下载到它的分区中，这个分区必须是 ARM 处理器在上电时能够实现自举的一段存储空间。对于 S3C2440A 处理器可以使用其提供的 SJF2440 下载工具。

运行有 Boot Loader 的目标板一般都具有下载操作系统内核和根文件系统的能力。本文采用的 Boot Loader 程序是 vivi。vivi 是韩国 MIZI 公司开发的 Boot Loader，适用于 ARM9 处理器。vivi 有两种工作模式：启动加载模式和下载模式。在下载模式下，vivi 为用户提供一个命令行接口，通过接口可以使用 vivi 提供的一些命令将内核与根文件系统下载到目标板的 Flash 芯片上。

下载的命令为 Load，说明如下。

Load 命令下载程序到存储器(Flash 或者 RAM)中通过 load help 可以显示系统对 load 系列命令的帮助提示：

```
vivi> load help
Usage:
   load <flash|ram> [ <partname> | <addr> <size> ] <x|y|z|t>
```

关键字参数 flash 和 ram 用于选择目标介质是 Flash 还是 RAM，先要下载到 Flash 中还是先要下载到 RAM 中(临时下载到 SDRAM 的起始地址处 0x30000000 保存一下，然后再转写入 Flash)，然后再通过 Flash 驱动程序提供的写操作，将数据写入到 Flash 中。选择了 flash 参数，那到底是对 NOR Flash 操作还是对 NAND Flash 操作，这取决于 Boot Loader 编译的过程中所进行的配置，这就要看配置的时候将 MTD 设备配置成 NOR Flash 还是 NAND Flash。参数 partname 和 addr size 二者选其一，partname 是 vivi 的 MTD 分区表中的 MTD 分区的起始地址；addr 和 size 是让用户自己选择下载的目标存储区域，而不是使用 vivi 的 MTD 分区，addr 表示下载的目标地址，size 表示下载的文件大小，单位字节，size 参数不一定非要指定得和待下载的文件一样大，但是一定要大于等于待下载的文件的字节数。

关键字参数 x、y 和 z 分别表示从 PC 主机上下载文件到 ARM9 系统中，采用哪种串行文件传送协议，x 表示采用 XModem 协议，y 表示采用 Ymodem 协议，z 表示采用 ZModem

协议。请注意目前该 Boot Loader vivi 还没有实现 ZModem 协议,所以该参数只能选择 x 和 y。

关键字参数 t 是 tftp 下载,速度比 jtag 要快。

可以使用 Boot Loader 的这一工具配合 PC 的超级终端或 DNW 工具传送内核映像进行下载。

9.5 本章小结

本章以 Linux 2.6 内核为主,介绍其特点和配置编译,以及将其移植到 S3C2440A 核心开发板的过程。通过学习本章可以了解 Linux 2.6 内核这一庞大工程的编译管理方式,掌握基本的配置编译方法。将 Linux 2.6 内核移植到新的目标系统一般步骤为:修改内核平台相关代码;配置内核模块;编译内核;制作目标文件系统(根文件系统);下载内核与文件系统映像到目标系统。

9.6 习题 9

1. 简述 Linux 系统的分类。
2. 简述 Linux 内核组成。
3. 简述内核的移植涉步骤。
4. 设置内核编译配置选项,一般主要考虑哪几个方面?
5. 什么是文件系统?
6. 文件系统由几部分组成,简述各部分的内容。
7. 简述 Linux 文件系统应包括几项内容。
8. 简述根文件系统的结构。
9. Linux 下可以看到系统的根目录组成,其内容包括哪些?
10. 简述将 Linux 2.6 内核移植到新的目标系统一般步骤。

第 10 章 嵌入式 Linux 设备驱动程序开发

Linux 内核源码有很大一部分是由设备驱动组成，驱动程序为 Linux 系统完成其强大功能中起到很重要的作用，本章将介绍设备驱动开发的流程及方法。

10.1 嵌入式 Linux 驱动程序开发基础

在 Linux 系统中，设备驱动程序扮演着特殊的角色，它隐藏了不同硬件设备内部的详细工作过程，并为同一应用程序提供了统一的接口。

系统调用是应用程序与操作系统内核之间的接口，设备驱动程序是操作系统内核与机器硬件之间的接口。设备驱动程序是内核的一部分，它有以下功能：

- 对设备初始化和释放；
- 把数据从内核传送到硬件和从硬件读取数据；
- 读取应用程序传送给设备文件的数据和回送应用程序请求的数据；
- 检测和处理设备出现的错误。

10.1.1 嵌入式 Linux 设备驱动程序分类

Linux 设备驱动属于内核的一部分，Linux 内核的一个模块可以两种方式被编译和加载，因此设备驱动程序按加载方式分为两类。

- 静态加载的驱动程序：直接编译进 Linux 内核，随同 Linux 启动时加载。
- 动态加载的驱动程序：编译成一个可加载和删除的模块，使用 insmod 加载(modprobe 和 insmod 命令类似，但依赖于相关的配置文件)，rmmod 删除。这种方式控制了内核的大小，而模块一旦被插入内核，它就和内核其他部分一样。本书中驱动程序模块相关内容主要以动态加载形式为主。

Linux 将设备按照功能特性划分为三种类型：字符设备，块设备和网络设备。

1. 字符设备(char device)

字符设备是能够像字节流(类似文件)一样被访问的设备，由字符设备驱动程序来实现这种特性。一般不需要使用缓冲区而直接对它进行读写。如打印机、显示终端。

2. 块设备(block device)

块设备支持以块为单位的访问方式。块设备和字符设备类似，也是通过/dev 目录下的文件系统节点来访问。块设备是文件系统的宿主，例如硬盘、光驱等。

3. 网络设备(network device)

网络设备是通过通信网络传输数据的设备，一般指与通信网络连接的网络适配器(网卡)等。如以太网卡，Linux 使用套接字(socket)方式对网络数据进行访问。

10.1.2 最简单的内核模块

本文通过"Hello,world!"模块来说明如何为Linux内核建立一个动态加载的模块,虽然这是一个再简单不过的模块,而且不能称之为驱动程序,但可以通过它来了解驱动的建立、编译、加载运行等过程。

1. helloworld 模块源代码

首先为模块建立一个子目录。

```
mkdir helloworld
```

建立源文件。

```
cd helloworld
gedit helloworld.c
```

helloworld.c 的源代码如下。

```
#include <linux/init.h>
#include <linux/module.h>
MODULE_LICENSE("Dual BSD/GPL");                              ①
static int helloworld_init(void)                             ②
{
    printk("Hello, world!The module is initiated.\n");       ③
    return 0;
}
static void helloworld_exit(void)                            ④
{
    printk("Bye!\n");
    return;
}

module_init(helloworld_init);                                ⑤
module_exit(helloworld_exit);                                ⑥
```

在上述代码中,①所使用的宏MODULE_LICENSE声明本模块遵循哪种源码开放协议(许可证声明)进行发布,传递的参数为具体的协议名称。这一项是可选的,但是如果在用户的模块中没有做此声明,在编译过程中将会产生相关的警告。常见的开源协议如BSD、GPL、LGPL、MIT等都是OSI批准的协议。如果要开源自己的代码,最好也是选择这些被批准的开源协议。而在Linux 2.6内核中,通过include/linux/module.h头文件可以看出,可以接受的许可证有GPL、GPL v2、GPL and additional rights、Dual BSD/GPL、Dual MIT/GPL、Dual MPL/GPL、Proprietary。本代码中所使用的是BSD、GPL双重许可证。

②为模块加载时初始化函数的实现,在这里只是简单地使用printk(语句③)向终端输出一条提示信息。printk函数是具有和printf相同效果的输出函数,由于模块工作在系统的内核空间,所以不可以用printf代替,下面将在内核空间与用户空间、内核模块(驱动)调试部分更详细地介绍printk。

④为模块清理函数的实现,如果希望在卸载模块时做些什么,可以在该函数中实现。函数声明时使用关键字static定义为静态函数,目的是限定函数的作用域,防止命名冲突(同函数②)。

⑤、⑥为两个宏调用，它们分别为函数②、④确定了角色，使 helloworld_init 函数为初始化函数，同样指定 helloworld_exit 为清理函数。这两个宏是必要的，它们确定了一个模块的入口和出口（入口和出口函数名称在 Linux 2.6 内核中可以任意定义）。经过指定后，就可以在模块加载（如执行命令 insmod）时实现初始化，模块卸载（如执行命令 rmmod）时实现清理功能。

2. 模块的编译

在此源代码的同一目录 helloworld 下面建立一个 Makefile 文件（文件名 Makefile 是 make 工具的默认识别脚本文件，否则需要使用参数-f 来指定一个其他的文件名）。

```
gedit Makefile
```

在 Makefile 文件中，按照 Linux 2.6 内核的模块工程管理模板填写脚本如下。

```
ifneq($(KERNELRELEASE),)                                    ①
    obj-m := mymodule.o                                     ②
else
    PWD := $(shell pwd)                                     ③
    KERNELDIR ?= /linux-2.6.32.4/                           ④
default:
    $(MAKE) -C $( KERNELDIR) M= $(PWD) modules              ⑤
clean:
    rm -rf .*.cmd *.o *.mod.c *.ko .tmp_versions            ⑥
.PHONY: clean                                               ⑦
endif
```

上面这个 Makefile 文件将被 make 系统执行两次。第一次执行时，通过语句①中的 ifneq 判断 KERNELRELEASE 有没有定义，由于它是在内核源码的顶层 Makefile 中定义的一个变量，在第一次读取执行此 Makefile 时，KERNELRELEASE 没有被定义，所以 make 将读取执行 else 之后的内容。

如果 make 的目标是 clean，直接执行 clean 操作（语句⑥），目的是清除前一次编译产生的目标及模块文件，然后结束。

当 make 的目标为默认时，执行 default 目标的操作（语句⑤）。$(MAKE)实际上是参数化的 make 命令，在这里当于再执行一个 make 命令。-C $(KERNELDIR) 指明第二个 make 命令将跳转到内核源码目录下读取那里的 Makefile。变量 KERNELDIR 的定义如语句④，值为 Linux 内核源码的目录。M= $(PWD) 表明解析完顶层 Makefile 文件后返回到当前目录继续读入，执行当前目录的 Makefile(即 helloworld/Makefile)，这将触发此 Makefile 第二次被执行。变量 PWD 的定义如语句③，它的值通过命令 pwd 获得当前 Makefile 所在路径。语句⑤在这里相当于执行了：make -C /linux-2.6.32.4/M=/helloworld/modules。

当从内核源码目录返回第二次执行当前目录的 Makefile 时，KERNELRELEASE 已被定义，Kbuild 也被启动去解析 kbuild 语法的语句，make 将继续读取 else 之前的内容。else 之前的内容为 kbuild 语法的语句，指明模块源码中各文件的依赖关系，以及要生成的目标模块名。

语句②是为了让 Kbuild 系统能够从模块列表里找到要建立的模块 helloworld。这个模块源码只有一个源文件，依赖关系比较简单。如果一个模块名为 module.ko，是来自两个源文件（file1.c 和 file2.c），正确的书写应当如下。

```
obj-m := module.o
module-objs := file1.o file2.o
mymodule-objs := file1.o
```

file2.o 表示 mymoudule.o 由 file1.o 与 file2.o 链接生成。obj-m := mymodule.o 表示编译链接后将生成 mymodule.o 模块。

语句⑦为.PHONY 目标,它并非实际的文件名,只是在显示请求时执行命令的名字。有两种理由需要使用 PHONY 目标:避免和同名文件冲突,改善性能;如果编写一个规则,并不产生目标文件,则其命令在每次 make 该目标时都执行。在这里利用的是 PHONY 的第二个特性。

在 helloworld 目录下面执行 make,将会有如下提示信息。

```
make -C /linux-2.6.32.4/ M=/helloworld modules
make[1]: Entering directory '/linux-2.6.32.4'
  CC [M]  /helloworld/helloworld.o
  Building modules, stage 2.
  MODPOST 1 modules
  CC      /helloworld/helloworld.mod.o
  LD [M] /helloworld/helloworld.ko
make[1]: Leaving directory '/linux-2.6.32.4'
```

这样,就可以建立 helloworld.ko(Linux 2.6 内核的模块文件以.ko 为扩展名)模块,这个文件是可动态加载的模块文件。

3. 模块的加载和卸载

模块建立之后,下一步是加载到内核。首先了解一下 Linux 内核关于模块的知识。

Linux 可加载内核模块(LKM)是 Linux 内核的最重要创新之一。它们提供了可伸缩的、动态的内核。Linux 就是通常所说的单内核(monolithic kernel),即操作系统的大部分功能都被称为内核,并在特权模式下运行。通过 LKM 可以在运行时动态地更改 Linux。这就包括了可以加载的驱动程序。典型的应用程序有一个 main 函数,而 LKM 包含 init 和 exit 函数(由宏 module_init 和 module_exit 指定)。一个非常简单的 LKM 的结构可以通过 helloworld 源代码看到。内核提供了简单的方法,用于构建 LKM。可以使用典型的用户工具管理模块:标准 insmod(加载 LKM),rmmod(卸载 LKM),modprobe(另一个加载和卸载工具),depmod(用于创建模块依赖项),以及 modinfo(用于为模块宏查找值)。

LKM 只不过是一个特殊的可执行可链接格式(executable and linkable format,ELF)的对象文件。还可以在模块中找到其他支持动态特性的区段:.init.text 区段包含 module_init 代码;.exit.text 区段包含 module_exit 代码(见图 10-1);.modinfo 区段包含各种表示模块许可证、作者和描述等的宏文本。

在用户空间中,insmod 命令启动模块加载过程。insmod 命令定义需要加载的模块,并调用 init_module 用户空间系统调用,开始加载过程。它只通过 init_module 函数将模块二进制文件复制到内核,然后由内核完成剩余的任务。init_module 函数通过系统调用层,进入内核到达内核函数 sys_init_module。这是加载模块的主要函数,它利用许多其他函数完成困难的工作。当调用内核函数 sys_init_module 时,会开始一个许可检查,查明调用者是否有权执行这个操作(通过 capable 函数完成)。然后,调用 load_module 函数,这个函数负责将模块加载到内核并执行必要的调试。load_module 函数返回一个指向最新加载模块的

. text	代码段
. fixup	运行时改变的内容
. init . text	模块初始化代码(module_init)
. exit . text	模块退出代码(module_exit)
. rodata. str1. 1	只读字符区
. modinfo	模块信息
_versions	模块版本信息
. data	初始化数据区
. bss	未初始化数据区
other	

图 10-1　Linux 内核模块 ELF 结构图

模块引用。这个模块加载到系统内具有双重链接的所有模块的列表上,并且通过 notifier 列表通知正在等待模块状态改变的线程。最后,调用模块的 init()函数,更新模块状态,表明模块已经加载并且可用。任何可选的模块参数都从用户空间加载到另一个已分配的内核内存块,并且更新模块状态,表明模块已加载(MODULE_STATE_COMING)。

卸载模块与加载很相似,rmmod 命令会使 delete_module 执行系统调用,最终会进入内核,并调用 sys_delete_module 将模块从内核删除。当调用内核函数 sys_delete_module(将要删除的模块的名称作为参数传入)之后,第一步便是确保调用方具有权限。接下来会检查一个列表,查看是否存在依赖于这个模块的其他模块。这里有一个名为 modules_which_use_me 的列表,它包含每个依赖模块的一个元素。如果这个列表为空,就不存在任何模块依赖项,因此这个模块就是要删除的模块(否则会返回一个错误)。接下来还要测试模块是否加载。在几个维护检查之后,调用模块的 exit 函数。最后,调用 free_module 函数。

在模块的加载和卸载期间,模块子系统维护了一组简单的状态变量,用于表示模块的操作。加载模块时,状态为 MODULE_STATE_COMING。如果模块已经加载并且可用,状态为 MODULE_STATE_LIVE。此外,卸载模块时,状态为 MODULE_STATE_GOING。

根据例子 helloworld,可以使用 insmod 命令进行加载。可以把编译好的模块加载到 Linux PC 上简单了解模块运行效果,但是值得注意的是,所编写的是基于 Linux 2.6 内核的模块,为了验证它的可靠性,一定要保证 PC 所运行的 Linux 系统也是基于 2.6 内核的。

加载、卸载命令及执行效果如下:

```
[/helloworld]insmod -f helloworld.ko
Hello, world!The module is initiated.
[/helloworld]rmmod helloworld.ko
Bye!
```

insmod、rmmod 命令使用时的常用参数介绍如下。

命令:insmod [-参数表] [模块名称]

参数:

-f:不检查目前 kernel 版本与模块编译时的 kernel 版本是否一致,强制将模块载入。

-k:将模块设置为自动卸除。

-m:输出模块的载入信息。

-o <模块名称>：指定模块的名称,可使用模块文件的文件名。

-p：测试模块是否能正确地载入 kernel。

-s：将所有信息记录在系统记录文件中。

-v：执行时显示详细的信息。

-x：不要汇出模块的外部符号。

-X：汇出模块所有的外部符号,此为预设置。

命令：rmmod [-参数表] [模块名称]

参数：

-a：删除所有目前不需要的模块。

-s：把信息输出至 syslog 常驻服务,而非终端机界面。

另外,modprobe 也被经常使用。它和 insmod 一样加载一个模块到内核。它的不同在于它会查看要加载的模块,看它是否引用了当前内核没有定义的符号。如果发现有,modprobe 在定义相关符号的当前模块搜索路径中寻找其他模块。当 modprobe 找到这些模块,它也把它们加载到内核。insmod 命令则不会自动加载所依赖的模块。如果在这种情况下使用 insmod 替代 modprobe,命令会失败,并在系统日志文件中留下一条"unresolved symbols"消息。

lsmod 程序生成一个内核中当前加载的模块的列表,也包含了模块之间的依赖关系。lsmod 通过读取/proc/modules 虚拟文件完成工作。

通过本节的简单例子读者可以了解到 Linux 2.6 内核模块从建立到运行的过程,但是,这个模块过于简单,并不能称之为驱动程序,不过,读者可以按照模块的开发过程进行扩展,来进行驱动程序的设计。

10.2　嵌入式 Linux 设备驱动重要技术

10.2.1　内存与 I/O 端口

ARM 平台属于 32 位处理器,提供了 4GB 的内存访问空间。Linux 提供了复杂的存储管理系统,使得进程所能访问的内存达到 4GB(往往实际的物理内存容量小于 4GB)。

(1) 内核空间和用户空间

在上一节最简单的内核模块加载过程中,提到了 Linux 系统的内核空间和用户空间。驱动程序模块本身的运行是在内核空间,但调用驱动程序的应用程序却在用户空间运行。接下来就要说明什么是内核空间、用户空间,它们之间又怎么进行信息的交互。

Linux 的虚拟内存地址空间为 0～4GB(2^{32}B,在 32 位处理器平台上)。Linux 内存管理子系统将这 4GB 的空间分为两部分。将最高的 1GB(从虚拟地址 0xC0000000 到 0xFFFFFFFF)供内核使用,称为"内核空间"。而将较低的 3GB(从虚拟地址 0x00000000 到 0xBFFFFFFF)供各个进程使用,称为"用户空间"。于是,从具体进程的角度来看,每个进程可以拥有 4GB 的虚拟空间,如图 10-2 所示。

从图中可以看出,每个进程有各自的私有用户空间(0～3GB),这个空间对系统中的其

图 10-2　Linux 虚拟空间

他进程是不可见的。最高的 1GB 虚拟内核空间则为所有进程以及内核所共享。内核空间中存放的是内核代码和数据，而进程的用户空间中存放的是用户程序的代码和数据。需要注意的是，内核空间和用户空间不是随意互相访问的，Linux 使用两级保护机制：0 级供内核使用，3 级供用户程序使用。对应于 ARM 平台的 Linux 系统，在内核空间运行时称为内核态，处于 ARM 处理器的管理模式(svc)；在用户空间运行时称为用户态，处于 ARM 处理器的用户模式(user)。管理模式属于特权模式，在这种模式下拥有系统的最高访问权限，即可以访问内核的高 1GB 空间。

在用户模式下操作系统禁止用户程序直接访问设备。应用程序需要访问设备时，就要转入内核空间执行驱动程序，这时如何从用户态转入内核态？系统调用。用户空间模式的驱动一般也通过系统调用来完成对硬件的访问。系统调用是用户空间与内核空间的接口，当使用系统调用 open、read、write 等时，经过系统的转换，最终将执行驱动程序实现这些接口。驱动程序设计的很大一部分工作实际上是在实现这些接口函数，具体将在后面驱动程序的设计中进行讲解。

(2) 内核中内存分配

在驱动程序设计中，经常需要分配一些内核中的内存空间，在这里要使用内核自有的物理内存分配函数(与用户态内存分配相区分)。

内核空间中，从 3GB 到 vmalloc_start 这段地址是物理内存映射区域(该区域中包含了内核镜像、物理页框表 mem_map 等等)，比如使用的 Linux 系统物理内存是 256MB，那么 3GB～3GB+256MB 这片内存就应该映射物理内存。在物理内存映射区之后，就是 vmalloc 区域。对于 256MB 的系统而言，vmalloc_start 位置应在 3GB+256MB 附近(在物理内存映射区与 vmalloc_start 之间还存在一个 8MB 的 gap 来防止跃界)，vmalloc_end 的位置接近 4GB(最后位置系统会保留一片 128KB 大小的区域用于专用页面映射)。

内核中获取内存的几种方式如下。

① 通过伙伴算法分配大片物理内存

Linux 采用了伙伴系统算法来管理内存，即把内存分页按 2^0，2^1，2^2，…，2^{10} 大小进行分组。每次分配内存时，从相应大小的池中分配内存，然后再把余下的内存分配给它的下一级缓存池。

__get_free_pages(unsigned int flags，unsigned int order)：分配连续的物理地址，用于整页分配(页数是 2 的幂)。线性地址与物理地址是内核直接映射方式。其实 kmalloc 在实现的时候也调用了这个函数。__get_free_page()函数是页面分配器提供给调用者的最底层的内存分配函数。__get_free_page()函数只是一个非常简单的封装，它的整个函数实现就是无条件的调用_alloc_pages()(获得连续的页框,返回页描述符地址,是其他类型内存分配的基础)函数来分配物理内存。现在通过以上分析已经明确了__get_free_page()函数分配物理内存的流程。

使用 free_page(void * addr)进行内存释放。

② 通过 slab 缓冲区分配小片物理内存

void * kmalloc (size_t size, int flags): 获得连续的以字节为单位的物理内存,返回线性地址,会被经常使用。kmalloc()函数本身是基于 slab 实现的。但 slab 这种分配机制又不是独立的,它本身也是在页分配器的基础上来划分更细粒度的内存供调用者使用。也就是说系统先用页分配器分配以页为最小单位的连续物理地址,然后 kmalloc() 再在这上面根据调用者的需要进行切分。

kmalloc 通过调用一下函数实现。

kmem_cache_create: 建立 slab 的高速缓冲区。

kmem_cache_alloc: 申请 slab 内存块。

kmem_cache: 这个是 Linux 内核 slab 机制提供的特殊的内存分配函数。slab 是为分配小内存提供的一种高效机制。内核中经常要分配一些常用的 struct,比如说 filp,task_struct,file 等等。slab 在内存中会创建一个内存池。内存池里面就是指定大小的对象。这样分配或者释放起来都很高效。

kmalloc 分配的内存使用 kfree(void * addr)函数进行释放。

③ 非连续内存区分配

vmalloc(size): 这个函数分配一片连续的虚拟内存。分配非连续内存区,线性地址连续,物理地址不连续,这在操作系统设计中也被称为"内存拼接"。通常只是分配大内存时,比如为活动的交互区分配数据结构、加载内核模块时分配空间、为 I/O 驱动程序分配缓冲区。所以在使用分配到的内存时,页表的查询比较频繁,效率相对较低。vmalloc 分配的内存位于内核的虚地址空间,(VMALLOC_START 与 VMALLOC_END)之间,使用函数 vfree(void * addr)进行释放。

④ 高端内存映射

在 Linux 内存管理中,只留下 896MB 大小供内核映射到物理地址。通常,高端内存是指物理地址大于 896MB 的内存。内核有三种方式管理高端内存。第一种是非连续映射,这在前面的 vmalloc 中已经分析过了,在 vmalloc 中请求页面的时候,一部分请求的是高端内存,然后映射到 VMALLOC_START 与 VMALLOC_END 之间。这一过程不再赘述。第二种方式是永久内存映射。最后一种方式叫临时内核映射。接下来,详细的分析一下第二种和第三种方式。

kmap(struct page * page): 获取高端内存永久内核映射的线性地址。

kmap_atomic(struct page * page, enum km_type type): 获取高端内存临时内核映射的线性地址。

⑤ 固定线性地址映射

set_fixmap(idx, phys): 把一个物理地址映射到一个固定的线性地址上。

set_fixmap_nocache(idx, phys): 把一个物理地址映射到一个固定的线性地址上,禁用该页高速缓存。

kmalloc() 与__get_free_page() 所分配的物理页面被映射到了 PAGE_OFFSET 开始的虚拟地址，也就是说实际物理地址与虚拟地址有一组一一对应的关系，正是因为有了这种映射关系，对内核以 PAGE_OFFSET 起始的虚拟地址的分配也就是对物理地址的分配（当然这有一定的范围，应该在 PAGE_OFFSET 与 VMALLOC_START 之间，后者为 vmalloc() 函数分配内存的起始地址）。先来看一下 virt_to_phys() 与 phys_to_virt 这两个函数。顾名思义，即是虚拟地址到物理地址和物理地址到虚拟地址的转换。函数实现十分简单，前者调用了__pa(address)转换虚拟地址到物理地址，后者调用__va(address)将物理地址转换为虚拟地址。

```
#define __pa(x) ((unsigned long)(x)-PAGE_OFFSET)
#define __va(x) ((void *)((unsigned long)(x)+PAGE_OFFSET))
```

在使用 kmalloc()与__get_free_page()分配完物理地址后，如果想得到正确的物理地址需要使用 virt_to_phys() 进行转换。virt_to_phys()与 phys_to_virt()函数的实现仅仅是加/减 PAGE_OFFSET 即可在虚拟地址与物理地址之间转换，正是因为有了这种映射，且固定不变，所以才不用去查页表进行转换。即 kmalloc()/_get_free_page()分配的是物理地址，而返回的则是虚拟地址。正是因为有了这种映射关系，所以需要将它们的返回地址减去 PAGE_OFFSET 才可以得到真正的物理地址。

(3) I/O 端口

Linux 设备驱动访问外设的 I/O 端口是通过读写设备上的寄存器来进行的，根据 CPU 体系结构的不同，CPU 对 I/O 端口的编址方式有两种：I/O 映射方式(I/O-mapped)和内存映射方式(memory-mapped)。下面主要讨论内存映射方式访问 I/O 端口的方法，称之为 I/O 内存操作。

一般来说，在系统运行时，外设的 I/O 内存资源的物理地址是已知的，由硬件的设计决定。但是 CPU 通常并没有为这些已知的外设 I/O 内存资源的物理地址预定义虚拟地址范围，驱动程序并不能直接通过物理地址访问 I/O 内存资源，而必须将它们映射到核心虚地址空间内（通过页表），然后才能根据映射所得到的核心虚地址范围，通过指令访问这些 I/O 内存资源。

① I/O 内存区必须在使用前分配

首先通过端口资源申请函数确定 I/O 端口是否可用，分配内存区的接口函数是（在 <linux/ioport.h>定义）：

```
struct resource * request_mem_region(unsigned long start, unsigned long len, char * name);
```

这个函数分配一个 len 字节的内存区，从 start 开始。分配成功返回非 NULL 指针；否则返回值是 NULL。所有的 I/O 内存分配在/proc/iomem 中列出。

内存区在不再需要时应当释放。

```
void release_mem_region(unsigned long start, unsigned long len);
```

还有一个检查 I/O 内存区可用性的函数。

```
int check_mem_region(unsigned long start, unsigned long len);
```

在存取I/O内存之前,分配I/O内存操作并不是必须要做的步骤。但是为了提高I/O操作的安全性和驱动程序的可靠性,尽量先分配后进行映射和操作。分配成功后I/O并不能够直接存取的,因此必须首先设置一个映射。

② I/O内存映射

通过ioremap,将I/O内存资源的物理地址映射到内核虚地址空间(3GB~4GB)中,一个设备驱动可以存取任何I/O内存地址。

这些函数根据下列定义调用:

```
#include <asm/io.h>
void *ioremap(unsigned long phys_addr, unsigned long size);
```

将I/O端口的物理地址映射到虚拟空间。

```
void *ioremap_nocache(unsigned long phys_addr, unsigned long size);
```

非缓冲 ioremap 版本。

```
void iounmap(void * addr);
```

iounmap 函数用于取消 ioremap()所做的映射。

但 ioremap 返回的地址不应当直接引用;相反,应当使用内核提供的存取函数。

③ 访问I/O内存

在将I/O内存资源的物理地址映射成核心虚地址后,就可以像读写RAM那样直接读写I/O内存资源了。为了保证驱动程序的跨平台的可移植性,应该使用Linux中特定的函数来访问I/O内存资源,而不应该通过指向内核虚地址的指针来访问。读写I/O的函数如下所示(在<asm/io.h> 中定义)。

从I/O内存读,使用下列之一:

```
unsigned int ioread8(void *addr);
unsigned int ioread16(void *addr);
unsigned int ioread32(void *addr);
```

addr 是从 ioremap 获得的地址(或增加偏移后的地址);返回值是从给定I/O内存读取的值。

写I/O内存的函数:

```
void iowrite8(u8 value, void *addr);
void iowrite16(u16 value, void *addr);
void iowrite32(u32 value, void *addr);
```

如果需要针对一个固定的I/O内存地址读出或写入一系列值,使用如下函数。

```
void ioread8_rep(void *addr, void *buf, unsigned long count);
void ioread16_rep(void *addr, void *buf, unsigned long count);
void ioread32_rep(void *addr, void *buf, unsigned long count);
void iowrite8_rep(void *addr, const void *buf, unsigned long count);
void iowrite16_rep(void *addr, const void *buf, unsigned long count);
void iowrite32_rep(void *addr, const void *buf, unsigned long count);
```

这些函数读或写 count 个值(每个值的宽度由_rep 前面的数值来确定)从给定的 buf 到给定的 addr。

上面描述的函数进行的所有操作都是针对一个给定的 addr。如果需要操作一块 I/O 地址,可使用下列之一。

```
void memset_io(void * addr, u8 value, unsigned int count);
void memcpy_fromio(void * dest, void * source, unsigned int count);
void memcpy_toio(void * dest, void * source, unsigned int count);
```

④ 映射到用户空间

为了提高用户应用程序对 I/O 端口的访问效率,常常把 I/O 内存映射到用户空间。可以使用下面的函数在驱动程序文件结构的 mmap 接口来实现。

```
int remap_pfn_range(struct vm_area_struct * vma, unsigned long virt_addr, unsigned long pfn,
unsigned long size, pgprot_t prot);
```

函数的功能是构造用于映射一段物理地址的新页表,实现了内核空间与用户空间的映射,函数参数说明如下。

vma：页范围被映射到的虚拟内存区。

virt_addr：重新映射应当开始的用户虚拟地址。virt_addr 为 vma->vm_start。这个函数建立页表为这个虚拟地址范围从 virt_addr 到 virt_addr_size。

pfn：页帧号,虚拟地址应当被映射的物理地址。这个页帧号是物理地址右移 PAGE_SHIFT 位(pfn 为 vma->vm_paoff<<PAGE_SHIFT)。VMA 结构的 vm_paoff 成员为物理地址。

size：正在被重新映射的区的大小,以字节为单位。size 为 vma->vm_end 到 vma->vm-start。

prot：给新 VMA 要求的保护。应当使用 vma->vm_page_prot 的值。

由这个函数返回的值是 0 表示映射成功；负值表示有错误发生。

在 mmap 接口中使用 remap_pfn_range 最典型的例子是显示卡的驱动,将显存空间直接从内核映射到用户空间可提供显存的读写效率。

10.2.2 同步机制

Linux 系统运行时,同一时间可能有多个内核线程在执行,因此内核需要一些同步机制来同步各执行单元对共享数据的访问。Linux 内核中包含的同步机制有：原子操作、信号量(semaphore)、读写信号量(rw_semaphore)、自旋锁(spinlock)、大内核锁(big kernel lock,BKL)、读写锁(rwlock)、读复制更新(read-copy update,RCU)和顺序锁(seqlock)等。

1. 原子操作

所谓原子操作,就是该操作绝不会在执行完毕前被任何其他任务或事件打断,也就说,它是最小的执行单位,不可能有比它更小的执行单位,因此这里的原子实际是使用了物理学里的物质微粒的概念。

原子操作需要硬件的支持,因此是与架构相关的,其 API 和原子类型的定义都定义在内核源码树的 include/asm/atomic. h 文件中,它们都使用汇编语言实现,因为 C 语言并不能实现这样的操作。

原子操作主要用于实现资源计数,很多引用计数(refcnt)就是通过原子操作实现的。原子类型定义如下:

```
typedef struct { volatile int counter; } atomic_t;
```

volatile 修饰字段告诉 GCC 不要对该类型的数据做优化处理,对它的访问都是对内存的访问,而不是对寄存器的访问。

原子操作 API 包括:

```
atomic_read(atomic_t * v);
```

该函数对原子类型的变量进行原子读操作,它返回原子类型的变量 v 的值。

```
atomic_set(atomic_t * v, int i);
```

该函数设置原子类型的变量 v 的值为 i。

```
void atomic_add(int i, atomic_t * v);
```

该函数给原子类型的变量 v 增加值 i。

```
atomic_sub(int i, atomic_t * v);
```

该函数从原子类型的变量 v 中减去 i。

```
int atomic_sub_and_test(int i, atomic_t * v);
```

该函数从原子类型的变量 v 中减去 i,并判断结果是否为 0,如果为 0,返回真,否则返回假。

```
void atomic_inc(atomic_t * v);
```

该函数对原子类型变量 v 原子地增加 1。

```
void atomic_dec(atomic_t * v);
```

该函数对原子类型的变量 v 原子地减 1。

```
int atomic_dec_and_test(atomic_t * v);
```

该函数对原子类型的变量 v 原子地减 1,并判断结果是否为 0,如果为 0,返回真,否则返回假。

```
int atomic_inc_and_test(atomic_t * v);
```

该函数对原子类型的变量 v 原子地增加 1,并判断结果是否为 0,如果为 0,返回真,否则返回假。

```
int atomic_add_negative(int i, atomic_t * v);
```

该函数对原子类型的变量 v 原子地增加 i,并判断结果是否为负数,如果是,返回真,否则返回假。

```
int atomic_add_return(int i, atomic_t * v);
```

该函数对原子类型的变量 v 原子地增加 i,并且返回指向 v 的指针。

```
int atomic_sub_return(int i, atomic_t * v);
```

该函数从原子类型的变量 v 中减去 i,并且返回指向 v 的指针。

```
int atomic_inc_return(atomic_t * v);
```

该函数对原子类型的变量 v 原子地增加 1 并且返回指向 v 的指针。

```
int atomic_dec_return(atomic_t * v);
```

该函数对原子类型的变量 v 原子地减 1 并且返回指向 v 的指针。

原子操作通常用于实现资源的引用计数,在 TCP/IP 协议栈的 IP 碎片处理中,就使用了引用计数,碎片队列结构 struct ipq 描述了一个 IP 碎片,字段 refcnt 就是引用计数器,它的类型为 atomic_t,当创建 IP 碎片时(在函数 ip_frag_create 中),使用 atomic_set 函数把它设置为 1,当引用该 IP 碎片时,就使用函数 atomic_inc 把引用计数加 1。

当不需要引用该 IP 碎片时,就使用函数 ipq_put 来释放该 IP 碎片,ipq_put 使用函数 atomic_dec_and_test 把引用计数减 1 并判断引用计数是否为 0,如果是就释放 IP 碎片。函数 ipq_kill 把 IP 碎片从 ipq 队列中删除,并把该删除的 IP 碎片的引用计数减 1(通过使用函数 atomic_dec 实现)。

2. 信号量

Linux 内核的信号量在概念和原理上与用户态的 System V 的 IPC 机制信号量是一样的,但是它绝不可能在内核之外使用,因此它与 System V 的 IPC 机制信号量毫不相干。

信号量在创建时需要设置一个初始值,表示同时可以有几个任务访问该信号量保护的共享资源,初始值为 1 就变成互斥锁(mutex),即同时只能有一个任务可以访问信号量保护的共享资源。

一个任务要想访问共享资源,首先必须得到信号量,获取信号量的操作将把信号量的值减 1,若当前信号量的值为负数,表明无法获得信号量,该任务必须挂起在该信号量的等待队列等待该信号量可用;若当前信号量的值为非负数,表示可以获得信号量,因而可以立刻访问被该信号量保护的共享资源。

当任务访问完被信号量保护的共享资源后,必须释放信号量,释放信号量通过把信号量的值加 1 实现,如果信号量的值为非正数,表明有任务等待当前信号量,因此它也唤醒所有等待该信号量的任务。

信号量的 API 有:

```
DECLARE_MUTEX(name)
```

该宏声明一个信号量 name 并初始化它的值为 0,即声明一个互斥锁。

```
DECLARE_MUTEX_LOCKED(name)
```

该宏声明一个互斥锁 name,但把它的初始值设置为 0,即锁在创建时就处在已锁状态。因此对于这种锁,一般是先释放后获得。

```
void sema_init (struct semaphore * sem, int val);
```

该函数用于初始化设置信号量的初值,它设置信号量 sem 的值为 val。

```
void init_MUTEX (struct semaphore * sem);
```

该函数用于初始化一个互斥锁,即它把信号量 sem 的值设置为 1。

```
void init_MUTEX_LOCKED (struct semaphore * sem);
```

该函数也用于初始化一个互斥锁,但它把信号量 sem 的值设置为 0,即一开始就处在已锁状态。

```
void down(struct semaphore * sem);
```

该函数用于获得信号量 sem,它会导致睡眠,因此不能在中断上下文(包括 IRQ 上下文和 softirq 上下文)使用该函数。该函数将把 sem 的值减 1,如果信号量 sem 的值非负,就直接返回,否则调用者将被挂起,直到别的任务释放该信号量才能继续运行。

```
int down_interruptible(struct semaphore * sem);
```

该函数功能与 down 类似,不同之处为,down 不会被信号(signal)打断,但 down_interruptible 能被信号打断,因此该函数有返回值来区分是正常返回还是被信号中断,如果返回 0,表示获得信号量正常返回,如果被信号打断,返回-EINTR。

```
int down_trylock(struct semaphore * sem);
```

该函数试着获得信号量 sem,如果能够立刻获得,它就获得该信号量并返回 0,否则,表示不能获得信号量 sem,返回值为非 0 值。因此,它不会导致调用者睡眠,可以在中断上下文使用。

```
void up(struct semaphore * sem);
```

该函数释放信号量 sem,即把 sem 的值加 1,如果 sem 的值为非正数,表明有任务等待该信号量,因此唤醒这些等待者。

信号量在绝大部分情况下作为互斥锁使用,下面以 console 驱动系统为例说明信号量的使用。

在内核源码树的 kernel/printk.c 中,使用宏 DECLARE_MUTEX 声明了一个互斥锁 console_sem,它用于保护 console 驱动列表 console_drivers 以及同步对整个 console 驱动系统的访问。

其中定义了函数 acquire_console_sem 来获得互斥锁 console_sem,定义了 release_console_sem 来释放互斥锁 console_sem,定义了函数 try_acquire_console_sem 来尽力得到互斥锁 console_sem。这三个函数实际上是分别对函数 down,up 和 down_trylock 的简单包装。

需要访问 console_drivers 驱动列表时就需要使用 acquire_console_sem 来保护 console_drivers 列表,当访问完该列表后,就调用 release_console_sem 释放信号量 console_sem。

函数 console_unblank、console_device、console_stop、console_start、register_console 和 unregister_console 都需要访问 console_drivers,因此它们都使用函数对 acquire_console_ sem 和 release_console_sem 来对 console_drivers 进行保护。

3. 读写信号量

读写信号量对访问者进行了细分，或者为读者，或者为写者，读者在保持读写信号量期间只能对该读写信号量保护的共享资源进行读访问，如果一个任务除了需要读，可能还需要写，那么它必须被归类为写者，它在对共享资源访问之前必须先获得写者身份，写者在发现自己不需要写访问的情况下可以降级为读者。读写信号量同时拥有的读者数不受限制，也就说可以有任意多个读者同时拥有一个读写信号量。

读写信号量有两种实现，一种是通用的，不依赖于硬件架构，因此，增加新的架构不需要重新实现它，但缺点是性能低，获得和释放读写信号量的开销大；另一种是架构相关的，因此性能高，获取和释放读写信号量的开销小，但增加新的架构需要重新实现。在内核配置时，可以通过选项去控制使用哪一种实现。

读写信号量的相关 API 有：

```
DECLARE_RWSEM(name)
```

该宏声明一个读写信号量 name 并对其进行初始化。

```
void init_rwsem(struct rw_semaphore * sem);
```

该函数对读写信号量 sem 进行初始化。

```
void down_read(struct rw_semaphore * sem);
```

读者调用该函数来得到读写信号量 sem。该函数会导致调用者睡眠，因此只能在进程上下文使用。

```
int down_read_trylock(struct rw_semaphore * sem);
```

该函数类似于 down_read，只是它不会导致调用者睡眠。它尽力得到读写信号量 sem，如果能够立即得到，它就得到该读写信号量，并且返回 1，否则表示不能立刻得到该信号量，返回 0。因此，它也可以在中断上下文使用。

```
void down_write(struct rw_semaphore * sem);
```

写者使用该函数来得到读写信号量 sem，它也会导致调用者睡眠，因此只能在进程上下文使用。

```
int down_write_trylock(struct rw_semaphore * sem);
```

该函数类似于 down_write，只是它不会导致调用者睡眠。该函数尽力得到读写信号量，如果能够立刻获得，就获得该读写信号量并且返回 1，否则表示无法立刻获得，返回 0。它可以在中断上下文使用。

```
void up_read(struct rw_semaphore * sem);
```

读者使用该函数释放读写信号量 sem。它与 down_read 或 down_read_trylock 配对使用。如果 down_read_trylock 返回 0，不需要调用 up_read 来释放读写信号量，因为根本就没有获得信号量。

```
void up_write(struct rw_semaphore * sem);
```

写者调用该函数释放信号量 sem。它与 down_write 或 down_write_trylock 配对使用。如果 down_write_trylock 返回 0,不需要调用 up_write,因为返回 0 表示没有获得该读写信号量。

```
void downgrade_write(struct rw_semaphore * sem);
```

该函数用于把写者降级为读者,这有时是必要的。因为写者是排他性的,因此在写者保持读写信号量期间,任何读者或写者都将无法访问该读写信号量保护的共享资源,对于那些当前条件下不需要写访问的写者,降级为读者将使得等待访问的读者能够立刻访问,从而增加了并发性,提高了效率。

读写信号量适于在读多写少的情况下使用,在 Linux 内核中对进程的内存映像描述结构访问就使用了读写信号量进行保护。

在 Linux 中,每一个进程都用一个类型为 task_t 或 struct task_struct 的结构来描述,该结构类型为 struct mm_struct 的字段 mm 描述了进程的内存映像,特别是 mm_struct 结构的 mmap 字段维护了整个进程的内存块列表,该列表将在进程生存期间被大量地遍历或修改。

因此 mm_struct 结构就有一个字段 mmap_sem 来对 mmap 的访问进行保护,mmap_sem 就是一个读写信号量,在 proc 文件系统里有很多进程内存使用情况的接口,通过它们能够查看某一进程的内存使用情况,命令 free、ps 和 top 都是通过 proc 来得到内存使用信息的,proc 接口就使用 down_read 和 up_read 来读取进程的 mmap 信息。

当进程动态地分配或释放内存时,需要修改 mmap 来反映分配或释放后的内存映像,因此动态内存分配或释放操作需要以写者身份获得读写信号量 mmap_sem 来对 mmap 进行更新。系统调用 brk 和 munmap 就使用 down_write 和 up_write 来保护对 mmap 的访问。

4. 自旋锁

自旋锁与互斥锁有点类似,只是自旋锁不会引起调用者睡眠,如果自旋锁已经被别的执行单元保持,调用者就一直循环在那里看是否该自旋锁的保持者已经释放了锁,“自旋”一词就是因此而得名,且自旋锁的效率远高于互斥锁。

如果被保护的共享资源只在进程上下文访问,使用信号量保护该共享资源非常合适,如果对共享资源的访问时间非常短,自旋锁也可以。但是如果被保护的共享资源需要在中断上下文访问(包括底半部即中断处理句柄和顶半部即软中断),就必须使用自旋锁。

跟互斥锁一样,一个执行单元要想访问被自旋锁保护的共享资源,必须先得到锁,在访问完共享资源后,必须释放锁。如果在获取自旋锁时,没有任何执行单元保持该锁,那么将立即得到锁;如果在获取自旋锁时锁已经有保持者,那么获取锁操作将自旋在那里,直到该自旋锁的保持者释放了锁。

无论是互斥锁,还是自旋锁,在任何时刻,最多只能有一个保持者,也就说,在任何时刻最多只能有一个执行单元获得锁。

自旋锁的 API 有:

```
spin_lock_init(x);
```

该宏用于初始化自旋锁 x。自旋锁在真正使用前必须先初始化。该宏用于动态初始化。

DEFINE_SPINLOCK(x);

该宏声明一个自旋锁 x 并初始化它。该宏在 Linux 2.6.11 中第一次被定义,在先前的内核中并没有该宏。

SPIN_LOCK_UNLOCKED

该宏用于静态初始化一个自旋锁。

DEFINE_SPINLOCK(x)等同于 spinlock_t x = SPIN_LOCK_UNLOCKED spin_is_locked(x)

该宏用于判断自旋锁 x 是否已经被某执行单元保持(即被锁),如果是,返回真,否则返回假。

spin_unlock_wait(x)

该宏用于等待自旋锁 x 变得没有被任何执行单元保持,如果没有任何执行单元保持该自旋锁,该宏立即返回,否则将循环在那里,直到该自旋锁被保持者释放。

spin_trylock(lock)

该宏尽力获得自旋锁 lock,如果能立即获得锁,它获得锁并返回真,否则不能立即获得锁,立即返回假。它不会自旋等待 lock 被释放。

spin_lock(lock);

该宏用于获得自旋锁 lock,如果能够立即获得锁,它就马上返回,否则,它将自旋在那里,直到该自旋锁的保持者释放,这时,它获得锁并返回。总之,只有它获得锁才返回。

spin_lock_irqsave(lock, flags);

该宏获得自旋锁的同时把标志寄存器的值保存到变量 flags 中并失效本地中断。

spin_lock_irq(lock);

该宏类似于 spin_lock_irqsave,只是该宏不保存标志寄存器的值。

spin_lock_bh(lock);

该宏在得到自旋锁的同时失效本地软中断。

spin_unlock(lock);

该宏释放自旋锁 lock,它与 spin_trylock 或 spin_lock 配对使用。如果 spin_trylock 返回假,表明没有获得自旋锁,因此不必使用 spin_unlock 释放。

spin_unlock_irqrestore(lock, flags);

该宏释放自旋锁 lock 的同时,也恢复标志寄存器的值为变量 flags 保存的值。它与 spin_lock_irqsave 配对使用。

spin_unlock_irq(lock);

该宏释放自旋锁 lock 的同时,也使能本地中断。它与 spin_lock_irq 配对应用。

```
spin_unlock_bh(lock);
```

该宏释放自旋锁 lock 的同时,也使能本地软中断。它与 spin_lock_bh 配对使用。

```
spin_trylock_irqsave(lock, flags);
```

该宏如果获得自旋锁 lock,它也将保存标志寄存器的值到变量 flags 中,并且失效本地中断,如果没有获得锁,它什么也不做。

因此如果能够立即获得锁,它等同于 spin_lock_irqsave,如果不能获得锁,它等同于 spin_trylock。如果该宏获得自旋锁 lock,那需要使用 spin_unlock_irqrestore 来释放。

```
spin_trylock_irq(lock);
```

该宏类似于 spin_trylock_irqsave,只是该宏不保存标志寄存器的值。如果该宏获得自旋锁 lock,需要使用 spin_unlock_irq 来释放。

```
spin_trylock_bh(lock);
```

该宏如果获得了自旋锁,它也将失效本地软中断。如果得不到锁,它什么也不做。因此,如果得到了锁,它等同于 spin_lock_bh,如果得不到锁,它等同于 spin_trylock。如果该宏得到了自旋锁,需要使用 spin_unlock_bh 来释放。

```
spin_can_lock(lock);
```

该宏用于判断自旋锁 lock 是否能够被锁,它实际是 spin_is_locked 取反。如果 lock 没有被锁,它返回真,否则,返回假。该宏在 Linux 2.6.11 内核中第一次被定义,在先前的内核中并没有该宏。

如果被保护的共享资源只在进程上下文访问和软中断上下文访问,那么当在进程上下文访问共享资源时,可能被软中断打断,从而可能进入软中断上下文来对被保护的共享资源访问,因此对于这种情况,对共享资源的访问必须使用 spin_lock_bh 和 spin_unlock_bh 来保护。

使用 spin_lock_irq 和 spin_unlock_irq 以及 spin_lock_irqsave 和 spin_unlock_irqrestore 也可以,它们失效了本地硬中断,失效硬中断隐式地也失效了软中断。但是使用 spin_lock_bh 和 spin_unlock_bh 是最恰当的,它比其他两个快。

如果被保护的共享资源只在进程上下文和 tasklet 或 timer 上下文访问,那么应该使用与上面情况相同的获得和释放锁的宏,因为 tasklet 和 timer 是用软中断实现的。

如果被保护的共享资源只在一个 tasklet 或 timer 上下文访问,那么不需要任何自旋锁保护,因为同一个 tasklet 或 timer 只能在一个 CPU 上运行,即使是在 SMP 环境下也是如此。实际上 tasklet 在调用 tasklet_schedule 标记其需要被调度时,已经把该 tasklet 绑定到当前 CPU,因此同一个 tasklet 绝不可能同时在其他 CPU 上运行。

timer 也是在其被 add_timer 添加到 timer 队列中时已经被绑定到当前 CPU,所以同一个 timer 绝不可能运行在其他 CPU 上。当然同一个 tasklet 有两个实例同时运行在同一个 CPU 就更不可能了。

如果被保护的共享资源只在两个或多个 tasklet 或 timer 上下文访问,那么对共享资源的访问仅需要用 spin_lock 和 spin_unlock 来保护,不必使用_bh 版本,因为当 tasklet 或

timer 运行时，不可能有其他 tasklet 或 timer 在当前 CPU 上运行。

如果被保护的共享资源只在一个软中断(tasklet 和 timer 除外)上下文访问，那么这个共享资源需要用 spin_lock 和 spin_unlock 来保护，因为同样的软中断可以同时在不同的 CPU 上运行。

如果被保护的共享资源在两个或多个软中断上下文访问，那么这个共享资源当然更需要用 spin_lock 和 spin_unlock 来保护，不同的软中断能够同时在不同的 CPU 上运行。

如果被保护的共享资源在软中断(包括 tasklet 和 timer)或进程上下文和硬中断上下文访问，那么在软中断或进程上下文访问期间，可能被硬中断打断，从而进入硬中断上下文对共享资源进行访问，因此，在进程或软中断上下文需要使用 spin_lock_irq 和 spin_unlock_irq 来保护对共享资源的访问。

而在中断处理句柄中使用什么版本，须依情况而定，如果只有一个中断处理句柄访问该共享资源，那么在中断处理句柄中仅需要 spin_lock 和 spin_unlock 来保护对共享资源的访问就可以了。

因为在执行中断处理句柄期间，不可能被同一 CPU 上的软中断或进程打断。但是如果有不同的中断处理句柄访问该共享资源，那么需要在中断处理句柄中使用 spin_lock_irq 和 spin_unlock_irq 来保护对共享资源的访问。

在使用 spin_lock_irq 和 spin_unlock_irq 的情况下，完全可以用 spin_lock_irqsave 和 spin_unlock_irqrestore 取代，那具体应该使用哪一个也需要依情况而定，如果可以确信在对共享资源访问前中断是使能的，那么使用 spin_lock_irq 更好一些。

因为它比 spin_lock_irqsave 要快一些，但是如果不能确定是否中断使能，那么使用 spin_lock_irqsave 和 spin_unlock_irqrestore 更好，因为它将恢复访问共享资源前的中断标志而不是直接使能中断。

注意：spin_lock 用于阻止在不同 CPU 上的执行单元对共享资源的同时访问，以及不同进程上下文互相抢占导致的对共享资源的非同步访问，而中断失效和软中断失效却是为了阻止在同一 CPU 上软中断或中断对共享资源的非同步访问。

10.2.3　阻塞与非阻塞

阻塞操作是指在执行设备操作时，若不能获得资源，则进程挂起直到满足可操作的条件再进行操作。被挂起的进程进入 sleep 状态，被从调度器的运行队列移走，直到等待的条件被满足。非阻塞操作的进程在不能进行设备操作时，并不挂起。

在 Linux 驱动程序中，可以使用等待队列(wait queue)来实现阻塞操作。等待队列很早就作为一个基本的功能单位出现在 Linux 内核里了，它以队列为基础数据结构，与进程调度机制紧密结合，能够用于实现核心的异步事件通知机制。等待队列可以用来同步对系统资源的访问，上节中所讲述 Linux 信号量在内核中也是由等待队列来实现的。

1. 阻塞操作

在内核空间，例如 AD 数据采集驱动程序的应用中，在用户空间，用户的程序在打开设备后，调用读取驱动的缓冲区，以获取 AD 转换结果。AD 转换没有结束之前，是无法从 AD 的数据寄存器读取数据的。这样驱动程序就会停留在查询 AD 结束标志的死循环中，读进程被阻塞。而驱动程序被阻塞后，用户的 read 函数也同样无法返回。如果此时被阻塞的进程不暂停执行,会严重降低系统的效率。Linux 系统为了解决这个问题,阻塞操作中引入了等待队列。驱动程序检测到有阻塞操作,也就是上文提到的 AD 结果没有出来时,调用 interrupt_sleep_on 函数,让读操作进入睡眠。这样 CPU 就可以闲置出来完成其他工作而不是先前的查询 AD 转换结束标志了。等待 AD 转换结束后,再唤醒读进程,这样就能够返回 AD 结果了。对于用户空间,当阻塞发生时,用户程序进入睡眠,在 read 处停止,等待内核唤醒后的返回值。

2. 非阻塞操作

对于非阻塞操作,内核驱动在检测到没有需要的数据时,会立即返回,而不是等待数据的出现。在进行非阻塞操作访问设备驱动时,需要用户程序在 open 调用中指定 O_NONBLOCK。其余的内容与阻塞操作一样。

另外,在非阻塞操作中,还经常使用 select 函数,用它来询问数据是否准备就绪。在用户程序中使用 select 系统调用函数进行设备查询,转入内核操作后,相当于调用 poll。poll 为内核中对 select 系统调用的实现。

select()函数的接口建立在 fd_set 类型基础上。fd_set 是一组文件描述符(fd)的集合。由于 fd_set 类型的长度在不同平台上不同,因此应该用一组标准的宏定义来处理此类变量。

```
fd_set set;
FD_ZERO(&set);            //将 set 清零
FD_SET(fd, &set);         //将 fd 加入 set
FD_CLR(fd, &set);         //将 fd 从 set 中清除
FD_ISSET(fd, &set);       //如果 fd 在 set 中则结果为真
```

在过去,一个 fd_set 通常只能包含少于等于 32 个文件描述符,因为 fd_set 其实只用了一个 int 的比特矢量来实现,在大多数情况下,检查 fd_set 能否包括任意值的文件描述符是系统的责任,但要确定 fd_set 到底能放多少可以检查/修改宏 FD_SETSIZE 的值。select 的接口原型为。

```
int select(int nfds, fd_set *readset, fd_set *writeset,fd_set *exceptset, struct timeval *timeout);
```

其中,

nfds:需要检查的文件描述符个数,数值应该比三组 fd_set 中最大数更大,而不是实际文件描述符的总数。

readset:用来检查可读性的一组文件描述符。

writeset:用来检查可写性的一组文件描述符。

exceptset:用来检查意外状态的文件描述符。

timeout:NULL 指针代表无限等待,否则是指向 timeval 结构的指针,代表最长等待时间(如果其中 tv_sec 和 tv_usec 都等于 0,则文件描述符的状态不被影响,但函数并不挂起)。

函数将返回响应操作的对应操作文件描述符的总数,且三组数据均在恰当位置被修改,只有响应操作的那一些没有修改。接着应该用 FD_ISSET 宏来查找返回的文件描述符组。

Linux 下 select 调用的过程为,用户层应用程序调用 select(),底层调用 poll(),最终调

用文件描述符 fd 对应的 struct file 类型变量的 struct file_operations ＊f_op 的 poll 函数。

poll 指向的函数返回当前可否读写的信息，如果当前可读写，返回读写信息；如果当前不可读写，则阻塞进程，并等待驱动程序唤醒，重新调用 poll 函数，或超时返回。

驱动需要实现 poll 接口。主要在 poll 函数通过调用 poll_wait 函数来实现。

```
poll_wait(filp, &wait_q, wait);
```

该函数返回非零值时，说明数据可用，再通过 poll 函数(select 调用)向用户程序返回掩码标志（通过 <linux/poll. h> 定义)。

POLLIN：如果设备可被不阻塞地读，必须返回这个掩码位。

POLLRDNORM：如果正常数据可读。可读的设备一般返回(POLLIN|POLLRDNORM)。

POLLPRI：高优先级数据可不阻塞地读取。

POLLHUP：当读这个设备的进程见到文件尾，驱动必须设置 POLLUP(hang-up)。一个调用 select 的进程被告知设备是可读的，如同 select 功能所规定的。

POLLERR：错误情况已在设备上发生。当调用 poll，设备被报告位可读可写，因为读写都返回一个错误码而不阻塞。

POLLOUT：设备可被写入而不阻塞。

POLLWRNORM：这个位和 POLLOUT 有相同的含义，并且有时它确实是相同的数。可写的设备一般返回(POLLOUT|POLLWRNORM)。

10.2.4　时间问题

在驱动程序的设计过程中，除了要考虑内存管理、I/O 端口存取、同步问题之外，不得不考虑关于时间的问题，如测量时间段、获得系统运行时间、指定延时、指定时间控制程序执行等。

1. 延时操作

(1) 长延时

如果希望在进程执行的过程中等待较长的一段时间再执行，可以使用这些方法。

例如使用：

```
while (time_before(jiffies, j1))
    cpu_relax();
```

进行忙等待。jiffies(在<linux/jiffies. h>中定义)是内核的一个计数器，根据系统时钟中断进行递增；函数 time_before()代表 jiffies 计数器经过某一时间之后到达 j1 后返回真值；cpu_relax()是平台相关的函数，对于不支持超线程的处理器来说，CPU 什么也不做。这个例子容易出现问题，并不鼓励使用，只是为了理解后面的延时方式。

使用：

```
while (time_before(jiffies, j1)) {
    schedule();
}
```

让出处理器进行延时等待。schedule()是在 <linux/sched. h> 中声明的调度函数。

使用：

```
#include <linux/sched.h>
set_current_state(TASK_INTERRUPTIBLE);
schedule_timeout (delay);
```

在给定的等待队列上睡眠,在超时的时候返回。set_current_state()函数在等待超时之前先设置当前进程的状态,否则,对 schedule_timeout 的调用和 schedule 是一样的,内核定时器不会起作用。

(2) 短延时

```
#include <linux/delay.h>
void ndelay(unsigned long nsecs);
void udelay(unsigned long usecs);
void mdelay(unsigned long msecs);
```

这些函数用来完成短延时任务,分别指定的是纳秒、微秒、毫秒级别的延时时间。这三个函数均是忙等待函数,所以尽量使用细粒度粗的函数。在这个头文件中,实现毫秒以上级别的延迟还有不涉及忙等待(睡眠)的延时方式。

```
void msleep(unsigned int millisecs);
unsigned long msleep_interruptible(unsigned int millisecs);
void ssleep(unsigned int seconds);
```

其中,msleep 和 ssleep 是不可中断的。

2. 内核定时器

内核定时器可以在未来的某个时间点执行某个动作,同时在时间点之前不会阻塞当前进程。一个内核定时器是一个数据结构,它指导内核在一个用户定义的时间使用一个用户定义的参数执行一个用户定义的函数。这个实现位于 <linux/timer.h> 和 kernel/timer.c。

内核提供给驱动许多函数来声明、注册以及去除内核定时器。下面是内核定时器 API 的相关声明。

```
#include <linux/timer.h>
struct timer_list
{
        //…部分程序已省略
        unsigned long expires;
        void ( * function)(unsigned long);
        unsigned long data;
};
void init_timer(struct timer_list * timer);
struct timer_list TIMER_INITIALIZER(_function, _expires, _data);
void add_timer(struct timer_list * timer);
int del_timer(struct timer_list * timer);
```

上述代码中数据结构三个成员是提供给程序员编程存取的。expires 表示定时器期望运行的 jiffies 值；在那个时间，function 函数被调用使用 data 作为一个参数。如果需要在参数中传递多项,可以将 data 转换为 unsiged long 的指针。这个结构必须在使用前初始化。这个步骤保证所有的成员被正确建立,包括那些对调用者不透明的。初始化可以通过调用 init_timer 或者根据需要安排 TIMER_INITIALIZER 给一个静态结构。在初始化后，可以在调用 add_timer 前改变三个公共成员。若要在到时前禁止一个已注册的定时器，可以调用 del_timer。

3. 工作队列

工作队列(work queue)在 Linux 内核中定义为用来处理不是很紧急事件的回调方式处理方法。工作队列是把推后的工作交由一个内核线程去执行，因此工作队列的优势就在于它允许重新调度甚至睡眠。

工作队列的数据结构：

```
typedef void ( * work_func_t)(struct work_struct * work);
struct work_struct {
    atomic_long_t data;
    struct list_head entry;
    work_func_t func;
};
```

数据结构：

```
struct work_struct {
    unsigned long pending;
    struct list_head entry;
    void ( * func)(void * );
    void * data;
    void * wq_data;
    struct timer_list timer;
};
```

pending 是用来记录工作是否已经挂在队列上；

entry 是循环链表结构；

func 作为函数指针，由用户实现；

data 用来存储用户的私人数据，此数据即是 func 的参数；

wq_data 一般用来指向工作者线程(工作者线程参考下文)；

timer 是推后执行的定时器。

work_struct 的这些变量里，func 和 data 是用户使用的，其他是内部变量，不用太过关心。

API：

① INIT_WORK(_work, _func, _data)

初始化指定工作，目的是把用户指定的函数_func 及_func 需要的参数_data 赋给 work_struct 的 func 及 data 变量。

② int schedule_work(struct work_struct * work)

对工作进行调度，即把给定工作的处理函数提交给默认的工作队列和工作者线程。工作者线程本质上是一个普通的内核线程，在默认情况下，每个 CPU 均有一个类型为 events 的工作者线程，当调用 schedule_work 时，这个工作者线程会被唤醒去执行工作链表上的所有工作。

③ int schedule_delayed_work(struct work_struct * work, unsigned long delay)

延迟执行工作,与 schedule_work 类似。

④ void flush_scheduled_work(void)

刷新默认工作队列。此函数会一直等待,直到队列中的所有工作都被执行。

⑤ int cancel_delayed_work(struct work_struct * work)

flush_scheduled_work 并不取消任何延迟执行的工作,因此,如果要取消延迟工作,应该调用 cancel_delayed_work。

以上均是采用默认工作者线程来实现工作队列,其优点是简单易用,缺点是如果默认工作队列负载太重,执行效率会很低,这就需要创建自己的工作者线程和工作队列。

API:

① struct workqueue_struct * create_workqueue(const char * name)

创建新的工作队列和相应的工作者线程,name 用于该内核线程的命名。

② int queue_work(struct workqueue_struct * wq, struct work_struct * work)

类似于 schedule_work,区别在于 queue_work 把给定工作提交给创建的工作队列 wq 而不是默认队列。

③ int queue_delayed_work(struct workqueue_struct * wq, struct work_struct * work, unsigned long delay)

延迟执行工作。

④ void flush_workqueue(struct workqueue_struct * wq)

刷新指定工作队列。

⑤ void destroy_workqueue(struct workqueue_struct * wq)

释放创建的工作队列。

下面一段代码可以看做一个简单的实作。

```
void my_func(void * data)
{
    char * name = (char * )data;
    printk(KERN_INFO "Hello world, my name is %s!\n", name);
}
struct workqueue_struct * my_wq = create_workqueue("my wq");
struct work_struct my_work;
INIT_WORK(&my_work, my_func, "Jack");
queue_work(my_wq, &my_work);
destroy_workqueue(my_wq);
```

自 Linux 2.6.20 起,工作队列的数据结构发生了一些变化,使用时不能沿用旧的方法。

数据结构:

```
typedef void ( * work_func_t)(struct work_struct * work);
struct work_struct {
    atomic_long_t data;
    struct list_head entry;
    work_func_t func;
};
```

与 Linux 2.6.19 之前的版本相比，work_struct 瘦身不少。粗粗一看，entry 和之前的版本相同，func 和 data 发生了变化，另外并无其他的变量。

entry 和以前的版本完全相同。data 的类型是 atomic_long_t，这个类型从字面上看可以知道是一个原子类型。第一次看到这个变量时，很容易误认为和以前的 data 是同样的用法，只不过类型变了而已，其实不然，这里的 data 是之前版本的 pending 和 wq_data 的复合体，起到了以前的 pending 和 wq_data 的作用。

func 的参数是一个 work_struct 指针，指向的数据就是定义 func 的 work_struct。

看到这里，会有两个疑问，第一，如何把用户的数据作为参数传递给 func 呢？以前有 void * data 来作为参数，现在好像完全没有办法做到；第二，如何实现延迟工作？目前版本的 work_struct 并没有定义 timer。

解决第一个问题，需要换一种思路。Linux 2.6.20 版本之后使用工作队列需要把 work_struct 定义在用户的数据结构中，然后通过 container_of 来得到用户数据。具体用法可以参考稍后的实作。

对于第二个问题，新的工作队列把 timer 拿掉的用意是使得 work_struct 更加单纯。首先回忆一下之前版本，只有在需要延迟执行工作时才会用到 timer，普通情况下 timer 是没有意义的，所以之前的做法在一定程度上有些浪费资源。所以新版本中，将 timer 从 work_struct 中拿掉，然后又定义了一个新的结构 delayed_work 用于处理延迟执行。

```
struct delayed_work {
    struct work_struct work;
    struct timer_list timer;
};
```

下面把 API 罗列出，每个函数的解释可参考之前版本的介绍或者之后的实作。

① INIT_WORK(struct work_struct * work, work_func_t func)

② INIT_DELAYED_WORK(struct delayed_work * work, work_func_t func)

③ int schedule_work(struct work_struct * work)

④ int schedule_delayed_work(struct delayed_work * work, unsigned long delay)

⑤ struct workqueue_struct * create_workqueue(const char * name)

⑥ int queue_work(struct workqueue_struct * wq, struct work_struct * work)

⑦ int queue_delayed_work(struct workqueue_struct * wq, struct delayed_work * work, unsigned long delay)

⑧ void flush_scheduled_work(void)

⑨ void flush_workqueue(struct workqueue_struct * wq)

⑩ int cancel_delayed_work(struct delayed_work * work)

⑪ void destroy_workqueue(struct workqueue_struct * wq)

其中，①，②，④，⑦和以前略有区别，其他用法完全一样。

实作如下。

```
struct my_struct_t {
    char * name;
    struct work_struct my_work;
```

```
};
void my_func(struct work_struct * work)
{
    struct my_struct_t * my_name = container_of(work, struct my_struct_t, my_work);
    printk(KERN_INFO "Hello world, my name is %s!\n", my_name->name);
}
struct workqueue_struct * my_wq = create_workqueue("my wq");
struct my_struct_t my_name;
my_name.name = "Jack";
INIT_WORK(&(my_name.my_work), my_func);
queue_work(my_wq, &my_work);
destroy_workqueue(my_wq);
```

10.2.5 中断处理

在 Linux 系统里,对中断的处理是属于系统核心部分,因而如果设备与系统之间以中断方式进行数据交换,就必须把该设备的驱动程序作为系统核心的一部分。设备驱动程序通过调用 request_irq 函数来申请中断,通过 free_irq 来释放中断。它们被定义为。

```
#include <linux/sched.h>
int request_irq(unsigned int irq, void (* handler)(int irq, void dev_id, struct pt_regs * regs),
unsigned long flags,const char * device,void * dev_id);
void free_irq(unsigned int irq, void * dev_id);
```

从 request_irq 返回给请求函数的返回值是 0 表示成功,为负表示错误码。函数返回 -EBUSY来指示另一个驱动已经使用请求的中断号。函数的参数如下。

- unsigned int irq:请求的中断号。
- irqreturn_t (* handler):安装的中断处理函数指针。
- unsigned long flags:中断处理的属性。一个与中断管理相关的选项的位掩码。flags 中可以设置的位如下,SA_INTERRUPT,这表示一个"快速"中断处理。快速处理在当前处理器上禁止中断来执行;SA_SHIRQ,这个位表示中断可以在设备间共享;SA_SAMPLE_RANDOM,这个位表示产生的中断能够有贡献给/dev/random 和 /dev/urandom 使用的加密池。这些设备在读取时返回真正的随机数并且设计来帮助应用程序软件为加密选择安全钥。
- const char * dev_name:这个传递给 request_irq 的字串用在/proc/interrupts 来显示中断的拥有者。
- void * dev_id:用作共享中断的指针。它是一个独特的标识,用在当释放中断时以及可能还被驱动用来指向它自己的私有数据区。如果中断没有被共享,dev_id 可以设置为 NULL。

中断处理可以在驱动初始化时安装或者在设备第一次打开时安装。调用 request_irq 的正确位置是当设备第一次打开时,在硬件被指示来产生中断前。调用 free_irq 的位置是设备最后一次被关闭时,在硬件被告知不要再中断处理之后。

在中断的使用过程中还可以对其进行使能和禁止操作,如。

操作对象为单个中断:

```
void disable_irq(int irq);
void enable_irq(int irq);
```

操作对象为所有中断：

```
void local_irq_save(unsigned long flags);
void local_irq_disable(void);
void local_irq_restore(unsigned long flags);
void local_irq_enable(void);
```

10.3　字符设备驱动程序

字符设备驱动程序可以分为三个主要组成部分。

- 自动配置和初始化子程序，负责检测所要驱动的硬件设备是否存在和是否能正常工作。如果该设备正常，则对这个设备及其相关的设备驱动程序需要的软件状态进行初始化。这部分驱动程序仅在初始化的时候被调用一次。
- 服务于 I/O 请求的子程序，又称为驱动程序的上半部分。调用这部分是由于系统调用的结果。这部分程序在执行的时候，系统仍认为是和进行调用的进程属于同一个进程，只是由用户态变成了核心态，具有进行此系统调用的用户程序的运行环境，因此可以在其中调用 sleep()等与进程运行环境有关的函数。
- 中断服务子程序，又称为驱动程序的下半部分。在 Linux 系统中，并不是直接从中断向量表中调用设备驱动程序的中断服务子程序，而是由 Linux 系统来接收硬件中断，再由系统调用中断服务子程序。因为设备驱动程序一般支持同一类型的若干设备，所以一般在系统调用中断服务子程序的时候，都带有一个或多个参数，以唯一标识请求服务的设备。

10.3.1　字符设备驱动结构

前面介绍了 Linux 的三种类别设备驱动实现基本功能所需要的结构，对于 Linux 驱动程序的开发还有一些重要概念、数据结构和驱动程序框架需要读者掌握。

1. 主次设备号

字符设备和块设备通过文件系统中的名字来存取。这些表示设备的文件系统中的特殊文件，被称为设备文件或设备节点，通常位于/dev 目录中。字符设备驱动以符号 c 为标识，块设备由 b 标识。这些设备文件并不是真是存放数据的文件，它用来建立起内核与设备驱动模块之间的关联，这样的关联通过设备类型标识和主次设备号来表达。下面的列表显示了一个设备的设备文件形式(通过在/dev 目录下执行 ls -l 显示)。

```
...
crw-rw-rw- 1   root   tty    4, 64 Apr 11   2009   ttys0
...
```

这是一个终端设备节点，第一个符号 c 表示字符设备类型；4 表示主设备号；64 表示次设备号；ttys0 为设备文件名。

主编号标识设备相连的驱动。例如,/dev/null和/dev/zero都由驱动1来管理,而虚拟控制台和串口终端都由驱动4管理;现代Linux内核允许多个驱动共享主编号,但是用户看到的大部分设备仍然按照一个主编号一个驱动的原则来组织。

次编号被内核用来决定引用哪个设备。依据驱动是如何编写的(如同下面见到的),用户可以从内核得到一个设备的直接指针,或者可以自己使用次编号作为本地设备数组的索引。

设备编号在驱动程序的内部具有固定的表示方式。在内核中,dev_t类型(在<linux/types.h>中定义)用来持有设备编号,包括主次编号两个部分。dev_t是32位的量,高12位用作主编号,低20位用作表示次编号。如若获得一个dev_t的主或者次编号,使用宏定义。

```
MAJOR(dev_t dev);
MINOR(dev_t dev);
```

如若将主、次设备号转换为一个dev_t量,使用:

```
MKDEV(int major, int minor);
```

在建立驱动时,需要做的第一件事是获取一个或多个设备编号来使用。为此目的的必要的函数是register_chrdev_region,在<linux/fs.h>中声明。

```
int register_chrdev_region(dev_t first, unsigned int count, char * name);
```

first是要分配的起始设备编号。first的次编号部分常常是0。count是请求的连续设备编号的总数。注意,如果count太大,要求的范围可能溢出到下一个次编号;但是只要要求的编号范围可用,一切都仍然会正确工作。最后,name是应当连接到这个编号范围的设备的名字;它会出现在/proc/devices和sysfs中。

如同大部分内核函数,如果分配成功进行,register_chrdev_region的返回值是0。出错的情况下,返回一个负的错误码。

如果指定设备编号,register_chrdev_region能够正常工作。然而,开发人员常常不知道设备使用哪个主编号,此时内核可以动态分配一个主编号,但是必须使用一个不同的函数来请求这个分配。

```
int alloc_chrdev_region(dev_t * dev, unsigned int firstminor, unsigned int count, char * name);
```

dev是一个只输出的指针参数,它在函数成功完成时持有分配范围的第一个数。fisetminor应当是请求的第一个要用的次编号;它常常是0。count和name参数同上。

在驱动程序执行的过程中,如果不希望再使用该设备,要及时将设备编号释放。

```
void unregister_chrdev_region(dev_t first, unsigned int count);
```

调用unregister_chrdev_region的地方常常是模块的cleanup函数。

上面的函数分配设备编号给驱动使用,但是它们不告诉内核实际上会对这些编号做什么。在用户空间程序能够存取这些设备号中的一个之前,驱动需要连接它们到它的实现设备操作的内部函数上。

2. 驱动相关数据结构

对于一个简单的 Linux 驱动程序来说，主要的工作就是按照驱动程序的框架填充数据结构，实现固定函数的代码。接下来介绍这些重要的数据结构。

大部分的基础性的驱动操作包括三个重要的内核数据结构，它们是 file_operations、file 和 inode。需要对这些结构基本了解后才能够设计出完整的驱动程序。

(1) 文件操作(file_operations)

file_operation 结构表示了用户程序怎样对设备进行操作。这个结构，定义在<linux/fs. h>中，是一个函数指针的集合，结构原型如下。

```
struct file_operations {
    struct module * owner;
    loff_t ( * llseek) (struct file * , loff_t, int);
    ssize_t ( * read) (struct file * , char __user * , size_t, loff_t * );
    ssize_t ( * write) (struct file * , const char __user * , size_t, loff_t * );
    ssize_t ( * aio_read) (struct kiocb * , const struct iovec * , unsigned long, loff_t);
    ssize_t ( * aio_write) (struct kiocb * , const struct iovec * , unsigned long, loff_t);
    int ( * readdir) (struct file * , void * , filldir_t);
    unsigned int ( * poll) (struct file * , struct poll_table_struct * );
    int ( * ioctl) (struct inode * , struct file * , unsigned int, unsigned long);
    long ( * unlocked_ioctl) (struct file * , unsigned int, unsigned long);
    long ( * compat_ioctl) (struct file * , unsigned int, unsigned long);
    int ( * mmap) (struct file * , struct vm_area_struct * );
    int ( * open) (struct inode * , struct file * );
    int ( * flush) (struct file * , fl_owner_t id);
    int ( * release) (struct inode * , struct file * );
    int ( * fsync) (struct file * , struct dentry * , int datasync);
    int ( * aio_fsync) (struct kiocb * , int datasync);
    int ( * fasync) (int, struct file * , int);
    int ( * lock) (struct file * , int, struct file_lock * );
    ssize_t ( * sendpage) (struct file * , struct page * , int, size_t, loff_t * , int);
    unsigned long ( * get_unmapped_area)(struct file * , unsigned long, unsigned long, unsigned
long, unsigned long);
    int ( * check_flags)(int);
    int ( * flock) (struct file * , int, struct file_lock * );
    ssize_t ( * splice_write)(struct pipe_inode_info * , struct file * , loff_t * , size_t, unsigned int);
    ssize_t ( * splice_read)(struct file * , loff_t * , struct pipe_inode_info * , size_t, unsigned int);
    int ( * setlease)(struct file * , long, struct file_lock ** );
};
```

每个打开的设备文件都对应着这样一个结构，每个进程对设备的操作都会根据 major、minor 设备号，转换成对 file_operation 结构的访问。在这个结构中，操作大部分负责实现系统调用，因此，命名为 open，read 等等。可以认为，设备文件是一个“对象”，那么结构中的函数，就表示了这个对象所具有的方法。

结构中的每个成员必须指向驱动中的函数，这些函数实现一个特别的操作，对于没有指定到函数的，会被指定为 NULL 指针，这时内核会提供默认的操作。

① struct module * owner;

这是第一个 file_operations 成员，它不是一个操作。它是一个指向拥有这个结构的模块的指针。这个成员用来在它的操作还在被使用时阻止模块被卸载。一般会被简单初始化为 THIS_MODULE(<linux/module.h> 中定义的宏)。

② loff_t (* llseek) (struct file * , loff_t, int);

llseek 方法用作改变文件中的当前读/写位置,并且新位置作为(正的)返回值。loff_t 参数是一个 long offset,并且就算在 32 位平台上也至少 64 位宽。错误由一个负返回值指示。它对应着用户程序中的 seek 调用。如果这个函数指针是 NULL,seek 调用会以潜在的无法预知的方式修改 file 结构中的位置计数器(将在"文件结构"中描述)。常用于可以随机存取的设备(块设备)。

③ ssize_t (* read) (struct file * , char __user * , size_t, loff_t *);

用来从设备中获取数据,参数 buf 为存放读取结果的缓冲区,count 为所要读取的数据长度。在这个位置的一个空指针导致 read 系统调用以 -EINVAL 返回失败。一个非负返回值代表了成功读取的字节数。

④ ssize_t (* aio_read)(struct kiocb * , char __user * , size_t, loff_t);

初始化一个异步读。可在函数返回前不结束的读操作。如果这个方法是 NULL,所有的操作会由 read 代替进行。

⑤ ssize_t (* write) (struct file * , const char __user * , size_t, loff_t *);

发送数据给设备。NULL、-EINVAL 返回给调用 write 系统调用的程序。如果非负,返回值代表成功写的字节数。

```
ssize_t ( * aio_write)(struct kiocb * , const char __user * , size_t, loff_t * );
```

初始化设备上的一个异步写。

⑥ int (* readdir) (struct file * , void * , filldir_t);

对于设备文件这个成员应当为 NULL,它用来读取目录,并且仅对文件系统有用。

⑦ unsigned int (* poll) (struct file * , struct poll_table_struct *);

poll 方法是三个系统调用的后端: poll、epoll 和 select,都用作查询对一个或多个文件描述符的读或写是否会阻塞。poll 方法应当返回一个位掩码指示是否非阻塞地读或写是可能的,并且,可能提供给内核信息用来使调用进程睡眠直到 I/O 变为可能。如果一个驱动的 poll 方法为 NULL,设备假定为不阻塞地可读可写。

⑧ int (* ioctl) (struct inode * , struct file * , unsigned int, unsigned long);

ioctl 系统调用提供了发出设备特定命令的方法(例如格式化软盘的一个磁道,这不是读也不是写)。另外,几个 ioctl 命令被内核识别而不必引用 fops 表。如果设备不提供 ioctl 方法,对于任何未事先定义的请求(-ENOTTY,设备无这样的 ioctl),系统调用返回一个错误。

⑨ int (* mmap) (struct file * , struct vm_area_struct *);

mmap 用来请求将设备内存映射到进程的地址空间。如果这个方法是 NULL,mmap 系统调用返回-ENODEV。

⑩ int (* open) (struct inode * , struct file *);

尽管这常常是对设备文件进行的第一个操作,不要求驱动声明一个对应的方法。如果这个项是 NULL,设备打开一直成功,但是驱动不会得到通知。

⑪ int (* flush) (struct file *);

flush 操作在进程关闭它的设备文件描述符的复制时调用；它应当执行(并且等待)设备的任何未完成的操作。这个必须不要和用户查询请求的 fsync 操作混淆了。当前，flush 在很少驱动中使用；如果 flush 为 NULL，内核简单地忽略用户应用程序的请求。

⑫ int (* release) (struct inode * , struct file *);

在文件结构被释放时引用这个操作。如同 open、release 可以为 NULL。

⑬ int (* fsync) (struct file * , struct dentry * , int);

这个方法是 fsync 系统调用的后端，用户调用来刷新任何挂着的数据。如果这个指针是 NULL，系统调用返回-EINVAL。

⑭ int (* aio_fsync)(struct kiocb * , int);

这是 fsync 方法的异步版本。

⑮ int (* fasync) (int, struct file * , int);

这个操作用来通知设备它的 FASYNC 标志的改变。这个成员可以是 NULL，如果驱动不支持异步通知。

⑯ int (* lock) (struct file * , int, struct file_lock *);

lock 方法用来实现文件加锁；加锁对常规文件是必不可少的特性，但是设备驱动几乎从不实现它。

⑰ int (* dir_notify)(struct file * , unsigned long);

这个方法在应用程序使用 fcntl 来请求目录改变通知时调用。只对文件系统有用；驱动不需要实现 dir_notify。

一般设备驱动只实现最重要的设备方法，它的 file_operations 结构是如下初始化的。

```
struct file_operations scull_fops = {
.owner = THIS_MODULE,
.llseek = some_llseek,
.read = some _read,
.write = some _write,
.ioctl = some _ioctl,
.open = some _open,
.release = some _release,
};
```

这个声明使用标准的 C 标记式结构初始化语法，便于驱动程序移植。

(2) 文件结构

struct file 定义于</linux/fs.h>，是设备驱动中第二个最重要的数据结构。这个结构定义在内核中，与用户空间的 FILE(文件)指针没有任何关系。

文件结构代表一个打开的文件。它不特定给设备驱动；系统中每个打开的文件有一个关联的 struct file 在内核空间。它由内核在 open 时创建，并传递给在文件上操作的任何函数，直到最后的关闭。在文件的所有实例都关闭后，内核释放这个数据结构。

在内核源码中，struct file 的指针常常称为 file 或者 filp。在本文中约定，file 指的是结构，而 filp 是结构指针。

struct file 的最重要成员介绍如下。

① fmode_t f_mode;

文件模式通过位 FMODE_READ 和 FMODE_WRITE 确定文件是可读的或者是可写的。

② loff_t f_pos;

当前读写位置。loff_t 在所有平台都是 64 位。驱动可以读这个值,如果它需要知道文件中的当前位置,但是正常地不应该改变它;读和写应当使用它们作为最后参数而收到的指针来更新一个位置,代替直接作用于 filp->f_pos。这个规则的一个例外是在 llseek 方法中,它的目的就是改变文件位置。

③ unsigned int f_flags;

这些是文件标志,例如 O_RDONLY、O_NONBLOCK 和 O_SYNC。驱动应当检查 O_NONBLOCK 标志来看是否是请求非阻塞操作。所有的标志在头文件 <linux/fcntl.h> 中定义。

④ struct file_operations * f_op;

和文件关联的操作。内核安排指针作为它的 open 实现的一部分,接着读取它,当它需要分派任何的操作时。filp->f_op 中的值从不由内核保存为后面的引用;这意味着可改变文件关联的文件操作,在返回调用者之后新方法会起作用。这个做法允许实现几种行为,在同一个主编号下而不必在每个系统调用中引入开销。

⑤ void * private_data;

open 系统调用设置这个指针为 NULL,在为驱动调用 open 方法之前。可自由使用这个成员或者忽略它;可以使用这个成员来指向分配的数据,但是必须记住在内核销毁文件结构之前,在 release 方法中释放那个内存。private_data 是一个有用的资源,在系统调用间保留状态信息,大部分例子模块都使用它。

⑥ struct dentry * f_dentry;

关联到文件的目录入口(dentry)结构。设备驱动编写者正常地不需要关心 dentry 结构,除了作为 filp->f_dentry->d_inode 存取 inode 结构。

(3) inode 结构

inode 结构由内核在内部用来表示文件。因此,它和代表打开文件描述符的文件结构是不同的。可能有代表单个文件的多个打开描述符的许多文件结构,但是它们都指向一个单个 inode 结构。inode 结构包含大量关于文件的信息。作为一个通用的规则,这个结构只有两个成员对于编写驱动代码有用。

dev_t i_rdev; 对于代表设备文件的节点,这个成员包含实际的设备编号。

struct cdev * i_cdev;是内核的内部结构,代表字符设备;这个成员包含一个指针,指向这个结构,当节点指的是一个字符设备文件时。

对于不同 Linux 内核版本,可以通过宏从一个 inode 中获取主次编号。

```
unsigned int iminor(struct inode * inode);
unsigned int imajor(struct inode * inode);
```

3. 自动配置和初始化

(1) 初始化。当驱动程序将被加载的时候,首先会调用初始函数进行自动配置。实际的初始化函数常常这样定义。

```
static int __init initialization_function(void)
{
//初始化代码
}
module_init(initialization_function);
```

初始化函数不希望在特定文件之外可见，所以应该声明成静态的。声明中的 __init 标志用来确定这个函数只有在初始化时可以被调用；使用__init 和 __initdata 是可选的。使用 moudle_init 是强制的。这个宏定义增加了特别的段到模块目标代码中，表明在哪里找到模块的初始化函数。没有这个定义，初始化函数不会被调用。

在初始化代码中必须要有模块注册。模块可以注册许多的不同类型的设备、文件系统、加密转换等等。对每一个设备，有一个特定的内核函数来完成这个注册。大部分注册函数以 register_ 做前缀。

(2) 清除处理。每个非试验性的模块也要求有一个清理函数，它注销接口，在模块被去除之前返回所有资源给系统。这个函数定义为。

```
static void __exit cleanup_function(void)
{
//清除代码
}
module_exit(cleanup_function);
```

清理函数没有返回值，因此它被声明为 void __exit 修饰符标识这个代码是只用于模块卸载(通过使用编译器把它放在特殊的 ELF 段)。moudle_exit 声明对于使得内核能够找到清理函数是必要的。如果模块没有定义一个清理函数，内核不会允许它被卸载。

4. 中断处理

如果需要驱动程序具有中断处理的能力，必须进行中断申请。我们通过申请与释放 API 来实现：request_irq()和 free_irq()。中断处理的具体方法参见第 10.2.5 节。

10.3.2　字符设备驱动实例——LED 驱动

本例程是基于 S3C2440A 处理器的 Linux 2.6 内核 LED 驱动程序。

1. LED 驱动程序分析

本驱动程序文件名为 led2440.c

```
//加入驱动编程所需头文件
#include <linux/kernel.h>
#include <linux/module.h>
#include <asm/uaccess.h>
#include <linux/mm.h>
#include <linux/ioport.h>
#include <asm/io.h>
#include <linux/ioport.h>
#include <linux/fs.h>
//定义主设备号、设备名称、设备打开成功返回值
```

```
#define DRAM_MEM_MAJOR 244
#define DEVICE_NAME "led2440"
#define SUCCESS   0
//设备打开计数标记
static int Device_Open = 0;
int led_init(void);
void led_cleanup(void);
static int device_open(struct inode *, struct file *);
static int device_release(struct inode *, struct file *);
static ssize_t device_write(struct file *, const char *, size_t, loff_t *);
static loff_t device_seek(struct file *, loff_t, int);
int init_module(void);
void cleanup_module(void);
//映射设备操作接口
struct file_operations led_ops =
{
        .owner= THIS_MODULE,
        .llseek=device_seek,
        .read=device_read,
        .write=device_write,
        .open=device_open,
        .release=device_release
};
static int Major;
unsigned long gpf_con, gpf_dat, gpf_up, gpg_con, gpg_dat, gpg_up;
/* 设备初始化入口函数
 * 在这里进行 I/O 内存的映射
 * LED 使用了 S3C2440A 芯片的 GPF3、4、5、6 这 4 个 I/O 端口; 阴极驱动
 * 涉及 CON(控制)、DAT(数据)、UP(上拉电阻)三个寄存器 */
int __init led_init(void)
{
     /* I/O 内存映射及初始配置
      * 将 I/O 端口的物理地址映射到内核的虚拟空间中以便操作
      * ioremap 函数参见第 10.2.1 节
      * 对 I/O 内存的操作也可以使用 10.2.1 所讲的 ioread、iowrite 系列函数 */
     gpf_up= (unsigned long)ioremap((unsigned long)0x56000058,4);
     *(unsigned long *)gpf_up &= ~(0xf<<4);//使能 I/O 口上拉电阻
      gpf_con = (unsigned long)ioremap((unsigned long)0x56000050,4);
      //配置 4 个 I/O 引脚为输出
     *(unsigned long *)gpf_con &= ~(0xff<<8);
     *(unsigned long *)gpf_con |= 0x5500;
     gpf_dat= (unsigned long)ioremap((unsigned long)0x56000054,4);
      *(unsigned long *)gpf_dat &= ~(0xf<<4);
   //注册字符设备
   Major=register_chrdev(DRAM_MEM_MAJOR,DEVICE_NAME, &led_ops);
     if(Major <0)
     {//如果设备注册失败,释放 I/O 端口到虚拟空间的映射,并提示出错
          iounmap((void *)gpf_con);
          iounmap((void *)gpf_dat);
          iounmap((void *)gpf_up);
          printk("DRAM_MEM init_module:failed with %d\n", Major);
```

```
        return Major;
    }
    //注册成功,提示信息
    Major = DRAM_MEM_MAJOR;
    printk("DRAM_MEM_MAJOR registred: Major = %d\n",Major);
    return 0;
}
/* 设备打开函数
 * 判断设备打开状态,只允许一个进程使用该设备 */
static int device_open(struct inode * inode,struct file * file)
{
    if(Device_Open)
    {
        return -EBUSY;
    }
    Device_Open++;
    return SUCCESS;
    //返回 0,表示打开成功,用户层会将这个返回值转换成设备标识
}
/* 设备关闭函数
 * open 的逆操作 */
static int device_release(struct inode * inode,struct file * file)
{
    Device_Open --;
    return 0;
}
/* 读操作函数
 * 对于 LED 设备,读操作无任何意义 */
static ssize_t device_read(struct file * file,
                           char * buffer,
                           size_t length,
                           loff_t * offset)
{

    return 0;

}
/* 字符设备的写操作函数
 * 通过该函数对 LED 进行控制 */
static ssize_t device_write(struct file * file,
                            const char * buffer,
                            size_t  length,
                            loff_t * offset)
{
    struct gpf{
        unsigned long :4;
        unsigned long led1:1;
        unsigned long led2:1;
        unsigned long led3:1;
        unsigned long led4:1;
    } * led;
    led=(struct gpf * )gpf_dat;
    led->led1=( * buffer)&1;
    led->led2=(( * buffer)>>1)&1;
```

```
        led->led3=((*buffer)>>2)&1;
        led->led4=((*buffer)>>3)&1;
      return 0;
}
//驱动卸载函数,是驱动初始化的逆操作
void led_cleanup()
{
        int ret;
                iounmap((void *)gpf_con);
                iounmap((void *)gpf_dat);
                iounmap((void *)gpf_up);
        ret = unregister_chrdev(Major,DEVICE_NAME);
        if(ret < 0)
        {
                printk("unregister_chrdev:error %d\n",ret);
        }
}
/*将函数 led_init 注册为初始化函数
 *将函数 led_cleanup 注册为卸载函数*/
module_init(led_init);
module_exit(led_cleanup);
//声明本驱动程序遵循的开源许可证名称
MODULE_LICENSE("GPL");
```

2. 驱动模块加入内核

以上的 LED 驱动程序可以单独编译,也可以加入到内核源码中,同 Linux 内核一同编译产生模块文件。

(1) 使用命令。

```
cp -f led2440.c  /linux-2.6.32.4/drivers/char/
```

把驱动源码复制到内核驱动的字符设备下。

(2) 编辑 Kconfig 文件。

编辑/linux-2.6.32.4/drivers/char/Kconfig 内核配置文件,加入如下代码。

```
config LED_2440
      tristate " Leds Device for 2440 "
      depends on ARCH_S3C2440
      default m
      ---help---
         My2440 User Leds
```

如上代码将会在内核的编译配置界面中产生一个新的项目以供配用人员选择。其中,第一行的 LED_2440 在配置后将会转换成 CONFIG_LED_2440 宏定义用于内核编译;第二行中的 tristate 表示三态数据类型,即此部分内容可编译为动态加载的模块。

(3) 修改 Makefile 文件。

编辑/linux-2.6.32.4/drivers/char/Makefile 文件,添加 LED 设备配置如下,

```
obj-$(CONFIG_LED_2440) += led2440.o
```

(4) 配置、编译内核。

```
执行 make xconfig,
Device Drivers --->
    Character devices--->
        <m> Leds Device for 2440 (NEW)
```

按如上选中对应于 LED 驱动的项目,保存,退出。

执行 make zImage 内核映像和驱动程序模块会先后被编译完毕。

将内核下载至开发板;将驱动程序模块加入到根文件系统后,下载至开发板。这样就可以调用驱动程序进行演示了。

3. LED 驱动演示

(1) 驱动程序模块加载到内核。

进入驱动程序模块所在目录,执行:

```
insmod  -f  led2440.ko
```

(2) 建立设备节点。

也就是建立用户程序关联到驱动程序的途径。首先执行:

```
cat  /proc/devices
```

会在字符设备列表中出现提示信息如:

```
244  led2440
```

前面为设备号,后者为设备名称,这些和上一节设备驱动程序源码中所定义的能够对应上。要根据这些建立设备节点。

```
mknod  /dev/led2440  c  244  0
```

执行上面的命令设备节点就建立完毕了。以上都是在开发板中进行的操作,接下来需要返回到 Linux PC 上进行演示程序的编辑和编译。

(3) 演示程序。

建立一个 LED 控制的简单演示程序 led2440test,代码如下。

```
//应用程序所需头文件
#include "stdio.h"
#include "sys/types.h"
#include "sys/ioctl.h"
#include "stdlib.h"
#include "termios.h"
#include "sys/stat.h"
#include "fcntl.h"
#include "sys/time.h"
//用查表的方式执行一个 LED 控制程序
unsigned char ledtab[]={0x0e,0x0d,0x0b,0x07};
int main(void)
{
    int led_dev,m,len,i;
```

```
    len=1;
    led_dev=open("/dev/led2440",O_RDWR);        //只读方式打开 led2440 设备
    if(led_dev<0)
    {
        printf("can't open device\n");
        return(0);
    }
    printf("led test show. press ctrl+c to exit \n");  //设备打开成功
    while(1)
    {
        for(i=0;i<4;i++)
        {
            m=write(led_dev,&ledtab[i],len);        //设备写操作,控制 LED
            usleep(50000);                          //Linux 为用户程序提供的微秒级延时函数
        }
    }
    close(led_dev);                                 //关闭设备
    return 0;
}
```

编译演示程序:

```
arm-linux-gcc  -o  led2440test  led2440test.c
```

将编译产生的可执行文件下载到开发板。

执行:

```
chmod  755  led2440test
```

将其修改为可执行文件/led2440test 执行,就会看到 LED 的控制效果。

10.4　网络设备驱动程序

Linux 强大的网络支持功能实现了对包括 TCP/IP 在内的多种协议的支持,满足了面向 21 世纪的嵌入式系统应用联网的需求。因此,在嵌入式系统开发调试时,网络接口几乎成为不可或缺的模块。Linux 网络驱动程序作为 Linux 网络子系统的一部分,位于 TCP/IP 网络体系结构的网络接口层,主要实现上层协议栈与网络设备的数据交换。Linux 的网络系统主要是基于 BSD UNIX 的套接字(socket)机制,网络设备与字符设备和块设备不同,没有对应地映射到文件系统中的设备节点,而是使用了 net_device 数据结构来表示,这个数据结构是在系统初始化的时候生成的。

10.4.1　Linux 网络设备简介

1. Linux 网络驱动基础

Linux 网络驱动程序的体系结构可划分为 4 个层次。Linux 内核源代码中提供了网络设备接口及以上层次的代码,因此移植特定网络硬件的驱动程序的主要工作就是完成设备

驱动功能层的相应代码，根据底层具体的硬件特性，定义网络设备接口 struct net_device 类型的结构体变量，并实现其中相应的操作函数及中断处理程序。Linux 网络驱动程序的结构如图 10-3 所示。

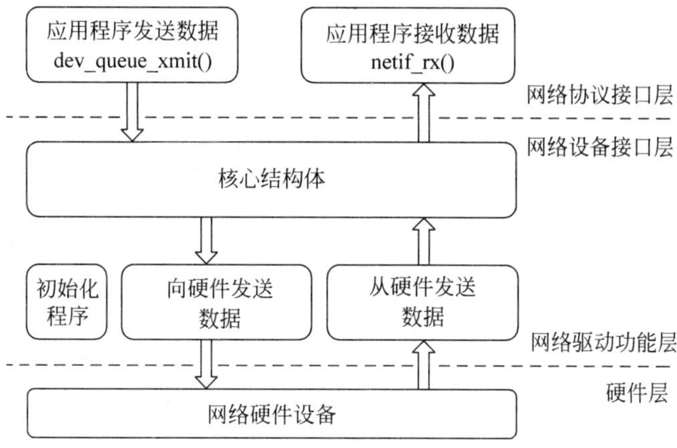

图 10-3　Linux 网络驱动程序结构框图

2. DM9000 控制器

DM9000A 是中国台湾 DAVICOM 公司推出的一款高速以太网接口芯片，其基本特征是：集成 10/100MB 物理层接口；内部带有 16KB SRAM 用作接收发送的 FIFO 缓存；支持 8/16 位两种主机工作模式；通过 HP 认证的 AUTO-Mdix（支持直接互连自动翻转）功能；支持 TCP/IP 加速（IPv4 check sum offload）减轻 CPU 负担，提高整机效能；10ns I/O 读写时间。DM9000A 以太网控制器遵循 IEEE 颁布的 802.3 以太网传输协议。该电路还集成了 EEPROM 接口，自举时通过 EEPROM 接口输入到芯片中，从而实现自动初始化。DM9000 内部结构如图 10-4 所示。

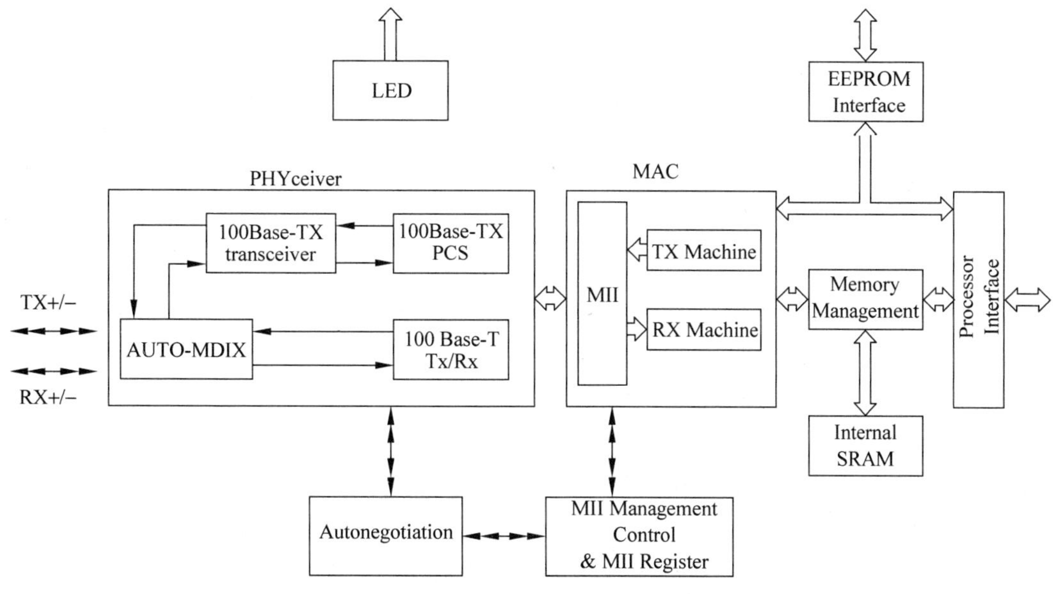

图 10-4　DM9000 内部结构框图

DM9000 与 S3C2440A 的硬件电路接口设计如图 10-5 所示。

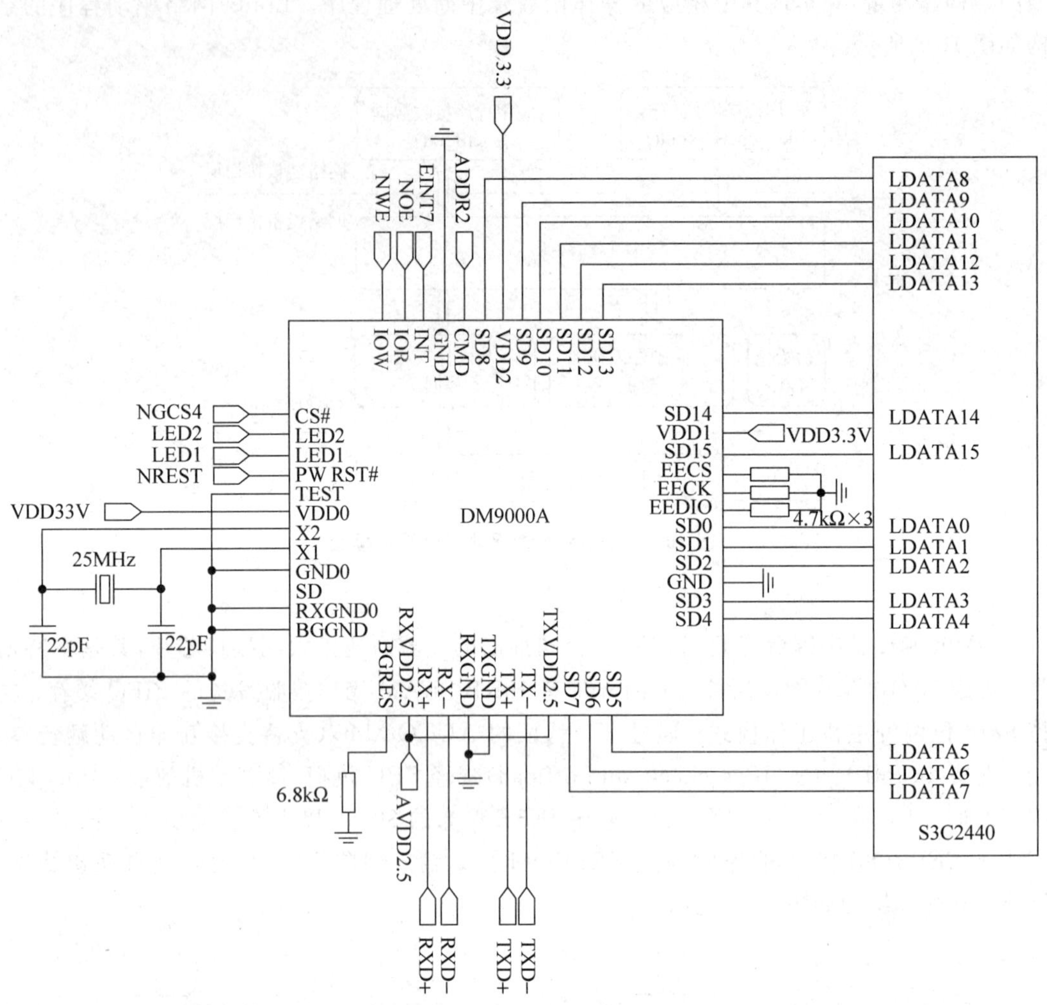

图 10-5 DM9000 与 ARM 接口电路图

10.4.2 网络驱动核心数据结构

网络驱动程序的核心数据结构是 net_device 结构体。net_device 结构复杂,包含了访问硬件所需信息、上层网络协议,它是 Linux 内核和网络的接口。由于 net_device 是个庞大的数据结构,没有必要列出原型占用过多的篇幅(它定义在内核源码/include/linux/netdevice.h 文件中),接下来分成几个方面对其进行介绍。

1. 通用信息

net_device 结构中全局信息定义了一些和网络不相关的管理网络的内容。

char name[IFNAMSIZ];设备名。例如 eth0。如果设备名由驱动设置,包含一个%d 格式串,register_netdev 用一个数替换它来形成一个唯一的名字;分配的编号从 0 开始。

unsigned long state;网络设备状态。通过一系列函数操作这些标志。

struct net_device *next：全局链表中指向下一个设备的指针。这个成员由系统维护。

int (*init)(struct net_device *dev)：初始化函数。如果设置了这个指针，这个函数被 register_netdev 调用来完成对 net_device 结构的初始化。

2. 硬件描述信息

这里介绍一些与网络设备低层相关的结构信息。

```
unsigned long rmem_end;
unsigned long rmem_start;
unsigned long mem_end;
unsigned long mem_start;
```

这些成员保存设备使用的共享内存的开始和结束地址。如果设备有不同的接收和发送内存，mem 成员由发送内存使用，rmem 成员由接收内存使用。rmem 成员在驱动之外不会被引用。

unsigned long base_addr：网络接口的 I/O 基地址。

以上成员由驱动在设备探测时赋值；ifconfig 命令可用来显示或修改当前值。base_addr 可以当系统启动时在内核命令行中显示赋值(通过 netdev=参数)，或者在模块加载时。

unsigned char irq;中断号。这个值常常在启动或者加载时间设置并且在后来由 ifconfig 打印。

unsigned char if_port;指定使用的端口。例如，这个成员用在同时支持同轴电缆(IF_PORT_10BASE2)和双绞线(IF_PORT_100BSAET)以太网连接时(完整的已知端口类型设置定义在<linux/netdevice.h>中)。

unsigned char dma;设备分配的 DMA 通道。这个成员只在使用某些外设总线时有意义，例如 ISA。

void *priv;指向私有数据的指针。这个成员很重要，对于不同的网络控制器指针指向的内部结构定义不同。但一般都包括 struct enet_statistics 这个结构，用于记录网络设备各种统计信息。这些私有结构总是在设备初始化时进行分配，以便将统计信息在卸载后也能够保存。

3. 协议相关信息

有关接口的大部分信息由 ether_setup 函数正确设置(或者其他给定类型的设置函数)。以太网卡可以依赖这个通用的函数设置大部分这些成员，但是 flags 和 dev_addr 成员是特定设备的，必须在初始化时间明确指定。在此需要注意的成员如下。

unsigned short hard_header_len：协议头部长度。就是被发送报文前面在 IP 头之前的字节数，或者别的协议信息。对于以太网接口 hard_header_len 值是 14 (ETH_HLEN)。

unsigned mtu;最大传输单元(MTU)。这个成员是网络层用作驱动报文传输。以太网有一个 1500 字节的 MTU (ETH_DATA_LEN)。

unsigned long tx_queue_len：设备发送队列中可以排队的最大帧数。这个值由 ether_setup 设置为 1000。

unsigned short type：接口的硬件类型。这个成员由 ARP 用来决定接口支持什么样的硬件地址。对以太网接口正确的值是 ARPHRD_ETHER，这是由 ether_setup 设置的值。

可认识的类型定义在<include/linux/if_arp.h>中。

```
unsigned char addr_len;
unsigned char broadcast[MAX_ADDR_LEN];
unsigned char dev_addr[MAX_ADDR_LEN];
```

硬件(MAC)地址长度和设备硬件地址。以太网地址长度是6个字节。广播地址由6个0xFF字节组成;ether_setup安排成正确的值。设备地址,必须以特定于设备的方式从接口板读出,驱动应当将它复制到dev_addr。硬件地址用来产生正确的以太网头。

unsigned short flags;接口标志。这个flags成员是一个位掩码,已定义的如下(定义在<include/linux/if.h>中)。IFF_前缀代表interface flags。

IFF_UP:对驱动这个标志是只读的。内核打开它当接口激活并准备好传送报文时。

IFF_BROADCAST:这个标志(由网络代码维护)说明接口允许广播。

IFF_DEBUG:调试模式。用来控制printk调用的复杂性或者用于其他调试目的。

IFF_LOOPBACK:这个标志应当只在环回接口(loopback)中设置。内核检查IFF_LOOPBACK,以代替硬连线lo名字作为一个特殊接口。

IFF_POINTOPOINT:这个标志说明接口连接到一个点对点链路。

IFF_NOARP:这个标志说明接口不能进行ARP。

IFF_PROMISC:这个标志设置(由网络代码)来激活混杂操作。以太网接口使用硬件过滤器来保证它们只接收广播报文和直接到接口硬件地址的报文。

IFF_MULTICAST:驱动设置这个标志来表示接口能够组播发送。ether_setup设置IFF_MULTICAST为默认值,如果不希望驱动支持组播,在初始化时清除这个标志。

IFF_ALLMULTI:这个标志告知接口接收所有的组播报文。

IFF_RUNNING:这个标志指出接口已启动并在运行。

int features;结构net_device的特性成员由驱动设置来告知内核关于接口拥有的特别硬件功能。它包含的特性如下。

NETIF_F_SG和NETIF_F_FRAGLIST:两个标志控制发散/汇聚I/O的使用。如果接口可以发送一个报文,它由几个不同的内存段组成,应当设置NETIF_F_SG。NETIF_F_FRAGLIST表明接口能够处理分段的报文。

NETIF_F_IP_CSUM、NETIF_F_NO_CSUM和NETIF_F_HW_CSUM:这些标志都是告知内核,不需要给一些或所有的通过这个接口发送的报文进行校验。如果接口仅可以校验IP报文,就设置NETIF_F_IP_CSUM;如果接口不要求校验,就设置NETIF_F_NO_CSUM。如果硬件实现校验,设置NETIF_F_HW_CWSUM。

NETIF_F_HIGHDMA:如果设备能够对高端内存进行DMA操作,设置此标志。

NETIF_F_HW_VLAN_TX、NETIF_F_HW_VLAN_RX、NETIF_F_HW_VLAN_FILTER和NETIF_F_VLAN_CHALLENGED:这些选项描述硬件对802.1qVLAN报文的支持。

NETIF_F_TSO:如果设备能够进行TCP分段卸载,设置这个标志。

unsigned short family;表示设备支持的网络层协议簇。一般为IP协议(AF_INET)。

unsigned long pa_addr;网络层协议地址。

unsigned long pa_brdaddr;协议广播地址。

unsigned long pa_mask;协议子网掩码。

unsigned long pa_alen;协议地址长度,对于 IPv4 来说,值应该为 4。

unsigned long pa_dstaddr;表示点对点协议接口(如 SLIP、PPP),记录连接目标设备的 IP 地址。

4. 设备操作函数接口

在此列出能够对网络设备进行操作的函数,用于在编写网络驱动程序时实现。如果未进行实现(默认为 NULL),ether_setup 函数会自动给它们安排合适的处理方法。

网络接口的设备方法可分为两组：基本的和可选的。

(1) 基本操作接口

int (* open)(struct net_device * dev); 打开接口。当网络设备被激活时,接口被打开。常在 open 方法中注册设备需要的系统资源(I/O 口,IRQ,DMA 等等),打开硬件,进行设备要求的其他设置。

int (* stop)(struct net_device * dev); 停止接口。

int (* hard_start_xmit) (struct sk_buff * skb, struct net_device * dev); 起始报文的发送的方法。完整的报文(协议头和所有)包含在一个 socket 缓存区(sk_buff)结构中。

int (* hard_header) (struct sk_buff * skb, struct net_device * dev, unsigned short type, void * daddr, void * saddr, unsigned len); 用之前取到的源和目的硬件地址来建立硬件头的函数(在 hard_start_xmit 前调用)。它的工作是将作为参数传给它的信息组织成一个合适的特定于设备的硬件头。eth_header 是以太网类型接口的默认函数,ether_setup 针对性地对这个成员赋值。

int (* rebuild_header)(struct sk_buff * skb);用来在 ARP 解析完成后但是在报文发送前重建硬件头的函数。

void (* tx_timeout)(struct net_device * dev);当报文发送超时时调用的方法(可能由丢失一个中断或者接口被锁住引起),在此应当处理这个问题并恢复报文发送。

struct net_device_stats * (* get_stats)(struct net_device * dev); 调用这个方法获取接口的统计信息。

int (* set_config)(struct net_device * dev, struct ifmap * map);改变接口配置。这个方法是配置驱动的入口点。设备的 I/O 地址和中断号可以在运行时使用 set_config 来改变。

(2) 可选操作接口

int (* poll)(struct net_device * dev; int * quota); 当网络设备中断关闭时,查询方式使用网络设备的函数。

void (* poll_controller)(struct net_device * dev);在中断关闭的情况下,要求驱动检查接口的函数。它用于特殊的内核中的网络任务,例如远程控制台和使用网络的内核调试。

int (* do_ioctl)(struct net_device * dev, struct ifreq * ifr, int cmd);处理特定于接口的 ioctl 命令。

void (* set_multicast_list)(struct net_device * dev);当设备的组播列表改变和当标志改变时调用的方法。

int (* set_mac_address)(struct net_device * dev, void * addr);如果接口支持改变它的硬件地址的能力,可以实现这个函数。

int (*change_mtu)(struct net_device *dev, int new_mtu);当接口的最大传输单元(MTU)改变时被调用的函数。如果用户改变MTU时驱动需要做一些特殊的事情,它应当声明它自己的函数。

int (*header_cache)(struct neighbour *neigh, struct hh_cache *hh);用来填充hh_cache结构。

10.4.3 网络驱动程序分析

网络驱动就是要实现上述的一些具体的设备方法。接下来通过主要的程序代码对网络驱动程序的框架进行分析。

1. 初始化、清理网络设备

网络设备初始化的工作主要是确定硬件设备的存在,以及将硬件设备加载到设备链表中,为网络设备的激活做准备。

同字符设备一样都需要用宏来注册驱动的初始化的入口和清理的出口。

```
module_init(dm9000_init);
module_exit(dm9000_cleanup);
```

在这里分别指定了初始化函数dm9000_init和清理函数dm9000_cleanup,在这两个函数中,驱动程序主要完成了对一个已定义的platform_driver结构(实例名称为dm9000_driver)的注册和清理,这是现代驱动程序主要使用手法。

```
static  int __init  dm9000_init(void)
{
 printk(KERN_INFO "%s Ethernet Driver\n", CARDNAME);
 return platform_driver_register(&dm9000_driver);
}
static void __exit dm9000_cleanup(void)
{
 platform_driver_unregister(&dm9000_driver);
}
```

platform_driver结构定义在include/linux/platform_device.h文件中,主要成员如下。

```
struct platform_driver {
      int (*probe)(struct platform_device *);
      int (*remove)(struct platform_device *);
      void (*shutdown)(struct platform_device *);
      int (*suspend)(struct platform_device *, pm_message_t state);
      int (*suspend_late)(struct platform_device *, pm_message_t state);
      int (*resume_early)(struct platform_device *);
      int (*resume)(struct platform_device *);
      struct device_driver driver;
};
```

可见,它包含了设备操作的几个功能函数,它还包含了一个device_driver结构。刚才提到了驱动程序中需要初始化这个变量。下面看一下这个变量的定义,位于include/linux/device.h中:

```
struct device_driver {
    const char            * name;
    struct bus_type       * bus;
    struct kobject        kobj;
    struct klist          klist_devices;
    struct klist_node     knode_bus;
    struct module         * owner;
    const char            * mod_name;
    struct module_kobject     * mkobj;
    int        ( * probe) (struct device * dev);
    int      ( * remove) (struct device * dev);
    void      ( * shutdown) (struct device * dev);
    int      ( * suspend) (struct device * dev, pm_message_t state);
    int      ( * resume) (struct device * dev);
};
```

需要注意这两个变量：name 和 owner。那么 name 的作用主要是为了和相关的 platform_device 关联起来，owner 的作用是说明模块的所有者，驱动程序中一般初始化为 THIS_MODULE。

下面是一个 platform_driver 的初始化实例。

```
static struct platform_driver dm9000_driver = {
    driver = {
    name  = "dm9000",
    owner = THIS_MODULE,
    },
    probe    = dm9000_probe,
    remove   = dm9000_drv_remove,
    suspend  = dm9000_drv_suspend,
    resume   = dm9000_drv_resume,
};
```

注意其中的 driver 这个结构体，只初始化了其 name 和 owner 两个量。接着看一下和 driver 相关的另一个结构 platform_device(它和之前一个结构的名称相似，要注意)，定义如下。

```
struct platform_device {
    const char       * name;
    int   id;
    struct device   dev;
    u32  num_resources;
    struct resource * resource;
};
```

该结构中也有一个 name 变量。platform_driver 从字面上来看就知道是设备驱动。platform_device 就描述了设备对象。

它的 name 变量和刚才上面的 platform_driver 的 name 变量是一致的，内核正是通过这个一致性来为驱动程序找到资源，即 platform_device 中的 resource。这个结构的定义如下(位于 include/linux/ioport.h 中)。

```
struct resource {
    resource_size_t    start;
    resource_size_t    end;
    const  char        * name;
    unsigned  long     flags;
    struct  resource   * parent, * sibling, * child;
};
```

这个结构的作用就是告诉驱动程序设备的起始地址和终止地址和设备的端口类型。这里的地址指的是物理地址。

设备的对象结构一般都在平台相关的源文件中进行实例化，比如在/arch/arm/mach-s3c2440/s3c2440.c 中对 S3C2440A 的设备进行实例化。

另外还需要注意 platform_device 中的 device 结构，在此不详细介绍。

上面把驱动程序中涉及的主要结构都介绍了，下面主要说一下驱动程序中怎样对这些结构进行处理(包括前面提到的核心数据结构 net_device)，以使驱动程序能运行。

由于宏 module_init()的作用，驱动模块加载的时候会调用 dm9000_init 函数。本例中 dm9000_init 调用了 platform_driver_register 对 platform_driver 结构进行了注册。这个结构中包含了一些成员函数，其中在模块加载时会被执行的 probe 函数(探测函数)在这里实现。

```
dm9000_probe(struct platform_device * pdev)
{//定义核心数据结构
 struct dm9000_plat_data * pdata = pdev->dev.platform_data;
 struct board_info * db; // Point a board information structure
 struct net_device * ndev;
 unsigned long base;
...
//分配 eth 网卡资源,保存私有数据结构到 board_info
ndev = alloc_etherdev(sizeof (struct board_info));
...
//建立物理设备建立逻辑设备的符号链接,以备初始化设备用
SET_NETDEV_DEV(ndev, &pdev->dev);
...
//初始化数据结构,确定网络设备占用的资源,分配中断号,映射 I/O 内存
db = (struct board_info * ) ndev->priv;
memset(db, 0, sizeof ( * db));
...
  db->addr_res = platform_get_resource(pdev, IORESOURCE_MEM, 0);
  db->data_res = platform_get_resource(pdev, IORESOURCE_MEM, 1);
  db->irq_res = platform_get_resource(pdev, IORESOURCE_IRQ, 0);
...
  i = res_size(db->addr_res);
  db->addr_req = request_mem_region(db->addr_res->start, i,
          pdev->name);
...
  db->io_addr = ioremap(db->addr_res->start, i);
...
  iosize = res_size(db->data_res);
  db->data_req = request_mem_region(db->data_res->start, iosize,
```

```
          pdev->name);
...
  db->io_data = ioremap(db->data_res->start, iosize);
...
  //填充 net_device 结构
  ndev->base_addr = (unsigned long)db->io_addr;
  ndev->irq = db->irq_res->start;
  //根据总线宽度,确定操作网络设备寄存器的函数,略
  dm9000_set_io(db, iosize);
...
//根据 board info 信息,复位 DM9000 芯片
 dm9000_reset(db);
 //获取 DM9000 的 ID
 for (i = 0; i < 2; i++) {
  id_val  = ior(db, DM9000_VIDL);
  id_val |= (u32)ior(db, DM9000_VIDH) << 8;
  id_val |= (u32)ior(db, DM9000_PIDL) << 16;
  id_val |= (u32)ior(db, DM9000_PIDH) << 24;
...
 //芯片的 ID 获取失败,驱动不匹配
 if (id_val != DM9000_ID) {
  printk("%s: wrong id: 0x%08x\n", CARDNAME, id_val);
  goto release;
 }
//将 DM9000 作为以太网卡初始化内部数据结构
 ether_setup(ndev);
//填充 net_device 结构,确定操作网络设备的接口函数
 ndev->open    = &dm9000_open;
 ndev->hard_start_xmit    = &dm9000_start_xmit;
 ndev->tx_timeout         = &dm9000_timeout;
 ndev->watchdog_timeo = msecs_to_jiffies(watchdog);        //超时值
 ndev->stop    = &dm9000_stop;
 ndev->get_stats    = &dm9000_get_stats;
 ndev->set_multicast_list = &dm9000_hash_table;
#ifdef CONFIG_NET_POLL_CONTROLLER
 ndev->poll_controller   = &dm9000_poll_controller;
#endif
#ifdef DM9000_PROGRAM_EEPROM
 //开发时,需要更新 EERPOM 的值
 program_eeprom(db);
#endif
 ...
 /* Set Node Address
    * EEPROM 的前 6 个字节为 MAC 地址 */
 for (i = 0; i < 6; i++)
  ndev->dev_addr[i] = db->srom[i];
 //验证获取的 MAC 地址是否合法,略
 ...
 platform_set_drvdata(pdev, ndev);
 //注册接口到系统中,默认状态为 down,未激活
 ret = register_netdev(ndev);
```

```
  …
  return 0;//初始化成功
  release:
  out:
  //失败时,释放资源
  dm9000_release_board(pdev, db);
  free_netdev(ndev);
  return ret;
}
```

对于网络驱动的清理函数实现如下。

```
dm9000_drv_remove(struct platform_device * pdev)
{
    struct net_device * ndev = platform_get_drvdata(pdev);
    platform_set_drvdata(pdev, NULL);
    //释放注册的网络接口
    unregister_netdev(ndev);
    dm9000_release_board(pdev, (board_info_t * ) ndev->priv);
    //释放资源
    free_netdev(ndev);
    PRINTK1("clean_module() exit\n");
    return 0;
}
```

2. 打开和关闭网络设备

在使用网络设备之前需要打开设备,这一操作实际是自动或手动执行 ifconfig 命令完成的操作。网络设备的打开常被称为激活,对应着网络设备结构的 open 函数。

open 函数主要用来完成对网络设备中断进行注册、通过配置物理接口初始化设备,以及为发送数据准备队列。

```
dm9000_open(struct net_device * dev)
{
    board_info_t * db = (board_info_t * ) dev->priv;
    PRINTK2("entering dm9000_open\n");
 //申请中断资源,注册中断函数
    if (request_irq(dev->irq, &dm9000_interrupt, IRQF_SHARED, dev->name, dev))
        return -EAGAIN;
    dm9000_reset(db);                                   //复位 DM9000 芯片
 //配置 DM9000 芯片内寄存器,使其能工作
    dm9000_init_dm9000(dev);
    db->dbug_cnt = 0;
    init_timer(&db->timer);                             //初始化内核定时器
    db->timer.expires   = DM9000_TIMER_WUT;             //2s 唤醒一次
    db->timer.data      = (unsigned long) dev;
    db->timer.function = &dm9000_timer;                 //内核定时器溢出回调函数
    add_timer(&db->timer);                              //启动内核定时器
    mii_check_media(&db->mii, netif_msg_link(db), 1);  //检查 mii 接口状态
    netif_start_queue(dev);                             //启动发送队列
return 0;
}
```

通过启动队列函数 netif_start_queue()通知系统可以使用 hard_start_xmit 进行数据发送了。

stop 函数对应着网络设备的关闭操作。

```
dm9000_stop(struct net_device * ndev)
{
    board_info_t * db = (board_info_t * ) ndev->priv;
    PRINTK1("entering %s\n",__FUNCTION__);
    del_timer(&db->timer);                          //删除内核定时器
    netif_stop_queue(ndev);                         //通知内核队列不可用
    netif_carrier_off(ndev);                        //网络处于断路状态
    free_irq(ndev->irq, ndev);                      //释放中断资源
    dm9000_shutdown(ndev);                          //硬件上关闭芯片
    return 0;
}
```

3. 中断处理

网络驱动程序的中断处理函数在网络设备激活时进行注册，主要用于完成现场保护及中断屏蔽，读取网络设备寄存器信息及判断中断原因并处理、恢复中断现场。

```
dm9000_interrupt(int irq, void * dev_id)
{
    struct net_device * dev = dev_id;
    board_info_t * db;
    int int_status;
    u8 reg_save;
    PRINTK3("entering %s\n",__FUNCTION__);
    if (!dev) {
        PRINTK1("dm9000_interrupt() without DEVICE arg\n");
        return IRQ_HANDLED;
    }
  //中断产生
    db = (board_info_t * ) dev->priv;
    spin_lock(&db->lock);
    reg_save = readb(db->io_addr);                  //保存寄存器值
  //关闭所有中断
    iow(db, DM9000_IMR, IMR_PAR);
  //获得中断状态
    int_status = ior(db, DM9000_ISR);
    iow(db, DM9000_ISR, int_status);                //清除中断状态
  //接收包中断
    if (int_status & ISR_PRS)
        dm9000_rx(dev);
  //发送包中断
    if (int_status & ISR_PTS)
        dm9000_tx_done(dev, db);
  //使能中断
    iow(db, DM9000_IMR, IMR_PAR | IMR_PTM | IMR_PRM);

  //恢复中断寄存器
    writeb(reg_save, db->io_addr);
    spin_unlock(&db->lock);
```

```
    return IRQ_HANDLED;
}
```

函数首先需要获得自旋锁，然后将当前的寄存器地址保存下来，以便返回的时候继续进行被打断的作业；接着就是屏蔽所有的中断，读取中断状态寄存器并清除中断状态寄存器，然后就开始真正的中断处理了。

当发生接收中断时，中断函数调用 dm9000_rx()函数。在这个函数中检测接收到的数据包有没有准备好，如果准备好了开始接收；如果接收的包没有任何问题时，使用函数 dev_alloc_skb 为上层协议程序分配 skbuff 结构用来存储数据；最后通知上层处理数据包。

当数据发送完成后，将产生一个数据发送中断，由 interrupt 函数检测到该中断后，将调用 dm9000_tx_done 进行处理。该函数主要完成两个动作：一是把 tx_pkt_cnt 成员的值减少 1，表示已经完成一个数据包的发送了；二是判断 tx_pkt_cnt 的值，根据 speed 的值，判断是否可以调用 netif_wake_queue()函数来通知内核网卡可以接收新的数据发送任务了。

4. sk_buff 结构

struct sk_buff 是 Linux 网络协议栈中一个重要数据结构，网络协议栈中的各层协议都可以通过对它的操作实现本层协议数据的添加或者数据提取，这种机制避免了协议数据单元在不同的协议层之间来回复制的情况，提高了执行效率。

sk_buff 的数据成员分为两部分：一部分是实际在网络中要传输的部分，数据区(packet date storage)；另一部分由内核管理服务于结构链表。图 10-6 为 sk_buff 的结构图。

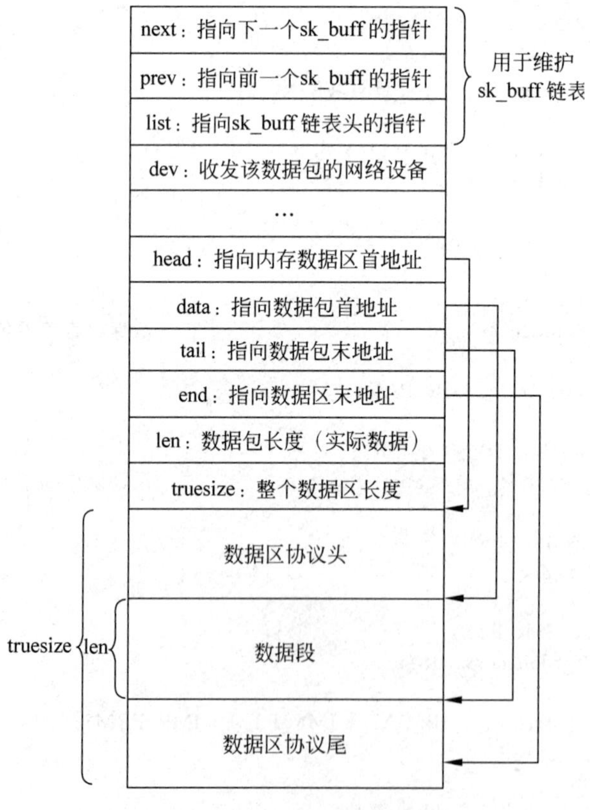

图 10-6　sk_buff 结构图

还有一些常用的成员如下。

sk_buff->tstamp：这个变量只对接收到的包有意义。它代表包接收时的时间戳，有时代表包准备发出时的时间戳。它在 netif_rx 里面由函数 net_timestamp 设置，而 netif_rx 是设备驱动收到一个包后调用的函数。

sk_buff->dev：这个变量的类型是 net_device，net_device 它代表一个网络设备。dev 的作用与这个包是准备发出的包还是刚接收的包有关。当收到一个包时，设备驱动会把 sk_buff 的 dev 指针指向收到这个包的网络设备；当一个包被发送时，这个变量代表将要发送这个包的设备。在发送网络包时设置这个值的代码要比接收网络包时设置这个值的代码复杂。有些网络功能可以把多个网络设备组成一个虚拟的网络设备(也就是说，这些设备没有和物理设备直接关联)，并由一个虚拟网络设备驱动管理。当虚拟设备被使用时，dev 指针指向虚拟设备的 net_device 结构。而虚拟设备驱动会在一组设备中选择一个设备并把 dev 指针修改为这个设备的 net_device 结构。因此，在某些情况下，指向传输设备的指针会在包处理过程中被改变。

sk_buff->protocol：这个变量是高层协议从二层设备的角度所看到的协议。典型的协议包括 IP，IPv6 和 ARP。完整的列表在 include/linux/if_ether. h 中。由于每个协议都有自己的协议处理函数来处理接收到的包，因此，这个域被设备驱动用于通知上层调用哪个协议处理函数。每个网络驱动都调用 netif_rx 来通知上层网络协议的协议处理函数，因此 protocol 变量必须在这些协议处理函数调用之前初始化。

内核提供了一系列用于操作 sk_buff 数据结构的函数，用于分配、释放、复制、克隆、扩展等功能，下面介绍些常用的。

```
struct sk_buff * alloc_skb(unsigned int len, int priority)
struct sk_buff * dev_alloc_skb(unsigned int len)
```

分配一个缓冲区。alloc_skb 分配一个缓冲区并初始化 skb->data 和 skb->tail 到 skb->head。dev_alloc_skb 函数是以 GFP_ATOMIC 优先级调用 alloc_skb，并保存 skb->head 和 skb->data 之间 16 个字节的一个快捷方式。函数定义在 net/core/skbuff. c 文件内。通过 alloc_skb()申请的内存空间有两个，一个是存放实际报文数据的内存空间，通过 kmalloc()函数申请；一个是 sk_buff 数据结构的内存空间，通过 kmem_cache_alloc()函数申请。dev_alloc_skb()的功能与 alloc_skb()类似，它只被驱动程序的中断所调用，与 alloc_skb()比较只是申请的内存空间长度多了 16 个字节。

```
void kfree_skb(struct sk_buff * skb, int rw)
void dev_kfree_skb(struct sk_buff * skb, int rw)
```

释放一个缓冲区。参数 rw 可以使用 FREE_READ(用于接收缓冲区)或 FREE_WRITE(用于发送缓冲区)。

```
struct sk_buff * skb_get(struct sk_buff * skb)
```

skb 使用计数加 1，返回一个指向 skb 的指针，获取数据。

```
struct sk_buff * skb_clone(struct sk_buff * skb, int gfp_mask)
```

这个函数克隆一个 sk_buff。两份备份共享分组数据，但分别拥有自己的 sk_buff 结构。

struct sk_buff * skb_copy(const struct sk_buff * skb, int gfp_mask)

产生一个实实在在的 skb 备份,包含分组数据。

struct skb_copy_expand(const struct sk_buff * skb, int new_headroom, int new_tailroom, int gfp_mask)

产生一个 skb 备份,包含分组数据。另外,新 skb 还拥有一个/new_headroom/字节大小的头空间和一个/new_tailroom/字节大小的尾空间。

unsigned char * skb_put(struct sk_buff * sbk, int len)

扩展 skb 的数据域。向后扩大数据区空间, data 指针不变,tail 和 end 增加。

unsigned char * skb_push(struct sk_buff * skb, int len)

扩展 skb 的数据域。skb_push()向前扩大数据区空间,tail 指针不变,data 指针上移, len 增加。

unsigned char * skb_pull(struct sk_buff * skb, int len)

将数据从缓存起始处移除,回收头空间字节。常用于移除以太网协议头。

unsigned char * skb_headroom(struct sk_buff * skb)

返回 sk_buff 结构头部空闲空间的字节数大小。

unsigned char * skb_reserve(struct sk_buff * skb, int len)

该函数在缓冲区头部创建一块额外的空间,这块空间在 skb_push 添加数据时使用。因为套接字建立时并没有为 skb_push 预留空间。它也可以用于在缓冲区的头部增加一块空白区域,从而调整缓冲区的大小,使缓冲区的长度统一。这个函数只对一个空的缓冲区才能使用。

unsigned char * skb_tailroom(struct sk_buff * skb)

返回 sk_buff 尾部空闲空间的字节数大小。

unsigned char * skb_trim(struct sk_buff * skb, int len)

该函数和 put 函数的功能相反,它将 tail 指针向数据区的前端移动,减小了 len 字段的长度。该函数可用于从接收到的数据尾上移去数据或协议尾。如果缓冲区的长度比 len 还长,那么它就通过移去缓冲区尾部若干字节,把缓冲区的大小缩减到 len 长度。

5. 数据发送处理

上层协议在处理发送数据时,是调用 hard_start_xmit()接口函数来实现的,在本驱动中映射为 dm9000_start_xmit()函数。

```
dm9000_start_xmit(struct sk_buff * skb, struct net_device * dev)
{
    unsigned long flags;
    board_info_t * db = netdev_priv(dev);
    dm9000_dbg(db, 3, "%s:\n", __func__);
```

```
    if (db->tx_pkt_cnt > 1)
        return NETDEV_TX_BUSY;
    spin_lock_irqsave(&db->lock, flags);
    //准备将数据写入 DM9000 发送 RAM
    writeb(DM9000_MWCMD, db->io_addr);
    //把 skb 的数据复制到 DM9000 的 RAM 中
    (db->outblk)(db->io_data, skb->data, skb->len);
    dev->stats.tx_bytes += skb->len;
    //发送的包数增加
    db->tx_pkt_cnt++;
    //发送控制：第一个包立即发送，第二个包进入队列
    if (db->tx_pkt_cnt == 1) {
        dm9000_send_packet(dev, skb->ip_summed, skb->len);
    }else{
        db->queue_pkt_len = skb->len;
        db->queue_ip_summed = skb->ip_summed;
        //暂时停止内核与驱动程序间的数据传递
        netif_stop_queue(dev);
    }
    spin_unlock_irqrestore(&db->lock, flags);
    //发送完毕释放 skb
    dev_kfree_skb(skb);
    return NETDEV_TX_OK;
}
```

6. 数据接收处理

数据接收的主要工作有：检查接收到的数据包是否正确；根据数据长度在内核空间为数据包申请 sk_buff；把数据包复制到 sk_buff，填写相关成员后插入队列；释放网络芯片中分配的缓冲区。

驱动程序中的接收处理函数一般是中断处理函数检查接收中断后调用的。本驱动的接收函数为 dm9000_rx。

```
dm9000_rx(struct net_device * dev)
{
    board_info_t * db = (board_info_t * ) dev->priv;
    struct dm9000_rxhdr rxhdr;
    struct sk_buff * skb;
    u8 rxbyte, * rdptr;
    bool GoodPacket;
    int RxLen;
  //检查当前数据包是否接收完毕
    do {
        ior(db, DM9000_MRCMDX);
        rxbyte = readb(db->io_data);
  /* Status check: this byte must be 0 or 1
  接收包最长为 1536 字节 */
    if (rxbyte > DM9000_PKT_RDY) {
    printk("status check failed: %d\n", rxbyte);
    iow(db, DM9000_RCR, 0x00); // Stop Device
    iow(db, DM9000_ISR, IMR_PAR); // Stop INT request
```

```
        return;
    }
    if(rxbyte != DM9000_PKT_RDY)
    return;
//数据包准备好
    GoodPacket = true;
    writeb(DM9000_MRCMD, db->io_addr);
//获取接收数据包头,共 4 字节,参考 DM9000 手册
    (db->inblk)(db->io_data, &rxhdr, sizeof(rxhdr));
//查看包长
    RxLen = rxhdr.RxLen;
//包长不能小于 64 字节
    if(RxLen < 0x40) {
    GoodPacket = false;
    PRINTK1("Bad Packet received (runt)\n");
    }
//包长不能大于 1536 字节
    if(RxLen > DM9000_PKT_MAX) {
    PRINTK1("RST: RX Len:%x\n", RxLen);
    }
//接收的包有错误
    if(rxhdr.RxStatus & 0xbf00) {
    GoodPacket = false;
    if(rxhdr.RxStatus & 0x100) {
                PRINTK1("fifo error\n");
                db->stats.rx_fifo_errors++;
    }
    if(rxhdr.RxStatus & 0x200) {
                PRINTK1("crc error\n");
                db->stats.rx_crc_errors++;
    }
    if(rxhdr.RxStatus & 0x8000) {
                PRINTK1("length error\n");
                db->stats.rx_length_errors++;
    }
    }
//接收数据
    if(GoodPacket
      && ((skb = dev_alloc_skb(RxLen + 4)) != NULL)) {
    skb_reserve(skb, 2);
    rdptr = (u8 *) skb_put(skb, RxLen - 4);
//数据从 DM9000 内存复制到 skb
    (db->inblk)(db->io_data, rdptr, RxLen);
//更新接收字节数统计
    db->stats.rx_bytes += RxLen;
       skb->protocol = eth_type_trans(skb, dev);
//通知上层有新的 skb 收到
    netif_rx(skb);
//接收包更新
    db->stats.rx_packets++;
} else {
```

```
        (db->dumpblk)(db->io_data, RxLen);
    }
  } while (rxbyte == DM9000_PKT_RDY);
}
```

7. 其他处理接口

在网络设备结构中还有一些函数接口需要实现，如下。

(1) get_stats

本驱动中映射为 dm9000_get_stats()，主要用于向内核提供网络设备相关的统计数据，这些数据一般保存在 net_device 的 priv 结构中，用结构 net_device_stats 来表示。

(2) set_multicast_list

映射为 dm9000_hash_table()，在芯片内部设置一个多播地址表，用于保证多播数据包被正确的接收。

(3) tx_tiemout

映射为 dm9000_timeout()，主要用于内核调用它解决发送超时的问题。

10.5　设备驱动实例

10.5.1　ADC 设备驱动实例

ADC 是比较简单的字符设备，在此直接给出 ADC 的驱动程序源代码和注释说明。

```
#include<linux/kernel.h>
#include<linux/module.h>
#include<asm/uaccess.h>
#include<linux/mm.h>
#include<linux/ioport.h>
#include<asm/io.h>
#include<linux/ioport.h>
#include<linux/fs.h>
#define ADC_MAJOR 102                                        //定义主设备号
#define DEVICE_NAME "adc_dev"                                //定义设备名称
#define SUCCESS 0
#define adc_con (unsigned long)ioremap(0x58000000,4)         //映射 ADC 控制寄存器地址
#define adc_dat0 (volatile unsigned long)ioremap(0x5800000c,4)//映射数据寄存器地址
static int Device_Open = 0;                                  //用于驱动程序打开计数
int adc_init(void);
void adc_cleanup(void);
static int device_open(struct inode *,struct file *);
static int device_release(struct inode *,struct file *);
static ssize_t device_read(struct file *,char *,size_t,loff_t *);
int init_module(void);
void cleanup_module(void);                                   //以上为一系列的函数声明

struct file_operations adc_ops =                //文件操作结构，内核用于关联用户请求和驱动接口
{
```

```
    .owner=THIS_MODULE,
    .read=device_read,
    .open=device_open,
    .release=device_release,
};
static int Major;
int __init adc_init(void)                              //驱动程序模块的初始化函数
{
    //注册字符设备驱动和文件操作,返回主设备号
    Major = register_chrdev(ADC_MAJOR,DEVICE_NAME,&adc_ops);
    if(Major <0)
    {
        printk("ADC init_module:failed with %d\n",Major);
        return Major;
    }
    devfs_mk_cdev(MKDEV(ADC_MAJOR, 0), S_IFCHR | S_IRUSR | S_IWUSR | S_IRGRP,
                        DEVICE_NAME);                  //创建设备节点,以便应用程序访问
    printk(DEVICE_NAME "initialized\n");
    return 0;
}
static int device_open(struct inode * inode,struct file * file)   //打开设备的函数
{
    if(Device_Open)                                    //限制驱动程序不能被并行打开
    {
        return -EBUSY;
    }
    Device_Open++;
    return SUCCESS;
}
static int device_release(struct inode * inode,struct file * file) //关闭设备时执行的函数
{
    Device_Open --;
    return 0;
}
static ssize_t device_read(struct file * file, char * buffer,\    //读取数据的函数
                        size_t length, loff_t * offset)
{
    unsigned long buf;
    __raw_writel((1<<14)|(0x5<<6), adc_con);           //设置 ADCCON
    __raw_writel(__raw_readl(adc_con)|0x1, adc_con);   //启动 AD 转换
    while(__raw_readl(adc_con) &0x1);                  //启动转换后,等待启动位清零
    while(!(__raw_readl(adc_con) & 0x8000));           //等待转换是否完毕
    buf=__raw_readl(adc_dat0) & 0x3ff;                 //取出转换后得到的有效数据
    * buffer=(unsigned char)buf;
    buffer++;
    * buffer=(unsigned char)(buf>>8);
    return 2;
}
void adc_cleanup()                                     //卸载驱动时执行该函数
{
    int ret;
```

```
    ret = unregister_chrdev(Major,DEVICE_NAME);          //注销驱动
    if(ret < 0)                                          //返回值小于 0 时注销失败
    {
        printk("unregister_chrdev:error %d\n",ret);
    }
}
module_init(adc_init);                          //指定 adc_init()为驱动程序模块初始化函数
module_exit(adc_cleanup);                       //指定 adc_cleanup()为驱动程序模块卸载函数
MODULE_LICENSE("GPL");                          //声明本驱动程序遵守 GPL 许可证
```

10.5.2 PWM 设备驱动实例

```
#include<linux/module.h>
#include<linux/kernel.h>
//部分头文件包含的代码,略
#include<linux/miscdevice.h>
#define DEVICE_NAME             "pwm"           //设备名称
#define PWM_CMD_SET_FREQ        0x01
#define PWM_CMD_STOP            0x02            //这两宏用于 ioctl 中的参数 cmd
static struct semaphore lock;                   //定义信号量
static void PWM_Set_Freq(unsigned long f )      //设置 PWM 的频率,配置各个寄存器
{
    unsigned long tcon;
    unsigned long tcnt;
    unsigned long tcfg1;
    unsigned long tcfg0;
    struct clk * ppclk;
    unsigned long pclk;
    //set GPB0 as tout0, pwm output 设置 GPB0 为 tout0,pwm 输出
    s3c2440_gpio_cfgpin(S3C2440_GPB0, S3C2440_GPB0_TOUT0);
    tcon=readl(S3C2440_TCON);                   //读取寄存器 TCON 到 tcon
    tcfg1=readl(S3C2440_TCFG1);                 //读取寄存器 TCFG1 到 tcfg1
    tcfg0=readl(S3C2440_TCFG0);                 //读取寄存器 TCFG0 到 tcfg0
    //定时器 0 和 1 的预分频值的掩码,TCFG[0~8]
    tcfg0 &= ~S3C2440_TCFG_PRESCALER0_MASK;
    tcfg0 |= (50 - 1);                          //预分频为 50
    //定时器 0 分割值的掩码: TCFG1[0~3]
    tcfg1 &= ~S3C2440_TCFG1_MUX0_MASK;
    tcfg1 |= S3C2440_TCFG1_MUX0_DIV16;  //定时器 0 进行 16 分割
    //把 tcfg1 的值写到分割寄存器 S3C2440_TCFG1 中
    writel(tcfg1, S3C2440_TCFG1);
    //把 tcfg0 的值写到预分频寄存器 S3C2440_TCFG0 中
    writel(tcfg0, S3C2440_TCFG0);
    ppclk_=clk_get(NULL, "pclk");               //得到 pclk
    pclk=clk_get_rate(ppclk);
    tcnt=(pclk/50/16)/f;                        //得到定时器的输入时钟,进而设置 PWM 的调制频率
    writel(tcnt, S3C2440_TCNTB(0));             //PWM 脉宽调制的频率等于定时器的输入时钟
    writel(tcnt/2, S3C2440_TCMPB(0));           //占空比是 50%
    tcon &= ~0x1f;
    tcon |= 0xb;
```

```
    writel(tcon, S3C2440_TCON);
    tcon &= ~2;
    //把 tcon 写到计数器控制寄存器 S3C2440_TCON 中
    writel(tcon, S3C2440_TCON);
}
void PWM_Stop(void)
{
    s3c2440_gpio_cfgpin(S3C2440_GPB0, S3C2440_GPB0_OUTP);    //设置 GPB0 为输出
    s3c2440_gpio_setpin(S3C2440_GPB0, 0); //设置 GPB0 为低电平,使蜂鸣器停止
}
static int pwm_open(struct inode * inode, struct file * file)
{
    if(!down_trylock(&lock))          //是否获得信号量,是 down_trylock(&lock)=0,否则非 0
       return 0;
    else
       return -EBUSY;                 //返回错误信息:请求的资源不可用
}
static int pwm_close(struct inode * inode, struct file * file)
{
    up(&lock);                        //释放信号量 lock
    return 0;
}

static int pwm_ioctl(struct inode * inode, struct file * file, \
                                unsigned int cmd, unsigned long arg)
{
    switch (cmd)
    {
        case PWM_CMD_SET_FREQ:
            if(arg == 0)              //验证频率设定值是否合法,>0
                return -EINVAL;       //返回错误信息,表示向参数传递了无效的参数
            PWM_Set_Freq(arg);        //否则设置频率
            break;
        case PWM_CMD_STOP:
            PWM_Stop();               //停止 PWM 输出
            break;
    }
    return 0;                         //成功返回 0
}
//初始化设备的文件操作的结构体
static struct file_operations pwm_fops={
    .owner=THIS_MODULE,
    .open=pwm_open,
    .release=pwm_close,
    .ioctl=pwm_ioctl,
};

static struct miscdevice pwm_misc={
    .minor=MISC_DYNAMIC_MINOR,
    .name=DEVICE_NAME,
    .fops=&pwm_fops,
```

```
};
static int __init dev_init(void)
{
    int ret;
    init_MUTEX(&lock);                          //初始化一个互斥锁
    ret=misc_register(&pwm_misc);               //注册一个 misc 设备,自动建立设备节点
    printk(DEVICE_NAME "\tinitialized\n");
    return ret;
}

static void __exit dev_exit(void)
{
    misc_deregister(&pwm_misc);                 //注销设备
}

module_init(dev_init);
module_exit(dev_exit);
MODULE_LICENSE("GPL");
MODULE_AUTHOR("hithdjsj");
MODULE_DESCRIPTION("PWM Driver for S3C2440");
```

10.5.3 触摸屏设备驱动实例

1. 输入子系统

在 Linux 中,输入子系统(input subsystem)是由输入子系统设备驱动层、输入子系统核心层(input core)和输入子系统事件处理层(event handler)组成。其中设备驱动层是需要编写或移植实现的,它提供了对各硬件寄存器的读写访问和将底层硬件对用户输入访问的响应转换为标准的输入事件,再通过核心层提交给事件处理层;而核心层对下提供了设备驱动层的编程接口,对上又提供了事件处理层的编程接口;而事件处理层就为用户空间的应用程序提供了统一访问设备的接口和驱动层提交来的事件处理。因此驱动部分不对设备文件操作,而是要关心对各硬件寄存器的操作和提交的输入事件。输入子系统的结构如图 10-7 所示。

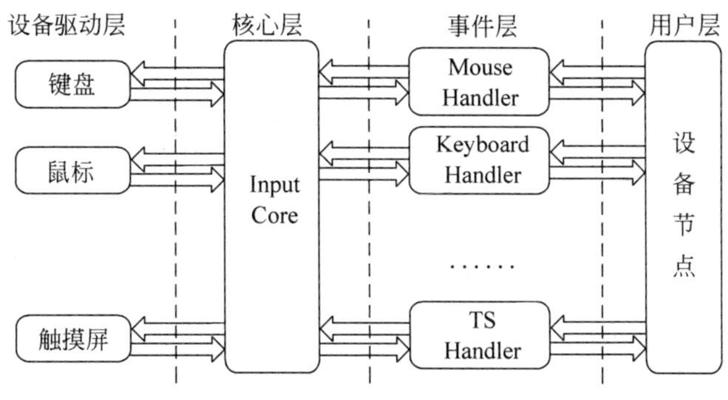

图 10-7　Linux 输入子系统结构框图

在 Linux 中,使用 input_dev 结构体描述 Input 设备,它定义在 input. h 中。设备的驱动的实现步骤如下。

① 在驱动模块加载函数中设置 Input 设备支持 input 子系统的哪些事件；

② 将 Input 设备注册到 input 子系统中；

③ 在 Input 设备发生输入操作时(如：键盘被按下/抬起、触摸屏被触摸/抬起/移动、鼠标被移动/单击/抬起时等)，提交所发生的事件及对应的键值/坐标等状态。

Linux 中输入设备的事件类型如表 10-1 所示。

表 10-1　输入设备事件类型表

事件类型	值	说　明
EV_SYN	0x00	同步事件
EV_KEY	0x01	按键事件
EV_REL	0x02	相对坐标(如：鼠标移动，报告的是相对最后一次位置的偏移)
EV_ABS	0x03	绝对坐标(如：触摸屏和操作杆，报告的是绝对的坐标位置)
EV_MSC	0x04	其他
EV_LED	0x11	LED
EV_SND	0x12	声音
EV_REP	0x14	重复
EV_FF	0x15	力反馈

用于提交较常用的事件类型给输入子系统的函数如下。

void input_report_key(struct input_dev *dev, unsigned int code, int value)；提交按键事件的函数。

void input_report_rel(struct input_dev *dev, unsigned int code, int value)；提交相对坐标事件的函数。

void input_report_abs(struct input_dev *dev, unsigned int code, int value)；提交绝对坐标事件的函数。

在提交输入设备的事件后必须用下列方法使事件同步，让它告知 input 系统，设备驱动已经发出了一个完整的报告：void input_sync(struct input_dev *dev)。

2. 触摸屏驱动实现

S3C2440A 芯片内部集成了触摸屏接口并与 ADC 接口相连。ADC 通道 7 作为触摸屏接口的 X 坐标输入，通道 5 作为触摸屏接口的 Y 坐标输入。S3C2440A 提供的触摸屏接口有 4 种处理模式，分别是：正常转换模式、单独的 X/Y 位置转换模式、自动 X/Y 位置转换模式和等待中断模式，在此实现自动 X/Y 位置转换模式和等待中断模式。

(1) 驱动的加载和卸载

建立触摸屏驱动程序上 s3c2440ts.c，在驱动加载部分启用 ADC 所需要的时钟、映射口、初始化寄存器、申请中断、初始化输入设备，将输入设备注册到输入子系统。代码如下。

```
#include<linux/module.h>
#include<linux/kernel.h>
#include<linux/clk.h>
#include<linux/init.h>
#include<linux/input.h>
#include<linux/serio.h>
#include<plat/regs-adc.h>
```

```
#include<asm/irq.h>
#include<asm/io.h>
//用于保存从平台时钟列表中获取的 ADC 时钟
static struct clk *adc_clk;
//定义了一个用来保存经过虚拟映射后的内存地址
static void __iomem *adc_base;
//定义一个输入设备来表示触摸屏设备
static struct input_dev *ts_dev;
//设备名称
#define DEVICE_NAME   "s3c2440TS"
/*定义一个 WAIT4INT 宏,该宏将对 ADC 触摸屏控制寄存器进行操作,S3C2410_ADCTSC_YM_SEN
这些宏都定义在 regs-adc.h 中*/
#define WAIT4INT(x) (((x)<<8) | S3C2410_ADCTSC_YM_SEN | \
        S3C2410_ADCTSC_YP_SEN | S3C2410_ADCTSC_XP_SEN | \
        S3C2410_ADCTSC_XY_PST(3))
static int __init ts_init(void)
{
    int ret;
    /*从平台时钟队列中获取 ADC 的时钟,这里为什么要取得这个时钟,因为 ADC 的转换频率跟
时钟有关.系统的一些时钟定义在 arch/arm/plat-s3c24xx/s3c2410-clock.c 中*/
    adc_clk = clk_get(NULL, "adc");
    if(!adc_clk)
    {
        printk(KERN_ERR "falied to find adc clock source\n");
        return -ENOENT;
    }
    //使能时钟后才可以使用,clk_enable 定义在 arch/arm/plat-s3c/clock.c 中
    clk_enable(adc_clk);
    /*将 ADC 的 I/O 端口占用的这段 I/O 空间映射到内存的虚拟地址,ioremap 定义在 io.h 中。
注意:I/O 空间要映射后才能使用,以后对虚拟地址的操作就是对 I/O 空间的操作,S3C2410_PA_ADC
是 ADC 控制器的基地址,定义在 mach-s3c2410/include/mach/map.h 中,0x20 是虚拟地址长度
大小*/
    adc_base = ioremap(S3C2410_PA_ADC, 0x20);
    if(adc_base == NULL)
    {
        printk(KERN_ERR "failed to remap register block\n");
        ret = -EINVAL;
        goto err_noclk;
    }
    //初始化 ADC 控制寄存器和 ADC 触摸屏控制寄存器
    adc_initialize();
    /*申请 ADC 中断,AD 转换完成后触发。这里使用共享中断 IRQF_SHARED 是因为该中断号
在 ADC 驱动中也使用了,最后一个参数 1 是随便给的一个值,因为如果不给值设为 NULL 的话,中
断就申请不成功*/
    ret = request_irq(IRQ_ADC, adc_irq, IRQF_SHARED | IRQF_SAMPLE_RANDOM,
DEVICE_NAME, 1);
    if(ret)
    {
        printk(KERN_ERR "IRQ%d error %d\n", IRQ_ADC, ret);
        ret = -EINVAL;
        goto err_nomap;
```

```
    }

    //申请触摸屏中断,对触摸屏按下或提笔时触发
    ret = request_irq(IRQ_TC, tc_irq, IRQF_SAMPLE_RANDOM, DEVICE_NAME, 1);
    if(ret)
    {
        printk(KERN_ERR "IRQ%d error %d\n", IRQ_TC, ret);
        ret = -EINVAL;
        goto err_noirq;
    }
    //给输入设备申请空间,input_allocate_device定义在input.h中
    ts_dev = input_allocate_device();
    /*下面初始化输入设备,即给输入设备结构体input_dev的成员设置值.evbit字段用于描述支
持的事件,这里支持同步事件、按键事件、绝对坐标事件,BIT宏实际就是对1进行位操作,定义在
linux/bitops.h中*/
    ts_dev->evbit[0] = BIT(EV_SYN) | BIT(EV_KEY) | BIT(EV_ABS);
    /*keybit字段用于描述按键的类型,在input.h中定义了很多,这里用BTN_TOUCH类型来表
示触摸屏的按下*/
    ts_dev->keybit[BITS_TO_LONGS(BTN_TOUCH)] = BIT(BTN_TOUCH);
    /*对于触摸屏来说,使用的是绝对坐标系统。这里设置该坐标系统中X和Y坐标的最小值和
最大值(0~1023范围),ABS_X和ABS_Y就表示X坐标和Y坐标,ABS_PRESSURE就表示触摸屏
是按下还是抬起状态*/
    input_set_abs_params(ts_dev, ABS_X, 0, 0x3FF, 0, 0);
    input_set_abs_params(ts_dev, ABS_Y, 0, 0x3FF, 0, 0);
    input_set_abs_params(ts_dev, ABS_PRESSURE, 0, 1, 0, 0);
    /*以下是设置触摸屏输入设备的身份信息,直接在这里设置
    这些信息可以在驱动挂载后在/proc/bus/input/devices中查看到*/
    ts_dev->name          = DEVICE_NAME;    //设备名称
    ts_dev->id.bustype    = BUS_RS232;      //总线类型
    ts_dev->id.vendor     = 0xDEAD;         //经销商ID号
    ts_dev->id.product    = 0xBEEF;         //产品ID号
    ts_dev->id.version    = 0x0101;         //版本ID号
    //把ts_dev触摸屏设备注册到输入子系统中
    input_register_device(ts_dev);
    return 0;
    //下面是错误跳转处理
  err_noclk:
    clk_disable(adc_clk);
    clk_put(adc_clk);
  err_nomap:
    iounmap(adc_base);
  err_noirq:
    free_irq(IRQ_ADC, 1);
    return ret;
}
//初始化ADC控制寄存器和ADC触摸屏控制寄存器
static void adc_initialize(void)
{
    /*计算结果为(二进制):111111111000000,再根据数据手册得知此处是将AD转换预定标器
值设为255,AD转换预定标器使能有效*/
    writel(S3C2410_ADCCON_PRSCEN | S3C2410_ADCCON_PRSCVL(0xFF), adc_base +
```

```
S3C2410_ADCCON);
    //对 ADC 开始延时寄存器进行设置,延时值为 0xFFFF
    writel(0xffff, adc_base + S3C2410_ADCDLY);
    /* WAIT4INT 宏计算结果为(二进制):11010011,再根据数据手册得知此处是将 ADC 触摸屏
控制寄存器设置成等待中断模式 */
    writel(WAIT4INT(0), adc_base + S3C2410_ADCTSC);
}

static void __exit ts_exit(void)
{
    //屏蔽和释放中断
    disable_irq(IRQ_ADC);
    disable_irq(IRQ_TC);
    free_irq(IRQ_ADC, 1);
    free_irq(IRQ_TC, 1);
    //释放虚拟地址映射空间
    iounmap(adc_base);
    //屏蔽和销毁时钟
    if(adc_clk)
    {
        clk_disable(adc_clk);
        clk_put(adc_clk);
        adc_clk = NULL;
    }
    //将触摸屏设备从输入子系统中注销
    input_unregister_device(ts_dev);
}

module_init(ts_init);
module_exit(ts_exit);

MODULE_LICENSE("GPL");
MODULE_AUTHOR("Huang Gang");
MODULE_DESCRIPTION("My2440 Touch Screen Driver");
```

(2) 中断服务以及触摸屏状态、坐标的转换

触摸屏转换过程为:第一步,如果触摸屏接收到触摸,则进入 updown_ISR,如果能获取 ADC_LOCK 则调用 touch_timer_fire,启动 ADC;第二步 ADC 转换,如果小于 4 次继续转换,如果 4 次完毕后,启动 1 个时间滴答的定时器,停止 ADC,也就是说在这个时间滴答内,ADC 是停止的,这样可以防止屏幕抖动;第三步,如果 1 个时间滴答到时,触摸屏仍然处于触摸状态则上报转换数据,并重启 ADC,重复第二步;如果触摸笔释放了,则上报释放事件,并将触摸屏重新设置为等待中断状态。

源代码如下。

```
/* 定义一个外部的信号量 ADC_LOCK,因为 ADC_LOCK 在 ADC 驱动程序中已声明,这样就能保
证 ADC 资源在 ADC 驱动和触摸屏驱动中进行互斥访问 */
extern struct semaphore ADC_LOCK;
/* 作为一个标签,只有对触摸屏操作后才对 X 和 Y 坐标进行转换 */
static int OwnADC = 0;
```

```
//用于记录转换后的 X 坐标值和 Y 坐标值
static long xp;
static long yp;
//用于计数对触摸屏按下或抬起时模拟输入转换的次数
static int count;
//定义一个 AUTOPST 宏,将 ADC 触摸屏控制寄存器设置成自动转换模式
#define AUTOPST     (S3C2410_ADCTSC_YM_SEN | \
            S3C2410_ADCTSC_YP_SEN | S3C2410_ADCTSC_XP_SEN | \
            S3C2410_ADCTSC_AUTO_PST | S3C2410_ADCTSC_XY_PST(0))
//触摸屏中断服务程序,对触摸屏按下或抬起时触发执行
static irqreturn_t tc_irq(int irq, void * dev_id)
{
    //用于记录这一次 AD 转换后的值
    unsigned long data0;
    unsigned long data1;
    //用于记录触摸屏操作状态是按下还是抬起
    int updown;
    //ADC 资源可以获取,即上锁
    if (down_trylock(&ADC_LOCK) == 0)
    {
        //标识对触摸屏进行了操作
        OwnADC = 1;
        //读取这一次 AD 转换后的值,注意这次主要读的是状态
        data0 = readl(adc_base + S3C2410_ADCDAT0);
        data1 = readl(adc_base + S3C2410_ADCDAT1);
        /* 记录这一次对触摸屏是按下还是抬起,该状态保存在数据寄存器的第 15 位,所以和
S3C2410_ADCDAT0_UPDOWN 进行与操作 */
          updown = (!(data0 & S3C2410_ADCDAT0_UPDOWN)) && (!(data1 &
S3C2410_ADCDAT0_UPDOWN));
        //判断触摸屏的操作状态
        if(updown)
        {
            //如果是按下状态,则调用 touch_timer_fire 函数来启动 ADC 转换,该函数定义后面再介绍
            touch_timer_fire(0);
        }
        else
        {
        //如果是抬起状态,就结束了这一次的操作,所以就释放 ADC 资源的占有
            OwnADC = 0;
            up(&ADC_LOCK);
        }
    }
    return IRQ_HANDLED;
}

static void touch_timer_fire(unsigned long data)
{
    //用于记录这一次 AD 转换后的值
      unsigned long data0;
      unsigned long data1;
    //用于记录触摸屏操作状态是按下还是抬起
```

```
    int updown;
  //读取这一次 AD 转换后的值,注意这次主要读的是状态
    data0 = readl(adc_base + S3C2410_ADCDAT0);
    data1 = readl(adc_base + S3C2410_ADCDAT1);
  //记录这一次对触摸屏是按下还是抬起,该状态保存在数据寄存器的第 15 位,所以和
S3C2410_ADCDAT0_UPDOWN 进行与操作 */
updown = (!(data0 & S3C2410_ADCDAT0_UPDOWN)) && (!(data1 & S3C2410_ADCDAT0_
UPDOWN));
  //判断触摸屏的操作状态
   if(updown)
   {
      //如果状态是按下,并且 ADC 已经转换了报告事件和数据
       if(count != 0)
       {
           long tmp;
           tmp = xp;
           xp = yp;
           yp = tmp;
           xp >>= 2;
           yp >>= 2;
#ifdef  CONFIG_TOUCHSCREEN_MY2440_DEBUG
           //触摸屏调试信息,编译内核时选上此项后,按下触摸屏会在终端上打印出坐标信息
           struct timeval tv;
           do_gettimeofday(&tv);
           printk(KERN_DEBUG "T: %06d, X: %03ld, Y: %03ld\n", \
                       (int)tv.tv_usec, xp, yp);
#endif

           //报告 X、Y 的绝对坐标值
            input_report_abs(ts_dev, ABS_X, xp);
            input_report_abs(ts_dev, ABS_Y, yp);
           //报告触摸屏的状态,1 表明触摸屏被按下
           input_report_abs(ts_dev, ABS_PRESSURE, 1);
           //报告按键事件,键值为 1(代表触摸屏对应的按键被按下)
            input_report_key(ts_dev, BTN_TOUCH, 1);
           //等待接收方收到数据后回复确认,用于同步
            input_sync(ts_dev);
       }
      //如果状态是按下,并且 ADC 还没有开始转换就启动 ADC 进行转换
       xp = 0;
       yp = 0;
       count = 0;
      //设置触摸屏的模式为自动转换模式
         writel(S3C2410_ADCTSC_PULL_UP_DISABLE | AUTOPST, adc_base +
S3C2410_ADCTSC);
      //启动 ADC 转换
       writel(readl(adc_base + S3C2410_ADCCON) | \
           S3C2410_ADCCON_ENABLE_START, adc_base + S3C2410_ADCCON);
   }
   else
   {
```

```
        //否则是抬起状态
        count = 0;
        //报告按键事件,键值为0(代表触摸屏对应的按键被释放)
        input_report_key(ts_dev, BTN_TOUCH, 0);
        //报告触摸屏的状态,0表明触摸屏没被按下
        input_report_abs(ts_dev, ABS_PRESSURE, 0);
        //等待接收方收到数据后回复确认,用于同步
        input_sync(ts_dev);
        //将触摸屏重新设置为等待中断状态
        writel(WAIT4INT(0), adc_base + S3C2410_ADCTSC);
    //如果触摸屏抬起,就意味着这一次的操作结束,所以就释放 ADC 资源的占有
        if(OwnADC)
        {
            OwnADC = 0;
            up(&ADC_LOCK);
        }
    }
}

//定义并初始化了一个定时器 touch_timer,定时器服务程序为 touch_timer_fire
static struct timer_list touch_timer = TIMER_INITIALIZER(touch_timer_fire, 0, 0);
//ADC 中断服务程序,AD 转换完成后触发执行
static irqreturn_t adc_irq(int irq, void *dev_id)
{
    //用于记录这一次 AD 转换后的值
    unsigned long data0;
    unsigned long data1;
    if(OwnADC)
    {
        //读取这一次 AD 转换后的值,注意这次主要读的是坐标
        data0 = readl(adc_base + S3C2410_ADCDAT0);
        data1 = readl(adc_base + S3C2410_ADCDAT1);
        /* 记录这一次通过 AD 转换后的 X 坐标值和 Y 坐标值,根据数据手册可知,X 和 Y 坐标转换数
值分别保存在数据寄存器 0 和 1 的第 0~9 位,所以这里与上面 S3C2410_ADCDAT0_XPDATA _MASK
就是取 0~9 位的值 */
        xp += data0 & S3C2410_ADCDAT0_XPDATA_MASK;
        yp += data1 & S3C2410_ADCDAT1_YPDATA_MASK;
        //计数这一次 AD 转换的次数
        count++;
        if(count < (1<<2))
        {
            //如果转换的次数小于 4,则重新启动 ADC 转换
            writel(S3C2410_ADCTSC_PULL_UP_DISABLE |\
                   AUTOPST, adc_base + S3C2410_ADCTSC);
            writel(readl(adc_base + S3C2410_ADCCON) | \
             S3C2410_ADCCON_ENABLE_START, adc_base + S3C2410_ADCCON);
        }
        else
        {
            //否则,启动 1 个时间滴答的定时器,这时就会去执行定时器服务程序上报事件和数据
            mod_timer(&touch_timer, jiffies + 1);
```

```
            writel(WAIT4INT(1), adc_base + S3C2410_ADCTSC);
        }
    }
    return IRQ_HANDLED;
}
```

10.6 本章小结

本章介绍了 Linux 2.6 内核驱动程序的相关技术和一般开发方法。讲述了 Linux 驱动程序的功能、分类，通过一个简单的 Helloworld 模块来引入 Linux 2.6 内核的模块运行机制，说明了驱动程序的同模块的关系，以及内核模块和驱动程序的加载使用方法。详细阐述了开发驱动程序所需技术，通过实例详细讲述了字符设备驱动程序的开发过程，对网络驱动程序进行了分析。

10.7 习题 10

1. 简述设备驱动程序的功能。
2. 简述嵌入式 Linux 设备驱动程序分类。
3. 什么是原子操作？
4. 什么是信号量？
5. 简述字符设备驱动程序的主要组成部分。
6. 简述网络驱动的具体的设备方法并对网络驱动程序的框架进行分析。

第 11 章　嵌入式 Linux 应用程序设计

前面几章将 Linux 的基础、驱动开发等知识系统地介绍了，本章将从 Linux C 语言开发入手，以实例的形式介绍应用程序的设计。

11.1　嵌入式 Linux C 语言应用程序开发基础

本节将以命令行的开发方式来介绍嵌入式 Linux C 语言的基本开发流程。使用的工具是 Linux 下的 VIM、ARM-linux 交叉编译工具、make、GBD 等。

11.1.1　编写源程序

在此，依然从经典的"Hello World!"程序入手。首先打开编辑器 VIM。在 Linux PC 上打开一个终端窗口，输入命令 vi helloworld.c，打开并建立源文件。输入源代码如下。

```
#include<stdio.h>
int main()
{
    printf("Hello World!");
    return 0;
}
```

在 Linux 中使用 VIM 对源代码进行编辑的操作与常用的 Windows 视窗操作有很大的区别，下面简要介绍一下 VIM 相关的操作命令。

(1) VIM 中文件打开相关命令(在终端窗口中使用)。

vi filename：打开或新建文件，并将光标置于第一行首；

vi +n filename：打开文件，并将光标置于第 n 行首；

vi + filename：打开文件，并将光标置于最后一行首；

vi +/pattern filename：打开文件，并将光标置于第一个与 pattern 匹配的串处；

vi - r filename：在上次正用 vi 编辑时发生系统崩溃，恢复 filename；

vi filename...filename：打开多个文件，依次进行编辑。

(2) VIM 光标操作类命令(VIM 界面中使用)。

h：光标左移一个字符；

l：光标右移一个字符；

space：光标右移一个字符；

BackSpace：光标左移一个字符；

k 或 Ctrl+p：光标上移一行；

j 或 Ctrl+n：光标下移一行；

Enter：光标下移一行；
w 或 W：光标右移一个字至字首；
b 或 B：光标左移一个字至字首；
e 或 E：光标右移一个字至字尾；
)：光标移至句尾；
(：光标移至句首；
}：光标移至段落开头；
{：光标移至段落结尾；
nG：光标移至第 n 行首；
n+：光标下移 n 行；
n-：光标上移 n 行；
n$：光标移至第 n 行尾；
H：光标移至屏幕顶行；
M：光标移至屏幕中间行；
L：光标移至屏幕最后行；
0：(注意是数字零)光标移至当前行首；
$：光标移至当前行尾。
(3) 屏幕操作类命令。
Ctrl+u：向文件首翻半屏；
Ctrl+d：向文件尾翻半屏；
Ctrl+f：向文件尾翻一屏；
Ctrl+b；向文件首翻一屏；
nz：将第 n 行滚至屏幕顶部，不指定 n 时将当前行滚至屏幕顶部。
(4) 插入文本类命令。
i：在光标前；
I：在当前行首；
a：在光标后；
A：在当前行尾；
o：在当前行之下新开一行；
O：在当前行之上新开一行；
r：替换当前字符；
R：替换当前字符及其后的字符，直至按 Esc 键；
s：从当前光标位置处开始，以输入的文本替代指定数目的字符；
S：删除指定数目的行，并以所输入文本代替之；
ncw 或 nCW：修改指定数目的字；
nCC：修改指定数目的行。
(5) 删除操作相关命令。
ndw 或 ndW：删除光标处开始及其后的 n-1 个字；
do：删至行首；

d$：删至行尾；

ndd：删除当前行及其后n－1行；

x或X：删除一个字符，x删除光标后的，而X删除光标前的；

Ctrl＋u：删除输入方式下所输入的文本。

(6) 搜索及替换命令。

/pattern：从光标开始处向文件尾搜索pattern；

? pattern：从光标开始处向文件首搜索pattern；

n：在同一方向重复上一次搜索命令；

N：在反方向上重复上一次搜索命令；

：s/p1/p2/g：将当前行中所有p1均用p2替代；

：n1,n2s/p1/p2/g：将第n1至n2行中所有p1均用p2替代；

：g/p1/s//p2/g：将文件中所有p1均用p2替换。

(7) 选项设置。

all：列出所有选项设置情况；

term：设置终端类型；

ignorance：在搜索中忽略大小写；

list：显示制表位(Ctrl＋I)和行尾标志($)；

number：显示行号；

report：显示由面向行的命令修改过的数目；

terse：显示简短的警告信息；

warn：在转到别的文件时若没保存当前文件则显示NO write信息；

nomagic：允许在搜索模式中，使用前面不带"\"的特殊字符；

nowrapscan：禁止vi在搜索到达文件两端时，又从另一端开始；

mesg：允许vi显示其他用户用write写到自己终端上的信息。

(8) 底行模式命令(需要使用"："命令进入底行模式)。

：n1,n2 co n3：将第n1行到n2行之间的内容复制到第n3行下；

：n1,n2 m n3：将第n1行到n2行之间的内容移至到第n3行下；

：n1,n2 d：将第n1行到n2行之间的内容删除；

：w：保存当前文件；

：e filename：打开文件filename进行编辑；

：x：保存当前文件并退出；

：q：退出vi；

：q!：不保存文件并退出vi；

：! command：执行shell命令command；

：n1,n2 w! command：将文件中第n1行至n2行的内容作为command的输入并执行之，若不指定n1,n2，则表示将整个文件内容作为command的输入；

：r! command：将命令command的输出结果放到当前行。

(9) 文本缓存操作。

"?nyy：将当前行及其下n行的内容保存到缓存区?中，其中?为一个字母，n为一个数

字(下同);

"?nyw:将当前行及其下 n 个字保存到缓存区?中;

"?nyl:将当前行及其下 n 个字符保存到缓存区?中;

"?p:取出缓存区?中的内容并将其放到光标位置处。这里?可以是一个字母,也可以是一个数字;

ndd:将当前行及其下共 n 行文本删除,并将所删内容放到 1 号删除缓存区中。

11.1.2　交叉编译程序

这个简单的 HelloWorld 程序是一个平台无关的应用程序,若让它在 ARM 目标板上运行就需要通过交叉编译环境进行处理。对于 ARM-linux 交叉编译环境的建立已经在前面的章节进行了说明。

可以在终端直接输入 arm-linux-gcc 命令加参数对这个简单的源文件进行编译,但是为了便于管理应用程序源码工程,要为它建立一个 Makefile 文件,然后使用 make 工具对源码进行交叉编译操作。

对于 Makefile 文件的编辑依然可以使用 VIM。在 Helloworld.c 所在的目录中建立 Makefile 文件,如:

```
vi Makefile
```

在编辑界面中输入:

```
CROSS=arm-linux-
CC=gcc
default:
    $(CROSS)$(CC) -g helloworld.c -o helloworld
clean:
    rm -rf *.o *~ helloworld
```

Makefile 文件保存好后,接下来就可以在 helloworld.c 文件目录下执行 make 命令进行编译了。编译后会产生 ARM-linux 下的可执行文件 helloworld,可以将此文件下载到目标板进行调试运行。

11.1.3　调试程序

由于嵌入式系统资源有限性,一般不能直接在目标系统上进行调试,通常采用 gdb+gdbserver 的方式进行调试。嵌入式 Linux 的 GDB 调试环境由 Host 和 Target 两部分组成,Host 端使用 arm-linux-gdb,Target Board 端使用 gdbserver。这样,应用程序在嵌入式目标系统上运行,而 GDB 调试在 Host 端,所以要采用远程调试(remote)的方法。

1. 建立安装 GDB 组件

从 ftp://ftp.gnu.org/gnu/gdb 上下载 GDB 套件源码包,接下来需要对它进行配置和编译,设定 target 和 prefix 参数。

```
$tar xvzf gdb-5.2.1.tar.gz
$cd gdb-5.2.1
$./configure --target=arm-linux --prefix=<gdb的安装路径> -v
```

```
$ make
$ make install
```

然后建立 gdbserver。进入 gdbserver 目录：

```
#./configure --target=arm-linux --host=arm-linux
#make CC=/usr/local/arm/2.95.3/bin/arm-linux-gcc
```

在 gdbserver 目录下生成 gdbserver 可执行文件,把它烧写到目标板的根文件系统分区,或通过 nfs mount 的方式挂载。

2. 调试运行

此时交叉编译(带参数-g 加入调试信息,才能够进行调试)好的应用程序执行文件也要下载到目标板,并修改好可执行的权限。

在目标板(target)开启(通过宿主机 Linux 的 minicom 或 Windows 下的超级终端) gdbserver。

```
#gdbserver <host-ip>:2345 helloworld
```

gdbserver 开始监听 2345 端口,host-ip 是宿主机的 IP 地址(调试之前需要建立宿主机到目标板的以太网连接),helloworld 是待调试的目标板应用程序。

调试启动后会看到：

```
Process /tmp/hello created: pid=80
Listening on port 2345
```

然后到宿主机(Host)开启调试器。

```
#arm-linux-gdb helloworld
```

会出现提示信息。

```
This GDB was configured as "--host=i686-pc-linux-gnu,--arget=arm-linux"...
```

说明此 GDB 在 x86 的 Host 上运行,但是调试目标是 ARM 代码。

接下来在提示符“(gdb)”后面输入调试命令。

```
(gdb)target remote <target-board-ip>:2345
```

target-board-ip 为目标板的 IP 地址；2345 为调试端口号,一定要与之前设置相同。这样就能够建立调试链接,使用 GDB 调试命令进行程序调试。

建立链接后,就可以进行调试了。调试在 Host 端,跟 GDB 调试方法相同。接下来简要介绍基本调试命令。

3. 调试命令(注意命令列表中括号里的内容为命令简写方式)

file：装入想要调试的可执行文件；

kill(k)：终止正在调试的程序；

list(l)：列出产生执行文件的源代码的一部分；

next(n)：执行一行源代码但不进入函数内部；

step(s)：执行一行源代码而且进入函数内部；

continue(c)：继续执行程序，直至下一中断或者程序结束；
run(r)：执行当前被调试的程序；
quit(q)：终止 GDB；
watch：能监视一个变量的值而不管它何时被改变；
catch：设置捕捉点；
thread(t)：查看当前运行程序的线程信息；
break(b)：在代码里设置断点，这将使程序执行到这里时被挂起；
make：能不退出 GDB 就可以重新产生可执行文件；
shell：能不离开 GDB 就执行 shell 命令；
print(p)：打印数据内容；
examine(x)：打印内存内容；
backtrace(bt)：查看函数调用栈的所有信息。
在此要用"c"来执行命令，因为程序已经在目标板上面由 gdbserver 调试运行了。

11.2　文件 I/O 编程

Linux 中的文件主要分为 4 种：普通文件、目录文件、链接文件和设备文件。对文件、目录和设备的操作都等同于文件的操作。所有对设备和文件的操作都使用文件描述符来进行。文件描述符是一个非负的整数，它是一个索引值，并指向内核中每个进程打开文件的记录表。当打开一个现存文件或创建一个新文件时，内核就向进程返回一个文件描述符；当需要读写文件时，也需要把文件描述符作为参数传递给相应的函数。

11.2.1　文件 I/O 操作例程

例如对一个文本文件进行读写，代码(fileiotest.c)如下。

```
#include<unistd.h>
#include<sys/types.h>
#include<sys/stat.h>
#include<fcntl.h>
#include<stdlib.h>
#include<stdio.h>
#include<string.h>
int main(void)
{
      int i,f1,size,l;
      char * s="Welcome!";
      char * path="/var/fileiotest.txt";
      char rbuf[2];
      l = strlen(buf);
//首先调用 open 函数，按照指定权限打开(创建)预操作文件
      if((f1=open(path,O_CREAT|O_TRUNC|O_RDWR,0666))<0)
      {
```

```
        perror("open failed!");          //open 返回 0 即打开失败,通过标准出错处理提示
        exit(1);                         //非正常退出
    }
    else
        printf("File fileiotest.txt opened"); //打开文件成功,提示信息
    //调用 write 函数,将 * s 中的内容写入文件
    if((size=write( f1, s, l)) < 0)
    {
        perror("write error!");
        exit(1);
    }
    else
        printf("Writen successed");
    //调用 lseek 定位文件指针到起始位置
    lseek(f1, 0, SEEK_SET);
    //调用 read 函数读出文件指针位置开始的 2 个字节
    if((size = read( f1, rbuf, 2))<0)
    {
        perror("read error!");
        exit(1);
    }else
        printf("read form file:%s\n",rbuf);
    //调用 close 函数关闭文件
    if( close(f1) < 0 )
    {
        perror("close error!");
        exit(1);
    }else
        printf("File Closed.");
    exit(0);                             //正常退出
    }
```

然后对该源文件进行编译,并执行:

```
[root@path] # ./fileiotest
```

可以通过终端看到程序执行过程中文件操作的提示信息。

可以看到源程序中还是用了 printf、perror 这样的输出函数,那么输出的位置也是 Linux 系统的设备,系统也是通过打开设备文件进行对应的。通常,一个进程启动时,都会打开三个文件:标准输入、标准输出和标准出错处理。这三个文件分别对应文件描述符为 0、1 和 2,它们分别是宏定义 STDIN_FILENO、STDOUT_FILENO 和 STDERR_FILENO。应用程序在使用标准输入输出函数时,实际上相当于操作这些默认打开的设备文件。

11.2.2 文件 I/O 操作 API

1. open 函数说明

open 函数是用于打开或创建文件,在打开或创建文件时以指定文件的属性及用户的权限等各种参数。

（1）open 函数原型。

```
int open(const char * pathname, int flags, mode_t mode);
```

（2）open 函数相关头文件。

```
#include <sys/types.h>          //提供系统类型的定义
#include <sys/stat.h>           //提供状态的定义,包括文件操作状态
#include <fcntl.h>              //文件操作 API 的定义
```

（3）open 函数的参数说明。

① pathname，被打开的文件名（包括路径名）。

② flags，文件打开方式（flag 参数可通过“|”组合构成）。

O_RDONLY：只读方式打开文件；

O_WRONLY：写方式打开文件；

O_RDWR：读写方式打开文件；

以上三个选项必须且只能使用其中一个，然后和下面可选选项按位或操作。

O_CREAT：如果该文件不存在，就创建一个新的文件，并用第三个参数为其设置权限；

O_EXCL：如果使用 O_CREAT 时文件存在，则返回错误消息。这一参数可测试文件是否存在；

O_NOCTTY：使用本参数时，如文件为终端，那么终端不可以作为调用 open()系统调用的那个进程的控制终端；

O_TRUNC：如文件已经存在，并且以只读或只写成功打开，那么会先全部删除文件中原有数据；

O_APPEND：以追加方式打开文件，在打开文件的同时，文件指针指向文件的末尾；

O_NONBLOCK：如果路径名指向 FIFO/块文件/字符文件，则把文件的打开和后继 I/O 设置为非阻塞模式（nonblocking mode）；

O_DSYNC：等待物理 I/O 结束后再 write。在不影响读取新写入的数据的前提下，不等待文件属性更新；

O_RSYNC：read 等待所有写入同一区域的写操作完成后再进行；

O_SYNC：等待物理 I/O 结束后再 write，包括更新文件属性的 I/O。

③ mode，被打开文件的存取权限，为八进制表示法，比如 0644 表示-rw-r--r--；具体权限设置如下。

S_IRWXU：00700 权限，代表该文件所有者具有可读、可写及可执行的权限；

S_IRUSR 或 S_IREAD：00400 权限，代表该文件所有者具有可读取的权限；

S_IWUSR 或 S_IWRITE：00200 权限，代表该文件所有者具有可写入的权限；

S_IXUSR 或 S_IEXEC：00100 权限，代表该文件所有者具有可执行的权限；

S_IRWXG：00070 权限，代表该文件用户组具有可读、可写及可执行的权限；

S_IRGRP：00040 权限，代表该文件用户组具有可读的权限；

S_IWGRP：00020 权限，代表该文件用户组具有可写入的权限；

S_IXGRP：00010 权限，代表该文件用户组具有可执行的权限；

S_IRWXO：00007 权限，代表其他用户具有可读、可写及可执行的权限；

S_IROTH：00004 权限，代表其他用户具有可读的权限；

S_IWOTH：00002 权限，代表其他用户具有可写入的权限；

S_IXOTH：00001 权限，代表其他用户具有可执行的权限。

(4) open 函数返回值。

打开成功返回文件描述符，通常是最小的未被使用的描述符；失败返回－1，并且错误代码存入 errno，错误代码(定义于 errno.h 中，如需要处理错误需包含该头文件)如下。

EEXIST：参数 pathname 所指的文件已存在，却使用了 O_CREAT 和 O_EXCL 旗标；

EACCESS：参数 pathname 所指的文件不符合所要求测试的权限；

EROFS：欲测试写入权限的文件存在于只读文件系统内；

EFAULT：参数 pathname 指针超出可存取内存空间；

EINVAL：参数 mode 不正确；

ENAMETOOLONG：参数 pathname 太长；

ENOTDIR：参数 pathname 不是目录；

ENOMEM：核心内存不足；

ELOOP：参数 pathname 有过多符号连接问题；

EIO I/O：存取错误。

2. close 函数说明

close 函数是用于关闭一个打开文件。当一个进程终止时，它所有已打开的文件都由内核自动关闭，很多程序都使用这一功能而不显示地关闭一个文件。

(1) close 函数原型。

```
int close(int fd);
```

(2) close 函数相关头文件。

```
#include<unistd.h>
```

(3) close 函数的参数说明。

fd：open 函数打开成功返回的文件描述符。

(4) close 函数返回值。

成功返回 0；返回－1 表示出错。

3. read 函数说明

read 函数是用于从指定的文件描述符中读出数据。当从终端设备文件中读出数据时，通常一次最多读一行。

(1) read 函数原型。

```
ssize_t read(int fd, void * buf, size_t count);
```

(2) read 函数相关头文件。

```
#include<unistd.h>
#include<stddef.h>        //size_t 为无符号整型代表数量,ssize_t 为 signed size
```

(3) read 函数的参数说明。

- fd：文件描述符；
- buf：指定存储器读出数的缓冲区；
- count：指定读出的字节数。若参数 count 为 0，则 read()不会有作用并返回 0。

(4) read 函数返回值。

返回值为实际读取到的字节数；如果返回 0，表示已到达文件尾或是无可读取的数据，此外文件读写位置会随读取到的字节移动；当有错误发生时则返回 -1，错误代码存入 errno 中，而文件读写位置则无法预期。

错误代码。

EINTR：此调用被信号所中断；

EAGAIN：当使用不可阻断 I/O 时(O_NONBLOCK)，若无数据可读取则返回此值；

EBADF：参数 fd 非有效的文件描述词，或该文件已关闭。

4. write 函数说明

write 函数是用于向打开的文件写数，写操作从文件的当前位移量处开始。若磁盘已满或超出该文件的长度，则 write 函数返回失败。

(1) write 函数原型。

```
ssize_t write(int fd, void * buf, size_t count);
```

(2) write 函数相关头文件。

同 read 函数。

(3) write 函数的参数说明。

write 会把参数 buf 所指的内存写入 count 个字节到参数 fd 所指的文件内。当然，文件读写位置也会随之移动。

(4) write 的返回值。

如果顺利 write 会返回实际写入的字节数。当有错误发生时则返回 -1，错误代码存入 errno 中。

错误代码。

EINTR：此调用被信号所中断；

EAGAIN：当使用不可阻断 I/O 时(O_NONBLOCK)，若无数据可读取则返回此值；

EADF：参数 fd 非有效的文件描述词，或该文件已关闭。

5. lseek 函数说明

(1) lseek 函数原型。

```
off_t lseek(int fd, off_t offset, int whence);
```

(2) lseek 函数相关头文件。

```
#include<unistd.h>
#include<sys/types.h>
```

(3) lseek 函数的参数说明。

① offset：偏移量，每一读写操作所需要移动的距离，单位是字节，正负分别表示向前移、向后移。

② whence：来移动读写位置的位移数。参数 whence 的值为下列一种。

SEEK_SET，参数 offset 即为新的读写位置；

SEEK_CUR，以目前的读写位置往后增加 offset 个位移量；

SEEK_END，将读写位置指向文件尾后再增加 offset 个位移量；

当 whence 值为 SEEK_CUR 或 SEEK_END 时，参数 offset 允许负值的出现。

下列是特别的使用方式。

- 欲将读写位置移到文件开头时：lseek(int fildes,0,SEEK_SET)；
- 欲将读写位置移到文件尾时：lseek(int fildes,0,SEEK_END)；
- 想要取得目前文件位置时：lseek(int fildes,0,SEEK_CUR)；

(4) lseek 的返回值。

当调用成功时则返回目前的读写位置，也就是距离文件开头多少个字节。若有错误则返回－1，errno 会存放错误代码。

6．fcntl 函数说明

Linux 采用上锁的方法避免共享的资源产生竞争的状态。文件锁包括建议性锁和强制性锁。建议性锁要求每个上锁文件的进程都要检查是有锁存在，并且尊重已有的锁。强制性锁是由内核执行的锁，当一个文件被上锁进行写入操作的时候，内核将阻止其他任何文件对其进行读写操作。采用强制性锁对性能的影响很大，每次读写操作都必须检查是否有锁存在。fcntl 不仅能施加建议性锁，还可以施加强制锁。同时，fcntl 还能对文件的某一记录进行上锁，也就是记录锁。记录锁又分为读取锁和写入锁，其中读取锁又称为共享锁，它能够使多个进程都能在文件的同一部分建立读取锁。而写入锁又称为排斥锁，在任何时刻只能有一个进程在文件的某个部分上建立写入锁。当然，在文件的同一部分不能同时建立读取锁和写入锁。fcntl 是一个非常通用的函数，它还可以改变文件进程各方面的属性。

(1) fcntl 函数原型。

```
int fcntl(int fd,int cmd,struct flock * lock);
```

(2) fcntl 函数相关头文件。

```
#include<sys/types.h>
#include<unistd.h>
#include<fcntl.h>
```

(3) fcntl 函数的参数说明。

fd：文件描述符；

cmd：代表欲操作的指令；

F_GETFD：获得 fd 的 close-on-exec 标志，若标志未设置，则文件经过 exec 函数之后仍保持打开状态；

F_SETFD：设置 close-on-exec 标志，该标志以参数 arg 的 FD_CLOEXEC 位决定；

F_GETFL：得到 open 设置的标志；

F_SETFL：改变 open 设置的标志；

F_GETFK：根据 lock 描述，决定是上文件锁；

F_SETFK：设置 lock 描述的文件锁；

F_SETLKW：这是 F_SETLK 的阻塞版本，命令名中的 W 表示等待；如果存在其他锁，则调用进程睡眠；如果捕捉到信号则睡眠中断；

F_GETOWN：检索将收到 SIGIO 和 SIGURG 信号的进程号或进程组号；

F_SETOWN：设置进程号或进程组号；

Lock：结构为 flock，设置记录锁的具体状态。lock 的结构如下。

```
struct flcok
{
short int l_type;          //锁定的状态
/* 以下三个参数用于分段对文件加锁，若对整个文件加锁，则：l_whence=SEEK_SET，l_start=0，
l_len=0；*/
short int l_whence;        //决定 l_start 位置
off_t l_start;             //锁定区域的开头位置
off_t l_len;               //锁定区域的大小
pid_t l_pid;               //锁定动作的进程
};
```

l_type 有三种状态。

F_RDLCK：建立一个供读取用的锁定；

F_WRLCK：建立一个供写入用的锁定；

F_UNLCK：删除之前建立的锁定。

l_whence 也有三种方式。

SEEK_SET：以文件开头为锁定的起始位置；

SEEK_CUR：以目前文件读写位置为锁定的起始位置；

SEEK_END：以文件结尾为锁定的起始位置。

(4) fcntl 的返回值。

成功返回 0；出错返回 -1。

11.3　网络编程

11.3.1　网络通信基础及例程

嵌入式 Linux 的网络通信程序是基于套接字(Socket)模式的。Socket 实际是网络传输层供给应用层的编程接口。常见的 Socket 有三种类型如下。

1. 流式 Socket(SOCK_STREAM)

流式套接字提供可靠的、面向连接的通信流；它使用 TCP 协议，从而保证了数据传输的正确性和顺序性。

Socket 编程采用客户/服务器模式。因此编程分为服务器端和客户端两部分。流式 Socket 的编程流程图如图 11-1 所示。

服务器端：首先建立 Socket，返回该 Socket 的描述符；配置 Socket 的端口和 IP 地址；建立监听甬数，检测是否有客户端向服务器发送请求，若有则接收该请求，将其放到接收队列中；从接收队列中接收一个请求；并向客户端发送确认连接信息。

客户端：建立一个 Socket，返回该 Socket 的描述符；配置 Socket 端口和 IP 地址；向服务器发送连接请求，并接收服务器发回的确认连接信息。双方通信结束后，关闭其 Socket。

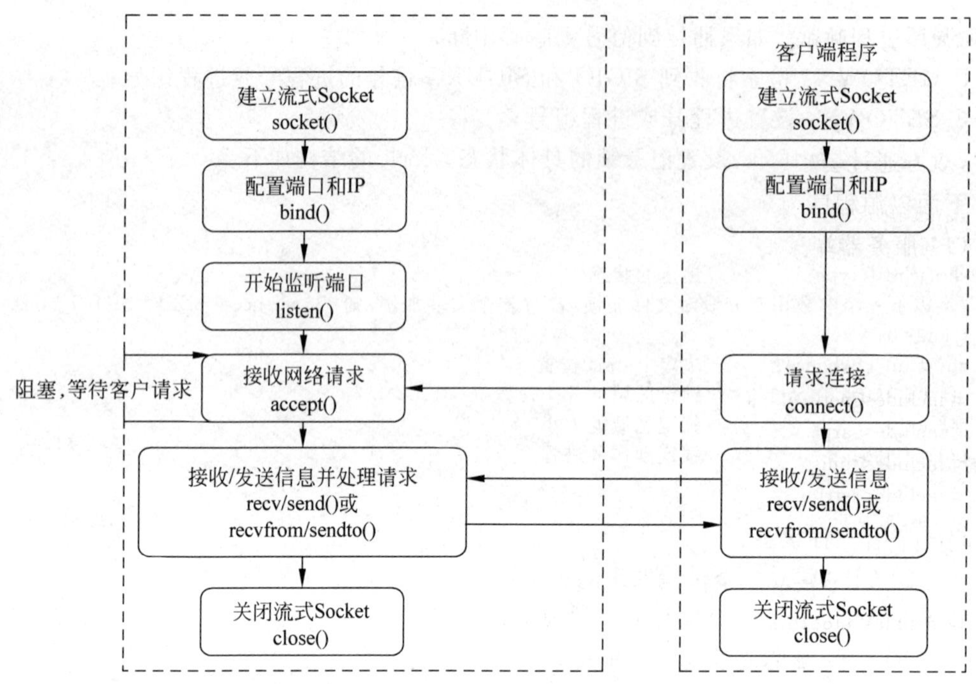

图 11-1 基于流式 Socket(面向连接)的网络应用程序设计流程

2. 数据报 Socket(SOCK_DGRAM)

数据通过相互独立的报文进行传输,数据报套接字定义了一种无连接的服务,是无序的,并且不保证是可靠、无差错的。它使用数据报协议 UDP。

数据报 Socket 的编程流程图如图 11-2 所示。

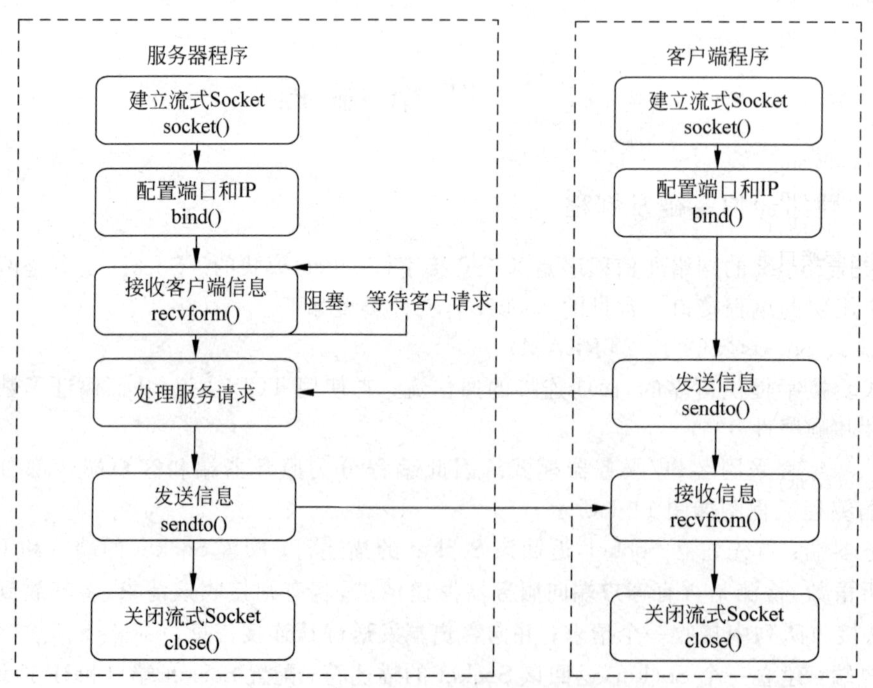

图 11-2 基于数据报 Socket(无连接)的网络应用程序设计流程

3. 原始 Socket(SOCK_RAM)

使用 Socket 编程时可以开发客户机和服务器应用程序，它们可以在本地网络上进行通信，也可以通过 Internet 在全球范围内进行通信。编写并运行 Socket 的客户端和服务器端程序，双方通过套接字建立了服务连接请求，并且通过一些方法提高 Socket 的性能。

下面以源程序为例，介绍流式 Socket 编程的基本方法。

(1) 服务器端源程序(server.c)。

```
#include<sys/types.h>
#include<sys/socket.h>
#include<stdio.h>
#include<netinet/in.h>
#include<arpa/inet.h>
#include<unistd.h>
#include<string.h>
#include<netdb.h>
#include<sys/ioctl.h>
#include<termios.h>
#include<stdlib.h>
#include<sys/stat.h>
#include<fcntl.h>
#include<signal.h>
#include<sys/time.h>
int main()
{
  int listsk,cnsk;
  char rbuf[51];                                     //定义要接收的数据缓冲区
  struct sockaddr_in svraddr;                        //定义网络套接字地址结构
  listsk = socket(AF_INET,SOCK_STREAM,0);
  //创建一个套接字,用于监听
  bzero(&svraddr,sizeof(struct sockaddr));           //地址结构清零
  svraddr.sin_family = AF_INET;                      //指定使用的通信协议簇
  svraddr.sin_addr.s_addr = htonl(INADDR_ANY);       //指定接收任何连接
  svraddr.sin_port = htons(5000);                    //指定监听的端口
  bind(listsk,(struct sockaddr *)&svraddr,sizeof(struct sockaddr_in));
  //给套接口绑定地址
  listen(listsk,1024);                               //开始监听
  cnsk = accept(listsk,(struct sockaddr *)NULL, NULL);
  //建立通信的套接字,accept 函数,等待客户端程序使用 connect 函数的连接
  recv(cnsk, rbuf,50,0);                             //接收服务器的数据
  printf("%s\n", rbuf);                              //打印接收到的数据
  sleep(3);
  close(cnsk);                                       //关闭通信套接字
  close(listsk);                                     //关闭监听套接字
}
```

(2) 客户端源程序(client.c)。

```
#include<sys/types.h>
#include<sys/socket.h>
#include<stdio.h>
```

```
#include<netinet/in.h>
#include<arpa/inet.h>
#include<unistd.h>
#include<string.h>
#include<netdb.h>
#include<sys/ioctl.h>
#include<termios.h>
#include<stdlib.h>
#include<sys/stat.h>
#include<fcntl.h>
#include<signal.h>
#include<sys/time.h>
int main(int argc,char *argv[])                    //目标地址和要发送数据通过参数传入程序
{
  //定义要发送的数据缓冲区
  int cnsk;                                        //定义一个 Socket 套接字,用于通信
  struct sockaddr_in svraddr;                      //定义网络套接字地址结构
  if(argc<3)
  {
      printf("命令格式: ./client 目标服务器 IP 地址待发字符串");
      exit(0);
  }
  cnsk =socket(AF_INET,SOCK_STREAM,0);             //创建一个套接字
  bzero(&svraddr,sizeof(svraddr));                 //清零
  svraddr.sin_family = AF_INET;                    //指定使用的通信协议簇
  svraddr.sin_port = htons(5000);                  //指定要连接的服务器的端口
  inet_pton(AF_INET, argv[1], &svraddr.sin_addr);
  connect(skfd,(struct sockaddr *)&svraddr,sizeof(svraddr));
  //连接服务器
  send(cnsk, argv[2],strlen(argv[2]), 0);          //向客户端发送数据
  close(cnsk);                                     //关闭套接字
  return(0);
}
```

程序中使用函数的更详细的说明请看下一节。

11.3.2 网络通信 API

1. 网络地址相关操作

(1) 重要数据结构

sockaddr 和 sockaddr_in 两个结构体都是用来保存 Socket 信息的。

① sockaddr 定义

```
struct sockaddr
{
    unsigned short sa_family;       //协议簇
    char sa_data[14];               //14 字节的协议地址,包含该 Socket 的 IP 地址和端口号
};
```

② sockaddr_in 定义

```
struct sockaddr_in
{
    short int sin_family;           //协议簇
    unsigned short int sin_port;    //端口号
    struct in_addr sin_addr;        //IP 地址
    unsigned char sin_zero[8];      //填充 0 以保持与 struct sockaddr 同样大小
};
```

这两个数据类型是等效的，可以相互转化，通常 sockaddr_in 数据类型使用更为方便，用于程序操作配置 Socket，经过转换后变成 socketadd 形式方便底层协议处理。

这些结构体成员的含义为。

sin_family：(sa_family 相同)指代协议簇；

AF_INET：IPv4 协议，在 Socket 编程中通常选择此项；

AF_INET6：IPv6 协议；

AF_LOCAL：UNIX 域协议；

AF_LINK：链路地址协议；

AF_KEY：密钥套接字(Socket)；

sin_port：存储端口号(使用网络字节顺序)；

sin_addr：存储 IP 地址，使用 in_addr 这个数据结构；

sin_zero：是为了让 sockaddr 与 sockaddr_in 两个数据结构保持大小相同而保留的空字节；这一项和它之前两项对应于 sockaddr. sa_data。

(2) IP 地址转换函数

通常用户在表达地址时采用的是点分十进制表示的数值(或者是以冒号分开的十六进制 IPv6 地址)，而在通常使用的 Socket 编程中所使用的则是二进制值，这就需要将这两个数值进行转换。

① inet_ntoa 函数说明

函数将网络字节排序的地址转换为标准的 ASCII 以点分开的地址(格式如：ddd. ddd. ddd. ddd)。

• 函数原型

```
char *inet_ntoa(struct in_addr in);
```

• 函数相关头文件

```
#include<sys/socket.h>
#include<netinet/in.h>
#include<arpa/inet.h>
```

• 函数的参数说明

in：待转换的 IP 地址结构。

• 函数返回值

该函数返回指向点分开的字符串地址的指针，该字符串的空间为静态分配的，这意味着在第二次调用该函数时，上一次调用将会被重写(覆盖)，所以适当的时候需要保存该串。

② inet_addr 函数说明

函数转换网络主机地址(如 192.168.1.10)为网络字节序二进制值。

• 函数原型

```
in_addr_t inet_addr(const char * cp);
```

• 函数相关头文件

同①。

• 函数的参数说明

cp 为待转换的 IP 地址字符串指针。

• 函数返回值

如果参数 char * cp 无效,函数返回−1(INADDR_NONE),这个函数在处理地址为 255.255.255.255 时也返回−1。

inet_aton 和 inet_ntoa 只能用来处理 IPv4 版本的网络字节和主机字节之间的转换。函数 inet_pton 和 inet_ntop 能够兼容地处理 IPv4 和 IPv6。

③ inet_pton 函数说明

• 函数原型

```
int inet_pton(int af, const char * src, void * dst);
```

• 函数相关头文件

```
#include<sys/types.h>
#include<sys/socket.h>
#include<arpa/inet.h>
```

• 函数的参数说明

函数转换 ASCII 类型的地址到网络字节序二进制结构。

af: 协议簇;

src: 待转换 IP 地址指针,指向字符型的地址;

dst: 转换结果,网络顺序格式的地址。

• 函数返回值

执行成功返回 1; 如果函数出错将返回−1,并将 errno 设置为 EAFNOSUPPORT; 如果参数 af 指定的地址簇和 src 格式不对,函数将返回 0。

④ inet_ntop 函数说明

函数转换网络字节序二进制结构到 ASCII 类型的地址。

• 函数原型

```
const char * inet_ntop(int af, const void * src, char * dst, socklen_t cnt);
```

• 函数相关头文件

同 inet_pton。

• 函数的参数说明

cnt 为缓冲区 dst 的大小; 其他同 inet_pton。

• 函数返回值

成功时返回字符地址的指针; 出错时则返回一个空指针,并将 errno 置为 ENOSPC。

2. 其他转换函数

(1) 存储顺序转换

上文提到了网络字节序这一概念,因为每一个机器内部对变量的字节存储顺序不同(分为大端和小端存储),而网络传输的数据一定是统一的顺序,即网络字节顺序。所以要调用转换函数,将网络中传输的字节顺序进行统一。

头文件 <netinet/in.h>中定义了一组转换函数,原型如下。

```
uint16_t htons(uint16_t host16bitvalue);
```

"Host to Network Short"主机字节顺序转换为网络字节顺序(对无符号短型进行操作 4B)。

```
uint32_t htonl(uint32_t host32bitvalue);
```

"Host to Network Long"主机字节顺序转换为网络字节顺序(对无符号长型进行操作 8B)。

以上两个函数均返回网络字节序。

```
uint16_t ntohs(uint16_t net16bitvalue);
```

"Network to Host Short"网络字节顺序转换为主机字节顺序(对无符号短型进行操作 4B)。

```
uint32_t ntohl(uint32_t net32bitvalue);
```

"Network to Host Long"网络字节顺序转换为主机字节顺序(对无符号长型进行操作 8B)。

以上两个函数均返回主机字节序。

(2) 名字转换

在 Linux 中,有一些函数可以实现主机名和地址的转化,最为常见的有 gethostbyname、gethostbyaddr、getaddrinfo 等,它们定义在<netdb.h>头文件中,在此不做更详细的介绍。

3. Socket 编程函数

(1) Socket 函数说明

该函数用于建立一个 Socket 连接,可指定 Socket 类型等信息。在建立了 Socket 连接之后,可对 Sockaddr_in 进行初始化,以保存所建立的 Socket 信息。

① 函数原型

```
int socket(int family, int type, int protocol);
```

② 相关头文件

```
#include<sys/socket.h>
```

③ 函数参数说明

family:协议簇;

type:套接字(Socket)类型;

protocol:子协议,设置为 0。

④ 函数返回值

成功返回非负套接字描述符;出错返回－1。

(2) bind 函数说明

该函数是用于将本地 IP 地址绑定端口号的,若绑定其他地址则不能成功。另外,它主要用于 TCP 的连接,而在 UDP 的连接中则无必要。

① 函数原型

```
int bind(int sockfd,struct sockaddr * my_addr, int addrlen)
```

② 相关头文件

```
#include<sys/socket.h>
```

③ 函数参数说明

socktd:由 Socket 函数返回的套接字描述符;

my_addr:本地地址,通过地址转换函数或名字转换函数获得;

addrlen:地址长度,my_addr 结构的字节数。

④ 函数返回值

成功返回非负套接字描述符;出错返回-1。

(3) listen 函数说明

listen 函数用于流式 Socket(TCP 协议)中使用。用于监听网络通信端口,检测客户端的服务请求。

① 函数原型

```
int listen(int sockfd,int backlog)
```

② 相关头文件

```
#include<sys/socket.h>
```

③ 函数参数说明

socktd:套接字描述符;

backlog:请求队列中允许的最大请求数。

④ 函数返回值

成功返回非负套接字描述符;出错返回-1。

(4) connect 函数说明

该函数在流式 Socket 中是用于 bind 之后的 client 端,用于与服务器端建立连接。

① 函数原型

```
int connect(int sockfd, struct sockaddr * serv_addr, int addrlen)
```

② 相关头文件

```
#include<sys/socket.h>
```

③ 函数参数说明

socktd:套接字描述符;

serv_addr:服务器端地址;

addrlen:地址长度。

④ 函数返回值

成功返回非负套接字描述符;出错返回-1。

(5) send 函数说明

发送数据。

① 函数原型

```
int send(int sockfd, const void * msg, int len, int flags)
```

② 相关头文件

```
#include<sys/socket.h>
```

③ 函数参数说明

sockfd：套接字描述符；

msg：指向要发送数据的指针；

len：数据长度；

flags：一般为 0。

④ 函数返回值

成功返回发送的字节数；失败返回−1。

(6) recv 函数说明

接收数据。

① 函数原型

```
int recv(int sockfd,void * buf,int len,unsigned int flags)
```

② 相关头文件

```
#include<sys/socket.h>
```

③ 函数参数说明

sockfd：套接字描述符；

buf：存放接收数据的缓冲区；

len：数据长度；

flags：一般为 0。

④ 函数返回值

成功返回接收的字节数；失败返回−1。

(7) sendto 和 recvfrom 函数说明

功能类似(5)、(6)，只是在发送和接收数据时需要指定目的地址，可以在没有执行 connect 函数时直接发送或接收数据，常用于数据报 Socket 方式。

原型分别表示如下。

```
int sendto(int sockfd, const void * msg,int len,unsigned int flags,const struct sockaddr * to, int
tolen)
```

参数 to 为目地机的 IP 地址和端口号信息；

```
int recvfrom(int sockfd,void * buf,int len,unsigned int flags,struct sockaddr * from,int * fromlen)
```

参数 from 为源机的 IP 地址和端口号信息。

11.4 应用实例

11.4.1 ADC应用实例

ADC是嵌入式系统中实现模拟信号采集的常用模块,下面给出Linux下ADC应用的编程实例。该应用程序使用了第10章的ADC驱动程序实例。实例通过调用驱动程序完成ADC对电压信号的采集,并将采集回来的数据显示到串口终端上。

```
#include "stdio.h"
#include "sys/types.h"
#include "sys/ioctl.h"
#include "stdlib.h"
#include "termios.h"
#include "sys/stat.h"
#include "fcntl.h"
#include "sys/time.h"
main()
{
        int fd,ret,adcdat0;
        char buf[2];
        fd=open("/dev/adc_dev",O_RD);           //以读方式打开,并返回文件描述符fd
        if(fd<0)                                //文件描述符fd小于0,则说明打开操作出错
        {
                printf("open adc error\n");
                exit(1);
        }
        else
        {
                printf("success\n");
                while(1)
                {
                        read(fd,buf,2);         //读出ADC转换数值
                        adcdat0=buf[1];
                        adcdat0=adcdat0<<8||buf[0]
                        printf("%x \n",adcdat0);        //将读出的数据通过终端显示
                        sleep(1);
                }
        }
        close(fd);                              //通过文件描述符fd关闭设备
}
```

11.4.2 PWM蜂鸣器控制应用实例

```
#include<unistd.h>                              //UNIX标准函数定义
#include<stdio.h>                               //标准输入输出定义
```

```
#include<stdlib.h>                              //标准函数库定义

#define PWM_CMD_SET_FREQ         0x01
#define PWM_CMD_STOP             0x02           //与驱动程序中 ioctl 接口的 cmd 参数对应

int main(int argc, char ** argv)
{
    int freq=1000;
    int fb;
    //打开蜂鸣器
    fd=open("/dev/pwm", 0);                     //打开 PWM 设备驱动文件
    if(fd < 0)
    {
        perror("open pwm device");
        if(fd >= 0)
        {
            ioctl(fd, PWM_CMD_STOP);            //停止蜂鸣器
            close(fd);                          //关闭设备驱动文件
        }
        exit(1);                                //打开错误,则终止进程。退出参数为 1
    }
    printf( "\n PWM Control the BUZZER\n" );
    printf( "Key <+> to up frequency, key <-> down, and key <ESC> to Exit!\n" ) ;
    while(1)
    {
        int key;
        ioctl(fd, PWM_CMD_SET_FREQ, freq); //设置蜂鸣器频率
        printf( "\tFreq = %d\n", freq);
        key = getchar();
        switch(key)
        {
            case '+':
                if( freq < 20000 )
                    freq += 10;
                break;
            case '-':
                if( freq > 11 )
                    freq -= 10;
                    break;
            case 0x1b:                          //按键为 Esc
            case EOF:
                ioctl(fd, PWM_CMD_STOP);        //停止蜂鸣器
                close(fd);                      //关闭设备驱动文件
                exit(0);
            default:
                break;
        }
    }
}
```

11.4.3 触摸屏应用实例

以下源代码实现了对触摸屏的基本应用,通过触摸笔点触的坐标在终端上显示出来。

```
#include<stdio.h>
#include<unistd.h>
#include<stdlib.h>
#include<errno.h>
#include<sys/poll.h>
#include<fcntl.h>
#include<stdio.h>
#include<stdlib.h>
#include<linux/input.h>
//触摸屏坐标结构
struct ts_data{
    char pos[15];
    int x;
    int y;
};
//用于存放触摸屏采样数据
struct ts_data ts_datas[4]=
{
    {"topleft",0,0},
    {"topright",0,0},
    {"bottomleft",0,0},
    {"bottomright",0,0},
};
int left,right,top,bottom;                    //校准时用的数据
//对触摸屏进行采样
sample(int fd,struct ts_data * ptsdat)
{
    struct input_event ev[128];
    int readcnt,cnt,cntx=0,cnty=0;
    readcnt=read(fd,ev,sizeof(struct input_event) * 128);
    if(readcnt < (int) sizeof(struct input_event))
    {
        perror("TS err:bad read");
        exit(1);
    }
    for(cnt = 0; cnt< (int) (readcnt / sizeof(struct input_event)); cnt++)
    {
        if(EV_ABS==ev[cnt].type)
        {
            if(ABS_X==ev[cnt].code)
            {
                ptsdat->x+= ev[cnt].value;
                cntx++;
            }
            if(ABS_Y==ev[cnt].code)
            {
```

```
                ptsdat->y+= ev[cnt].value;
                cnty++;
            }
        }
    }
    ptsdat->x/=cntx;
    ptsdat->y/=cnty;
}

void ts_coordinate(struct ts_data * ptsdat)            //坐标转换函数
{
    ptsdat->x=240-(240 * (value-right)/(left-right));
    ptsdat->y=320-(320 * (value-bottom)/(top-bottom));
}

int main()
{
    int n,fd,i=0;
    if((fd=open("/dev/input/event0",O_RDONLY) )< 0)      //打开触摸屏设备驱动
    {
        printf("open error! \n");
        exit(1);
    }
    for(i=0;i<4;i++)
    {
        printf("calibrating...\nPlease keep touch the %s of TS,\
                and wait... \n",ts_data[i].position);
        sleep(5);
        printf("Please release\n");
        sample(fd, &ts_datas[i]);
        printf("%12s x=%4d,y=%4d\n",ts_data[i].position,ts_data[i].x, ts_data[i].y);
        sleep(1);
    }
    //获取触摸屏校准数据
    left=(ts_data[0].x+ts_data[2].x )/2;
    right=(ts_data[1].x+ts_data[3].x )/2;
    top=(ts_data[0].y+ts_data[1].y )/2;
    bottom=(ts_data[2].y+ts_data[3].y )/2;
    printf("Calibration complete!\n");
    for(i=0;i<4;i++)                                    //显示校准后单击触摸屏的坐标值
    {
        printf("Please keep touch the TS,and wait...\n",ts_data[i].position);
        sleep(5);
        printf("Please release\n");
        sample(fd, &ts_datas[i]);
        ts_coordinate(&ts_datas[i]);
        printf("the coordinate you touched is  \n");
        printf("x=%4d,y=%4d\n",ts_data[i].x, ts_data[i].y);
        sleep(1);
    }
    close(fd);
    exit(0);
}
```

11.5 本章小结

本章介绍了嵌入式Linux应用程序的一般开发方法。通过实例分析了简单应用、文件I/O操作和网络通信应用程序的设计方法；并详细讲解了一些常用的API。

11.6 习题 11

1. Linux中的文件分几类?
2. open函数的作用是什么?
3. 常见的Socket有几种类型,分别是什么?
4. 举例说明IP地址转换函数有哪些。
5. 试编程实现蜂鸣器以20Hz的频率发声。

第 12 章　嵌入式 CDIO 实训项目

实训 1　ARM 汇编基础训练 1

【实训目的】

1. 掌握 ARM 汇编指令及 ARM 汇编语言编程。

2. 学习掌握 ARM C 语言编程。

3. 熟练使用 ARM 处理器平台调试工具 ADS 进行程序调试操作。

【实训内容】

1. 用 ARM 汇编语言实现 1+2+…+N 的运算。

2. 用 ARM C 语言实现 1+2+…+N 的运算。

【程序编写】

1. 用 ARM 汇编语言实现 1+2+…+N 的运算。

```
N EQU 100                              ;定义 N 的值 100
    AREA example1,CODE,READONLY        ;声明代码段 example1
    ENTRY                              ;标识程序入口
    MOV R0, #0
    MOV R1, #0
START
    ADD R0,R0, #1
    ADD R1,R1,R0
    CMP R0, #100
    BLT START                          ;小于 100,转移到 START 处
STOP B STOP
    END
```

2. 用 ARM C 语言实现 1+2+…+N 的运算。

```
#define uint8 unsigned char
#define uint32 unsigned int
#define N 100
uint32 sum;
void main(void)
{
    uint32 i;
    sum = 0;
    for(i=0; i<=N; i++)
    {
        sum += i;
    }
```

```
        while(1);
    }
;startup.s 启动文件。初始化 C 程序的运行环境,然后进入 C 程序代码
IMPORT |Image$$RO$$Limit|
IMPORT |Image$$RW$$Base|
IMPORT |Image$$ZI$$Base|
IMPORT |Image$$ZI$$Limit|
IMPORT main                              ; 声明 C 程序中的 main()函数
AREA Start,CODE,READONLY                 ; 声明代码段 Start
ENTRY                                    ; 标识程序入口
CODE32                                   ; 声明 32 位 ARM 指令
Reset LDR SP,=0x40003F00
LDR R0,=|Image$$RO$$Limit|               ;初始化 C 程序的运行环境
LDR R1,=|Image$$RW$$Base|
LDR R3,=|Image$$ZI$$Base|
CMP R0,R1
BEQ LOOP1
LOOP0 CMP R1,R3
LDRCC R2,[R0],#4
STRCC R2,[R1],#4
BCC LOOP0
LOOP1 LDR R1,=|Image$$ZI$$Limit|
MOV R2,#0
LOOP2 CMP R3,R1
STRCC R2,[R3],#4
BCC LOOP2
B main                                   ; 跳转到 C 程序代码 main()函数
END
```

【扩展练习】

分别用 ARM 汇编语言和 C 语言实现 2+4+6+…+2N。

实训 2　ARM 汇编基础训练 2

【实训目的】

1. 学习掌握 C 语言与汇编语言混合编程。
2. 熟练使用 ARM 处理器平台调试工具 ADS 进行程序调试操作。

【实训内容】

1. C 语言程序调用汇编语言程序。
2. 汇编语言程序调用 C 语言程序。

【程序编写】

1. C 语言程序调用汇编语言程序的实验,实现两个整数的加法运算。

C 程序(example3.c)如下:

```
#define uint8 unsigned char
#define uint32 unsigned int
```

```
    extern uint32 Add(uint32 x, uint32 y);
    uint32 sum;
    void Main(void)                        // 调用汇编程序 Add,实现加法运算
    {
    sum = Add(199, 268);
    while(1);
}
```

汇编程序(Add.s)如下：

```
    EXPORT Add                  ;加法函数,原型为 uint32 Add(uint32 x, uint32 y)
    AREA AddC,CODE,READONLY     ; 声明代码段 AddC
    ENTRY                       ; 标识程序入口
    CODE32                      ; 声明 32 位 ARM 指令
Add   ADD R0,R0,R1              ; 输入参数 x 为 R0,y 为 R1
    MOV PC,LR                   ; 返回值为 R0
    END
```

2. 汇编程序中调用 C 语言程序

汇编文件 example3.s 通过调用 C 函数 cFun()实现 45－29,结果存在 R10 中。

汇编程序(example3.s)如下：

```
EXPORT example3
AREA   example3,CODE,READONLY
IMPORT cFun
ENTRY
MOV R0,#45
MOV R1,#29
BL cFun
MOV R10,R0
END
```

C 程序(ADD.c)如下：

```
int cFun(int a, int b)
{
    return a - b;
}
```

【扩展练习】

使用汇编语言完成一个随机数产生函数,通过 C 语言调用该函数,产生一系列随机数,存放到数组中。

实训 3　GPIO 输入输出实训

【实训目的】

1. 学习掌握 S3C2440A 芯片的 I/O 控制器及系统初始化相关部分的配置方法。
2. 熟练掌握 GPIO 输入输出的控制方法。

【实训内容】

如图 12-1 所示,编写程序,实现 S1、S2、S3 对应控制 LED1、LED2、LED3 的点亮。

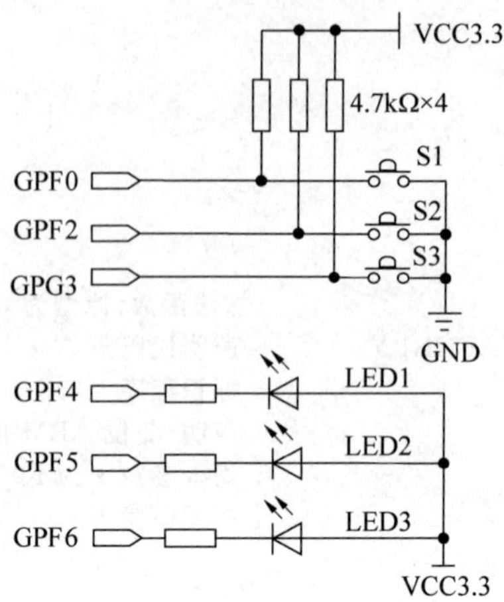

图 12-1 GPIO 输入输出电路连接图

【程序编写】

```
#define GPFCON     (*(volatile unsigned long *)0x56000050)
#define GPFDAT     (*(volatile unsigned long *)0x56000054)
#define GPGCON     (*(volatile unsigned long *)0x56000060)
#define GPGDAT     (*(volatile unsigned long *)0x56000064)
//LED1、LED2、LED3 分别对应 GPF4、GPF5、GPF6
#define  GPF4_out    (1<<(4*2))
#define  GPF5_out    (1<<(5*2))
#define  GPF6_out    (1<<(6*2))
#define  GPF4_msk    (3<<(4*2))
#define  GPF5_msk    (3<<(5*2))
#define  GPF6_msk    (3<<(6*2))
//S1、S2、S3 分别对应 GPF0、GPF2、GPG3
#define GPF0_in    (0<<(0*2))
#define GPF2_in    (0<<(2*2))
#define GPG3_in    (0<<(3*2))
#define GPF0_msk    (3<<(0*2))
#define GPF2_msk    (3<<(2*2))
#define GPG3_msk    (3<<(3*2))
int main()
{
        unsigned long dwDat;
        // LED1、LED2、LED3 对应的 3 根引脚设为输出
        GPFCON &= ~(GPF4_msk | GPF5_msk | GPF6_msk);
        GPFCON |= GPF4_out | GPF5_out | GPF6_out;
        GPFCON &= ~(GPF0_msk | GPF2_msk);   // S1、S2 对应的 2 根引脚设为输入
        GPFCON |= GPF0_in | GPF2_in;
        GPGCON &= ~GPG3_msk;             // S3 对应的引脚设为输入
        GPGCON |= GPG3_in;
```

```
        while(1){                        //若 Kn 为 0(表示按下),则令 LEDn 为 0(表示点亮)
            dwDat = GPFDAT;              // 读取 GPF 管脚电平状态
            if (dwDat & (1<<0))          // S1 没有按下
                GPFDAT |= (1<<4);        // LED1 熄灭
            else
                GPFDAT &= ~(1<<4);       // LED1 点亮
            if (dwDat & (1<<2))          // S2 没有按下
                GPFDAT |= (1<<5);        // LED2 熄灭
            else
                GPFDAT &= ~(1<<5);       // LED2 点亮
            dwDat = GPGDAT;              // 读取 GPG 管脚电平状态
            if (dwDat & (1<<3))          // S3 没有按下
                GPFDAT |= (1<<6);        // LED3 熄灭
            else
                GPFDAT &= ~(1<<6);       // LED3 点亮
        }
        return 0;
    }
```

【扩展练习】

如图 12-1 所示,编程实现：按下 S1 时,LED1 和 LED3 点亮；按下 S2 时,LED1 和 LED2 点亮；按下 S3 时,LED1、LED2 和 LED3 全点亮。

实训 4　GPIO 定时器中断应用实训

【实训目的】

1. 学习掌握 S3C2440A 芯片的 I/O 控制器及系统初始化相关部分的配置方法。

2. 掌握定时器的基本设置。

3. 掌握定时中断应用。

【实训内容】

如图 12-2 所示,编写程序使用定时器 0 实现 0.5s 定时,控制 LED 灯亮。采用中断方式实现定时控制。

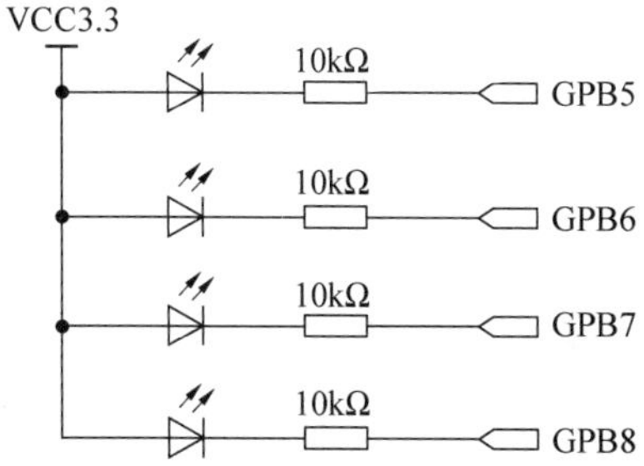

VCC3.3　10kΩ　GPB5　10kΩ　GPB6　10kΩ　GPB7　10kΩ　GPB8

图 12-2　LED 灯连接图

【程序编写】

```
#define GPB5_out (1<<(5*2))              //led1 端口输出
#define GPB6_out (1<<(6*2))              //led2 端口输出
#define GPB7_out (1<<(7*2))              //led3 端口输出
#define GPB8_out (1<<(8*2))              //led4 端口输出
#define led1_on ~(1<<5)
#define led2_on ~(1<<6)
#define led3_on ~(1<<7)
#define led4_on ~(1<<8)
#define led1_off (1<<5)
#define led2_off (1<<6)
```

```
#define led3_off (1<<7)
#define led4_off (1<<8)
void __irq Timer0_handle();
int main(void)
{
        rGPBCON=GPB5_out|GPB6_out|GPB7_out|GPB8_out;   //设置GPB5-8为输出
        rGPBDAT=led1_off|led2_off|led3_off|led4_off;       //led灭
        ClearPending(BIT_TIMER0);                //清SRCPND、INTPND的定时器0中断标志位
        EnableIrq(BIT_TIMER0);                   //开定时器0中断使能
        rTCFG0|=0xf9;                            //预定标值=249
        rTCFG1|=0x01;                            //定时器0进行4分频,f=50M/(249+1)/4=50KHz
        rTCNTB0=25000;                           //定时时间=25000*(1/f)=0.5s
        rTCON|=(1<<1);                           // 手动更新
        rTCON=0x09;                              // 自动加载,清"手动更新"位,同时启动定时器0
        pISR_TIMER0=(U32)Timer0_handle;          //指向中断函数地址
        while(1);
        return 0;
}
void __irq Timer0_handle()
{
    static unsigned int count;
    count++;
    ClearPending(BIT_TIMER0);                    //清SRCPND、INTPND的定时器0中断标志位
  if(count%4==1)                                 //第一次进入中断,led1亮,其他灭
    {rGPBDAT=led2_off|led3_off|led4_off; }
  if(count%4==2)                                 //第二次进入中断,led2亮,其他灭
    {rGPBDAT=led1_off|led3_off|led4_off; }
  if(count%4==3)                                 //第三次进入中断,led3亮,其他灭
    {rGPBDAT=led1_off|led2_off|led4_off; }
  if(count%4==0)                                 //第四次进入中断,led4亮,其他灭
    {rGPBDAT=led1_off|led2_off|led3_off; }
}
```

【扩展练习】

如图12-2所示,编写程序实现使用定时器1进行1s定时,控制LED灯亮。采用中断方式实现定时控制。

实训5　直流电机应用实训

【实训目的】

1. 熟悉PWM调制的原理和运用。
2. 熟悉直流电机的工作原理,能够读懂和编写直流电机的控制程序。

【实训内容】

如图12-3所示,使用S3C2440A芯片的TOUT2口输出PWM信号控制直流电机,实现二级调速控制。

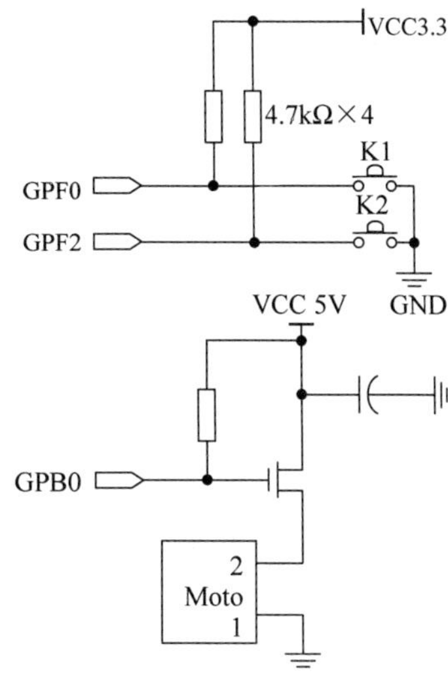

图 12-3　直流电机驱动电路连接图

【程序编写】

```
#define GPFCON   (*(volatile unsigned long *)0x56000050)
#define GPFDAT     (*(volatile unsigned long *)0x56000054)
#define GPF0_in      (0<<(0*2))
#define GPF2_in      (0<<(2*2))
#define GPF0_msk     (3<<(0*2))
#define GPF2_msk     (3<<(2*2))
#define FREQ_PWM 110000
void PWM_Ratio_Set(U32 DutyRatio)
{
    if (DutyRatio>100)
    rGPBCON= rGPBCON & (~-3)|(0010);  //GPB0 设置为 TOUT0
    //设置 PWM 时钟
    rTCFG0 &=~0xff;                   //分频值=15+1
    rTCFG0 |=15;
    rTCFG1 &=~0x0f;
    rTCFG1|=2;
    //设置 PWM 占空比为 DutyRatio
    rTCNTB0=(PCLK>>7)/FREQ_PWM1;
    rTCMPB0=(rTCNTB0 * (100-DutyRatio))/100;
    //设置 TOUT0 为无死区,自动加载,翻转输出,自更新模式
    rTCON &=~0x1f;
    rTCON|=0xb;
    //开始 PWM 输出
    rTCON &=~2;
    }
void Stop_Motor(void)
{   //设置 GPB0 为输出,要求输出为 1
    rGPBCON &=~3;
    rGPBCON |=1;
    rGPBDAT |=1;
```

```
}
void PWM_Motor_Test(void)
{
    // K1、K2 对应的 2 根引脚设为输入
    GPFCON &= ~(GPF0_msk | GPF2_msk);
    GPFCON |= GPF0_in | GPF2_in;
    U8 DutyRatio=50;
    unsigned long Key;
    while(1)
    {
        Stop_Motor(1);
        if ((Key & (1<<0)) = =0 )
        {
            if(DutyRatio<100)
            DutyRatio +=2;
        }
        if ((Key & (1<<2)) = =0 )
        {
            if(DutyRatio>1)
            DutyRatio -=2;
        }
        PWM_Ratio_Set(U32 DutyRatio);
    }
    Stop_Motor( );
}
```

【扩展练习】

如图 12-3 所示,使用 S3C2440A 芯片的 TOUT2 口输出 PWM 信号控制直流电机,在 Linux 系统下实现二级调速控制。

实训 6　温度采集应用实训

【实训目的】

1. 了解温度传感器 18b20 的工作原理。
2. 掌握 18b20 的编程方式。

【实训内容】

如图 12-4 所示,实现温度采集,并从串口打印出来。

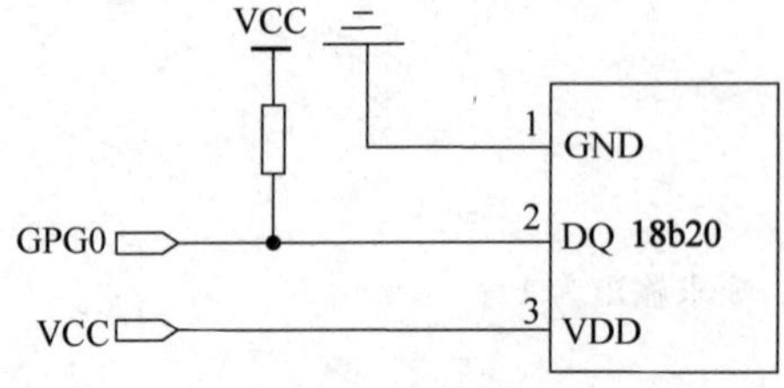

图 12-4　18B20 电路连接图

【程序编写】

```
#define GPGCON ( * (volatile unsigned  * )0x56000060)    //18b20 寄存器设置
#define GPGDAT ( * (volatile unsigned  * )0x56000064)
#define GPGUP   ( * (volatile unsigned  * )0x56000068)
#define UFCON0  ( * (volatile unsigned  * )0x50000008)    //串口寄存器设置
#define UMCON0 ( * (volatile unsigned  * )0x5000000c)
#define ULCON0  ( * (volatile unsigned  * )0x50000000)
#define UCON0   ( * (volatile unsigned  * )0x50000004)
#define UBRDIV0    ( * (volatile unsigned  * )0x50000028)
#define UTRSTAT0 ( * (volatile unsigned  * )0x50000010)
#define UTXH0      ( * (volatile unsigned * )0x50000020)
#define URXH0      ( * (volatile unsigned * )0x50000024)
unsigned char wd[4];
unsigned int sdata;                          //测量到的温度的整数部分
unsigned char xiaoshu1;                      //小数第一位
unsigned char xiaoshu2;                      //小数第二位
unsigned char xiaoshu;                       //两位小数
void zh(void);
void Delay(unsigned int x) ;
void uart(void);
void DS18B20PRO(void);
void dmsec (unsigned int t);
void tmreset (void);
unsigned char tmrbit (void);
unsigned char tmrbyte (void) ;
void tmwbyte (unsigned char dat);
void tmstart (void) ;
void tmrtemp (void) ;
int Main(void)                      //不停循环检测温度值,并转换为 ASCII 码,通过串口传出来
{
    while(1)
        {
          DS18B20PRO();
          zh();
          uart();
          Delay(30);
        }
    return(0);
}
void dmsec (unsigned int t)                  //精确延时函数
 {
    unsigned int i;
    unsigned int j;
    j=1 * t;
    for(i = 0; i < j; i++);
 }
 void tmreset (void)                         //18b20 初始化
{
    unsigned int i;
    GPGCON&=0xfffffffc;                      //设置寄存器对 18b20 进行写操作
```

```
    GPGCON|=0x01;
    GPGDAT|=0x01;
    dmsec(100);
    GPGDAT&=0xfffe;
    dmsec(600);
    GPGDAT|=0x01;
    dmsec(100);
    GPGCON&=0xfffffffc;                   //设置寄存器对18b20进行读操作
    i=GPGDAT;

}
unsigned char tmrbyte (void)              //读一个字节函数
{
    unsigned int j;
    unsigned char i,u=0;
    for (i=1;i<=8;i++)
    {
        GPGCON&=0xfffffffc;
        GPGCON|=0x01;                     //GPG0设为输出
        GPGDAT&=0xfffe;
        u >>= 1;
        GPGCON&=0xfffffffc;               //设为输入口
        j=GPGDAT;
        if(j&0x01) u |= 0x80;
        dmsec(46);
        GPGDAT|=0x01;
    }
    return (u);
}
void tmwbyte (unsigned char dat)          //写一个字节函数
{
    unsigned char j;
    GPGCON&=0xfffffffc;
    GPGCON|=0x01;
    for (j=1;j<=8;j++)
    {
        GPGDAT&=0xfffe;
        dmsec(1);
        GPGDAT|= (dat & 0x01);
        dmsec(47);
        GPGDAT|=0x01;
        dat = dat >> 1;
    }
}
void tmstart (void)                       //发送ds1820开始转换
{
    tmreset();                            //复位
    dmsec(120);                           //延时
    tmwbyte(0xcc);                        //跳过序列号命令
    tmwbyte(0x44);                        //发转换命令44H
}
```

```
void tmrtemp (void)                          //读取温度
{
        unsigned char a,b;
        tmreset ();                          //复位
        dmsec (2000);                        //延时
        tmwbyte (0xcc);                      //跳过序列号命令
        tmwbyte (0xbe);                      //发送读取命令
        a = tmrbyte ();                      //读取低位温度
        b = tmrbyte ();                      //读取高位温度
        sdata = a/16+b*16;                   //整数部分
        xiaoshu1 = (a&0x0f)*10/16;           //小数第一位
        xiaoshu2 = (a&0x0f)*100/16%10;       //小数第二位
        xiaoshu=xiaoshu1*10+xiaoshu2;        //小数两位
}
void zh()                                    //将温度值转换为ASCII值
{
   unsigned int wdata;
   wdata=sdata;
   wd[0]=wdata / 10+0x30;
   wd[1]=wdata % 10+0x30;
   wd[2]=xiaoshu / 10+0x30;
   wd[3]=xiaoshu % 10+0x30;
}
void DS18B20PRO(void)
{
   tmstart();                                // uart(10);
   dmsec(5);                                 //如果是不断地读取的话可以不延时
   tmrtemp();                                //读取温度,执行完毕温度将存于TMP中
}
void uart()                                  //串口函数用于发送温度值
{
     UFCON0 = 0x0;
     UMCON0 = 0x0;
     ULCON0 = 0x3;
     UCON0 = 0x245;
     UBRDIV0=( (int)(52000000/16/115200+0.5) -1 );        //115200
       while(!(UTRSTAT0 & 0x2));
     UTXH0='\n';
     while(!(UTRSTAT0 & 0x2));
     UTXH0=wd[0];
     while(!(UTRSTAT0 & 0x2));
     UTXH0=wd[1];
     while(!(UTRSTAT0 & 0x2));
     UTXH0=46;
     while(!(UTRSTAT0 & 0x2));
     UTXH0=wd[2];
     while(!(UTRSTAT0 & 0x2));
     UTXH0=wd[3];
     while(!(UTRSTAT0 & 0x2));
     UTXH0=39;
     while(!(UTRSTAT0 & 0x2));
```

```
    UTXH0=67;
}
void Delay(unsigned int x)
{
  unsigned int i,j,k;
  for(i=0;i<=x;i++)
    for(j=0;j<0xff;j++)
      for(k=0;k<0xff;k++);
}
```

【扩展练习】

如图12-4所示,实现在Linux系统下的温度采集。

实训7　红外通信应用实训

【实训目的】

1. 通过实验掌握S3C2440A处理器的I/O控制方式和工作原理。
2. 了解IrDA红外模块的工作原理。
3. 掌握红外发送接收的控制方法。

【实训内容】

如图12-5所示,编写红外驱动程序,通过遥控器发出红外波来控制蜂鸣器。

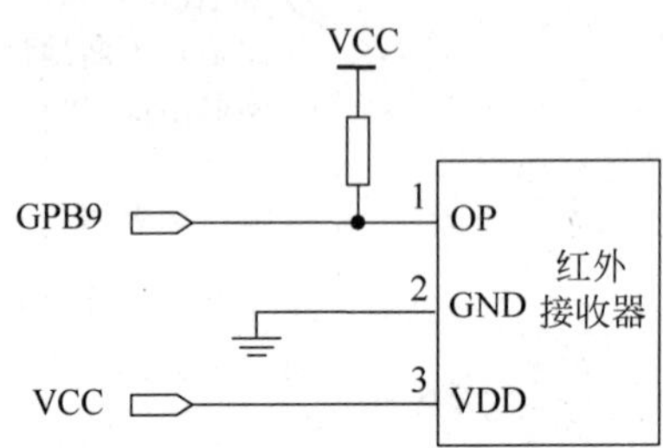

图12-5　红外接收电路连接图

【程序编写】

```
#define GPBCON (*(volatile unsigned *)0x56000010)
#define GPBDAT (*(volatile unsigned *)0x56000014)
#define GPBUP (*(volatile unsigned *)0x56000018)
int Main(void)
{
    unsigned int m,n,j=0;
    GPBUP &= 0xffffffff;                    //IO使能
    GPBCON &= 0xfff3fffd;
    GPBCON |=0x01;
    while(1)
        {
        m=GPBDAT; n=GPBDAT;
        if (!(m&=0x200))                    //检测PD2是否为低电平
```

```
        {
            j++;
            if(j==10)                          //累计接收 10 次继电器动作
                {
                    if(n&0x01)
                    GPBDAT&=0xfffe;
                    else
                    GPBDAT|=0x01;
                    j=0;
                }
        }
        delay(10);
        }
    return(0);
}
```

【扩展练习】

如图 12-5 所示，实现在 Linux 系统下通过遥控器发出红外波来控制蜂鸣器。

实训 8　CAN 总线应用实训

【实训目的】

1. 通过实验掌握 S3C2440A 处理器的 I/O 控制方式和工作原理。
2. 学习基本的 CAN 总线应用编程。
3. 掌握 MCP2510 的工作原理。

【实训内容】

MCP2510 是 MT 公司生产的一种带 SPI 接口的 CAN 控制器，如图 12-6 所示，编写应用程序，实现其自收发。

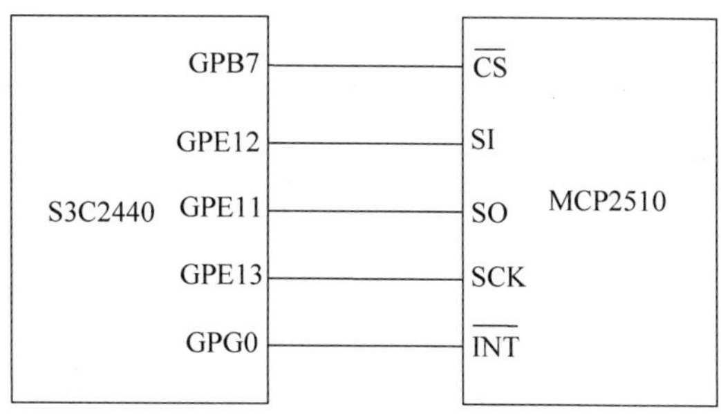

图 12-6　CAN 总线电路连接图

【程序编写】

```
#include "2440addr.h"
#include "2440lib.h"
#include "MCP2510.h"
#include "uart.h"
```

```
    #include <string.h>
    extern unsigned int PCLK;
void Main(void)
{
    memcpy((unsigned char *)0x0,(unsigned char *)0x30000000,0x1000);
    SetSysFclk(FCLK_400M);                          //设置系统时钟 400M
    ChangeClockDivider(2, 1);                       //设置分频 1:4:8
    CalcBusClk();                                   //计算总线频
    Uart_Select(0);
    Uart_Init(0, 115200);
    Test_MCP2510();
    while(1);
}
void MCP2510_IO_CS_Init( void )                     //SPI 接口 IO 片选初始化
{
    U16 k;
    MCP2510_CS_OUT ;
    MCP2510_SI_OUT ;
    MCP2510_SCK_OUT ;
    MCP2510_SO_IN ;
    MCP2510_SO_PULLUP ;                             //允许上拉
    MCP2510_SI_L ;                                  //SI=0
    MCP2510_SCK_L ;                                 //SCK=0
    for (k = 0; k <= DELAY_TIME; k++);              //延时至少 300ns
    MCP2510_CS_H ;                                  // CS=1
    for (k = 0; k <= DELAY_TIME; k++);              //延时至少 300ns
}
 void MCP2510_RW_Start( void )                      //SPI 接口读写开始,片选有效
{
    U16 k;
    MCP2510_SI_L ;                                  //SI=0
    MCP2510_SCK_L ;                                 //SCK=0
    for (k = 0; k <= DELAY_TIME; k++);              //延时至少 300ns
    MCP2510_CS_L ;                                  // CS=0
    for (k = 0; k <= DELAY_TIME; k++);              //延时至少 300ns
}
void Spi_Write( U8 Data )
{
     U8 m ;
     U16 k;
    for( m = 0; m < 8; m++ )
     {
         if( (Data&0x80)==0x80 )
         {
             MCP2510_SI_H;                          //SI=1
         }
         else
         {
             MCP2510_SI_L;                          //SI=0
         }
```

```
        for (k = 0; k <= DELAY_TIME; k++);          //延时至少 300ns
        MCP2510_SCK_H ;                             //SCK=1
        Data = Data<<1 ;
        MCP2510_SCK_L ;                             //SCK=0
        for (k = 0; k <= DELAY_TIME; k++);          //延时至少 300ns
    }
}
  U8 Spi_Read( )
{
    U8 m ;
    U8 data = 0 ;
    U16 k;
    for( m = 0; m < 8; m++ )
    {
        MCP2510_SCK_H ;                             //SCK=1
        for (k = 0; k <= DELAY_TIME; k++);          //延时至少 300ns
        data = data<<1;
        if( MCP2510_SO_GET != 0 )
            data |= 0x01 ;
        else
            data &= 0xfe;
    for (k = 0; k <= DELAY_TIME; k++);              //延时至少 300ns
        MCP2510_SCK_L ;                             //SCK=0
    for (k = 0; k <= DELAY_TIME; k++);              //延时至少 300ns
    }
  return (data);
}
void SendCMDMCP2510( U8 CMD )
{
   MCP2510_RW_Start() ;                             //IO 端口和 CS 端初始化
   Spi_Write( CMD );
   MCP2510_CS_H ;                                   //CS=1
}
void MCP2510_Reset()
{
    MCP2510_RW_Start() ;
    Spi_Write( MCP2510INSTR_RESET );
    MCP2510_CS_H ;
}
void MCP2510_Write( U8 address, U8 value)
{
    MCP2510_RW_Start() ;
    Spi_Write(MCP2510INSTR_WRITE);
    Spi_Write( address );
    Spi_Write( value );
    MCP2510_CS_H ;
}
void MCP2510_WriteBits( U8 address, U8 data, U8 mask )//修改指定地址寄存器的某些位
{
    MCP2510_RW_Start() ;
    Spi_Write( MCP2510INSTR_BITMDFY );
```

```
    Spi_Write( address);
    Spi_Write( mask);
    Spi_Write( data);
    MCP2510_CS_H ;
}
unsigned char MCP2510_ReadStatus()
{
    unsigned char result;
    MCP2510_RW_Start() ;
    Spi_Write(MCP2510INSTR_RDSTAT);
    result = Spi_Read() ;
    Spi_Write( 0 ) ;                                    //数据重复输出
    MCP2510_CS_H ;
    return result;
}
unsigned char MCP2510_Read( U8 address )
{
    unsigned char result;
    MCP2510_RW_Start() ;
    Spi_Write(MCP2510INSTR_READ) ;                      //0x03
    Spi_Write( address ) ;
    result = Spi_Read() ;
    MCP2510_CS_H ;
    return result ;
}
void MCP2510_SRead( U8 address, unsigned char * pdata, U8 nlength )     //读取 MCP2510 数据
{
    int i;
    MCP2510_RW_Start() ;
    Spi_Write(MCP2510INSTR_READ);
    Spi_Write( address );
    for (i=0; i<nlength; i++)
    {
        * pdata=Spi_Read();
        pdata++;
    }
    MCP2510_CS_H ;
}

void MCP2510_Swrite( U8 address, unsigned char * pdata, U8 nlength)     //写入 MCP2510 数据
{
    int i;
    MCP2510_RW_Start() ;
    Spi_Write(MCP2510INSTR_WRITE);
    Spi_Write((unsigned char)address);
    for (i=0; i < nlength; i++)
    {
        Spi_Write( (unsigned char) * pdata );
        pdata++;
    }
    MCP2510_CS_H ;
```

```
}
void MCP2510_SetBandRate(CanBandRate bandrate, int IsBackNormal)
{
    U8 value=0;
    U8 ReadBackCNT = 0;
    MCP2510_Write(MCP2510REG_CANCTRL, MODE_CONFIG);
    if( MCP2510_DEBUG ) Uart_Printf( "MCP2510REG_CANCTRL = 0x%x\n", MCP2510_
Read(MCP2510REG_CANCTRL) );
    while( ReadBackCNT<8 )
    {
        value = ( MCP2510_Read( MCP2510REG_CANSTAT ) & 0xe0 );
        if(value == MODE_CONFIG ){
        break;
        }
        ReadBackCNT++ ;
        Uart_Printf( "ReadBackCNT = 0x%x\n", ReadBackCNT );
    }
    if( ReadBackCNT == 8 )                      //设置 MCP2510 的模式失败,重新操作
    {
        Uart_Printf( "Set config mode is failed! CANCTRL = 0x%x\n", value );
        MCP2510_Reset();
        MCP2510_Write(MCP2510REG_CANCTRL, MODE_CONFIG);   //重置 MCP25/O 模式
        Delay( 150 );
        value = ( MCP2510_Read(MCP2510REG_CANCTRL) & 0xe0 );
                                                    //回读模式 from CANSTAT Register
        Uart_Printf( "Set is 0x%x , Read is 0x%x\n", MODE_CONFIG, value ) ;
    }
 switch(bandrate){
    case BandRate_10kbps:
        MCP2510_Write(CNF1, 0x31);              //设置 CNF1
        MCP2510_Write(CNF2, 0xb0);              //设置 CNF2
        MCP2510_Write(CNF3, 0x06);              //设置 CNF3
        break;
    case BandRate_125kbps:
        MCP2510_Write(CNF1, SJW1|BRP4);         //同步跳宽长度=1 TQ
        MCP2510_Write(CNF2, BTLMODE_CNF3|(SEG4<<3)|SEG7);
                                                // 相位缓冲段 1 = 4, 传播时间段 = 7
        MCP2510_Write(CNF3, SEG4);              // 相位缓冲段 2 = 4
        break;
    case BandRate_250kbps:
        MCP2510_Write(CNF1, SJW1|BRP2);    //Synchronization Jump Width Length =1 TQ
        MCP2510_Write(CNF2, BTLMODE_CNF3|(SEG4<<3)|SEG7);
                                                // 相位缓冲段 1 = 4, 传播时间段 = 7
        MCP2510_Write(CNF3, SEG4);              // Phase Seg 2 = 4
        break;
    case BandRate_500kbps:
        MCP2510_Write(CNF1, SJW1|BRP1);    //Synchronization Jump Width Length =1 TQ
        MCP2510_Write(CNF2, BTLMODE_CNF3|(SEG4<<3)|SEG7);
                                                // 相位缓冲段 1 = 4, 传播时间段 = 7
        MCP2510_Write(CNF3, SEG4);              // Phase Seg 2 = 4
        break;
```

```
    case BandRate_1Mbps:
        MCP2510_Write(CNF1, SJW1|BRP1);    //Synchronization Jump Width Length =1 TQ
        MCP2510_Write(CNF2, BTLMODE_CNF3|(SEG3<<3)|SEG2);
                                            // 相位缓冲段 1 = 2, 传播时间段 = 3
        MCP2510_Write(CNF3, SEG2);          // 相位缓冲段 2 = 1
        break;
    }
    if( IsBackNormal == TRUE )
    {
        MCP2510_Write(CLKCTRL, MODE_NORMAL | CLKEN | CLK8);
    }
}
int MCP2510_Read_Can_ID( U8 address, U32 * can_id)
{
    U32 tbufdata;
    unsigned char * p=(unsigned char *)&tbufdata;
    MCP2510_SRead(address, p, 4);
    * can_id = (tbufdata<<3)|((tbufdata>>13)&0x7);
    * can_id &= 0x7ff;
    if ( (p[MCP2510LREG_SIDL] & TXB_EXIDE_M) == TXB_EXIDE_M ) {
        * can_id = ( * can_id<<2) | (p[MCP2510LREG_SIDL] & 0x03);
        * can_id <<= 16;
        * can_id |= tbufdata>>16;
        return TRUE;
    }
    return FALSE;
}
int MCP2510_Read_Can(U8 nbuffer, int * rxRTR, U32 * can_id, U8 * data , U8 * dlc)
{
    U8 mcp_addr = (nbuffer<<4) + 0x31, ctrl;
    int IsExt;
    IsExt=MCP2510_Read_Can_ID( mcp_addr, can_id);
    ctrl=MCP2510_Read(mcp_addr-1);
    * dlc=MCP2510_Read( mcp_addr+4);
    if ((ctrl & 0x08)) {
        * rxRTR = TRUE;
    }
    else{
        * rxRTR = FALSE;
    }
    * dlc &= DLC_MASK;
    MCP2510_SRead(mcp_addr+5, data, 8);
    return IsExt;
}
void MCP2510_Write_Can( U8 nbuffer, int ext, U32 can_id, int rxRTR, U8 * data,U8 dlc )
{
    U8 mcp_addr = (nbuffer<<4) + 0x31;
    MCP2510_Swrite(mcp_addr+5, data, dlc );          // 写数据
    MCP2510_Write_Can_ID( mcp_addr, can_id,ext);     // 写 CAN id
    if (rxRTR)
        dlc |= RTR_MASK;
```

```
    MCP2510_Write((mcp_addr+4), dlc);                    // 写 RTR 和 DLC
}
void MCP2510_Write_Can_ID(U8 address, U32 can_id, int IsExt)
{
    U32 tbufdata;
    if (IsExt) {
        can_id&=0x1fffffff;                              //29 位
        tbufdata=can_id &0xffff;
        tbufdata<<=16;
        tbufdata|=(can_id>>(18-5)&(~0x1f));
        tbufdata |= TXB_EXIDE_M;
    }
    else{
        can_id&=0x7ff;                                   //11 位
        tbufdata= (can_id>>3)|((can_id&0x7)<<13);
    }
    MCP2510_Swrite(address, (unsigned char *)&tbufdata, 4);
}
void Can_Write(U32 id, U8 *pdata, unsigned char dlc, int IsExt, int rxRTR)
{
    unsigned char err ;
    static int ntxbuffer=0;
    MCP2510_Write_Can(ntxbuffer, IsExt, id, rxRTR, pdata, dlc);
    switch(ntxbuffer){
    case 0:
        MCP2510_WriteBits(TXB0CTRL, (TXB_TXREQ_M|TXB_TXP10_M), 0xff) ;
        do { err = MCP2510_Read(TXB0CTRL) ; }
        while( (err &0x08)==0x08 ) ;
        if( (err &0x70) != 0 ) Uart_Printf( " Can Send Err = 0x%x\n", err );
        ntxbuffer=1;
        break;
    case 1:
        MCP2510_WriteBits(TXB1CTRL, (TXB_TXREQ_M|TXB_TXP10_M), 0xff) ;
        do { err = MCP2510_Read(TXB1CTRL) ; }
        while( (err &0x08)==0x08 ) ;
        if( (err &0x70) != 0 ) Uart_Printf( " Can Send Err = 0x%x\n", err );
        ntxbuffer=2;
        break;
    case 2:
        MCP2510_WriteBits(TXB2CTRL, (TXB_TXREQ_M|TXB_TXP10_M), 0xff) ;
        do { err = MCP2510_Read(TXB2CTRL) ; }
        while( (err &0x08)==0x08 ) ;
        if( (err &0x70) != 0 ) Uart_Printf( " Can Send Err = 0x%x\n", err );
        ntxbuffer=0;
        break;
    }
}
int Can_Poll()
{
    if( MCP2510_ReadStatus()&RX0INT )
        return 0;
```

```
    if( MCP2510_ReadStatus()&RX1INT )
        return 1;
    return -1;
}
int Can_Read(int n, U32 * id, U8 * pdata, U8 * dlc, int * rxRTR, int * isExt)
{
    U8 byte;
    byte = MCP2510_Read(CANINTF);
    if(n==0)
    {
        if(byte & RX0INT)
        {
            * isExt=MCP2510_Read_Can(n+3, rxRTR, id, pdata, dlc);
            MCP2510_WriteBits(CANINTF, (U8)(~(RX0INT)), RX0INT);
            return TRUE ;
        }
        Uart_Printf( "Error! 0 bytes is Read!!! CANINTF=0x%x\n", byte ) ;
        return FALSE;
    }
    else if(n ==1 )
    {
        if(byte & RX1INT)
        {
            * isExt=MCP2510_Read_Can(n+4, rxRTR, id, pdata, dlc);
            MCP2510_WriteBits(CANINTF, (U8)(~(RX1INT)), RX1INT);        //清除中断
            return TRUE ;
        }
        Uart_Printf( "0 bytes is Read!!! CANINTF=0x%x\n", byte ) ;
        return FALSE;
    }
    Uart_Printf( "Error! Receive channel=0x%x\n", n ) ;
    return FALSE;
}
void Can_Setup(void)
{
    //关闭屏蔽滤波功能,接收所有报文
    MCP2510_WriteBits(RXB0CTRL, (RXB_BUKT+RXB_RX_ANY), 0xFF);
    MCP2510_WriteBits(RXB1CTRL, RXB_RX_ANY, 0xFF);
}
void Init_MCP2510(CanBandRate bandrate)
{
    unsigned char i,j,a;
    MCP2510_IO_CS_Init() ;
    CP2510_Reset();
    MCP2510_SetBandRate(bandrate,FALSE);               //设置波特率
    MCP2510_Write(CANINTE, NO_IE);                     //禁止所有中断
    MCP2510_Write_Can_ID(RXM0SIDH, 0,0);
    MCP2510_Write_Can_ID(RXM1SIDH, 0,0);
    MCP2510_Write_Can_ID(RXF0SIDH, 0, 0);
    MCP2510_Write_Can_ID(RXF1SIDH, 0, 0);
    MCP2510_Write_Can_ID(RXF2SIDH, 0, 0);
```

```
    MCP2510_Write_Can_ID(RXF3SIDH, 0, 0);
    MCP2510_Write_Can_ID(RXF4SIDH, 0, 0);
    MCP2510_Write_Can_ID(RXF5SIDH, 0, 0);
    MCP2510_Write(CLKCTRL, MODE_LOOPBACK| CLKEN | CLK8);          //回环模式
    a = TXB0CTRL;
    for (i = 0; i < 3; i++) {
        for (j = 0; j < 14; j++) {
            MCP2510_Write(a, 0);
            a++;
            }
        a += 2; // We did not clear CANSTAT or CANCTRL
    }
    MCP2510_Write(RXB0CTRL, 0);
    MCP2510_Write(RXB1CTRL, 0);
    MCP2510_Write(BFPCTRL, 0x3C);
    MCP2510_Write(CANINTE, RX0IE|RX1IE);
}
void Test_MCP2510(void)
{
    int i;
    U32 id;
    unsigned char dlc;
    int rxRTR, isExt;
    int temp;
    U8 data_write[8]={1,2,3,4,5,6,7,8};
    U8 data_read[8] ;
    Uart_Printf( "\nCAN BUS Test[ MCP2510 ], press ESC key to exit !\n" ) ;
    Init_MCP2510(BandRate_10kbps);
    Can_Setup();
    while( Uart_GetKey() != ESC_KEY )
    {
        Can_Write( 0x5a5, data_write, 8, FALSE, FALSE);
        while( (i=Can_Poll())==-1 ) ;
        for( temp=0; temp<8; temp++) data_read[temp] = 0 ;
        temp = Can_Read(i, &id, data_read, &dlc, &rxRTR, &isExt);
        Uart_Printf( " ID=0x%x\n",id );
Uart_Printf( "Data=%x,%x,%x,%x,%x,%x,%x,%x\n",data_read[0],data_read[1],
data_read[2],data_read[3],data_read[4],data_read[5],data_read[6],data_read[7] );
        Delay(500);
    }
}
void CAN_Test_TX(void)
{
    U8 data_write[8]={1,2,3,4,5,6,7,8};
      Uart_Printf( "\nCAN BUS Test[ MCP2510 ], TX\n" ) ;
    Init_MCP2510(BandRate_250kbps);
    Can_Setup();
    while(1)
    {
        Can_Write(0x123, data_write, 8, FALSE, FALSE);
        Uart_Printf("Send Data=%d,%d,%d,%d,%d,%d,%d,%d\n",data_write[0],data_
```

```
write[1],
        data_write[2],data_write[3],data_write[4],data_write[5],data_write[6],data_write[7] );
        Delay(500);
    }
}
void CAN_Test_RX(void)
{
    int i;
    U32 id;
    unsigned char dlc;
    int rxRTR, isExt;
    int temp;
    U8 data_read[8] ;
    Uart_Printf( "\nCAN BUS Test[ MCP2510 ], RX\n" ) ;
    Init_MCP2510(BandRate_250kbps);
    Can_Setup();
    while(1)
    {
        while( (i=Can_Poll())==-1 ) ;
        for( temp=0; temp<8; temp++)
         data_read[temp] = 0 ;
        temp = Can_Read(i, &id, data_read, &dlc, &rxRTR, &isExt);
        Uart_Printf( " ID=0x%x\n",id );
        Uart_Printf("Reveice ata=%d,%d,%d,%d,%d,%d,%d,%d\n",data_read[0],data_
read[1],data_read[2],data_read[3],data_read[4],data_read[5],data_read[6],data_read[7] );
        Delay(500);
    }
}
```

【扩展练习】

如图 12-6 所示,实现在 Linux 系统下的 CAN 自收发通信。

参考文献

[1] 孟祥莲. 嵌入式系统原理及应用教程. 北京：清华大学出版社，2010

[2] 华清远见嵌入式培训中心. 嵌入式 Linux 系统开发标准教程(第 2 版). 北京：人民邮电出版社，2009

[3] 杨水清. ARM 嵌入式 Linux 系统开发技术详解. 北京：电子工业出版社，2008

[4] 韩存兵改编. Karim Yagbmour 著. 构建嵌入式 Linux 系统. 北京：中国电力出版社，2008

[5] Corbet，J 等著. 魏永明等译. Linux 设备驱动程序. 北京：中国电力出版社，2006

[6] 张石. 嵌入式系统技术教程. 北京：人民邮电出版社，2009

[7] 符意德，陆阳. 嵌入式系统原理及接口技术. 北京：清华大学出版社，2007

[8] 周立功. ARM 嵌入式系统基础教程. 北京：北京航空航天大学出版社，2008

[9] 李驹光. ARM 应用系统开发详解-基于 S3C4510B 的系统设计(第 2 版). 北京：清华大学出版社，2004

[10] 马忠梅，李善平，康慨，叶楠. ARM & Linux 嵌入式系统教程. 北京：北京航空航天大学出版社，2004

[11] 杜春雷. ARM 体系结构与编程. 北京：清华大学出版社，2003

[12] ARM 公司. ARM920T 数据手册

[13] 三星公司. 32-BIT CMOS CROCONTROLLER USER'S MANUAL(Revision 1)

[14] ARM 公司. ADS1. 2 build Tools-Errors and Warnings

[15] 赵兴寒，刘涛. 从 51 到 ARM-32 位嵌入式系统入门. 北京：北京航空航天大学出版社，2005

[16] 金梅，周翔，金梁. 嵌入式系统——组成、原理与设计编程. 北京：人民邮电出版社，2006

[17] 刘艺，许大琴，万福. 嵌入式系统设计大学教程. 北京：人民邮电出版社，2008

[18] 杨水清，张剑，施云飞. ARM 嵌入式 Linux 系统开发技术详解. 北京：电子工业出版社，2008

[19] 梁泉. 嵌入式 Linux 系统移植及应用开发技术研究[D]. 成都：电子科技大学，2006

[20] 何立民. 嵌入式系统的定义与发展历史[J]. 单片机与嵌入式系统应用，2004

[21] 陈文智. 嵌入式系统开发原理与实践. 北京：清华大学出版社，2005

图书资源支持

感谢您一直以来对清华版图书的支持和爱护。为了配合本书的使用，本书提供配套的素材，有需求的用户请到清华大学出版社主页(http://www.tup.com.cn)上查询和下载，也可以拨打电话或发送电子邮件咨询。

如果您在使用本书的过程中遇到了什么问题，或者有相关图书出版计划，也请您发邮件告诉我们，以便我们更好地为您服务。

我们的联系方式：

地　　址：北京海淀区双清路学研大厦 A 座 707

邮　　编：100084

电　　话：010－62770175－4604

资源下载：http://www.tup.com.cn

电子邮件：weijj@tup.tsinghua.edu.cn

QQ：883604(请写明您的单位和姓名)

扫一扫

资源下载、样书申请

新书推荐、技术交流

用微信扫一扫右边的二维码，即可关注清华大学出版社公众号"书圈"。

质检5